농업경영학

합격선언
농업경영학

초판 발행 2016년 01월 08일
개정1판 발행 2024년 04월 24일

편 저 자 | 유준수
발 행 처 | ㈜서원각
등록번호 | 1999-1A-107호
주 소 | 경기도 고양시 일산서구 덕산로 88-45(가좌동)
교재주문 | 031-923-2051
팩 스 | 031-923-3815
교재문의 | 카카오톡 플러스 친구[서원각]
홈페이지 | goseowon.com

Preface

이 책 의 머 리 말

'정보사회', '제3의 물결'이라는 단어가 낯설지 않은 오늘날, 과학기술의 중요성이 날로 증대되고 있음은 더 이상 말할 것도 없습니다. 이러한 사회적 분위기는 기업뿐만 아니라 정부에서도 나타났습니다.

기술직공무원의 수요가 점점 늘어나고 그들의 활동영역이 확대되면서 기술직에 대한 관심이 높아져 기술직공무원 임용시험은 일반직 못지않게 높은 경쟁률을 보이고 있습니다.

기술직공무원 합격선언 시리즈는 기술직공무원 임용시험에 도전하려는 수험생들에게 도움이 되고자 발행되었습니다.

본서는 방대한 양의 이론 중 필수적으로 알아야 할 핵심이론을 정리하고, 출제가 예상되는 문제만을 엄선하여 수록하였습니다.

모든 수험생에게 본서가 도움이 되기를 바라며, 원하는 바 이루는 그날까지 서원각이 응원합니다.

Structure

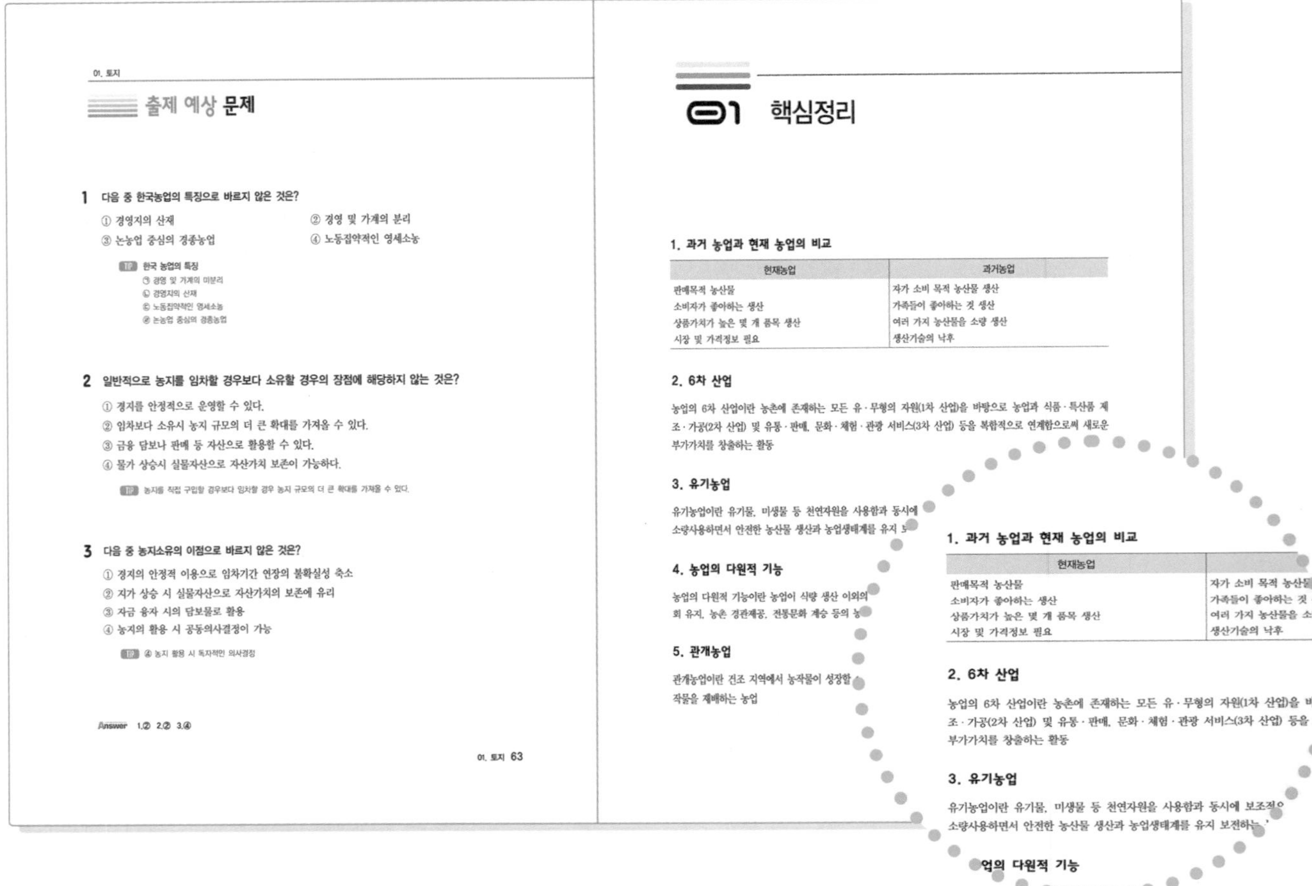

핵심이론정리

농업경영학 전반에 대해 체계적으로 편장을 구분한 후 해당 단원에서 필수적으로 알아야 할 내용을 정리하여 수록했습니다. 출제가 예상되는 핵심적인 내용만을 학습함으로써 단기간에 학습 효율을 높일 수 있습니다.

출제예상문제

그동안 치러진 국가직 및 지방직 기출문제를 분석하여 출제가 예상되는 문제만을 엄선하여 수록하였습니다. 다양한 난도와 유형의 문제들로 연습하여 확실하게 대비할 수 있습니다.

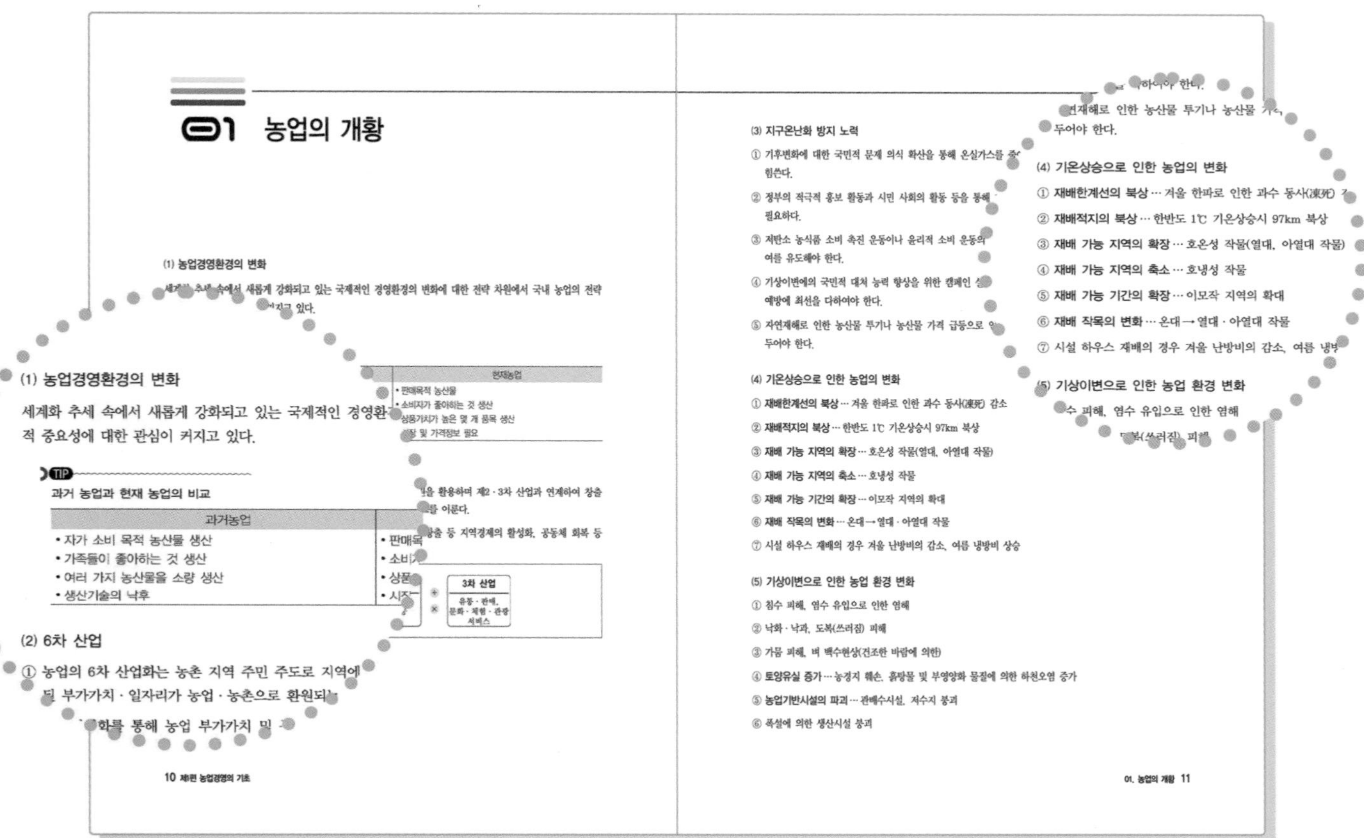

상세한 해설

매 문제 상세한 해설을 달아 문제풀이만으로도 개념학습이 가능하도록 하였습니다. 문제풀이와 함께 이론정리를 함으로써 완벽하게 학습할 수 있습니다.

학습 Tip

학습하는데 유용한 용어 핵심정리를 수록하여 이론 외에 놓치기 쉬운 부분까지 꼼꼼하게 학습 할 수 있게 하였습니다.

PART 01 농업경영의 기초

PART 02 농업경영의 요소

PART 03 농업 생산과 비용

PART 04 농업경영전략

PART 05 농업경영분석

PART 06 농업경영지원

PART 07 부록

농업경영의 기초

01. 농업의 개황
02. 농업경영의 이해
03. 시장의 원리와 농업경제
04. 농업경영의 규모와 특징

01 농업의 개황

(1) 농업경영환경의 변화

세계화 추세 속에서 새롭게 강화되고 있는 국제적인 경영환경의 변화에 대한 전략 차원에서 국내 농업의 전략적 중요성에 대한 관심이 커지고 있다.

TIP

과거 농업과 현재 농업의 비교

과거농업	현재농업
• 자가 소비 목적 농산물 생산 • 가족들이 좋아하는 것 생산 • 여러 가지 농산물을 소량 생산 • 생산기술의 낙후	• 판매목적 농산물 • 소비자가 좋아하는 것 생산 • 상품가치가 높은 몇 개 품목 생산 • 시장 및 가격정보 필요

(2) 6차 산업

① 농업의 6차 산업화는 농촌 지역 주민 주도로 지역에 있는 자원을 활용하며 제2 · 3차 산업과 연계하여 창출된 부가가치 · 일자리가 농업 · 농촌으로 환원되는 선순환의 구조를 이룬다.

② 6차 산업화를 통해 농업 부가가치 및 농가소득 증대, 일자리 창출 등 지역경제의 활성화, 공동체 회복 등의 효과가 나타난다.

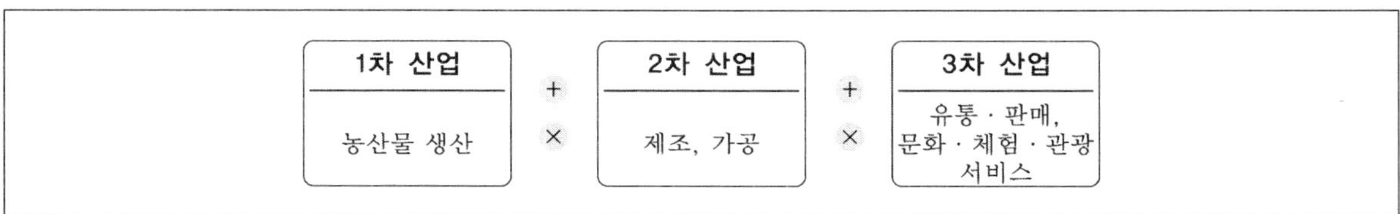

(3) 지구온난화 방지 노력

① 기후변화에 대한 국민적 문제 의식 확산을 통해 온실가스를 줄이고 기상이변에 대한 대처능력을 기르는데 힘쓴다.

② 정부의 적극적 홍보 활동과 시민 사회의 활동 등을 통해 기후 변화에 대한 국민 인식 증진을 위한 노력이 필요하다.

③ 저탄소 농식품 소비 촉진 운동이나 윤리적 소비 운동의 확대 등 탄소 배출 저감 활동에 시민의 자발적 참여를 유도해야 한다.

④ 기상이변에의 국민적 대처 능력 향상을 위한 캠페인 실시를 통해 자연재해로 파생되는 다양한 사회적 문제 예방에 최선을 다하여야 한다.

⑤ 자연재해로 인한 농산물 투기나 농산물 가격 급등으로 인한 사회적 혼란을 방지하기 위한 대책을 마련해 두어야 한다.

(4) 기온상승으로 인한 농업의 변화

① **재배한계선의 북상** … 겨울 한파로 인한 과수 동사(凍死) 감소

② **재배적지의 북상** … 한반도 1℃ 기온상승시 97km 북상

③ **재배 가능 지역의 확장** … 호온성 작물(열대, 아열대 작물)

④ **재배 가능 지역의 축소** … 호냉성 작물

⑤ **재배 가능 기간의 확장** … 이모작 지역의 확대

⑥ **재배 작목의 변화** … 온대 → 열대 · 아열대 작물

⑦ 시설 하우스 재배의 경우 겨울 난방비의 감소, 여름 냉방비 상승

(5) 기상이변으로 인한 농업 환경 변화

① 침수 피해, 염수 유입으로 인한 염해

② 낙화 · 낙과, 도복(쓰러짐) 피해

③ 가뭄 피해, 벼 백수현상(건조한 바람에 의한)

④ **토양유실 증가** … 농경지 훼손, 흙탕물 및 부영양화 물질에 의한 하천오염 증가

⑤ **농업기반시설의 파괴** … 관배수시설, 저수지 붕괴

⑥ 폭설에 의한 생산시설 붕괴

[기후변화가 농업에 미치는 과정]

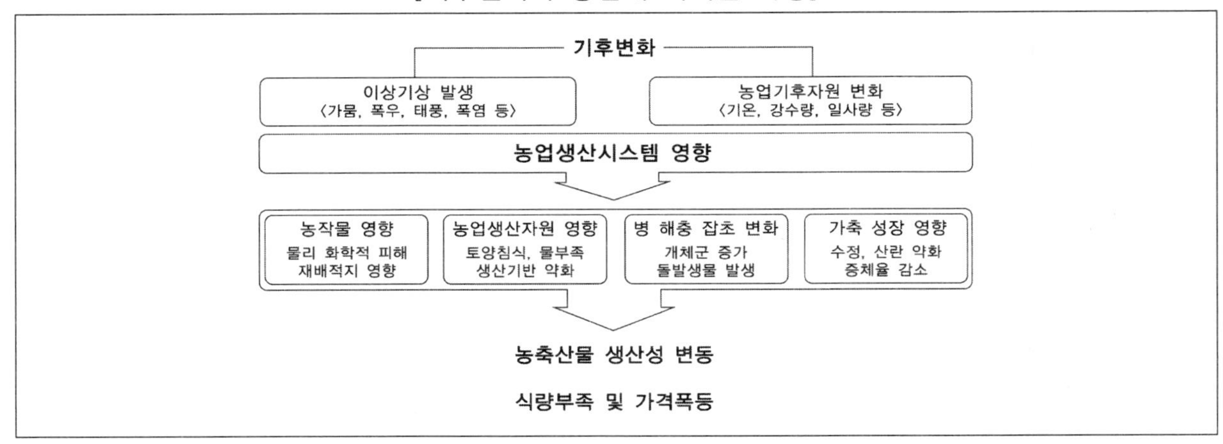

(6) 기후 변화 파급 효과

① 생태계 영향

㉠ 생물종 멸종위기
㉡ 일부지역 사막화 현상 심화
㉢ 자연림 파괴 및 식생파괴 가속
㉣ 토양침식 증가
㉤ 해수면 상승과 염수의 침입

② 경제적 영향

㉠ 온난화로 벼 생산이 감소되어 곡물가격이 상승
㉡ 채소값 폭등
㉢ 사료값 상승
㉣ 물가 상승의 압박
㉤ 농가소득 감소
㉥ 생산비 증가
㉦ 농촌 경제 위축

③ 사회적 영향

㉠ 기아 인구 증가
㉡ 사재기 현상 기승
㉢ 기후 난민 발생
㉣ 사회 갈등 및 양극화 심화

(7) 새로운 농업생산체제로의 전환을 위한 기술혁신

① 단기

㉠ 상세한 농업 기상 정보 예측, 재배 시기 조절 및 농작물 관리 기술, 온실 환경 관리 기술, 내재해성 품종 개발, 장기 저장 기술, 작물별 생물 계절 변화 연구

㉡ 기후변화 적응 기술 개발 및 연구 시스템의 선진화를 위한 투자 확대

㉢ 기후변화에 따른 농업 영향을 장기적으로 평가 · 분석할 수 있는 연구 시설 확충 필요

㉣ 재배한계선(북방, 남방) 및 기후 지대별 안전재배시기 재설정, 변화하는 기후환경에 맞도록 새로운 작부체계 정립

㉤ 농업생산시설 및 기반시설의 보호를 위한 새로운 규격 및 기준 마련

② 장기

㉠ IT, BT, NT와의 융 · 복합을 통하여 안정적으로 생산 · 관리할 수 있는 기술 개발

㉡ 위기시 신속한 생산 및 저장을 위한 대체기술 개발

㉢ 생명공학기술을 이용한 기후변화 · 기상재해에 강한 적응 품종 및 축종 개발

㉣ 미래형 식물 공장 및 로봇형 관리 기술 개발 등

출제 예상 문제

1 농업의 특성으로 적절하지 못한 것은?

① 토지와 기후 등 농업을 둘러싼 환경 제어가 곤란하다.
② 기계화가 어렵고 부가가치율이 상대적으로 낮아 비교생산성이 떨어진다.
③ 자연조건에 대한 의존도가 높은 편이다.
④ 수직적, 수평적 분업과 전문화가 상대적으로 쉽다.

TIP ④ 토지와 기후 등 농업의 큰 영향을 미치는 기본적 생산 환경을 인간의 힘으로 제어하기는 사실상 불가능하며 농업은 수직적, 수평적 분업과 전문화가 어려운 산업이다.

2 농업환경 변화에 대한 설명 중 옳지 않은 것은?

① 농가인구 중 65세 이상의 고령화 인구는 1995년 16.2%에서 2021년 43.1%로 증가하였다.
② 농업부문의 연평균 실질 성장률은 1980년대 4.1%에서 2010년대에는 0.5%로 하락하였다.
③ 농가인구는 1995년 485만 명에서 2020년에 228만 명으로 감소하였다.
④ 실질농업소득은 1995년 1,182만 원에서 2020년 1,724만 원으로 31.5% 상승하였다.

TIP 실질농업소득은 1995년 1,724만 원에서 2020년 1,182만 원으로 31.5% 하락하였다.

3 농업에 대한 내용으로 잘못된 것은?

① 우리나라에서 농업은 신석기 시대부터 시작되었다.
② 동양에서 농업은 초기에 화전을 일구어 작물을 재배하다가 지력이 다하면 다른 곳으로 이동하는 유랑 화전 농업이 시초라 할 수 있다.
③ 산업이 근대화되면서 농업에 대한 개념이 바뀌면서 귀농이 증가하는 추세이다.
④ 현대의 농업은 작물을 이용하여 얻은 생산물만을 이야기한다.

TIP ④ 현대식 농업은 식물의 재배뿐만 아니라 동 · 식물을 이용하여 인간생활에 필요한 물질을 생산 · 가공 · 유통하는 사업으로 효율적 생산을 위한 모든 활동을 포함한다고 볼 수 있다.

Answer 1.④ 2.④ 3.④

4 과거의 농업과 현재의 농업에 관한 차이점을 잘못 설명하고 있는 것은?

① 과거농업은 자가 소비를 목적으로 생산되곤 했다.
② 과거의 농업은 상품성이 높은 작물을 주로 생산 했다.
③ 현재 농업은 판매를 목적으로 재배 · 생산된다.
④ 소비자가 원하는 농산물의 생산이 현재 농업의 흐름이라 할 수 있다.

TIP ② 과거 농업은 상품성이 아니라 자가 소비를 위해 가족이 원하는 작물을 생산 · 재배하였다.

5 우리나라 농업에 대한 현실 가운데 적절하지 못한 것은?

① 폐쇄적이던 우리나라 농업은 1994년 우루과이 라운드를 시작으로 개방화 국면을 맞았다.
② 우리나라는 경제개발추진 과정에서 상대적으로 농업의 비중이 지속적으로 감소해왔다.
③ 도시와 농촌 사이의 양극화가 심화되어 농가 인구가 점차 감소하는 추세에 있다.
④ 쌀 소비 위축에 따라 전체 생산량이 감소하고 있다.

TIP ③ 현재 우리나라는 경제 저성장과 베이비부머 세대의 은퇴라는 현상이 맞물려 도시보다는 농촌을 택하는 귀농현상이 늘어나는 추세이다. 통계청에서 발표한 귀농귀촌의 인구현황(2001~2011년)자료를 보면 쉽게 알 수 있다. 2013년에는 귀농인구가 3만 2424가구를 기록해 사상 최대치를 기록했으며, 앞으로 그 수는 더욱 늘어날 것으로 전망되고 있다.
이들의 귀농은 정부의 적극적인 귀농지원, 저렴한 생활비, 땅값 등이 그 원인으로 거론되고 있으며, 귀농은 신생아가 적은 농촌지역에 인구 증가 효과를 가져오며 낙후된 경제를 활성화하여 지역경제 발전에도 큰 역할을 한다.
※ 귀촌인구의 변화

귀농 인구 추이

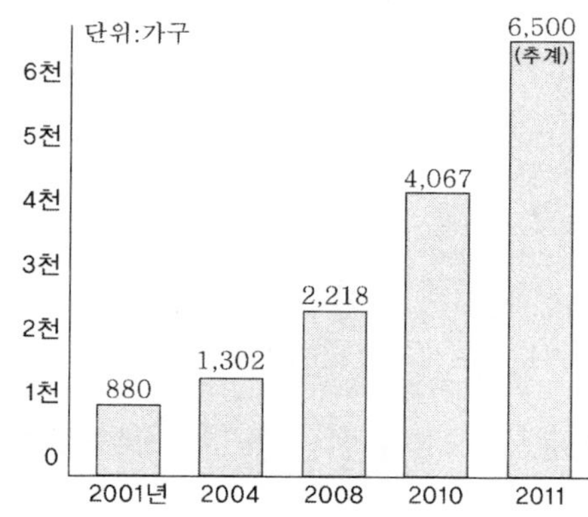

Answer 4.② 5.③

6 **다음 중 농산물 가공, 농기계, 비료, 농약 개발 및 제조 등의 활동을 벌이는 산업은?**

① 1차 산업
② 2차 산업
③ 3차 산업
④ 6차 산업

TIP ② 농업은 사람이 살아가는 데 필요한 먹거리를 제공하는 가장 기본적인 산업으로서 과거 작물을 재배하고 가축을 기르는 것에서 지금은 이들 생산물을 가공하고 저장, 유통하는 과정까지 확대되었다. 농업은 기본적으로 파종하여 작물을 재배하는 경종농업, 축산업과 더불어 농업에 관련된 농기계, 토목, 비료, 농약, 유통 및 정보 등의 분야까지도 농업의 범주에 포함한다. 따라서 과거의 농업이 생계 위주의 자급자족형 소농이 대부분을 차지하였다면, 현대의 농업은 농산물을 생산하는 1차 산업과 농산물 가공, 농기계, 비료, 농약 개발 및 제조 등의 2차 산업, 그리고 농산물 판매 및 유통, 교육 등의 3차 서비스산업을 포괄하는 종합산업이다. 최근에는 이러한 1차, 2차, 3차를 모두 포함한 농업을 6차 산업이라고도 한다.

7 **농업의 6차 산업에 대한 사항으로 틀린 것은?**

① 농가소득의 정체 및 농촌의 활력 저하를 탈피하고자 만들어진 개념이다.
② IT와 NT, BT 기술 발달과 현대 사회의 기술 · 산업의 융 · 복합화가 농업의 6차 산업화를 촉발하였다.
③ 귀농 · 귀촌의 증가 및 주민의 인식 · 역량 강화도 6차 산업 발전에 큰 역할을 하였다.
④ 농업의 6차 산업은 전통적인 농업과 농산물 제조를 넘어 정보를 이용한 사업이라 할 수 있다.

TIP ④ 농업의 6차 산업이란 농촌에 존재하는 모든 유 · 무형의 자원(1차 산업)을 바탕으로 농업과 식품 · 특산품 제조 · 가공(2차 산업) 및 유통 · 판매, 문화 · 체험 · 관광 서비스(3차 산업) 등을 복합적으로 연계함으로써 새로운 부가가치를 창출하는 활동을 말한다.
① 농업 부가가치 및 농가 소득이 정체되고 농촌의 활력이 저하되는 상황에서 농업에 제2, 3차 산업을 접목하는 6차 산업의 필요성이 제기되었다.

8 **다음 중 농업의 다원적 기능으로 보기 어려운 것은?**

① 식량 안보
② 생태 보전
③ 전통 문화 유지
④ 도시 집 값 해결

TIP ④ 농업의 다원적 기능이란 농업이 식량 생산 이외의 폭넓은 기능을 가지고 있다는 것으로 식량안보, 농촌 지역사회 유지, 농촌 경관제공, 전통문화 계승 등의 농업 비상품재를 생산하는 것을 가리킨다.

Answer 6.② 7.④ 8.④

9 유기농업에 대한 설명으로 틀린 것은?

① 유기농업이란 농업생태계의 건강, 생물의 다양성, 생물 순환 및 토양 생물 활동 증진을 위한 총체적 체계농업을 의미한다.

② 유기농업은 사회, 경제, 환경적 측면에서 일석삼조의 효과가 있는 앞으로 우리가 추구해야할 미래지향적인 농업형태이다.

③ 유기농업이란 유기물, 미생물 등 천연자원을 사용함과 동시에 보조적으로 비료나 농약 등 합성된 화학물질을 소량사용하면서 안전한 농산물 생산과 농업생태계를 유지 · 보전하는 농업을 말한다.

④ 유기농산물 수확 시 국내 농산물 경쟁력의 제고로 외국 농산물의 수입이 억제되어 생산자의 소득보장이 된다.

TIP ③ 유기농업이란 비료나 농약 등 합성된 화학물질을 전혀 사용하지 않고 유기물, 미생물 등 천연자원을 사용하여 안전한 농산물 생산과 농업생태계를 유지 · 보전하는 농업을 말한다.

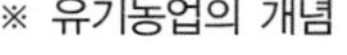
※ 유기농업의 개념

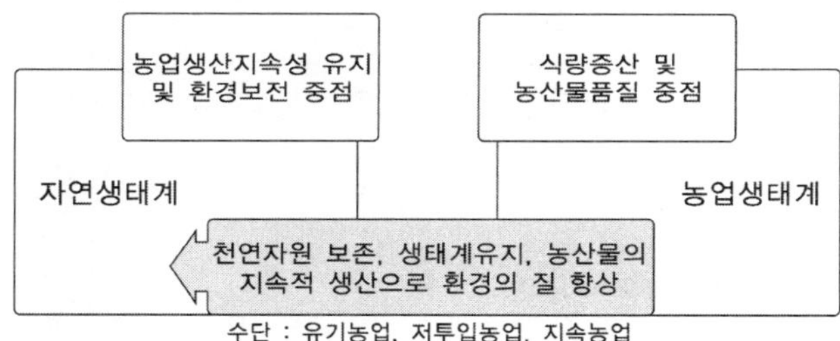

10 기후변화와 농업에 대한 내용으로 적절하지 않은 것은?

① 기후변화는 인류의 생존을 위한 기본 조건인 먹을거리의 안정적 수급을 위협하는 요인이 되고 있다.

② 온실가스 저감, 기후변화 속 높은 생산성을 유지할 수 있는 품종 개발 등 기후변화에 대응할 수 있는 연구개발이 중요하다.

③ 기후변화에 따른 농업 부분에서는 농작물 생산성 하락과 이로 인한 세계적 애그플레이션의 문제까지 발생하였다.

④ 기후 변화의 사후 대처는 효과가 미미한 편이다.

TIP ④ 지금 당장 시작한다면 결코 늦지 않으며 기업, 정부, 개인들이 각각의 영역에서 해야 할 일을 찾아내 실천하는 것이 무엇보다 중요하다.

Answer 9.③ 10.④

11 다음의 사례에서 설명하는 것은?

> 아들 : 어, 엄마 방금 구운 빵이에요. 먹고 싶어요.
> 엄마 : (음, 나도 사주고 싶지만 요즘 빵가격이 너무 올라 버렸네. 제일 저렴한 소보루빵이 4,000원이라니….). 아들, 차라리 몸에 좋은 과일을 먹는 건 어때?
> 아들 : 싫어요. 빵 사주세요!
> 엄마 : 빵의 주원료인 밀가루 가격 상승이 결국 빵의 가격을 올려버렸어!

① 피시플레이션 ② 애그플레이션
③ 디노미네이션 ④ 스태그플레이션

TIP ② 보기의 사례는 빵의 주원료인 밀가루 등 곡물 가격 상승으로 인해 나타나는 애그플레이션에 대한 내용이다. 애그플레이션은 농업(agriculture)과 인플레이션(inflation)의 합성어로 농산물 가격의 급등으로 인하여 일반 물가도 상승하는 현상이다. 지구 온난화로 세계 각지에서 기상이변이 속출하면서 지난 2008년에 애그플레이션이 크게 발생한 적이 있다. 세계적인 밀가루와 옥수수 생산국가인 호주에서 극심한 가뭄과 홍수로 인하여 농작물의 작황이 감소되고, 목축지 확장으로 인한 경작지 감소, 중국과 인도 등 브릭스(BRICs) 국가의 경제성장으로 인한 곡물 수요 증가가 맞물린 것이 원인이며 애그플레이션은 식량수급 불균형으로 인한 물가를 상승시켜 아프리카나 동남아 지역의 기아 수를 증가시킨다.

12 우리나라와 세계 농업에 관한 내용으로 옳지 않은 것은?

① 강수량 증가, 가뭄 등의 기후변화는 실제로 작물이 자라는 토양 표면을 유실시켜 지력과 생산성이 저하된다.
② 전 세계 농산물 생산에 관개농업이 차지하는 양은 미미하다.
③ 우리나라의 경우 강우의 계절적 편중이 심해지는 현상도 농업용수를 안정적으로 확보하는데 어려움이 있다.
④ 한반도의 아열대화로 여름철 채소의 주산지인 고랭지 채소재배 면적도 점차 감소하는 추세에 있다.

TIP ② 관개농업이란 건조 지역에서 농작물이 성장할 수 있도록 저수지나 보 등 관개 시설을 설치해서 물을 공급해 농작물을 재배하는 농업을 말한다. 전 세계 농산물의 40%는 관개농업에 의존하고 있어 물의 부족은 농업에 심각한 위협요인으로 부각되고 있다.

Answer 11.② 12.②

13 **지구온난화에 따른 농업경영자의 대처 방안으로 어색한 것은?**

① 기후변화로 농작물의 주산지가 북상하고 있다.
② 이상기후로 인한 가뭄, 우박 등 피해가 꾸준히 늘고 있어 이에 대한 대비책 마련이 필요하다.
③ 태풍이나 가뭄, 홍수는 자연적 현상이기 때문에 자연 피해를 상대적으로 덜 보는 산업으로 변화하여야 한다.
④ 우리나라의 기후가 평균기온 상승과 더불어 아열대성으로 변화함에 따라 이에 대응하기 위한 다각적인 농업기술 개발을 하여야 한다.

TIP ③ 이상기후 피해 최소화를 위해서 가뭄, 대설, 태풍 관련 기상재해 위험지도를 작성하거나 기상위험에 대한 위험도를 알려주는 서비스를 실시하는 노력을 해야 할 것이다.
② 고온, 고이산화탄소 등 내재해성 신품종 육성, 신소득 열대·아열대 작물 개발이 필요하며, 고온에서 발생하는 가축질병 대응기술개발과 아열대성 새롭게 나타난 병해충 및 잡초 정밀예찰과 조기방제기술 개발 등의 연구가 진행되어야 한다.

14 **다음 중 우리나라의 기온상승이 농업에 가져다주는 영향으로 옳지 않은 것은?**

① 재배한계선의 북상하여 과수 재배 면적이 넓어질 것이다.
② 호냉성 작물의 재배는 더욱 커진다.
③ 재배 작목이 온대성 작물에서 열대 및 아열대 작물로 바뀐다.
④ 하우스 재배의 경우 겨울 난방비가 언 정도 감소할 것이다.

TIP ② 호냉성 작물의 재배가능 면적이 축소되고 열대, 아열대 작물의 재배 지역이 확장된다. 기후변화는 주산지 변화 등 한반도 전체 농업생산시스템 변화 줄 것으로 예측되며 한반도 온난화에 따라 남쪽부터 호온성 작물로 대체 가능성이 커질 것으로 전망된다. 또한 배추, 양배추 등 서늘한 기후를 좋아하는 작물은 북쪽이나 고산지대로 이동할 것이며, 북한에서 생산하는 것이 유리한 기상여건이 조성될 경우 기존 남한에서 재배되었던 작물은 점차 축소될 것으로 전망된다.

15 **다음 중 기상이변이 농업에 미치는 영향이 아닌 것은?**

① 염수 유입으로 인한 염해가 늘어난다.
② 농경지 훼손이 많아질 것이다.
③ 벼 백수현상은 줄어든다.
④ 폭설에 의한 생산시설 붕괴 및 농업인 거주지 고립 등이 많아진다.

TIP ③ 벼 백수현상은 보통 태풍이 지나간 뒤에 나타나는 현상으로 기상이변으로 인한 태풍의 발생이 많아지면 벼의 백수현상은 더욱 늘어난다.

Answer 13.③ 14.② 15.③

16 **다음은 기상이변으로 인한 미래의 농업생산 상황을 나타낸 것으로 잘못 해석한 것은?**

① 벼, 과수, 채소의 최적지 변화로 지속적인 재배적지 이동이 나타난다.
② 남방계 병해충 증가 및 해충 증식 속도가 증가한다.
③ 여름철 경사지 토양 침식 증가 및 비료 성분이 감소한다.
④ 강수량 증가로 저수시설 붕괴 우려가 커지나 곡물가격에는 변화가 없을 것이다.

TIP ④ 온난화로 인한 벼의 생산 감소로 곡물가격은 상승할 것으로 예측된다.

17 **기상이변으로 인한 농업생산체계를 변화할 시 장기적 대책에 해당되지 않는 것은?**

① IT, BT, NT와의 융·복합을 통하여 안정적으로 생산·관리할 수 있는 기술 개발
② 위기 시 신속한 생산 및 저장을 위한 대체 기술 개발
③ 변화하는 기후 환경에 맞도록 새로운 작부 체계 정립
④ 생명공학기술을 이용한 기후변화·기상재해에 강한 적응 품종 및 축종 개발

TIP ③ 단기적 대책에 해당한다고 볼 수 있다.

Answer 16.④ 17.③

02 농업경영의 이해

(1) 일반경영과 농업경영의 차이

① **생산물과 경영규모 및 경영형태** … 농업은 자연을 대상으로 농산물을 생산하고 유통하는 산업이며, 또한 농지와 물을 이용하여 농산물을 생산하게 된다. 반면, 제조업이나 서비스업은 인위적으로 제어할 수 있는 공간에서 제품과 서비스를 생산한다. 또한 농업경영은 자연을 대상으로 하므로 일반 기업경영에 비하여 불확실성과 위험도가 상대적으로 높다. 그리고 농업경영은 규모면에서 영세하므로 농업경영과 가계가 명확히 구분되지 않는다. 이 때문에 농업경영 계획 수립과 농업경영 관리가 제대로 이루어지지 못하는 특징을 지닌다.

② **노동과 경영목표의 관계 설정의 차이** … 일반 기업의 경우, 이사회가 기업의 경영방침과 경영목표를 설정하고 기업이 목표를 달성하기 위하여 일반적으로 전문 경영인을 채용하여 경영하며 특히 주식회사는 경영인과 노동자의 구분이 명확하다. 하지만 농업경영의 경우, 농업인이나 가족들이 경영목표를 수립하고 개인노동이나 가족 노동으로 농산물을 생산하므로 경영자와 노동자를 구분하기가 어렵다. 그러나 최근 영농조합 법인 및 영농회사 법인 등이 증가함에 따라 다소 농업경영의 활동이 체계화 되어가고 있지만, 여전히 관계 설정은 모호하다.

(2) 농업경영의 제반 조건

① **자연적 조건** … 기상조건(온도, 일조, 강우량, 바람 등), 토지조건(토질, 수리, 경사)

② **경제적 조건** … 농장과 시장과의 경제적 거리

③ **사회적 조건** … 국민의 소비습관, 공업 및 농업의 과학기술 발달수준, 농업에 관한 각종 제도, 법률과 농업정책, 협동조합의 발달 정도

④ **개인적 사정** … 경영주 능력, 소유 토지규모와 상태, 가족수, 자본력

(3) 농업경영조직의 일반적 구성

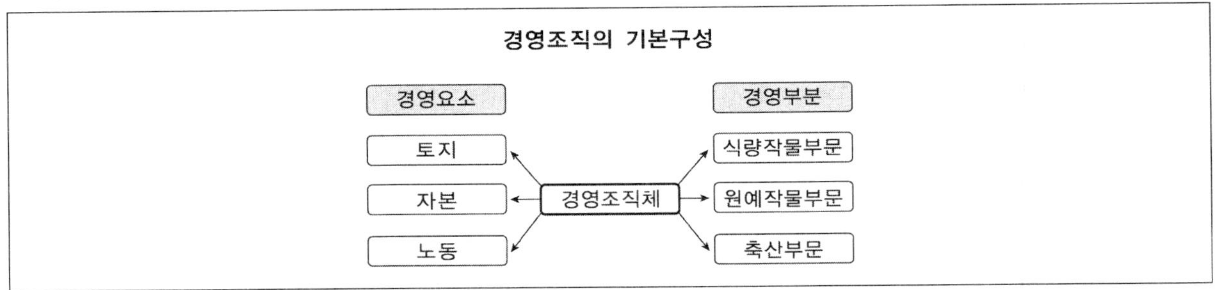

(4) 경영조직의 결정요인

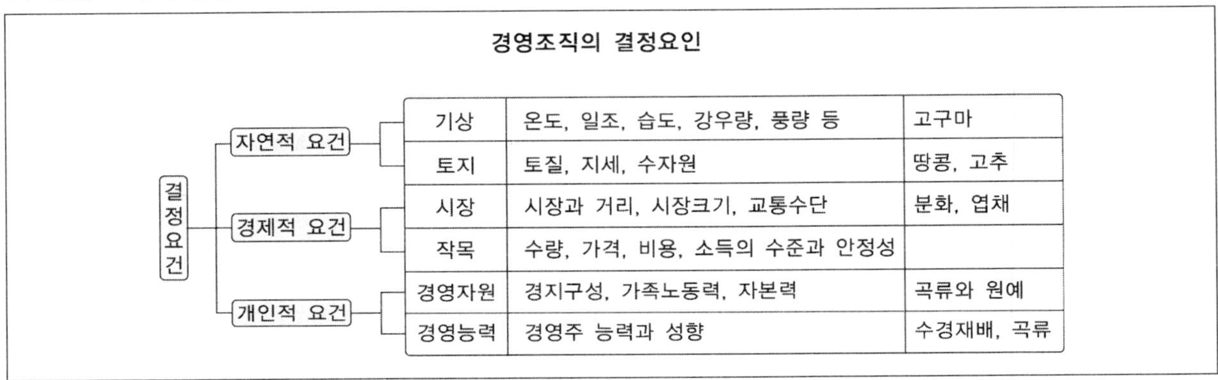

기상	온도, 일조, 습도, 강우량, 풍량 등	고구마
토지	토질, 지세, 수자원	땅콩, 고추
시장	시장과 거리, 시장크기, 교통수단	분화, 엽채
작목	수량, 가격, 비용, 소득의 수준과 안정성	
경영자원	경지구성, 가족노동력, 자본력	곡류와 원예
경영능력	경영주 능력과 성향	수경재배, 곡류

(5) 농업경영의사결정의 단계

문제정의 → 문제원인의 발굴 → 대안개발 → 대안선택 → 대안실행계획수립 → 성과평가의 순서로 진행된다.

출제 예상 문제

1 다음은 농업경영에 대한 정의이다. ( ) 안에 들어갈 알맞은 용어는?

> 농업경영이란 농업경영자가 정한 경영목표를 달성하기 위하여 (㉠)하고, (㉡)하며 이를 (㉢)하는 과정을 말한다.

	㉠	㉡	㉢		㉠	㉡	㉢
①	계획	실행	통제	②	관리	피드백	통제
③	조직	관리	통제	④	예상	실행	통제

TIP ① 농업경영이란 농업경영자가 정한 경영목표를 달성하기 위하여 계획(Planning)하고, 실행(Implementation)하며 이를 통제(Control)하는 과정을 말한다.

2 농업경영과 일반경영의 차이점으로 옳지 않은 것은?

① 인위적으로 제어할 수 없는 자연 조건하에서 농산물을 생산하는 농업경영은 일반 경영에 비하여 불확실성과 위험이 높다.
② 농업경영은 경영과 가계가 명확하게 분리되어 있지 않아 생산물의 원가계산이나 농업경영계획 수립에 있어서 전문적인 경영시스템을 도입하는데 애로가 있다.
③ 농업경영은 이사회가 회사의 경영방침과 목표를 설정하고 경영목표 달성을 위하여 전문경영인을 채용함으로서 경영자와 노동자의 업무는 완전하게 분리된다.
④ 농업경영은 생산의 계절성으로 인해 연중 생산이 어려울 수 있고 생산의 많고 적음에 따라서 농산물의 가격 변동이 발생할 수 있다.

TIP 일반회사 경영은 이사회가 회사의 경영방침과 목표를 설정하고 경영목표 달성을 위하여 전문경영인을 채용함으로서 경영자와 노동자의 업무는 완전하게 분리된다.

Answer 1.① 2.③

3 **농업경영과 일반경영의 차이를 기술한 것으로 틀린 것은?**

① 농업경영은 일반경영보다 규모면에서 열악하다.
② 농업 경영은 보통 이사회가 회사의 경영방침과 경영목표를 설정하는 방식으로 이루어진다.
③ 농업경영에서 노동자와 경영인을 분간하기 어렵다.
④ 농업경영은 주로 농산물을 대상으로 생산하고 판매를 한다.

TIP ② 농업경영은 보통 개인이나 가족이 노동으로 생산하며, 이사회에서 경영방침을 수립하고 결정하는 것은 일반적인 기업경영에서 나타난다.

4 **농업 경영의 3요소의 종류가 아닌 것은?**

① 노동력
② 토지
③ 농기구
④ 과학

TIP ④ 농업의 필수적인 3요소는 노동력과 토지(자연) 그리고 노동 수단으로서의 자본재(농기구, 비료, 사료 등)라고 할 수 있다.

5 **다음 그림은 농업경영요소를 도형으로 나타낸 것이다. □ 안에 들어가야 할 것은?**

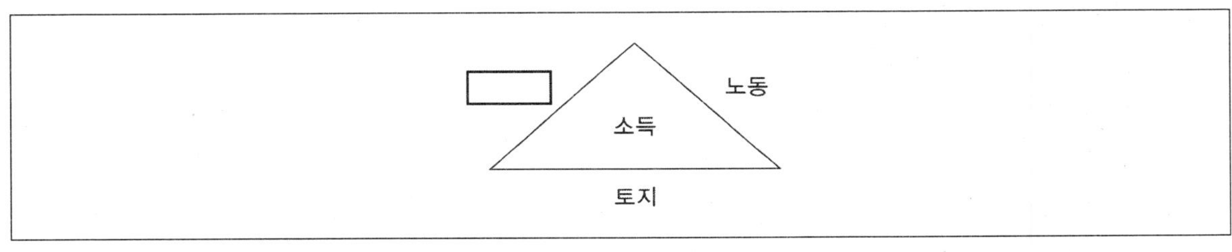

① 자본
② 경제
③ 윤리
④ 정부

TIP □는 자본이다. 삼각형의 넓이를 소득이라 할 경우 토지, 노동, 자본의 경영 필수요소가 균형감 있게 결합되어 정삼각형이 될 때 소득이 극대화될 수 있다.

Answer 3.② 4.④ 5.①

6 **농업경영에 대한 설명으로 적절하지 못한 것은?**

① 농업인이 일정한 목적을 가지고 지속적으로 노동력과 토지 및 자본재인 비료, 사료, 농기구 등을 이용하는 것을 말한다.

② 농사에 필요한 토지와 노동, 자본은 한계가 있기 때문에 부족한 자원을 효율적으로 배분하는 지혜가 필요하다.

③ 작물의 재배, 가축의 사양 및 농산물 가공 등을 함으로써 농산물을 생산하고 그것을 이용, 판매, 처분하는 것은 농업경영에 해당한다고 보기 어렵다.

④ 농업경영체로서 가장 중요한 것은 일정한 목적이 있어야 하고 일정한 조직체여야 한다는 점이다.

TIP ③ 농업인이 어떤 목적을 가지고 보유한 노동력과 토지, 자본재를 활용하여 작물의 재배, 가축의 사양 및 농산물가공 등을 통해 농산물을 생산하고 그것을 이용, 판매, 처분하는 지속적인 조직적인 활동을 농업경영이라 한다.

7 **다음 중 농업의 요건이 잘못 짝지어진 것은?**

① 사회적 조건 – 경영주 능력, 소유 토지규모와 상태

② 개인적 사정 – 가족수, 자본력

③ 경제적 조건 – 농장과 시장과의 경제적 거리

④ 자연적 조건 – 기상조건, 토지조건

TIP ① 경영주 능력, 소유 토지규모와 상태는 개인적 사정에 해당한다.

Answer 6.③ 7.①

8 다음 그림에서 A에 들어갈 알맞은 것은?

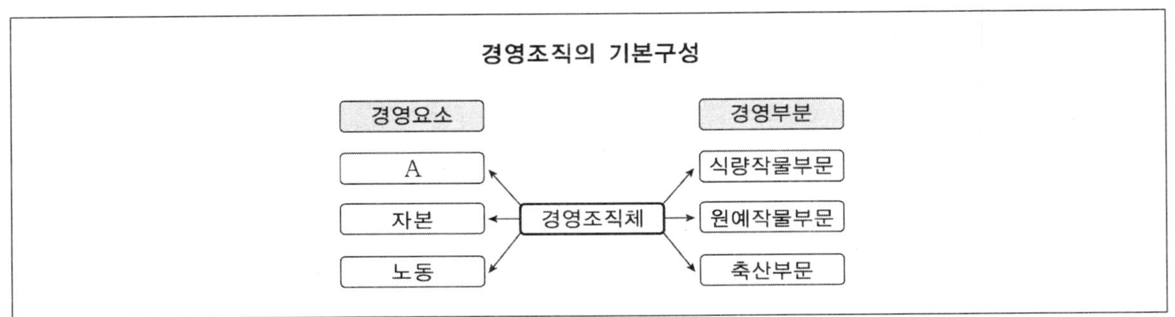

① 토지 ② 정보통신
③ 의료 ④ 비료

TIP ① 농업경영 3요소는 토지, 자본, 노동이다.

9 경영조직을 결정하는 요소 가운데 개인적 요건으로만 짝지어진 것은?

㉠ 온도	㉡ 습도
㉢ 강우량	㉣ 시장과 거리
㉤ 가격	㉥ 경영주 능력
㉦ 자본력	

① ㉠, ㉡, ㉢, ㉥, ㉦ ② ㉣, ㉤, ㉥, ㉦
③ ㉠, ㉣, ㉤ ④ ㉥, ㉦

TIP ④ 경영주의 능력과 자본력은 개인적 요건에 해당한다.

Answer 8.① 9.④

10 다음 중 농업경영의사결정의 단계를 올바르게 표시한 것은?

① 대안작성 → 문제정의 → 문제원인의 발견 → 근무평정 → 대안실행계획수립 → 성과평가
② 문제정의 → 대안개발 → 문제원인의 발견 → 대안선택 → 대안실행계획수립 → 성과평가
③ 문제정의 → 대안개발 → 문제원인의 발견 → 성과평가 → 대안작성 → 대안실행계획수립
④ 문제정의 → 문제원인의 발견 → 대안개발 → 대안선택 → 대안실행계획수립 → 성과평가

TIP 문제정의 → 문제원인의 발견 → 대안개발 → 대안선택 → 대안실행계획수립 → 성과평가의 순서로 진행된다.

11 다음 중 경영계획의 순서로 올바른 것은?

① 경영목표의 설정 → 재배형태의 결정 → 시설구축 및 배치계획 → 세부실천계획 → 수입 및 지출계획 → 경영시산 → 경영예상성과 분석 → 융자금상환 및 소득처분계획 → 참고자료의 수집이용계획
② 경영목표의 설정 → 세부실천계획 → 재배형태의 결정 → 시설구축 및 배치계획 → 수입 및 지출계획 → 경영시산 → 경영예상성과 분석 → 융자금상환 및 소득처분계획 → 참고자료의 수집이용계획
③ 경영목표의 설정 → 재배형태의 결정 → 시설구축 및 배치계획 → 세부실천계획 → 수입 및 지출계획 → 융자금상환 및 소득처분계획 → 경영시산 → 경영예상성과 분석 → 참고자료의 수집이용계획
④ 참고자료의 수집이용계획 → 재배형태의 결정 → 시설구축 및 배치계획 → 세부실천계획 → 수입 및 지출계획 → 경영시산 → 경영예상성과 분석 → 융자금상환 및 소득처분계획 → 경영목표의 설정

TIP ※ 경영계획의 순서
㉠ 경영목표의 설정
㉡ 경영규모 및 작부기간, 재배형태의 결정
㉢ 시설구축 및 배치계획
㉣ 세부실천계획(생산자재확보, 작업단계별 재배 관리, 자금수급 및 시설장비 보수)
㉤ 수입 및 지출계획(수입계획을 시기별로 예상생산량, 예상판매단가, 예상수입금액 등을 작성, 지출계획을 비목별로 구체적으로 수량, 단가, 금액 등을 작성)
㉥ 경영시산(손익계산서와 기말대차표 작성)
㉦ 경영예상성과 분석(경영성과분석하고 지표 작성)
㉧ 융자금상환 및 소득처분계획
㉨ 참고자료의 수집이용계획(가격 정보 등)

Answer 10.④ 11.①

03 시장의 원리와 농업경제

(1) 시장의 구분

① **완전경쟁시장** … 완전경쟁시장은 가격이 완전경쟁에 의해 형성되는 시장을 말한다. 완전경쟁시장이 성립하기 위해서는 생산과 거래대상이 되는 상품의 품질이 동일해야 하며, 개별 경제주체가 가격에 영향력을 행사할 수 없을 정도로 수요자와 생산자의 수가 많아야 하고, 모든 시장참가자들은 거래와 시장 여건에 관해 완전한 정보를 가지고 있어야 한다. 또한 시장참가자들의 자유로운 시장진입과 이탈은 물론 생산요소의 자유로운 이동이 보장되어야 한다. 따라서 현실세계에서는 존재하기 어려운 이상적인 시장 형태이다.

② **독점시장** … 독점시장이란 공급자의 수가 하나인 시장을 말한다. 대표적으로 우리나라에서 담배를 독점적으로 판매하는 KT&G, 고속철도 등이 있다.

TIP

독점의 특징

구분	내용
시장지배력	독점기업은 시장지배력(market power)을 가지며, 가격설정자(price seter)로 행동한다. 즉, 가격차별(price discrimination)이 가능하다.
우하향의 수요곡선	독점기업이 직면하는 수요곡선은 우하향하는 시장 전체의 수요곡선이다. 따라서 수요곡선이 우하향하므로 판매량을 증가시키기 위해서는 반드시 가격을 인하해야 한다.
경쟁압력의 부재	직접적인 대체재가 존재하지 않고, 경쟁상대가 없으므로 독점기업은 직접적인 경쟁압력을 받지는 않는다.

③ **과점시장** … 과점시장은 소수의 생산자가 존재하는 시장을 말한다. 대표적으로 자동차, 이동통신, 항공 서비스 등이 있다.

④ **독점적 경쟁시장** … 음식점 · 미용실 같이 조금씩 질이 다른 상품을 생산하는 다수의 생산자들로 구성된 시장을 말한다. 이들은 같은 상품을 팔아도 품질과 서비스가 동일하지 않기 때문에 독점의 성격을 가지며 시장진출입이 자유롭다는 점에서 경쟁시장의 성격을 모두 갖고 있다.

TIP

시장(Market) … 시장이란 상품을 사고자 하는 사람과 팔고자 하는 사람 사이에 교환이 이루어지는 곳을 말한다. 시장은 우리가 흔히 접하는 재래시장, 대형 마트, 인력 시장과 같은 가시적인 곳도 있지만 증권시장, 외환시장, 사이버 시장과 같이 네트워크를 통해 거래가 이뤄져 눈에 보이지 않는 시장도 존재한다. 이처럼 형태는 달라도 각 시장은 상품을 팔고 사는 사람이 모여 거래가 이루어진다는 공통점을 가진다. 시장에는 서로 상반되는 이해관계를 가진 두 세력이 존재한다. 바로 상품을 판매(공급)하려는 측과 구매(수요)하려는 측으로 공급자는 보다 비싼 가격으로 판매를 위해, 수요자는 보다 싼 가격으로 구매를 하고자 노력한다.

(2) 시장의 원리

① **경쟁의 원리** … 시장은 자신의 이익을 위해 경쟁을 하는 구조이다. 생산자들은 가격, 제품의 질, 원가 절감, 새로운 시장 판로 개척 등을 실시하는데 이는 다른 경쟁자들보다 더 많은 이익을 얻기 위한 경쟁이라 볼 수 있다. 시장에서 경쟁은 시장의 가격기구가 잘 작동할 수 있도록 역할을 함과 동시에 기술발달을 가져오기도 한다.

② **이익추구의 원리** … 시장에서 거래를 하는 사람들은 자유의지에 따라 서로가 원하는 재화와 서비스를 다루게 되는데, 이는 이익을 추구하고자 하는 개인의 이기심에 의한 것이라 할 수 있다. 이처럼 시장은 개개인의 이익을 추구하고자 하는 심리에 의해 운영되는 것이다.

③ **자유교환의 원리** … 시장에서 거래 당사자들은 어느 누구의 간섭 없이 자발적으로 원하는 재화와 서비스를 교환한다는 것을 말한다. 즉 자유롭게 교환이 가능해져 경제 구성원들은 모두 풍족하게 삶을 누릴 수 있게 된다고 말한다.

(3) 경제활동의 구분

① **생산** … 삶에 필요한 재화(물건)와 용역(서비스)을 만드는 활동을 의미한다. 대표적으로 농업, 어업활동, 제조업, 서비스 판매 등의 활동이 해당된다.

② **소비** … 생산된 재화와 용역을 사용하는 것을 가리킨다. 소비에 대한 예로 상품을 구입한 비용을 지불하고, 이발, 미용과 같은 서비스의 대가를 지불하는 것 등이 해당된다.

③ **분배** … 인간이 생활에 필요한 재화와 용역을 만들어 제공하는 생산 활동을 하게 되면 그에 대한 보상이 주어지기 마련이다. 분배란 생산 활동에 참여한 사람들이 그 대가를 분배 받는 활동을 말한다.

TIP

경제객체의 구분

구분			내용
재화	자유재	절대적 자유재	공기, 햇빛, 바람 등
		상대적 자유재	전기, 수도, 장식용 대리석 등
	경제재	생산재	농기계, 원자재, 농장 설비 등
		소비재	생활필수품, 비료 등
용역	간접용역(물적 서비스)		보험, 금융, 보관, 판매 서비스 등의 물적 행위
	직접용역(인적 서비스)		의사, 연예인 등의 활동

(4) 수요(수요 결정 요인)

구분	내용
소득 수준	일반적으로 가계의 소득이 증가되면 일반적인 재화의 수요는 늘어나는데 이를 정상재라 한다. 그러나 예외적으로 소득이 증가해도 수요가 늘지 않는 재화가 있는데, 이를 열등재라 부른다. 동일한 재화가 소득 수준이나 생활환경에 따라 열등재가 되기도 하고 정상재가 되기도 한다. 예를 들어 가난한 시절에는 지하철을 타고 다니다가 경제적으로 성공한 이후에는 고급 승용차를 타고 다닌다면 소득이 증가해도 수요가 늘지 않아 지하철이 이 사람에게 열등재로 되지만, 걸어다니던 B라는 사람이 소득이 나아지면서 지하철을 타고 다닌다면 지하철은 B에게 열등재로 볼 수 없다. 열등재의 한 종류로 기펜제라는 재화가 존재한다.
재화 가격	과자 수요에 영향을 미치는 것을 살펴보면 우선 가장 중요한 것이 가격일 것이다. 과자의 가격이 오르고 내림에 따라 과자를 사고자 하는 사람들의 욕구는 달라져 수요량이 변화할 것이라 예측할 수 있기 때문이다.
관련 재화 가격	다시 과자를 예로 들면 과자를 대신할 수 있는 과일의 가격이 오르거나 내리는 것도 수요에 영향을 미친다. 관련 재화는 피자를 먹을 때 같이 먹는 콜라처럼 서로 보완해주는 관계가 있으며, 이와 반대로 영화와 DVD처럼 서로 대체가 가능한 관계의 관련 재화가 있다. 서로 보완해주는 관계의 피자와 콜라에서 피자의 가격이 상승하게 되면, 자연스럽게 콜라에 대한 수요도 감소하게 되는데 이처럼 서로 보완할 수 있는 관계의 재화를 보완재라 부른다. 이와 반대로 영화 감상 요금이 올라가면 영화관을 대체할 수 있는 DVD 수요가 늘어나는 현상이 나타나기도 하는데, 이처럼 서로 대체해서 사용할 수 있는 재화를 대체재라 부른다.
미래 예상 가격	수요는 해당 재화의 미래 가격에 대한 예상에 영향을 받기도 한다. 대표적인 것이 바로 부동산이라 할 수 있다. 부동산 시장에서 사람들은 가격이 더 오르기 전에 미리 부동산을 구입하려고 한다. 그런데 이런 동기에 의한 수요는 자신이 실제로 사용하기 위한 것이기도 하지만, 미래에 가격이 올랐을 때 되팔아 차익을 얻기 위한 목적으로 나타나기도 한다. 이런 목적의 수요를 투기적 수요라고 부른다.
선호도 변화	수요를 결정하는 요인 중에는 해당 재화의 선호도도 크게 작용한다. 만약 과자를 좋아하는 사람의 기호가 달라져 과자를 덜 사먹는 대신 오렌지나 다른 과일을 사기를 원하면 과자에 수요는 감소하고 과일의 수요는 증가하게 된다.

수요변화 요인		수요변화	수요곡선 이동
소비자 소득수준 향상	정상재	수요증가	우측이동
	열등재	수요감소	좌측이동
	중립재	수요불변	불변
다른 상품의 가격 상승	대체재	수요증가	우측이동
	보완재	수요감소	좌측이동
	독립재	수요불변	불변

TIP

수요의 가격탄력성

㉠ 개념 : 가격 변화에 대해 수요량이 어느 정도 반응하는가를 나타낸 지표로 가격 변동비율에 대한 수요량 변동비율의 절대값을 의미한다. 일반적으로 탄력적인 상품은 기호품이나 사치품, 비탄력적인 상품은 생필품이며 기호품인 화훼는 비싸면 구매하지 않아도 별 문제가 없기 때문에 가격의 변화에 수요량이 민감하게 반응한다. 따라서 탄력적이라 할 수 있으며, 반면에 생필품인 쌀은 싸다고 많이 먹을 수 없기 때문에 가격의 변화에 수요량이 크게 변동하지 않아 비탄력적이라 할 수 있다. 가격탄력성이 비탄력적인 농산물은 가격이 낮아져도 수요량이 크게 증가하지 않아, 과소 · 과잉생산 시 가격이 큰 폭으로 등락할 우려가 있다.

㉡ $\text{수요의 가격탄력성} = \frac{\text{수요량변화율}}{\text{가격변화율}}$

TIP

수요의 소득탄력성

㉠ 개념 : 소득의 변화에 대해 수요량이 어느 정도로 민감하게 반응하는가를 나타낸 지표로 소비자의 소득 변동률에 대한 수요의 변동률을 나타내는 값을 말한다.

㉡ $\text{수요의 소득탄력성} = \frac{\text{수요량의 변화율}}{\text{소득의 변화율}}$

㉢ 소득탄력성에 의한 상품 분류

구분	내용
정상재	소득 탄력성의 지수가 0보다 큼
열등재	소득 탄력성의 지수가 0보다 작음

㉣ 소득탄력성을 응용한 경영

구분	내용
소득탄력성이 높은 품목	수요 큰 폭 증가하기 때문에 고소득층을 대상으로 한다.
소득탄력성이 낮은 품목	수요 소폭 증가 혹은 감소의 경향으로 보이므로 저소득층을 대상으로 한다.

TIP

수요의 교차탄력성

㉠ 개념 : 두 개의 상품이 서로 관련이 있다면 어떤 상품의 가격 변동이 다른 상품 수요량에 영향을 미치게 되며, 어떤 상품의 가격 변동률에 대한 다른 상품의 수요량 변동률을 나타낸 값을 의미한다.

㉡ $\text{수요의 교차탄력성} = \left[\frac{B\text{재 수요량의 변화율}}{A\text{재 가격의 변화율}}\right]$

㉢ 교차탄력성에 의한 상품분류

구분	내용
대체재	수요의 교차탄력성이 양(+)인 경우 예 미국 오렌지와 한라봉, 사과와 배
보완재	수요의 교차탄력성이 음(−)인 경우 예 돼지고기와 상추

(5) 공급(공급의 변동요인)

구분	내용
공급자의 기대나 예상의 변화	미래에 사람들이 상품을 많이 살 것이라고 기대되면 공급자들은 당장 공급을 하지 않고 보관하려고 하여 공급이 감소하여 공급이 변동된다.
공급자 수	공급자의 수가 늘어나면 시장에 공급되는 상품의 양도 늘어나게 된다.
생산기술 변화	신기술을 개발하여 생산성이 향상되면 상품의 공급이 증가하여 공급의 변동이 나타난다.
생산비용의 변화	생산 요소의 가격이 하락하여 생산 비용이 감소하면 공급이 증가하고 생산 요소의 가격이 상승하면 공급은 감소하게 된다.

(6) 균형가격

① 시장에서 공급량과 수요량이 일치하는 상태에서 가격은 더 이상 움직이지 않게 되는데 그 때의 가격 수준을 말한다.

② 균형가격은 수요량과 공급량이 일치하는 수준에서 균형 가격이 결정된다.

구분	내용
가격상승	수요량 감소, 공급량 증가 → 초과공급 발생 → 가격하락
가격하락	수요량 증가, 공급량 감소 → 초과수요 발생 → 가격상승

(7) 생산물 시장과 생산요소 시장

① **생산물시장** … 쌀, 자동차, 스마트폰, 영화와 같이 소비를 위한 재화와 통신, 미용 서비스 등을 총칭하며 이들이 거래되는 시장을 생산물 시장이라 한다. 생산물시장에서 가계는 생산물의 수요자이며 기업은 해당 생산물을 공급하는 공급자가 된다.

② **생산요소 시장** … 토지, 자본, 노동과 같이 생산에 필요한 요소로 노동시장(구직 박람회), 자본시장(증권거래소)이 대표적인 생산요소 시장이 할 수 있다. 생산요소시장 중에서 노동시장을 예를 들면 가계는 생산요소 공급자, 기업은 생산요소 수요자로 볼 수 있다. 노동시장에서는 기업이 필요로 하는 '수요'와 '노동 서비스'를 제공하는 가계의 '공급'이 만나 '임금'과 '고용량'이 결정된다.

(8) 시장 가격의 기능

① **정보전달의 역할** … 가격은 생산자와 무엇을 구매할 것인지, 판매자는 무엇을 얼마나 생산하고 구매할 것인지를 결정하는 데 필요한 정보를 제공하는 역할을 한다. 예를 들어 커피 전문점에서 커피를 먹고 싶은 소비자는 시장에서 형성되는 균형가격 수준에서 돈을 지불하기만 하면 원하는 커피를 마실 수 있으며 이를 근거로 공급자인 커피 공급 업체는 커피를 제공한다. 이처럼 가격은 소비자가 그 상품을 얼마나 원하고 있는지, 그리고 생산자가 그 상품을 생산하는 데 얼마나 많은 비용이 드는지에 관한 정보를 알려주기 때문에 가격은 경제주체들에게 정보를 전달하는 신호의 역할을 한다고 볼 수 있다.

② **자원 배분 기능** … 시장에서 생산자는 제한된 자원을 사용하여 물품을 팔아 최대의 이윤을 얻고자 하며, 소비자는 한정된 소득으로 가장 큰 만족을 얻기 위해 경쟁을 한다. 이러한 각자의 이익추구 행위 덕분에 수많은 재화와 서비스가 생산되어 시장에서 거래를 하게 되고 필요한 사람에게 공급된다. 이는 사회라는 큰 틀에서 보면 전체적으로 한정되어 있던 자원이 필요한 자들에게 효율적으로 분배되고 있음을 알 수 있다.

③ **경제활동의 동기 부여** … 우리나라에서 몇 년 전부터 패딩 점퍼가 유행을 하면서 패딩 점퍼 상품가격이 상승한 적이 있다. 이렇게 가격이 상승하게 되면 그 제품을 생산하는 기업들에게 더 많이 생산할 수 있는 동기를 부여하게 되고, 다른 업계의 기업들도 패딩 점퍼 사업에 참여를 하는 촉매제가 된다. 이처럼 가격은 경제활동의 동기를 부여하는 기능도 한다.

(9) 시장 한계와 실패

① **독점 출현** … 시장 참여자들 사이에서 자유로운 경쟁이 이루어지지 않으면 시장 실패가 나타나게 된다. 이와 같이 경쟁을 제한하는 대표적인 예가 독과점 기업을 들 수 있다. 독과점 기업은 다른 기업들이 시장에 새롭게 진입할 수 없도록 다양한 장벽을 마련하여 경쟁을 제한한다. 독과점 기업은 이윤을 극대화하기 위해 재화나 서비스의 공급량을 적절히 줄여 나감으로써 시장 가격을 올리려고 할 것이다. 그 결과 시장에서 수많은 공급자들이 경쟁하면서 상품을 공급할 때보다는 훨씬 적은 수의 재화와 서비스가 공급되고 더욱 비싼 가격에 판매를 하는 폐해가 발생하게 되는 것이다.

② **외부효과 발생** … 외부 효과란 어떤 시장 참여자의 경제적 행위가 다른 사람들에게 의도하지 않은 혜택이나 손해를 가져다 주는데도 불구하고 이에 대해 아무런 대가를 받지도, 지불하지도 않는 현상을 말한다. 외부효과는 다른 사람들에게 긍정적인 영향을 주었는지 아니면 부정적인 영향을 주었는지로 구분 할 수 있다. 외부 효과가 나타나는 경우에 개인이 부담하는 비용과 사회 전체가 부담하는 비용이 다르고, 이에 따라 사회 전체적으로 필요한 재화와 서비스의 생산량과 실제 생산량 사이에 차이가 나기 때문에 시장 실패가 발생한다.

③ **공공재의 무임승차** … 치안, 국방, 보건, 의료, 사회간접자본처럼 여러 사람의 사용을 위해 생산된 재화나 서비스를 공공재라 하는데 이러한 공공재적인 특성을 나타내는 공공재도 무임승차라는 문제점이 있어 시장 실패를 가져 올 수 있다. 무임 승차자의 문제란 사람들이 어떤 재화와 서비스의 소비를 통해 일정한 혜택을 보지만, 이런 혜택에 대해 어떤 비용도 지불하지 않는 것으로 생산된 재화나 서비스에 대해 아무런 비용을 지불하지 않기 때문에 시장의 실패가 일어난다고 볼 수 있다.

(10) 인플레이션

인플레이션이란 일반 물가수준이 상승하는 현상을 말한다. 인플레이션은 돈의 가치가 갑자기 폭락해 화폐의 중요한 기능인 가치저장의 기능을 상실하게 되어 사회적으로 큰 혼란을 야기 한다. 또한 해당 국가의 통화가치 하락과 화폐 구매력의 약화현상을 가져오며, 고정소득자의 실질소득 감소와 국제수지 악화와 같은 부정적인 문제점이 나타난다. 일반적으로 인플레이션이 발생하면 건물이나 땅, 주택과 같은 실물의 가치는 상승하고 화폐 가치는 하락한다. 그래서 실물 자산을 소유하지 않은 봉급생활자들은 화폐 가치 하락되어 실질 소득이 감소하므로 인플레이션이 발생하면 빈부 격차가 심화된다.

① 수요 견인 인플레이션

② 비용 인상 인플레이션

TIP

메뉴 비용과 구두창 비용 … 인플레이션에서는 기업의 메뉴비용(Menu Cost)이나 가계의 구두창비용(Shoe Leather Cost)과 같은 사회적 비용이 발생한다. 메뉴비용이란 가격이 달라지면 기업이 변경된 가격으로 카탈로그 등을 바꾸기 위해 소요되는 비용을 가리키며, 구두창 비용이란 일반인들은 인플레이션이 예상되면 되도록 현금보유를 줄이고 예금하기 위해 은행을 자주 찾게 되는데 은행에 발걸음하는 것과 관련하여 시간이나 교통비 등이 소요되는 것을 구두창이 빨리 닳는다는 데에 비유하여 붙여진 용어이다.

(11) 디플레이션

물가가 지속적으로 하락하는 것을 말한다. 상품거래량에 비해 통화량이 지나치게 적어져 물가는 떨어지고 화폐가치가 올라 경제활동이 침체되는 현상이다. 즉, 인플레이션과 반대로 수요가 공급에 훨씬 미치지 못해 물가가 계속 떨어지는 상태를 말한다. 디플레이션은 광범위한 초과공급이 존재하는 상태이며 일반적으로 공급이 수요보다 많으면 물가는 내리고 기업의 수익은 감소하기 때문에 불황이 일어나게 된다. 디플레이션이 발생하면 정부에서는 경기 활성화 정책을 펴게 되는데 주로 부동산과 주식을 활성화하기 위한 정책을 발표하게 된다. 디플레이션에 접어들면 기업의 도산이 늘고, 전체적인 기업의 활동은 정체하고, 생산의 축소가 이루어진 결과 실업자가 증대하기 때문에 불황이 장기화 되어 산업기반이 붕괴될 수 있다.

⑿ 스태그플레이션

실업률과 인플레이션이 상호 정(+)의 관계를 가지고 상승하는 현상을 의미한다. 1970년대 많은 국가에서 석유파동으로 인한 경제침체가 지속되자 인플레이션도 높아지고 실업률도 높은 기이한 현상이 일어났다. 이와 같이 경기가 침체(Stagnation)하여 경제가 위축되고 실업률이 높지만, 인플레이션(Inflation)이 진정되지 않고 오히려 심화되는 상태를 스태그플레이션이라 한다. 스태그플레이션이 발생하게 되면 물가와 실업률이 동시에 상승하기 때문에 억제재정정책만을 사용해서는 큰 효과를 낼 수 없어 정부에서는 억제재정정책과 더불어 임금과 이윤, 가격에 대해 특정한 지시를 하여 기업과 노동조합을 견제하는 소득정책을 동반 사용한다.

출제 예상 문제

1 일반적으로 농산물은 공산품보다 가격변동이 심하다. 다음 중 그 이유로 가장 적절한 것은?

① 농산물에 대한 사람들의 기호변화가 심하기 때문이다.
② 농산물의 수요와 공급이 모두 비탄력적이기 때문이다.
③ 외국으로부터 농산물 수입이 대단히 불안정하기 때문이다.
④ 정부의 농업에 대한 보조정책의 일관성이 결여되어 있기 때문이다.

TIP ② 농산물은 대부분 필수재이기 때문에 수요가 매우 비탄력적이다. 그리고 농산물은 한 번 파종을 하고 나면 가격이 상승하더라도 공급량을 증가시키는 것은 한계가 있기 때문에 공급도 매우 비탄력적이다. 수요와 공급이 매우 비탄력적이므로 농산물은 기후변화에 따라 공급이 약간만 변하더라도 가격은 급변하게 된다.

2 다음이 가리키는 현상은?

> 이것은 일정한 농지에서 작업하는 노동자수가 증가할수록 1인당 수확량은 점차 적어진다는 법칙을 말한다. 즉 생산요소가 한 단위 증가할 때 어느 수준까지는 생산물이 증가하지만 그 지점을 지나게 되면 생산물이 체감하는 현상으로 농업이나 전통 제조업에서 이 현상이 나타난다.
> 농사를 짓는데 비료를 주게 되면 배추의 수확량이 늘어나지만 포화상태에 다다르면 그 때부터는 수확량이 감소하게 되는 것이 이 법칙의 전형적인 예라 할 수 있다.

① 수확체감의 법칙 ② 거래비용의 법칙
③ 코즈의 정리 ④ 약탈가격의 법칙

TIP ① 수확체감의 법칙에 관한 내용이다. 수확체감의 법칙이란 고정요소가 존재하는 단기가변요소 투입량을 증가시키면 어떤 단계를 지나고부터는 그 가변 요소의 한계생산물이 지속적으로 감소하는 현상을 말한다.

Answer 1.② 2.①

3 **가격결정에서 영향을 미치는 외부요인 중 시장 참가자가 다수여서 수요자 상호간, 공급자 상호간 그리고 수요자와 공급자간의 삼면적(三面的)인 경쟁이 이루어지는 시장을 의미하는 것은?**

① 완전시장경쟁
② 독점적 경쟁시장
③ 과점시장
④ 독점시장

TIP ② 다수의 기업이 존재하고, 시장 진입과 퇴출이 자유롭고, 시장에 대한 정보가 완전하다. 완전경쟁시장에서 상품은 동질적인데 반하여 독점적 경쟁시장에서의 상품은 차별화되어 있다.
③ 소수의 생산자, 기업이 시장을 장악하고 비슷한 상품을 생산하며 같은 시장에서 경쟁하는 시장 형태를 말한다.
④ 하나의 기업이 한 산업을 지배하는 시장 형태이다.

4 **다음 중 경제 활동에 대한 내용으로 잘못된 것은?**

① 경제 활동이란 인간이 경제생활에 필요한 물품이나 도움을 생산, 분배, 소비하는 행위를 말한다.
② 경제활동에서 생산이란 생활에 필요한 재화와 서비스를 새로 만들어 내거나, 그 가치를 증대시키는 것을 가리킨다.
③ 경제 활동에서 소비란 만족감을 높이기 위해서 필요로 하는 재화와 서비스를 구입하고 사용하는 것을 의미한다.
④ 분배는 생산요소를 제공하고 그 대가를 시장 가격으로 보상받는 것으로 재화의 운반과 저장, 판매 등이 있다.

TIP ④ 분배는 노동, 자본, 토지, 경영능력 등의 생산요소를 공급하고 임금, 이자, 지대, 이윤 등의 형태로 생산활동에 대한 기여를 시장가격으로 보상받는 것으로 생산에 참여한 노동자가 노동의 대가로 받는 임금이 대표적이며, 건물을 임차한 대가로 임대료 지급, 자본을 빌려주고 받는 이자 등이 분배로 볼 수 있다. 재화의 운반과 저장, 판매는 생산 활동으로 보아야 한다.

Answer 3.① 4.④

5 다음 (　　) 안에 알맞은 것은?

> 가격결정정책을 수립할 때 판매자는 반드시 활용 가능한 가격책정의 조건들을 모두 고려해야만 한다. 공급자의 비용에 대한 고려는 (　　)가(이) 된다.

① 가격의 범위　② 원가경쟁
③ 변동비　④ 가격하한선

TIP ④ 가격결정정책 수립 시 여러 가지 고려요인 중 제품의 원가, 변동비 등 공급자의 비용에 대한 고려는 가격하한선을, 고객이 제품의 가치를 어떻게 지각하느냐에 대한 고려는 가격상한성을 결정한다.

6 다음 중 연결이 부자연스러운 것은?

① 절대적 자유재 – 바람, 햇빛
② 직접 용역(서비스) – 보험, 금융, 보관, 판매 서비스 등의 물적 행위
③ 소비재 – 생활필수품, 비료
④ 상대적 자유재 – 수도, 전기

TIP ② 보험, 금융, 보관, 판매 서비스 등의 물적 행위는 용역 가운데 간접 용역에 해당한다. 근로자의 근로, 교사의 교육, 의사의 진료 행위, 자동차에 의한 운송, 상품의 판매 행위 등이 용역에 속하며 도구의 사용 유무에 따라 직접 용역과 간접 용역으로 구분된다.

7 인플레이션이 발생할 경우 나타나는 현상이 아닌 것은?

① 메뉴 비용　② 구두창 비용
③ 화폐 가치 감소　④ 부동산 등 실물자산 가치 감소

TIP ④ 물가가 단기간에 빠른 속도로 지속적으로 상승하는 현상을 인플레이션이라 한다. 통화량의 증가로 화폐가치가 하락하고, 모든 상품의 물가가 전반적으로 꾸준히 오르는 경제 현상인 인플레이션은 수 퍼센트의 물가 상승률을 보이는 완만한 것에서부터 수백 퍼센트 이상의 상승률을 보이는 초인플레이션까지 종류도 다양하다.
인플레이션의 종류는 경제 전체의 공급에 비해서 경제 전체의 수요가 빠르게 증가할 때 발생하는 '수요 견인 인플레이션'과 생산 비용이 상승하여 발생하는 '비용 인상 인플레이션' 등이 있으며, 인플레이션이 지속되는 상황에서 부동산 같은 실물자산을 많이 소유한 사람이 재산을 증식하는데 유리하다. 왜냐하면 아파트 · 가구 등 부동산 실물자산은 인플레이션이 발생해도 실물자산의 가치가 화폐의 가치처럼 떨어지는 것은 아니기 때문이다. 따라서 인플레이션 하에서 수익성이 높은 부동산을 매입해 월세를 통한 현금화와 인플레이션에 의한 자산가치 상승을 노리는 투자가 많아진다.

Answer 5.④ 6.② 7.④

8 가계와 기업의 경제 활동에 대한 내용으로 적절하지 않은 것은?

① 기업은 사람이 모여서 일정한 법규범에 따라 설립한 법적 인격체를 말한다.
② 기업은 주로 어떤 것을 만들어 내는 생산 활동의 주체라 할 수 있다.
③ 생산물 시장은 기업에서 생산한 재화와 용역이 거래되는 시장을 말한다.
④ 가계와 기업이 모여 하나의 경제 단위를 이루는데, 이를 포괄 경제라고 한다.

TIP ④ 주로 기업은 생산 활동을 담당하고, 가계는 소비 활동을 담당하고 있으며, 가계와 기업이 모여 하나의 경제 단위를 이루는데 이를 민간 경제라고 한다. 가계는 기업에게 생산과정에 참여한 생산요소(토지, 노동, 자본 등)를 제공한 대가로 지대, 임금, 이자, 이윤, 집세, 임대료, 배당금 등을 받는다. 이는 가계입장에서는 가계의 소비생활에 구매력의 원천인 가계의 소득이 되지만 기업이 입장에서 볼 때는 생산요소를 사온 대가를 지불하는 생산비용이 된다. 따라서 가계는 이를 바탕으로 기업이 생산한 재화와 용역을 구입하여 최대만족을 얻는 반면 기업은 이를 통한 생산 활동으로 최대이윤을 추구하는 것이다.

9 시장에 대한 설명 중 잘못된 것은?

① 시장이란 사고자 하는 자와 팔고자 하는 자 사이에 거래가 이루어지는 장소를 말한다.
② 시장은 백화점, 재래시장과 같이 눈에 보이는 시장은 물론, 노동 시장, 주식 시장과 같이 눈에 보이지 않는 시장도 시장에 포함된다.
③ 시장에서는 공급하려는 측과 수요를 하려는 측의 힘이 항상 작용하지는 않는다.
④ 시장은 물품의 특성에 따라 생산물 시장과 생산 요소 시장으로 분류할 수 있다.

TIP ③ 시장은 매우 다양하게 존재하지만 시장에 이해관계가 대립되는 두 개의 힘이 항상 작용하고 있다는 점에서는 공통점을 갖고 있다. 상품을 판매(공급)하려는 측과 구매(수요)하려는 측의 힘이 항상 겨루면서 공급자는 보다 비싼 가격으로, 수요자는 보다 싼 가격으로 거래하려고 하는 것이다. 생산물 시장은 기업이 만든 재화와 서비스가 거래되는 시장으로, 일반 소비자가 구매하게 되는 시장이며, 생산 요소 시장은 생산에 반드시 필요한 생산요소인 토지, 자본, 노동 등이 거래되는 시장을 말하며, 생산 요소 시장에서의 구매자는 기업이 된다.

10 시장의 원리로 보기 어려운 것은?

① 경쟁의 원리
② 이익 추구 원리
③ 자유 교환의 원리
④ 생산수단 공동 소유 원리

TIP ④ 생산수단을 공동으로 소유한다는 것은 계획경제의 특징 중 하나이다. 시장 경제는 생산수단과 재화의 사적 소유가 가능하며, 생산과 분배를 결정하는 요인이 바로 시장가격이라 할 수 있다.

Answer 8.④ 9.③ 10.④

11 다음 중 성격이 다른 하나는?

① 완전경쟁시장
② 독점 시장
③ 과점 시장
④ 독과점 시장

TIP ① 시장은 경쟁 형태에 따라 완전경쟁시장, 불완전경쟁시장으로 구분되는데 독점시장, 과점시장, 독과점 시장은 불완전경쟁시장의 한 종류이다.

※ 시장의 경쟁 형태에 따른 구분

구분	내용	
완전경쟁 시장	완전경쟁시장은 가격이 완전경쟁에 의해 형성되는 시장을 말한다. 완전경쟁시장이 성립하기 위해서는 생산과 거래대상이 되는 상품의 품질이 동일해야 하며, 개별 경제주체가 가격에 영향력을 행사할 수 없을 정도로 수요자와 생산자의 수가 많아야 하고, 모든 시장참가자들은 거래와 시장 여건에 관해 완전한 정보를 가지고 있어야 하며, 시장참가자들의 자유로운 시장진입과 이탈은 물론 생산요소의 자유로운 이동이 보장되어야 한다. 따라서 현실세계에서는 존재하기 어려운 이상적인 시장 형태로 간주된다.	
불완전경쟁시장	독점시장	독점시장이란 공급자의 수가 하나인 시장을 말한다. 대표적으로 우리나라에서 담배를 독점적으로 판매하는 KT & G, 고속철도 등이 있다.
	과점시장	과점시장은 소수의 생산자가 존재하는 시장을 말한다. 대표적으로 자동차, 이동통신, 항공 서비스 등이 있다.
	독점적 경쟁시장	음식점 · 미용실 같이 조금씩 질이 다른 상품을 생산하는 다수의 생산자들로 구성된 시장을 말한다. 이들은 같은 상품을 팔아도 품질과 서비스가 동일하지 않기 때문에 독점의 성격을 가지며 시장진출입이 자유롭다는 점에서 경쟁시장의 성격을 모두 갖고 있다.

12 다음에 들어갈 알맞은 것은?

> 시장에서 초과수요가 발생하면 그 상품의 가격이 (㉠)하고, 초과공급이 발생하면 가격이 (㉡)한다.

	㉠	㉡		㉠	㉡
①	하락	급등	②	상승	하락
③	상승	상승	④	하락	상승

TIP ② ㉠ 상승이며 ㉡은 하락이 들어가야 한다.

Answer 11.① 12.②

13 수요에 영향을 주는 요인이 아닌 것은?

① 재화 가격 ② 소득 수준 변화
③ 선호도 변화 ④ 생산 기술 변화

TIP ④ 생산 기술이 변화되면 기술을 개발로 생산성이 향상되어 상품의 공급이 증가하여 공급의 변동이 나타난다. 특정 상품의 수요에 영향을 주는 요인을 수요 결정 요인이라고 하며 수요를 결정하는 요인은 복합적이나 일반적으로 소비자들이 수요에 영향을 미치는 것을 살펴보면 재화의 가격, 소득 수준, 소비자의 선호도 변화 등이 있다.

14 공급의 영향을 주는 요인이라 할 수 없는 것은?

① 생산기술 변화 ② 공급자 수
③ 공급자의 기대나 예상 변화 ④ 재화가격

TIP ④ 공급에 영향을 미치는 요인은 가격 이외의 요인들로 공급자 수, 생산 비용의 변화, 생산기술 변화, 공급자의 기대나 예상 변화 등이 있다. 재화가격은 수요에 영향을 미치는 요인이다.

15 다음이 각각 가리키는 것은?

- 가격의 하락이 소비자의 실질소득을 증가시켜 그 상품의 구매력이 높아지는 현상으로 이것은 마치 소득이 높아져 수요가 증가되는 현상과 비슷하기 때문에 ㉠이라 불린다.
- 실질소득에 영향을 미치지 않는 상대가격 변화에 의한 효과를 말한다. 연필과 샤프 두 가지 상품 중에서 샤프의 값이 내려가면 그동안 연필을 이용하던 사람은 샤프를 사게 된다. 이처럼 실질소득의 변화가 아닌 상대가격변화의 변화에 따라 다른 비슷한 용도의 물건의 수요가 늘어나는 현상을 ㉡이라 한다.

	㉠	㉡		㉠	㉡
①	소득효과	대체효과	②	배블런효과	대체효과
③	대체효과	소득효과	④	탄력성효과	대체효과

TIP ㉠은 소득효과라 하며, ㉡은 대체효과이다. ㉠의 소득효과(Income Effect)는 가격의 하락이 소비자의 실질소득을 증가시켜 그 상품의 구매력이 높아지는 현상을 말한다. 이것은 마치 소득이 높아져 수요가 증가되는 현상과 비슷하기 때문에 소득효과라 불린다. ㉡의 대체효과(Substitution Effect)란 실질소득에 영향을 미치지 않는 상대가격 변화에 의한 효과를 말한다. 연필과 샤프 두 가지 상품 중에서 샤프의 값이 내려가면 그 동안 연필을 이용하던 사람은 샤프를 사게 된다. 이처럼 실질소득의 변화가 아닌 상대가격변화의 변화에 따라 다른 비슷한 용도의 물건으로 수요가 늘어나는 현상을 대체 효과라 부른다.

Answer 13.④ 14.④ 15.①

16 시장 가격이 가지는 기능으로 보기 어려운 것은?

① 정보전달 역할
② 자원배분 기능
③ 가격의 탄력성 유지
④ 경제활동의 동기 부여

TIP ③ 가격은 우선 경제주체들에게 정보를 전달하는 신호의 역할을 한다. 생산자와 소비자가 무엇을 얼마나 생산하고 구매할 것인지를 결정하는 데 필요한 정보를 제공하여 가격의 높고 낮음은 소비자가 그 상품을 얼마나 원하고 있는지, 그리고 생산자가 그 상품을 생산하는 데 얼마나 많은 비용이 드는지에 관한 정보를 전달해 준다. 또한 생산을 통해 기업이 얼마나 이익을 얻을 수 있는지에 대한 정보도 제공한다. 가격은 또한 경제활동의 동기를 제공하고 자원을 자율적으로 배분하는 기능을 한다. 어떤 상품의 가격이 상승한다는 것은 그 상품을 생산하는 기업에게 더 많이 생산할 동기를 부여하고 다른 사람에게 새롭게 그 상품의 생산에 참여할 유인을 제공하기도 한다.

17 다음 중 시장 실패의 원인이라 할 수 없는 것은?

① 독점기업 출현
② 공공재의 무임 승차자 문제
③ 외부효과
④ 편익 원칙

TIP ④ 편익원칙이란 각 납세자가 정부가 제공하는 서비스로부터 얻는 혜택만큼 세금을 내야 한다는 것으로 시장 실패와는 거리가 있다. 소비자들과 생산자들이 자유롭게 경쟁하는 시장에서는 수요와 공급의 원리에 의해 시장 가격이 형성되는데 이처럼 시장 가격은 자원의 희소성을 효율적으로 배분하는 역할을 한다. 그러나 독점기업, 공공재의 무임승차 등이 일어나면 시장이 올바르게 작동하지 못하게 된다.

18 어떤 경제 활동과 관련하여 다른 사람에게 의도하지 않은 혜택이나 손해를 가져다주면서도 이에 대한 대가를 받지도 않고 비용을 지불하지도 않는 상태를 의미하는 것은?

① 독점
② 담합
③ 외부효과
④ 공유자원

TIP ③ 어떤 경제 활동과 관련하여 다른 사람에게 의도하지 않은 혜택이나 손해를 가져다주면서도 이에 대한 대가를 받지도 않고 비용을 지불하지도 않는 상태를 외부효과라 하며 경제활동 과정에서 발생하는 외부효과(External Effects)는 시장실패원인이 된다. 외부효과에는 해로운 것과 이로운 것이 있다. 해로운 외부효과를 외부불경제라 부르며, 자동차의 배기가스나 소음, 공장의 매연이나 폐수 등이 여기에 해당한다. 반대로 이로운 외부효과를 외부경제라 한다.

Answer 16.③ 17.④ 18.③

19 **사람들이 어떤 재화와 서비스의 소비를 통해 혜택을 얻지만 이에 대해 아무런 비용도 부담하지 않으려는 데서 생기는 문제를 나타내는 것은?**

① 무임승차 문제　　② 외부효과

③ 유인제공　　④ 포크배럴

TIP ① 무임승차란 자발적으로 가격을 지불하지 않고 편익만을 취하고자 하는 심리가 들어있다. 이 같은 심리는 공공재의 특성처럼 그것을 공동으로 소비하고 있는 다른 사람의 효용이 감소되지 않고, 그것의 소비와 사용에 어떤 특정 개인을 제외시키는 것이 어려울 때 생겨난다. 국방, 치안, 외교, 소방 등과 같은 공공재는 수많은 사람들에게 혜택을 주기 때문에 반드시 생산되어야 한다. 그러나 공공재의 생산에는 막대한 비용이 드는데도 일단 생산되면 사람들은 아무 대가를 지불하지 않고 소비하려고 할 것이고 공공재의 생산을 시장기능에 맡겨 놓을 경우 이윤을 목적으로 하는 기업은 공공재를 생산하려 하지 않는다. 따라서 정부의 개입이 필요해진다.

20 **다음 중 인플레이션에 대한 내용으로 잘못된 것은?**

① 인플레이션은 물가 수준이 지속적으로 상승하는 현상으로 돈의 실제 가치가 올라간다.

② 디플레이션은 물가 수준이 지속적으로 하락하는 현상이다.

③ 스태그플레이션이란 경기가 침체하여 경제가 위축되고 실업률이 높지만, 인플레이션이 진정되지 않고 오히려 심화되는 상태를 말한다.

④ 소비자물가를 구성하는 품목 중에서 식료품이나 에너지처럼 가격이 급변동하는 품목들을 제외한 후 구한 물가상승률을 근원 인플레이션이라 부른다.

TIP ① 인플레이션이란 일반 물가수준이 상승하는 현상을 말한다. 인플레이션은 돈의 가치가 갑자기 폭락해 화폐의 중요한 기능인 가치저장의 기능을 상실하게 되어 사회적으로 큰 혼란을 야기 한다. 일례로 물가가 오르게 되면 봉급생활자나 연금생활자와 같이 일정액을 가지고 생활하는 사람들은 급여나 연금이 뒤따라 오를 때까지 소득이 실제로 줄어드는 것과 같은 현상이 발생해 생활이 전보다 어려워진다. 또한 해당 국가의 통화가치 하락과 화폐 구매력의 약화현상을 가져오며, 고정소득자의 실질소득 감소와 국제수지 악화와 같은 부정적인 문제점이 나타난다.

Answer 19.① 20.①

21 보기가 가리키는 이론은?

> • 농산물의 가격과 공급량의 주기적 관계를 설명하는 이론
> • 작년 2013년 오이가격이 강세를 보이면 농민들은 올해 오이생산을 크게 늘린다. 하지만 수요는 작년과 비슷하므로 가격은 폭락하게 된다. 내년에는 올해의 경험 때문에 오이재배는 줄어들고 가격은 다시 상승할 확률이 높다.

① 거미집 이론　② 한계생산 법칙
③ 대체율 이론　④ CTI 이론

TIP ① 거미집이론에 대한 설명이다. 일반적으로 농산물의 생산기간은 짧게는 1개월에서 길게는 1년이 넘는 경우도 있다. 생산기간이 길수록 가격변화에 따라 즉각적인 공급조절이 어렵기 때문에 초과공급 또는 초과수요가 발생하게 된다. 장기적으로는 가격 폭락과 폭등을 반복하면서 새로운 정보를 바탕으로 적정한 생산량과 적정가격을 찾아간다는 것이 거미집 이론이다.

22 다음 중 수요의 소득탄력성에 대한 내용으로 틀린 것은?

① 소득의 변화에 대해 수요량이 어느 정도로 민감하게 반응하는가를 나타낸 지표를 수요의 소득탄력성이라 한다.
② 수요의 소득탄력성은 $\frac{\text{수요량의 변화율}}{\text{소득의 변화율}}$로 나타낸다.
③ 정상재는 소득 탄력성의 지수가 0보다 큰 것을 말한다.
④ 소득탄력성이 높은 품목을 판매할 경우 저소득층을 대상으로 해야 한다.

TIP ④ 소득탄력성이 높은 품목을 판매할 경우 고소득층을 대상으로 해야 하며, 소득탄력성이 낮은 품목은 저소득층이 대상이 되어야 한다.

Answer 21.① 22.④

23 수요의 교차탄력성에 대한 내용으로 적절하지 못한 것은?

① 어떤 상품의 가격 변동률에 대한 다른 상품의 수요량 변동률을 나타낸 값을 수요의 교차탄력성이라 한다.
② 교차탄력성의 성질에 따라 대체재와 보완재가 있다.
③ 돼지고기와 상추는 보완관계에 있다.
④ 미국 오렌지가 풍년으로 가격이 낮아지면 한라봉 수요 증가가 예상된다.

TIP ④ 미국 오렌지와 제주 한라봉은 대체재 관계에 있다. 즉 수요의 교차탄력성이 양(+)인 경우로 미국 오렌지 작황이 풍년으로 가격이 하락하면 한라봉 수요는 줄어들 것으로 예상된다. 따라서 한라봉의 출하량과 시기를 조절해야 할 것이다.

24 다음 중 틀린 설명은 어느 것인가?

① 가격 변동비율에 대한 수요량 변동비율을 수요의 가격탄력성이라 한다.
② 일반적으로 탄력적인 상품은 생필품이며 비탄력적인 상품은 기호품이나 사치품이다.
③ 화훼는 비싸면 구매하지 않아도 별 문제가 없기 때문에 가격의 변화에 수요량이 민감하게 반응한다.
④ 생필품인 쌀은 싸다고 많이 먹을 수 없기 때문에 가격의 변화에 수요량이 크게 변동하지 않아 비탄력적이라 할 수 있다.

TIP ② 일반적으로 탄력적인 상품은 기호품이나 사치품, 비탄력적인 상품은 생필품이다.

25 콜라와 피자는 보완재이다. 피자의 가격이 상승할 때 콜라에 대한 수요와 가격의 변화로 옳은 것은?

① 수요감소, 가격상승
② 수요감소, 가격하락
③ 수요증가, 가격상승
④ 수요증가, 가격하락

TIP ② 재화는 피자를 먹을 때 같이 먹는 콜라처럼 서로 보완해주는 관계가 있으며, 반대로 영화와 DVD처럼 서로 대체가 가능한 관계의 관련 재화가 있다. 서로 보완해주는 관계의 피자와 콜라에서 피자의 가격이 상승하게 되면, 자연스럽게 콜라에 대한 수요도 감소하게 되는데 이처럼 서로 보완할 수 있는 관계의 재화를 보완재라 부른다. 이와 반대로 영화 감상 요금이 올라가면 영화관을 대체할 수 있는 DVD 수요가 늘어나는 현상이 나타나기도 하는데, 이처럼 서로 대체해서 사용할 수 있는 재화를 대체재라 부른다. 콜라와 피자는 보완재의 관계로, 피자의 가격이 상승하면 피자 수요는 감소할 것이며, 피자의 수요가 감소함에 따라 콜라의 수요도 감소하게 된다. 또한 콜라 수요의 감소로 가격 역시 하락을 하게 된다.

Answer 23.④ 24.② 25.②

26 다음 중 희소성의 법칙이란 무엇인가?

① 모든 재화의 수량이 어떤 절대적 기준에 미달한다는 원칙이다.

② 몇몇 중요한 재화의 수량이 어떤 절대적 기준에 미달한다는 법칙이다.

③ 인간의 생존에 필요한 재화가 부족하다는 법칙이다.

④ 인간의 욕망에 비해 재화의 수량이 부족하다는 법칙이다.

TIP ④ 희소성의 법칙은 무한한 인간욕망에 대하여 재화와 용역이 희소하기 때문에 경제문제가 발생한다는 법칙을 의미한다.

※ **희소성의 법칙**(law of scarcity) … 인간의 소비욕구는 무한한 반면, 이를 충족시키는 데 필요한 경제적 자원은 제한되어 있음을 희소성의 법칙이라고 한다(G. Cassel). 노동, 자본, 토지 등과 같이 생산과정에 투입되어 재화나 서비스로 변환될 수 있는 경제적 자원이 희소하기 때문에 제한된 자원을 어떻게 사용하는 것이 합리적인지에 관련된 선택의 문제에 직면하게 된다.

27 다음 중 탄력성에 관한 설명으로 옳은 것은?

① 가격이 1% 상승할 때 수요량이 4% 감소했다면 수요의 가격탄력성은 1이다.

② 소득이 5% 상승할 때 수요량이 1% 밖에 증가하지 않았다면 이 상품은 기펜재이다.

③ 잉크젯프린터와 잉크카트리지 간의 수요의 교차 탄력성은 0보다 작다.

④ 수요의 소득탄력성은 항상 0보다 크다.

TIP ③ 잉크젯프린터와 잉크카트리지는 따로 떨어져 사용할 수 없는 보완재이다. 어떤 재화의 가격 변화가 다른 재화의 수요에 미치는 영향을 나타내는 교차탄력성은 보완재의 경우 음의 부호를 가지기 때문에 수요의 교차 탄력성은 0보다 작다.

① $\text{수요의 가격탄력성} = \frac{\text{수요량 변화율}(\%)}{\text{가격 변화율}(\%)}$ 이므로 가격탄력성은 4이다.

② 기펜재는 X재의 가격이 하락하는 경우 X재의 수요량도 감소하는 재화이다.

④ 수요의 소득탄력성이 양수인 경우 두 재화는 정상재이고 소득탄력성이 음수인 경우 두 재화는 열등재이다.

Answer 26.④ 27.③

28 다음 재화 가운데, 교차탄력성이 음수인 것은?

① 쌀과 밀가루
② 돼지고기와 소고기
③ 커피와 커피프림
④ 연필과 라면

TIP ③ 만일 수요의 교차탄력성이 양(+)이면 두 재화는 대체재 관계에 있다. 예를 들면 버터와 마가린은 대체재이다. 왜냐하면 버터가격의 하락은 마가린 수요량의 감소를 초래하기 때문이다. 한편 수요의 교차탄력성이 음(−)이면 두 재화의 관계는 보완재이다. 가령 커피와 커피프림은 보완재의 관계에 있다. 커피가격의 하락은 커피프림의 수요량을 증가시키기 때문에 교차탄력성은 (−)가 된다. 따라서 커피와 커피프림은 보완재관계에 있다. 연필과 라면은 상호간에 관계가 없으므로 교차탄력성이 0인 독립재이다.

29 완전경쟁시장과 독점기업의 기본적인 차이는 무엇인가?

① 독점기업은 초과이윤을 얻는 가격을 항상 요구할 수 있는 반면, 경쟁기업은 그런 이윤을 결코 얻지 못한다.
② 경쟁기업은 어떤 주어진 가격으로 그가 원하는 만큼 판매할 수 있는 반면, 독점기업은 가격인하가 필요하다.
③ 독점기업이 직면하는 수요의 탄력성은 경쟁기업이 직면하는 수요의 탄력성보다 작다.
④ 독점기업이 정하는 가격은 한계비용보다 높은 반면, 완전경쟁시장가격은 한계비용보다 낮다.

TIP ② 완전경쟁시장의 개별수요곡선은 수평선이므로 경쟁기업은 주어진 가격으로 그가 원하는 만큼 판매할 수 있는 반면, 독점시장의 개별수요곡선은 우하향하므로 주어진 가격을 유지하는 상태에서는 판매량을 늘릴 수 없다.

Answer 28.③ 29.②

04 농업경영의 규모와 특징

(1) 경영활동의 원리

경영은 조직에서 물적자원, 인적자원, 정보, 전략과 같은 각각의 요소들을 효율적이고 효과적으로 이용하여 고객이 필요로 하는 재화나 서비스를 창출한 후 고객에게 전달하는 가치창출(Value Creation)의 과정이라 해석이 가능하다.

① **효과성**(Effectiveness) … 효과성이란 경영목표의 달성 정도를 의미하며 효과성이 높을수록 원하는 목표를 달성하기 쉽다.

② **효율성**(Efficiency) … 들인 노력과 얻은 결과의 비율이 높은 특성으로 생산과정에서 투입과 산출의 비율로 최소한의 투자로 최대한의 이익을 얻는 것을 의미한다.

③ **수익성**(Profitability) … 수익을 거둘 수 있는 정도를 나타내는 수익성은 영리원칙이라고도 하며 기업이 최대이윤을 얻고자하는 이윤극대화 원칙으로 볼 수 있다.

④ **경제성**(Economic Efficiency) … 경제성이란 재물, 자원, 노력, 시간 따위가 적게 들면서도 이득이 되는 성질로 최소의 비용으로 최대 효과를 얻는데 본질인 '경제원칙'과 일맥상통한다.

(2) 경영계획방법의 종류

① **표준계획법** … 자원을 합리적으로 이용하는 경영모형 기준 혹은 시험장의 성적을 이용한 이상적인 경영모형 기준 비교하며 설계

② **직접비교법** … 대상 농가의 경영조직이나 경영전체를 같은 경영형태를 가진 마을의 평균값 또는 우수 농가의 경영 결과 또는 자기 영농의 과거 실적과 비교해서 결함을 찾고 개선점을 파악하여 새로운 영농설계

③ **예산법**(대체법) … 경영의 전체적 또는 부분적으로 다른 부문의 결합과 대체할 때, 그 결과로서 농장 전체의 수익에 어떤 변화가 나타나는가를 검토하고 이것을 현재의 경영과 비교하며 계획을 수립

④ **선형계획법** … 이용 가능한 자원의 한계 내에서 수익을 최대화하거나 비용을 최소로 하기 위하여 최적 작목 선택 및 결합계획을 수학적으로 결정하는 방법

(3) 경영계획 순서

① 경영목표의 설정

② 경영규모 및 작부기간, 재배형태의 결정

③ 시설구축 및 배치계획

④ 세부실천계획(생산자재확보 계획, 작업 단계별 재배 관리계획(기술), 자금수급 및 시설장비 보수계획)

⑤ 수입 및 지출계획(수입계획을 시기별로 예상생산량, 예상판매단가, 예상수입금액 등을 작성, 지출계획을 비목별로 구체적으로 수량, 단가, 금액 등을 작성)

⑥ 경영시산(손이익계산서와 기말대차표 작성)

⑦ 경영예상성과 분석(경영성과분석하고 지표 작성)

⑧ 융자금상환 및 소득처분계획

⑨ 참고자료의 수집이용계획(가격 정보 등)

(4) 단작경영

일종의 생산부문만으로 구성되어 있고, 또 그 생산물이 유일한 현금 수입원이 되는 경영

① 장점

㉠ 작업의 단일화로 능률성 향상
㉡ 작업의 단일화로 노동의 숙련도 증가
㉢ 생산비가 낮아져 시장 경쟁력이 증대
㉣ 계통출하의 이용 가능성이 높아 유통과정의 합리화 가능

② 단점

㉠ 계절적 이용 불가로 농지 활용도 하락
㉡ 지력(地力) 하락
㉢ 자연적 재해 발생 시 경제적으로 큰 피해 우려

(5) 준단작경영

최대 현금 수입원이 되는 중심적 생산부문 이외에 그 생산부문을 보조하기 위해 부수적인 역할을 하는 경영. 한우를 주로 생산하는 농가에서 가축 사료로 쓰이는 작물을 자가생산하는 낙농경영

(6) 준복합경영

농업 경영체가 몇 가지의 생산부문을 함께 하는 형태로, 각각의 부문들이 모두 주요한 현금 수입원이 되는 경영

(7) 복합경영

경영이 두 개 부문 이상에서 각기 중요한 주요 수익의 근원이 되고 있는 경영

① 장점
  ㉠ 단작경영처럼 유휴농지가 발생하지 않아 농지의 합리적 이용 가능
  ㉡ 윤작을 이용한 지력(地力)의 유지
  ㉢ 효율적 노동의 이용
  ㉣ 단일 작물 연작할 때보다 병충해 발생 감소
  ㉤ 생산물의 다양성으로 인하여 판매과정에서 단작경영보다 상대적으로 유리
  ㉥ 농장수입의 평준화 가능
  ㉦ 현금 유동성의 확대로 자금 회전율 증가

② 단점
  ㉠ 특수한 영농기술이 발달 미비
  ㉡ 여러 가지의 농산물이 소량으로 생산되므로 판매과정에서 불리
  ㉢ 노동생산성 저하

(8) 농업생산의 관계

① **경합관계** … 두 개 이상의 생산부문이나 작목이 경영자원이나 생산수단의 이용 면에서 경합되는 경우를 말한다. 보통 생산요소의 자원량을 "어느 정도 배분해야 하는가"라는 문제를 내포하고 있다.

② **보완관계** … 축산과 사료작물의 재배처럼 경영 내부에서 어느 생산부문이나 작목이 다른 부문이나 작목의 생산을 돕는 역할을 할 경우를 말한다.

③ **보합관계** … 둘 이상의 생산부문이나 작목이 경영자원이나 생산수단을 공동으로 이용할 수 있는 결합관계를 말한다. 벼농사 이후의 논에 보리를 재배하거나 일반 식량 작물과 콩과(豆科) 작물 또는 사료 녹비 작물 등을 윤작하는 것이 대표적이다.

④ **결합관계** … 양고기와 양털, 쌀과 볏짚, 우유와 젖소고기처럼 한 가지 작목이나 생산부문에서 둘 이상의 생산물이 산출되는 생산물의 상호 관계를 말한다.

(9) 농업생산을 저해하는 요인

① **기상요인** … 온도, 강수량(비, 눈), 바람, 습도, 일사량, 이산화탄소 농도

② **토양요인** … 토질, 토양비옥도, 작토층, 경사, 배수성 등

③ **작물요인** … 종, 품종의 기상조건 및 토양환경과의 적합성

④ **재배요인** … 파종 및 재배시기, 재배방법, 토양 및 물, 양분 관리

⑤ **생물적 요인** … 병해충, 잡초, 천적, 화분매개충, 토양미생물 등

출제 예상 문제

1 **한 개의 주요 현금 수입원이 되는 중심생산부문 이외에 약간의 현금 수입을 올리는 부수적 부문이 결합된 경영은?**

① 단작경영
② 복합경영
③ 준복합경영
④ 준단작경영

TIP 질문은 준복합경영이다. 우리나라의 농업경영의 대표적 형태로 쌀농사를 기본으로 하면서 양계, 목축, 양돈 등을 부수적으로 결합시키는 경영 형태이다.

2 **단작경영에 대한 설명으로 적절하지 못한 것은?**

① 단일 생산부문만을 목표로 하는 방식이다.
② 벼농사만을 짓거나 고추농사만을 하는 것이 단작경영의 예라 할 수 있다.
③ 단작경영은 작업의 단일화가 가능하여 능률이 높은 기계화가 가능하다.
④ 어떤 특수 작물만을 재배할 경우, 농지가 계절적으로 이용되어 농지 이용도를 높이는 것이 가능하다.

TIP ④ 어떤 특수 작물만을 재배할 경우, 농지가 계절적으로 이용되어 농지 이용도를 높이는 것이 불가능하다. 농업법인, 소농가, 기업농처럼 농업 경영체가 어떤 작목과 가축을 선택하느냐에 따라 경영활동의 내용과 성과가 달라진다. 이에 대한 선택법으로 다작경영과 복잡경영이 있는데, 단작경영이란 단일 생산부문만을 목표로 하는 것을 말한다. 단작경영은 작업을 단일화시킬 수 있어 기계화가 가능해지며, 생산비가 낮아져 시장 경쟁력이 증대된다. 또한 작물이 통일되어 판매과정에서 유리하게 작용할 수 있다. 반면 어떤 한 가지만을 재배할 경우 농지가 계절적으로 이용되어 농지 이용도를 높이는 것이 불가능해지며 노동력도 특정한 시기에 집중되어 연간 노동력 배분에 있어서 평균화를 기하기가 곤란하다. 또한 자연적 또는 경제적 피해를 집중적으로 받기 쉽고, 현금 수입이 일정 시기에 집중되어 농장경영에 어려움을 가중시킨다는 단점이 있다.

Answer 1.③ 2.④

3 **다음 중 복합경영의 장점으로만 묶은 것은?**

> ㉠ 농지의 합리적 이용
> ㉡ 윤작을 이용한 지력(地力)의 유지
> ㉢ 작업의 단일화로 능률성 향상
> ㉣ 작업의 단일화로 노동의 숙련도 증가

① ㉠, ㉡ ② ㉠, ㉢
③ ㉡, ㉢ ④ ㉡, ㉢, ㉣

TIP ㉢과 ㉣은 단작경영의 장점이다.

4 **경영활동의 원리 중 그 연결이 잘못된 것은?**

① 효율성 – 생산과정에서 투입과 산출의 비율로 최소한의 투자로 최대한의 이익을 얻는 것
② 수익성 – 기업이 최대이윤을 얻고자하는 이윤극대화 원칙
③ 효과성 – 어떤 제약 조건도 없이 넓은 분야에 응용할 수 있는 성질
④ 경제성 – 최소의 비용으로 최대 효과를 얻고자 하는 것

TIP ③ 효과성이란 조직의 목표가 실제로 달성된 정도를 의미하며, 효과성이 높을수록 목표를 달성하기 쉬워진다.

5 **올바른 농업경영이라 보기 어려운 것은?**

① 식품안전의 담보 없이 산업의 발전을 논할 수 없다.
② 바람직한 농업경영을 저해하는 요인 중 하나는 관공서 문턱이 닳도록 정부의 각종 정책 보조금에 목을 매는 영업농민이다.
③ 농업은 식량안보뿐만 아니라 생태보전, 전통문화 유지, 환경보호 등 농업의 다원적 기능의 관점에서 이해되어야 한다.
④ 농업의 먹거리 안전성을 확보하기 위해서는 예방보다 처벌이 중요하다.

TIP ④ 식품의 안전성을 높여 국민의 건강권을 확보하기 위해 가장 필요한 부분은 처벌보다는 예방이 우선시되어야 한다. 즉, 잔류 농약을 발견하여 처벌하는 것보다는 잔류 농약이 검출되지 않도록 생산 · 유통 · 판매에서 철저한 관리 · 예방이 필요하다.

Answer 3.① 4.③ 5.④

6 **다음 중 대상농가의 경영조직이나 경영전체를 같은 경영형태를 가진 마을의 평균값 또는 우수농가의 경영결과 또는 자기영농의 과거실적과 비교해서 결함을 찾고 개선점을 파악하여 새로운 영농설계를 하는 경영계획방법은?**

① 선형계획법 ② 표준계획법
③ 예산법 ④ 직접비교법

TIP 직접비교법에 대한 질문이다. 대부분의 자원은 이용할 수 있는 것이 제한적이기 때문에 소득(순수익)극대화를 위한 경영계획을 수립하기 위해서는 보유, 동원 가능 자원의 양 및 기타 경영여건을 토대로 실제로 실천할 세부적인 경영계획 수립해야 한다.

7 **다음 중 경영계획의 순서로 올바른 것은?**

① 경영목표의 설정 → 재배형태의 결정 → 시설구축 및 배치계획 → 세부실천계획 → 수입 및 지출계획 → 경영시산 → 경영예상성과 분석 → 융자금상환 및 소득처분계획 → 참고자료의 수집이용계획
② 경영목표의 설정 → 세부실천계획 → 재배형태의 결정 → 시설구축 및 배치계획 → 수입 및 지출계획 → 경영시산 → 경영예상성과 분석 → 융자금상환 및 소득처분계획 → 참고자료의 수집이용계획
③ 경영목표의 설정 → 재배형태의 결정 → 시설구축 및 배치계획 → 세부실천계획 → 수입 및 지출계획 → 융자금상환 및 소득처분계획 → 경영시산 → 경영예상성과 분석 → 참고자료의 수집이용계획
④ 참고자료의 수집이용계획 → 재배형태의 결정 → 시설구축 및 배치계획 → 세부실천계획 → 수입 및 지출계획 → 경영시산 → 경영예상성과 분석 → 융자금상환 및 소득처분계획 → 경영목표의 설정

TIP 경영계획의 순서 … 경영목표의 설정 → 재배형태의 결정 → 시설구축 및 배치계획 → 세부실천계획 → 수입 및 지출계획 → 경영시산 → 경영예상성과 분석 → 융자금상환 및 소득처분계획 → 참고자료의 수집이용계획

Answer 6.④ 7.①

8 **다음 중 양고기와 양털, 쌀과 볏짚, 우유와 젖소 고기처럼 한 가지 작목이나 생산부문에서 둘 이상의 생산물이 산출되는 생산물의 상호 관계를 무엇이라 하는가?**

① 보합관계
② 보완관계
③ 결합관계
④ 경합관계

TIP ③ 질문은 결합관계에 대한 내용이다.

9 **농업생산을 저해하는 요인 가운데 생물적 요인으로 묶인 것은?**

㉠ 온도	㉡ 화분매개충
㉢ 토질	㉣ 잡초
㉤ 양분관리	㉥ 품종의 기상조건
㉦ 병해충	

① ㉠, ㉢, ㉤
② ㉢, ㉣, ㉤
③ ㉡, ㉣, ㉦
④ ㉠, ㉣, ㉤, ㉥

TIP ㉡, ㉣, ㉦이 농업생산을 저해하는 요인 가운데 생물적 요인에 해당한다.

Answer 8.③ 9.③

PART 02 농업경영의 요소

01 토지

❶ 농업경영요소

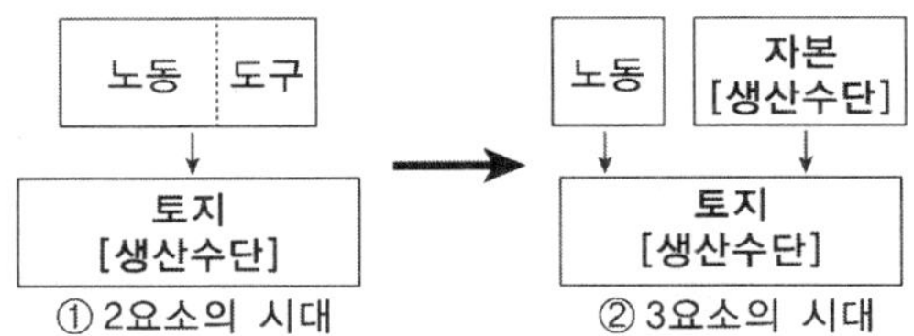

(1) 농업경영요소

① **농업경영요소** … 인간의 노동력, 노동의 대상인 토지, 자본

② **농지** … 농업은 타 산업보다 토지에 많은 영향을 받는 사업, 농지면적 축소

③ **농업노동** … 타 산업의 노동과 농업노동은 질적으로 차이

④ **농업자본** … 위험과 불확실성이 높아 자본투자수익률이 낮아 자본투입이 제한적

⑤ **기술** … 농업경영요소를 효율적으로 결합하여 생산성 향상

⑥ **정보** … 정보화 사회의 진전에 따라 또 하나의 경영요소로 인식

TIP

※ 한국 농업의 특징
㉠ 경영 및 가계의 미분리
㉡ 경영지의 산재
㉢ 노동집약적인 영세소농
㉣ 논농업 중심의 경종농업

※ 농산물의 특성
㉠ 정부의 정책과 시장의 개입 또는 시장규제
㉡ 농산물에 대한 수요 및 공급의 가격 탄력성이 낮다.
㉢ 농업의 생산구조는 공업 생산과정에 비해서 생산확대가 제한적이다.

(2) 농지

① 농지는 소모되거나 감가 상각되지 않는 영구자원

② 농지의 경제적 특성

㉠ 이동불가

㉡ 인위적 면적 증가 곤란

㉢ 사용하여도 소멸하지 않음

㉣ 우리나라 총 경지면적은 전 국토면적의 17.5%('08년), 논과 밭의 이용면적 축소

㉤ 토지이용계획 : 농업경영계획의 목적은 고정자본 투자수익률 최대화(토지이용률)

- 토양과 비옥도, 기후조건, 생산가능성과 잠재력을 평가→농산물의 상대가격과 기술수준을 고려하여 수익성이 높은 토지이용계획 수립→지력배양 위한 토지보전과 토지관리 노력, 장기적으로 토지보전이 수량증가

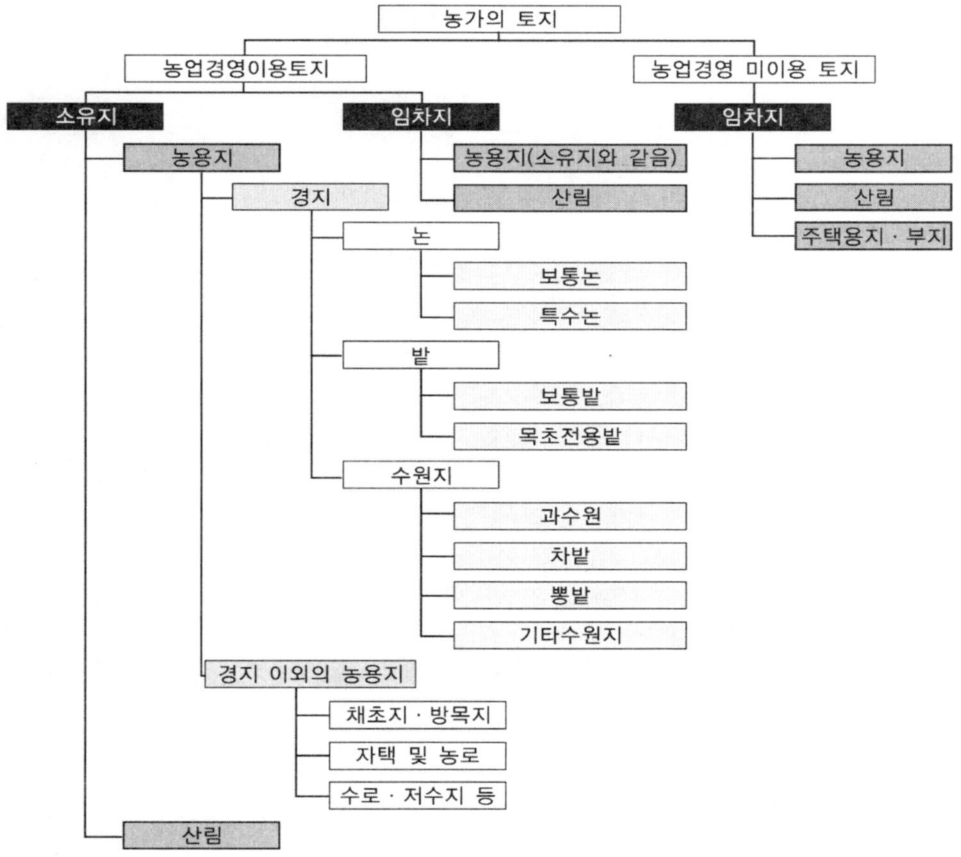

TIP

농업의 특성
㉠ 자연조건에 대한 의존도가 높다.
㉡ 생산 환경 제어가 어려워 위험과 불확실이 불가피하다.
㉢ 생물체는 유기적인 생식, 성장, 결실 과정을 거친다.
㉣ 수직적, 수평적 분업과 전문화가 상대적으로 어려운 산업이다.

❷ 토지의 소유 및 임차의 선택

(1) 토지의 소유와 임차 선택

① 농지소유의 장점
㉠ 경지의 안정적 이용으로 임차기간 연장의 불확실성 축소(경영규모의 축소)
㉡ 자금 융자 시 담보물로 활용
㉢ 농지 이용 시 독자적인 의사결정
㉣ 지가 상승 시 실물자산으로 자산 가치 보존에 유리

② 농지소유의 단점
㉠ 농지구입으로 인해 많은 자금 차입 시 자금압박(원리금 상환 자금압박)
㉡ 다른 경영요소보다 상대적으로 낮은 투자수익률에 투자(지가상승 미고려 시)
㉢ 경영규모의 제한(동원자본 한계, 규모의 경제를 제한, 평균비용 상승과 수익감소)

③ 농지임차의 장점
㉠ 운전자금을 더 많이 확보 가능
㉡ 초보 농업경영인은 농지 소유한 자의 경험과 도움을 받을 수 있다
㉢ 경영규모 확대 가능
㉣ 농지구입 시보다 자금압박이 적음(임차료 적을 경우)

④ 농지임차의 단점
㉠ 임대차 계약으로 장기적인 경지이용의 불확실성 증대(→경영의욕 위축)
㉡ 농지기반투자 회피→토지여건이 상대적으로 취약
㉢ 지력수탈 가능성 높아 장기적으로 임차 농지의 생산성 저하
㉣ 지가상승 시 자산증가 측면에서 소유보다 불리

TIP

농업경영을 둘러싸고 있는 환경 조건
㉠ 경제적인 조건
- 농장 및 시장과의 경제적인 거리

㉡ 자연적인 조건
- 토지의 조건 (수리, 토질 등)
- 기상의 조건 (일조, 온도, 바람 등)

㉢ 개인적인 사정
- 소유 토지규모의 상태
- 경영주의 능력
- 자본력
- 가족 수

㉣ 사회적인 조건
- 공업 및 농업의 과학기술 발달수준
- 국민의 소비습관
- 농업에 관련한 여러 가지 각종 제도

(2) 토지구입

① **토지감정법**

㉠ **시장자료법** : 감정하고자 하는 토지와 최근에 판매된 토지특성을 비교

㉡ **소득자본화법** : 토지에서 창출되는 미래소득의 흐름을 현재가치로 평가

$$V = \frac{P}{i}$$

- V : 현재가치
- P : 미래소득
- i : 할인율

② **현금유동성 분석** … 토지가격의 결정방법이 아니라 토지구입가격에서 대부금에 대한 원금, 이자, 매년의 운영비용을 충족시킬 수 있는 충분한 현금흐름 존재여부 분석

TIP

※ 토지의 기술적인 특성
㉠ 부양력 : 작물생육에 필요한 양분을 흡수하고 저장하는 특성을 말한다.
㉡ 적재력 : 작물이나 또는 가축 등이 생존하고 유지하는 장소를 말한다.
㉢ 가경력 : 작물이 생육할 수 있는 힘을 말하는데, 뿌리를 뻗게 하고 지상부를 지지 또는 수분이나 양분을 흡수하게 하는 물리적 성질을 말한다.

※ 토지의 일반적(경제적)인 특성

㉠ 불증성 : 자유로이 만들거나 쉽게 증가하기 어렵다. 토지소유의 독점성

㉡ 불멸성 : 사용에 의해 소멸하지 않으며, 양과 무게가 줄지 않아 감가상각이 없다.

㉢ 부동성 : 움직일 수 없는 성질, 지역성 즉 입지조건에 따라 크게 영향을 받는다.

※ 토지의 경제적 및 자연적인 조건

㉠ 지력

- 토양의 성질, 수리여건 및 비료성분 등에 의해 달라진다.
- 화학비료의 과다사용에 의한 산성토양 중화 및 내산성의 품종 개발이 중요하다.
- 제한된 범위에서 어느 정도의 인위적으로 개량 또는 향상시킬 수 있다.

㉡ 위치 및 교통 : 시장과의 경제적인 거리에 영향을 미친다.

㉢ 기후, 지형 · 지세 : 농업생산의 지역적인 특성(지역특산물)은 기상조건과 밀접한 관계를 지닌다.

(3) 토지 임대차

① 임대차 계약은 서류로 작성

② 현금임대차(정액지불제)의 장점

㉠ 간편, 추가 의사결정 불필요

㉡ 임대인의 자유로운 경영 가능

③ 현금임대차의 단점

㉠ 단기간의 현금임대차 계약 시 토지 황폐화

㉡ 지주는 임대토지에 건물 · 시설투자 소극적

④ 현물정률제 … 작물 생산량으로 임대료 지불

⑤ 현물정률제의 장단점

㉠ 임대료를 다양하게 결정(지주 불리, 임차인 유리)

㉡ 생산량 및 비용 할당으로 위험분산

㉢ 지주는 직 · 간접적으로 작목 선택 등의 의사결정 통제

㉣ 자본요구량을 지주와 소작인이 분담

㉤ 신기술 도입의 비용과 소득의 할당에 논쟁여지 존재

㉥ 지주가 할당받은 농산물 저장고 외에 농장 내 다른 시설투자 없음

TIP

농업에서의 토지 역할 및 종류

㉠ 농작업을 하는 사람은 토지가 터전이며 또한 기계작업 등의 기반이 된다.

㉡ 토지는 수분과 양분을 유지하고 작물의 성장에 필요한 수분과 양분을 제공한다.

㉢ 토지는 작물의 뿌리를 지탱하고 해당 생육의 장소를 제공한다.

㉣ 토지는 지렁이 같은 작은 여러 가지 미생물의 서식지이고, 이러한 미생물의 활동은 작물의 생육에 크게 영향을 미치게 된다.

출제 예상 문제

1 다음 중 한국농업의 특징으로 바르지 않은 것은?

① 경영지의 산재　② 경영 및 가계의 분리
③ 논농업 중심의 경종농업　④ 노동집약적인 영세소농

TIP 한국 농업의 특징
㉠ 경영 및 가계의 미분리
㉡ 경영지의 산재
㉢ 노동집약적인 영세소농
㉣ 논농업 중심의 경종농업

2 일반적으로 농지를 임차할 경우보다 소유할 경우의 장점에 해당하지 않는 것은?

① 경지를 안정적으로 운영할 수 있다.
② 임차보다 소유시 농지 규모의 더 큰 확대를 가져올 수 있다.
③ 금융 담보나 판매 등 자산으로 활용할 수 있다.
④ 물가 상승시 실물자산으로 자산가치 보존이 가능하다.

TIP 농지를 직접 구입할 경우보다 임차할 경우 농지 규모의 더 큰 확대를 가져올 수 있다.

3 다음 중 농지소유의 이점으로 바르지 않은 것은?

① 경지의 안정적 이용으로 임차기간 연장의 불확실성 축소
② 지가 상승 시 실물자산으로 자산가치의 보존에 유리
③ 자금 융자 시의 담보물로 활용
④ 농지의 활용 시 공동의사결정이 가능

TIP ④ 농지 활용 시 독자적인 의사결정

Answer 1.② 2.② 3.④

4 **다음 중 농지임차의 이점으로 옳지 않은 것은?**

① 농지구입 시보다 자금에 대한 압박이 감소된다.
② 경영규모의 확대가 가능하다.
③ 운전자금을 더 적게 확보할 수 있다.
④ 초보 농업경영인은 농지 소유한 자의 경험과 도움을 받을 수 있다.

TIP ③ 운전자금을 더 많이 확보할 수 있다.

5 **다음 중 농지임차의 단점으로 바르지 않은 것은?**

① 지가의 상승 시 자산증가 측면에서 소유보다 불리
② 농지기반투자 회피
③ 지력수탈의 가능성 높아 장기적으로 임차 농지의 생산성 저하
④ 임대차 계약으로 단기적인 경지이용의 불확실성 증대

TIP ④ 임대차 계약으로 장기적인 경지이용의 불확실성 증대

6 **다음 농업경영을 둘러싸고 있는 환경 조건 중 사회적인 조건에 해당하지 않는 것은?**

① 국민의 소비습관
② 농업에 관련한 여러 가지 각종 제도
③ 농장 및 시장과의 경제적인 거리
④ 공업 및 농업의 과학기술 발달수준

TIP ③ 경제적인 조건에 해당하는 내용이다.

7 **다음 중 토지의 기술적인 특성으로 바르지 않은 것은?**

① 적재력 ② 부양력
③ 불멸성 ④ 가경력

TIP ③ 토지의 일반적인 특성에 해당한다.

Answer 4.③ 5.④ 6.③ 7.③

8 **다음 중 토지의 일반적인 특성에 해당하지 않는 것은?**

① 부동성 ② 불멸성
③ 불증성 ④ 가경력

TIP ④ 토지의 기술적인 특성에 해당한다.

9 **다음 중 현물 정률제에 대한 내용으로 바르지 않은 것은?**

① 자본요구량을 지주와 소작인이 분담
② 신기술 도입의 비용과 소득의 할당에 있어 논쟁의 여지는 미존재
③ 생산량 및 비용 할당으로 위험분산
④ 지주는 직간접적으로 작목 선택 등의 의사결정 통제

TIP 신기술 도입의 비용과 소득의 할당에 논쟁의 여지가 존재한다.

10 **다음 중 농업에서의 토지 역할로 바르지 않은 내용은?**

① 토지는 작물의 뿌리를 지탱하고 해당 생육의 장소를 제공한다.
② 농작업을 하는 사람은 토지가 터전이며 또한 기계작업 등의 기반이 된다.
③ 토지는 수분과 양분을 유지하고 작물의 성장에 필요한 수분과 양분을 제공한다.
④ 토지는 지렁이같은 작은 여러 가지 미생물의 서식지이지만, 이러한 미생물의 활동은 작물의 생육에 크게 영향을 미치지 못한다.

TIP 토지는 지렁이같은 작은 여러 가지 미생물의 서식지이고, 이러한 미생물의 활동은 작물의 생육에 크게 영향을 미치게 된다.

Answer 8.④ 9.② 10.④

11 다음 농업경제에 관한 내용 중 토지에 관련한 내용으로 가장 부적절한 것은?

① 토지는 인위적 노력이 가해지지 않은 자연물로서 농업생산의 대상물이 생활하는 장소와 농용시설 및 농업노동이 행해지는 장소 제공의 성격을 지니기도 하고, 지리적 위치가 고정되어 토지의 유용성과 효용성이 위치에 따라 다르게 나타난다.

② 농업의 가장 중요한 생산수단으로서 농지는 이용을 통해 사라지는 것이 아니라 반복적 이용이 가능하고, 합리적 이용 시 농지의 비옥도는 개선되어 농지의 가치가 더 증대될 수 있는 물리적 특성을 지니고 있다

③ 오랜 역사 기간 동안 농업의 발전 과정은 농지를 비옥하게 만드는 인류의 노력 과정이라 할 수 있다.

④ 토지는 단순한 농작물의 생활 장소만의 기능을 지닌다.

TIP 농업경제에서 토지는 단순한 농작물의 생활 장소만이 아닌 작물의 생장 등에 필요한 영양분을 제공하는 기능을 갖는다.

12 다음 농업경제에 관한 내용 중 토지의 사회 및 경제적인 특성으로 바르지 않은 것은?

① 농업과 비농업이라는 산업부문 간의 경쟁, 농업 내에서도 품목별 재배 농가 간의 토지이용 경쟁이 발생되며, 지속적으로 토지이용 형태가 변화하게 된다.

② 타 재화처럼 노동과 자본을 투입하여 물리적 양을 임의로 증가시킬 수 있다.

③ 일반 재화와 달리 용도가 매우 다양하여 2개 이상의 용도가 동시에 경합하는 경우가 많고 용도 전환에 따라 토지가격이 달라져 용도 구분 그 자체가 매우 중요한 사회적 과제로 된다.

④ 지리적 위치가 고정되어 있다는 특성 때문에 토지이용의 방식과 토지 소유에 따른 지대 발생과 토지 가격 형성의 논리가 독특해진다.

TIP 토지는 타 재화처럼 노동과 자본을 투입하여 물리적 양을 임의로 증가시키지 못한다.

Answer 11.④ 12.②

13 **다음 농업경제의 토지에 관련한 사항들 중 가장 바르지 않은 것은?**

① 일반적인 완전경쟁적 시장구조에서 초과이윤이 발생하면, 초과이윤을 누리는 우수한 경영체가 생산량을 늘려 시장점유율을 높여 생산성이 떨어지는 기업들을 시장에서 탈락시키거나 다른 기업들이 초과이윤을 수취하기 위해 기술개발에 노력하여 초과이윤이 없어지는 경향을 나타낸다.

② 비옥도가 낮은 농지에 대해서도 관개, 경지정리 등 농지개량 투자를 통해 비옥도를 제고시키는 노력이 이루어지지만, 경작되고 있는 한계농지의 수준에 따라 기존 비옥한 농지의 초과이윤 발생 그 자체를 사라지게 할 수는 없다.

③ 농지 이용에서는 비옥한 농지 그 자체가 질적으로 제한되어 있어 초과이윤이 사라지지 않는다.

④ 토지를 이용하는 산업과 그렇지 않은 산업의 차이가 발생하게 되고, 이 때문에 초과이윤이 고정화된다.

TIP 농지 이용에서는 비옥한 농지 그 자체가 양적으로 제한되어 있어 초과이윤이 사라지지 않는다.

14 **1962년 유휴 산지 개발을 촉진하기 위한 '개간촉진법'이 제정되면서 농지확대정책이 본격적으로 전개되었다. 이 때 '농경지조성법'이 제정된 시기는?**

① 1961년
② 1963년
③ 1965년
④ 1967년

TIP '농경지조성법'이 제정된 시기는 1967년이다.

15 **다음 중 국내 농업경제에 관한 정책의 기조로 바르지 않은 것은?**

① 다원적인 기능을 중요시하는 규제 및 지원
② 단일한 선택기회의 제공으로 인한 타율적인 구조조정
③ 직접지불제도의 활용 시장기능의 보완
④ 시장지배체제의 확립으로 인한 경쟁의 촉진

TIP ② 다양한 선택기회의 제공으로 인한 자율적인 구조조정이다.

Answer 13.② 14.④ 15.②

16 아래의 내용을 읽고 괄호 안에 들어갈 말은?

> 1960년대 후반 이후 도시화 · 산업화에 따른 농지전용이 급격히 늘고, 다른 한편 1970년대 세계적인 석유위기와 식량 공급 부족 현상이 나타나자 (　　) '농지의 보전 및 이용에 관한 법률'이 제정되어 농지의 비농업 목적의 전용을 강력히 저지하게 되었다.

① 1970년　　② 1971년
③ 1972년　　④ 1973년

TIP 1960년대 후반 이후 도시화·산업화에 따른 농지전용이 급격히 늘고, 다른 한편 1970년대 세계적인 석유위기와 식량 공급 부족 현상이 나타나자 1972년 '농지의 보전 및 이용에 관한 법률'이 제정되어 농지의 비농업 목적의 전용을 강력히 저지하게 되었다.

17 다음 중 효율적인 농지활용을 위한 과제에 관련한 내용으로 잘못 설명한 것은?

① 우선적으로 우량농지의 불안정적 확보가 필요하며, 확보된 농지에 대해서는 효율적 이용을 위한 별다른 노력이 필요하지 않다.
② 확보된 농지의 효율적 이용을 위해서는 농지의 개량, 적절한 작부체계의 유지, 생산성 제고를 위한 품종 개량 등 물리적 측면의 노력이 요구된다.
③ 농지의 효율적 이용 및 관리가 가능하도록 하는 농지의 소유 및 이용체계의 정립이라는 제도·정책적 측면의 노력이 필요하다.
④ 우량농지의 안정적 확보 및 보전을 위해서는 국토관리적 측면과 농지관리적 측면 등 여러 측면에서 합리적 국토관리체계 정립과 농업진흥지역 관리, 농지전용 허가제도의 합리적 운용 등 다양한 제도적 노력이 요구된다.

TIP 우선적으로 우량농지의 안정적 확보가 필요하며, 확보된 농지의 효율적 이용을 위한 다양한 노력이 필요하다.

Answer 16.③ 17.①

18 다음 농업경제에서의 농지제도를 개편함에 있어 나타나는 과제로 바르지 않은 것은?

① 농업 및 농촌의 다원적 기능이 강조되는 상황 하에서 농촌공간에 대한 계획적 관리, 농지의 난개발 방지 대책이 요구된다.
② 농지개량을 국가가 주도하는 현실 변화를 고려하여 농지의 안정적 임대차 관리에 대한 적극적인 대응은 필요하지 않다.
③ 농지가격을 적정 수준으로 관리하는 문제가 새로운 정책과제로 등장하는 상황 하에서 농지가격 정책에 대한 인식의 전환이 요구되고 있다.
④ 대부분의 고령농어업인 영농후계자를 확보하지 못하고 있다는 현실을 고려하여 농지 거래 규제를 완화하여 고령 농업인의 농지 매도 및 은퇴 여건을 개선하고, 미래 영농참여자의 농지 확보를 지원하는 농지정책이 적극 도모할 필요가 있다.

TIP 농지개량을 국가가 주도하는 현실 변화를 고려하여 농지의 안정적 임대차 관리에 대한 적극적 대응도 필요하다.

19 다음의 내용을 읽고 괄호 안에 들어갈 말은?

> (　　)은/는 인위적 노력이 가해지지 않은 자연물로서 농업생산의 대상물이 생활하는 장소와 농용시설 및 농업노동이 행해지는 장소 제공의 성격을 지니기도 하고, 지리적 위치가 고정되어 토지의 유용성과 효용성이 위치에 따라 다르게 나타난다. 또한 단순한 농작물의 생활 장소만이 아니라 작물의 생장 등에 필요한 영양분을 제공하는 기능을 갖는다. 농작물의 종류에 따라 필요로 하는 영양분이나 수분이 달라 토지마다 그 가치가 다르다. 이를 농지의 비옥도(肥沃度) 차이로 이해하고, 비옥한 땅을 확보하려는 노력이 인류역사에서 매우 중요한 과제가 되었다.

① 양분　　② 수분
③ 토지　　④ 개간

TIP 토지는 인위적 노력이 가해지지 않은 자연물로서 농업생산의 대상물이 생활하는 장소와 농용시설 및 농업노동이 행해지는 장소 제공의 성격을 지니기도 하고, 지리적 위치가 고정되어 토지의 유용성과 효용성이 위치에 따라 다르게 나타난다. 또한 단순한 농작물의 생활 장소만이 아니라 작물의 생장 등에 필요한 영양분을 제공하는 기능을 갖는다. 농작물의 종류에 따라 필요로 하는 영양분이나 수분이 달라 토지마다 그 가치가 다르다. 이를 농지의 비옥도(肥沃度) 차이로 이해하고, 비옥한 땅을 확보하려는 노력이 인류역사에서 매우 중요한 과제가 되었다.

Answer 18.② 19.③

20 다음 중 성격이 다른 하나는?

① 농업 경영체의 바깥으로부터 농업 경영체의 의사결정에 영향을 미치는 요인
② 경영철학
③ 기업문화
④ 조직구조

TIP ②③④번은 농업경영의 내부 환경요인이며, ①번은 농업경영의 외부환경요인이다.

21 다음 농업경영의 토지에 관한 내용 중 토지의 경제적 가치를 판정하여 그 결과를 화폐가치로 산정하는 기법을 무엇이라고 하는가?

① 토지의 내부수익률법
② 토지의 시간적 가치법
③ 토지유지법
④ 토지감정법

TIP 토지감정법은 토지의 경제적 가치를 판정하여 그 결과를 화폐가치로 산정하는 기법을 의미한다.

22 다음 중 농업 산출액을 토지투입액으로 나눈 것으로 농지의 효율성을 표시하는 개념을 무엇이라고 하는가?

① 토지수용성
② 토지생산성
③ 토지투자성
④ 토지결정성

TIP 토지생산성은 농업 산출액을 토지투입액으로 나눈 것으로 농지의 효율성을 표시하는 개념을 의미한다.

23 다음 개발시대의 토지정책의 연결이 바르지 않은 것은?

① 1960년대 – 개발사업 지원을 위한 정책기반조성시대
② 1970년대 – 개발사업 지원 및 투기억제정책형성시대
③ 1990년대 – 투기억제정책 정비시대
④ 1990년대 후반 – 개방적 · 환경 친화적 토지정책시대

TIP 1980년대 – 투기억제정책 정비시대

Answer 20.① 21.④ 22.② 23.③

24 다음은 기상이변으로 인한 미래의 농업생산 상황을 나타낸 것으로 잘못 해석한 것은?

① 벼, 과수, 채소의 최적지 변화로 지속적인 재배적지 이동이 나타난다.

② 남방계 병해충 증가 및 해충 증식속도가 증가한다.

③ 여름철 경사지 토양침식 증가 및 비료성분이 감소한다.

④ 강수량 증가로 저수시설 붕괴 우려가 커지나 곡물가격에는 변화가 없을 것이다.

TIP 온난화로 인한 벼의 생산 감소로 곡물가격은 상승할 것으로 예측된다.

※ 기후변화 파급 효과

구분	내용
생태계영향	생물 종 멸종위기 일부지역 사막화 현상 심화 자연림 파괴 및 식생파괴 가속 토양침식 증가 해수면 상승과 염수의 침입
경제적 영향	온난화로 벼 생산이 감소되어 곡물가격이 상승 채소값 폭등 사료값 상승 물가 상승의 압박 농가소득 감소 생산비 증가 농촌경제 위축
사회적 영향	기아인구 증가 사재기 현상 기승 기후 난민 발생 사회갈등 및 양극화 심화

Answer 24.④

25 기상이변으로 인한 농업생산체계를 변화할 때 장기적 대책에 해당되지 않는 것은?

① IT, BT, NT와의 융 · 복합을 통하여 안정적으로 생산 · 관리할 수 있는 기술 개발
② 위기 시 신속한 생산 및 저장을 위한 대체기술 개발
③ 변화하는 기후환경에 맞도록 새로운 작부체계 정립
④ 생명공학기술을 이용한 기후변화 · 기상재해에 강한 적응 품종 및 축종 개발

TIP 단기적 대책에 해당한다고 볼 수 있다.

※ 새로운 농업생산체제로의 전환을 위한 기술혁신

㉠ 단기적

- 상세한 농업기상정보 예측, 재배시기 조절 및 농작물 관리 기술, 온실 환경관리 기술, 내재해성 품종 개발, 장기 저장 기술, 작물별 생물계절 변화 연구
- 기후변화 적응기술 개발 및 연구시스템의 선진화를 위한 투자 확대
- 기후변화에 따른 농업영향을 장기적으로 평가 · 분석할 수 있는 연구시설 확충 필요
- 재배한계선(북방, 남방) 및 기후지대별 안전재배시기 재설정, 변화하는 기후환경에 맞도록 새로운 작부체계 정립
- 농업생산시설 및 기반시설의 보호를 위한 새로운 규격 및 기준 마련

㉡ 장기적

- IT, BT, NT와의 융 · 복합을 통하여 안정적으로 생산 · 관리할 수 있는 기술 개발
- 위기 시 신속한 생산 및 저장을 위한 대체기술 개발
- 생명공학기술을 이용한 기후변화 · 기상재해에 강한 적응 품종 및 축종 개발
- 미래형 식물공장 및 로봇형 관리기술 개발 등

Answer 25.③

02 노동력

❶ 농업노동

(1) 농업노동의 특징

① 경제와 농업이 발전할수록 농업노동 투입량은 점차 감소
- 이유 : (농업노동력 공급측면) 농업종사자수 계속 감소, (수요측면)영농 기계화와 신기술 도입으로 농작업의 필요 노동인력과 노동시간 감소

② 농업노동력은 시간과 날짜에 따라 연속적으로 행해진다.(저장불가능성, 계절성)

③ 농번기에 집중되는 노동력 수요를 임시고용이나 품앗이, 두레 등으로 충족하거나 재배작물의 조합을 바꾸어 노동력 수요를 연중 고르게 분산

④ 노동력은 인적요소이기에 인간적 요소를 고려하여 관리계획 수립

TIP

※ 노동력의 특징
㉠ 이질적인 노동이 전후로 교체되어 분업이 곤란하다.
㉡ 노동에 대한 통제와 감독이 어렵다.
㉢ 노동의 시작과 종료, 진행속도 또는 소요시간을 자연이 결정한다.

※ 노동력의 종류
㉠ 고용 노동력 : 일정한 노동의 대가를 지불하고 얻는 노동이다.
㉡ 가족 노동력 : 노동력 공급의 융통성, 부녀자의 영세한 노동력 적절한 활동, 노동력의 질적인 우수성이 보장된다.

※ 농업노동의 특성
㉠ 농번기 및 농한기가 있기 때문에 노동력의 고용 시 일용직이나 또는 임시고용이 중심이 된다.
㉡ 공업과 같이 다수의 노동자를 조직한 체계적인 분업체제를 취하는 경우가 적다.
㉢ 생물의 생육에 걸맞게 한정된 기간 내에 작업을 진행하지 않으면 안 된다.
㉣ 생물의 종류 및 생육에 걸맞게 다종다양한 일을 능숙하게 처리하여야 한다.
㉤ 생물을 기르는 일은 그 성질상 대상을 매일 관찰하며 긴 시간 일의 흐름과 성과를 파악해야 한다.

(2) 농업노동의 종류

① 농업노동력은 가족 노동력과 고용 노동력으로 구분

② 농업생산은 주로 가족노동력 사용

③ 농업노동력은 고용기간에 따라 연중고용(1년 이상), 계절고용(1~2개월 농번기 고용), 1일/임시고용(하루를 단위로 계약), 위탁 영농(농작업의 과정을 위탁받아 보수지급)으로 분류

(3) 농업노동의 합리적인 활용방안

① 고성능의 기계를 도입하고 활용한다.

② 작업그룹을 만들어서 협업 및 분업체계를 취해서 일을 진행한다.

③ 연간 노동이 평균화되도록 작물을 심는다.

④ 농한기를 활용해서 최신 농업기술의 습득 및 시장유통, 소비자 동향조사 등의 다음 해의 계획을 세운다.

2 우리나라 농업노동력

(1) 우리나라 농업노동력의 수급구조

① 80년대까지 농촌 노동력은 공급초과→80년대 후반부터 도시화 산업화로 이농 가속, 농업 노임 급등, 노령화와 여성화→농업노동시간 축소

② 시설농업과 축산업 확대로 농한기가 줄고 벼농사의 기계화로 농업노동 수요가 차츰 계절적으로 평준화

③ 노동집약도(단위면적(10a) 당 투입되는 농업노동시간)는 183hr('70)→89hr('00)→농업노동이 자본(기계화, 시설영농)으로 빠르게 대체

(2) 노동효율성 개선

① 단위노동 당 생산물가치 = $\dfrac{\text{총 생산물 가치}}{\text{연중 투하량 환산}}$

연중 노동 투하량의 환산 = $\dfrac{\sum \text{개별 노동력의 농작업 참여 개월 수}}{12}$

※ 규모가 동일한 농장의 노동효율성 비교에 적합

② 단위 경작면적 당 노동비용 = $\frac{\text{총 노동비용(가족포함)}}{\text{경지면적}}$

③ 단위노동 당 작업량 = $\frac{\text{필요한 총 작업량}}{\text{연간 작업인 수}}$

TIP

농업노동력의 특성
㉠ 가족노동력에 의존
㉡ 지속성
㉢ 연속성
㉣ 기회비용의 발생

출제 예상 문제

1 **다음 중 노동력의 특징으로 올바르지 않은 것은?**

① 노동의 시작과 종료, 진행속도 또는 소요시간을 자연이 결정한다.
② 노동에 대한 감독이 어렵다.
③ 이질적인 노동이 전후로 교체되어 분업이 어렵다.
④ 노동에 대한 통제가 용이하다.

TIP ④ 노동에 대한 통제가 어렵다.

2 **자가노동과 고용노동의 차이점에 대한 설명으로 옳지 않은 것은?**

① 고용노동은 상시고용과 일시고용으로 구성되며, 자가노동은 경영주 본인과 가족으로 구성된다.
② 고용노동비는 경영비에 포함되어 소득에 영향을 미친다.
③ 자가노동비는 생산비에 포함되어 순수익에 영향을 미친다.
④ 자가노동에 의지하는 영세소농은 소득이 많게 나타나지만 순소득은 낮게 산출된다.

TIP 자가노동에 의지하는 영세소농은 소득이 적게 나타나지만 순소득은 높게 산출된다.

3 **다음 중 농업노동에 대한 설명으로 바르지 않은 것은?**

① 노동력은 인적요소이기에 인간적인 요소를 고려하여 관리계획을 수립하게 된다.
② 농업노동력은 시간과 날짜에 따라 연속적으로 행해진다.
③ 농번기에 집중되는 노동력 수요를 임시고용이나 품앗이, 두레 등으로 충족하거나 재배작물의 조합을 바꾸어 노동력 수요를 연중 고르게 분산한다.
④ 경제 및 농업이 발전할수록 농업노동에 대한 투입량은 점차 증가한다.

TIP 경제와 농업이 발전할수록 농업노동 투입량은 점차 감소하게 된다.

Answer 1.④ 2.④ 3.④

4 **다음 중 농업노동의 특징에 관한 내용으로 가장 옳지 않은 것은?**

① 공업과 같이 다수의 노동자를 조직한 체계적인 분업체제를 취하는 경우가 적다.
② 생물의 종류 및 생육에 걸맞게 다종다양한 일을 능숙하게 처리하여야 한다.
③ 농번기 및 농한기가 있기 때문에 노동력의 고용 시 정규직이 중심이 된다.
④ 생물의 생육에 걸맞게 한정된 기간 내에 작업을 진행하지 않으면 안 된다.

TIP 농번기 및 농한기가 있기 때문에 노동력의 고용 시 일용직이나 또는 임시고용이 중심이 된다.

5 **다음 중 농업노동의 합리적 활용방안으로 바르지 않은 사항은?**

① 월간 노동이 평균화되도록 작물을 심는다.
② 농한기를 활용해서 최신 농업기술의 습득 및 시장유통, 소비자 동향조사 등의 다음 해의 계획을 세운다.
③ 작업그룹을 만들어서 협업 및 분업체계를 취해서 일을 진행한다.
④ 고성능의 기계를 도입하고 활용한다.

TIP 연간 노동이 평균화되도록 작물을 심는다.

6 **다음 중 단위노동 당 생산물의 가치를 바르게 표현한 것은?**

① $\frac{\text{총 생산물의 가치}}{\text{연중 투하량의 환산}} \times 100$
② $\frac{\text{총 생산물의 가치}}{\text{연중 투하량의 환산}} - 100$
③ $\frac{\text{총 생산물의 가치}}{\text{연중 투하량의 환산}}$
④ $\frac{\text{총 생산물의 가치}}{\text{연중 투하량의 환산}} + 100$

TIP 단위노동 당 생산물의 가치 = $\frac{\text{총 생산물의 가치}}{\text{연중 투하량의 환산}}$

Answer 4.③ 5.① 6.③

7 다음 연중 노동 투하량의 환산을 옳게 표현한 것은?

① $\dfrac{\Sigma \text{개별 노동력의 농작업참여개월수}}{10} \times 10$

② $\dfrac{\Sigma \text{개별 노동력의 농작업참여개월수}}{10}$

③ $\dfrac{\Sigma \text{개별 노동력의 농작업참여개월수}}{12}$

④ $\dfrac{\Sigma \text{개별 노동력의 농작업참여개월수}}{12} \times 10$

> **TIP** 연중 노동 투하량의 환산 = $\dfrac{\Sigma \text{개별노동력의농작업참여개월수}}{12}$

8 다음 중 단위 경작면적 당 노동비용을 옳게 나타낸 것은?

① $\dfrac{\text{총 노동비용(가족 미포함)}}{\text{경지면적}} \times 100$

② $\dfrac{\text{총 노동비용(가족포함)}}{\text{경지면적}}$

③ $\dfrac{\text{총 노동비용(가족포함)}}{\text{경지면적}} + 100$

④ $\dfrac{\text{총 노동비용(가족포함)}}{\text{경지면적}} - 100$

> **TIP** 단위 경작면적 당 노동비용 = $\dfrac{\text{총노동비용(가족포함)}}{\text{경지면적}}$

Answer 7.③ 8.②

9 다음 중 단위노동 당 작업량을 올바로 나타낸 것은?

① $\frac{\text{필요한 총 작업량}}{\text{연간작업인수}}$

② $\frac{\text{필요한 총 작업량}}{\text{월간작업인수}}$

③ $\frac{\text{필요한 총 작업량}}{\text{연간작업인수}} \times 100$

④ $\frac{\text{필요한 총 작업량}}{\text{월간작업인수}} \times 100$

TIP 단위노동 당 작업량 $= \frac{\text{필요한 총 작업량}}{\text{연간작업인수}}$

10 다음 중 농업 경영의 3요소의 종류가 아닌 것은?

① 노동력
② 토지
③ 농기구
④ 과학

TIP 농업의 필수적인 3요소는 노동력과 토지(자연) 그리고 노동 수단으로서의 자본재(농기구, 비료, 사료 등)라고 할 수 있다.

11 농업의 노동력에 대한 내용으로 틀린 것은?

① 농업에 투입되는 노동량은 점차 늘고 있는 추세이다.
② 농업 노동은 통제와 감독이 어렵다.
③ 우리나라에서는 특성상 가을에 노동량이 증가한다.
④ 이질적인 노동이 전후로 교체되어 분업이 곤란하다.

TIP 경제와 농업이 발전할수록 농업노동에 들어가는 투입량은 점차 감소하게 된다.

※ **한국 농촌의 노동력 문제** … 우리나라는 경제개발 5개년 계획이 성공적으로 추진됨에 따라 1960년대 후반부터 농촌에는 이농현상이 나타나기 시작하였으며 많은 농촌인구가 공업부문으로 이동하기 시작하였다. 연간 약 20만 명 수준이었던 1960년 초기의 이농인구는 1960년대 후반에는 약 40만 명의 규모로 확대되었다. 특히 젊은 농촌인력의 이농과 도시유출이 심하였다. 농촌인력의 감소는 자연적으로 농촌의 노동력 부족으로 연결되었다.

Answer 9.① 10.④ 11.①

12 **노동력의 질적 우수성이 뛰어나고 노동시간에 구애를 받지 않아 노동력 공급의 융통성이 좋은 노동력은?**

① 임시고용　　② 계절고용

③ 가족노동력　　④ 1일고용

TIP 가족 노동력은 노동시간에 구애 받지 않아 노동력 공급의 융통성이 있으며 부녀자의 영세한 노동력 적절한 활동, 노동력의 질적 우수성이 뛰어나다.

※ **노동력 종류**

구분	내용	
가족노동력	노동력 공급의 융통성(노동시간에 구애 받지 않음), 부녀자의 영세한 노동력 적절한 활동, 노동력의 질적 우수성	
고용노동력	연중고용	1년 또는 수년을 기간으로 계약
	계절고용	1개월 또는 2개월을 기간으로 주로 농번기에 이용
	1일고용, 임시고용	수시로 공급되는 하루를 기간으로 계약하는 고용노동
	위탁영농	특정 농작업과정을 위탁받고 작업을 끝낼 경우 보수를 받음

13 **농지법 시행령에서 정하는 농업인이 아닌 것은?**

① 1천제곱미터 이상의 농지에서 농작물을 재배하는 자

② 농지에 330제곱미터 이상의 고정식 온실·버섯 재배사를 설치하여 농작물 또는 다년생식물을 경작 또는 재배하는 자

③ 농업경영을 통한 농산물의 연간 판매액이 120만원 이상인 자

④ 1년 중 60일 이상 축산업에 종사하는 자

TIP 1년 중 120일 이상 축산업에 종사하는 자가 농업인에 해당된다.

※ **농지법 시행령 제3조**(농업인의 범위)

농업인이란 다음의 어느 하나에 해당하는 자를 말한다.

1. 1천제곱미터 이상의 농지에서 농작물 또는 다년생식물을 경작 또는 재배하거나 1년 중 90일 이상 농업에 종사하는 자
2. 농지에 330제곱미터 이상의 고정식 온실·버섯 재배사·비닐하우스, 그 밖의 농림축산식품부령으로 정하는 농업생산에 필요한 시설을 설치하여 농작물 또는 다년생식물을 경작 또는 재배하는 자
3. 대가축 2두, 중가축 10두, 소가축 100두, 가금 1천수 또는 꿀벌 10군 이상을 사육하거나 1년 중 120일 이상 축산업에 종사하는 자
4. 농업경영을 통한 농산물의 연간 판매액이 120만원 이상인 자

Answer 12.③ 13.④

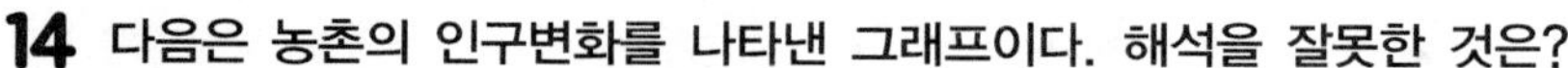

14 다음은 농촌의 인구변화를 나타낸 그래프이다. 해석을 잘못한 것은?

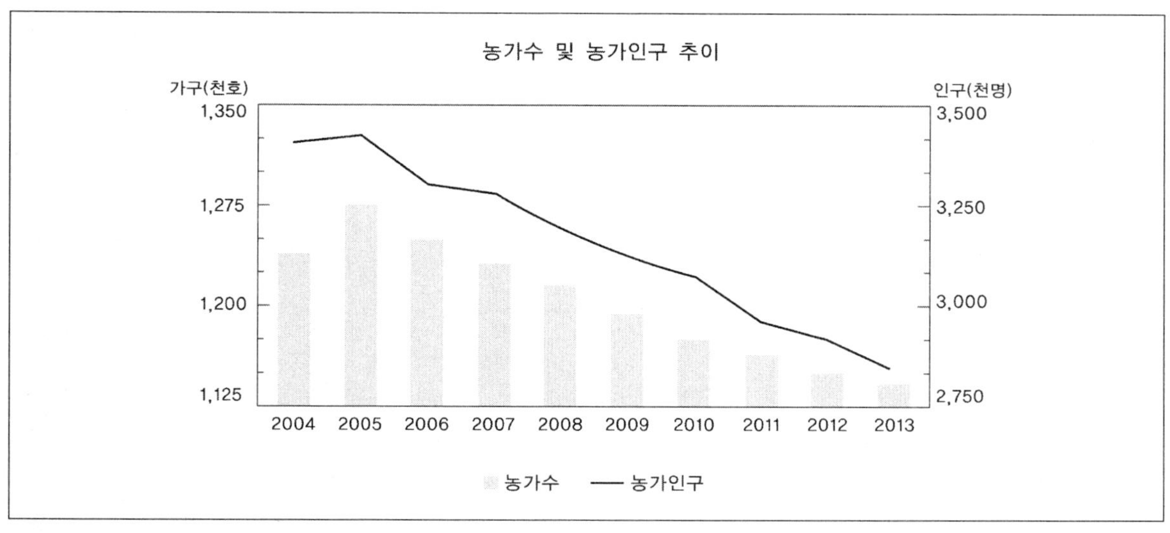

① 농가수는 2013년까지 계속해서 감소를 하였다.

② 농가인구 및 농가당 평균 가구원의 수는 젊은 자녀들의 도시 전출, 홀로 사는 노인세대 증가 등으로 계속 증가할 것이다.

③ 농가인구 중 65세 이상 인구의 비율이 높으면 고령화가 더욱 빠르게 나타난다.

④ 농가인구 감소는 고령화에 따른 농업포기와 타 업종으로의 전환 등에 의한 현상으로 분석할 수도 있다.

TIP 농가인구 및 농가당 평균 가구원의 수는 젊은 자녀들의 도시 전출, 홀로 사는 노인세대 증가 등으로 계속 감소할 것으로 전망할 수 있다.

Answer 14.②

15 무더운 환경에서 작업을 실시하는 경우 주의사항으로 보기 어려운 것은?

① 평소 기온이 높은 시간대를 피해서 작업을 실시한다.

② 수분을 자주 섭취하여 땀으로 손실된 수분을 충분히 보충한다.

③ 모자 착용을 하지 않는다.

④ 실내에서는 차광이나 단열재 시공 등으로 실내의 온도가 현저하게 올라가지 않도록 하고, 통풍이 잘 되도록 하여 환기가 잘 이루어지도록 한다.

TIP 더위를 막기 위해 모자를 착용하거나 땀이 발산되기 쉬운 복장을 한다.

※ **무더운 환경 작업 준수사항**

㉠ 평소 기온이 높은 시간대를 피해서 작업하고, 휴식을 자주 취하여 연속 작업 시간을 줄이는 등의 주의를 한다. 또한 수분을 자주 섭취하여 땀으로 손실된 수분을 충분히 보충한다.

㉡ 모자를 착용하거나 땀이 발산되기 쉬운 복장을 한다. 작업 장소에는 차양을 설치하는 등 가능한 한 그늘에서 작업하도록 한다.

㉢ 실내에서는 차광이나 단열재 시공 등으로 실내의 온도가 현저하게 올라가지 않도록 하고, 통풍이 잘 되도록 하여 환기가 잘 이루어지도록 한다. 실내에 열원이 있는 경우에는 열원과 작업자 간에 간격을 멀리하거나 단열재로 격리하고 가열된 공기는 실외로 배기시킨다.

㉣ 열사병은 수분이나 염분을 과도하게 잃게 되는 것으로 계속해서 나른하거나 경련을 일으키고, 심한 경우에는 의식을 잃거나 사망할 위험이 있다.

16 다음 중 산소가 결핍된 공간에서 작업을 할 경우 주의사항으로 보기 어려운 것은?

① 내부의 작업자들과 대화를 주고받을 수 있게끔 숙련된 작업자를 시설물 외부에 배치해 두고, 관계자 이외에는 들어가지 않도록 위험표시를 하는 등 조치한다.

② 들어가기 전에 환기를 충분히 시킨다.

③ 저장물이 상하고 있는 경우엔 가급적 저장고 내로 들어가지 말아야 하며, 위험 가스가 발생할 가능성이 있는 경우에는 방독 마스크를 착용한다.

④ 분뇨탱크, 싸일로 등에서는 바로 탈출할 수 있도록 사다리 등을 설치한 후 들어가며 작업 중에는 빠른 작업을 위해 말을 삼간다.

TIP 분뇨탱크, 싸일로 등에서는 바로 탈출할 수 있도록 사다리 등을 설치한 후 들어간다. 작업 중에는 중간 중간 서로 말을 걸어 안전을 확인한다.

※ **산소결핍위험 폐쇄 공간**

㉠ 산소결핍 등의 위험성이 있는 폐쇄공간에서 작업할 경우에는 작업 장소, 작업시간을 가족 등에게 사전에 알려 둔다.

㉡ 들어가기 전에 환기를 충분히 시킨다. 작업 전에 작업자들은 시설물 내의 산소가 충분한지 가스가 차 있지 않은지 확인한다. 특히, 저장물이 상하고 있는 경우엔 가급적 저장고 내로 들어가지 말아야 하며, 위험 가스가 발생할 가능성이 있는 경우에는 방독 마스크를 착용한다.

㉢ 고용주는 위험 요인들을 문서로 작성하여 작업 전 작업자에게 충분한 교육을 시켜야 한다. 또한 작업자는 구명줄이 달린 복장을 갖추도록 하고, 구조절차에 관해 외부 작업자와 협의하고 구조에 적합한 장비를 준비한다.

Answer 15.③ 16.④

㉣ 내부의 작업자들과 대화를 주고받을 수 있게끔 숙련된 작업자를 시설물 외부에 배치해 두고, 관계자 이외에는 들어가지 않도록 위험표시를 하는 등 조치한다.
㉤ 분뇨탱크, 싸일로 등에서는 바로 탈출할 수 있도록 사다리 등을 설치한 후 들어간다. 작업 중에는 중간 중간 서로 말을 걸어 안전을 확인한다.

17 열사병 예방법이 아닌 것은?

> ㉠ 농작업 시에는 수분이나 염분을 충분히 섭취하도록 한다.
> ㉡ 휴식은 시원한 곳에서 취한다.
> ㉢ 열사병이 발생한 경우 옷을 느슨하게 풀어주고 시원한 장소에서 다리를 높게한 뒤 눕혀 재운다.
> ㉣ 열사병 발생 시 스포츠 음료를 먹인다.
> ㉤ 식사는 많은 양으로 한번에 한다.
> ㉥ 되도록이면 고단백 식사를 한다.

① ㉠, ㉢
② ㉡, ㉤
③ ㉢, ㉣, ㉤
④ ㉤, ㉥

TIP ㉤㉥ 식사는 적은 양으로 자주 하고, 고단백 식사는 체내의 대사열을 높이므로, 섭취를 줄인다. 작업 전이나 도중, 후에는 알콜성 음료를 섭취하지 않아야 한다.

※ 열사병을 예방법

- 농작업 시에는 수분이나 염분을 충분히 섭취해야 하는데, 작업에 임하기 전에 스포츠 드링크나 식염수 등을 마셔두는 것도 좋은 방법이다.
- 휴식은 시원한 곳에서 취한다.
- 수면 부족이나 숙취(宿醉)는 열사병의 원인이 되므로 삼가고 식사는 반드시 한다.
- 가능한 한 시원한 복장으로 작업한다. 안전작업에 문제가 없는 범위 내에서 통기성 · 흡습성이 좋은 옷감의 작업복을 입는다. 직사광선이 내리쬐는 장소에서는 챙이 넓은 모자를 쓰도록 한다.
- 열사병이 발생한 경우 옷을 느슨하게 풀어주고 시원한 장소에서 다리를 높게 한 뒤 눕혀 재운다.
- 열사병이 발생한 경우 스포츠 음료를 먹인다.
- 손과 발끝으로부터 심장을 향해 혈액이 흐르도록 마사지한다.
- 근육에 통증이나 경련이 있을 때는 0.9%의 식염수를 먹인다.
- 증상이 심할 경우에는 한시라도 빨리 병원에 데려 간다.

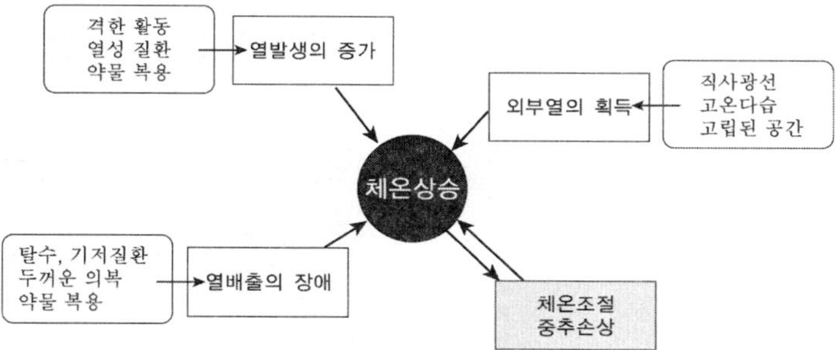

Answer 17.④

03 자본재

❶ 농업자본의 특징 및 분류

① 농업경영인은 노동을 투입하면서 농업경영 목적 달성위해 보조수단으로 자본투입
 – 자본재 : 종자, 비료, 농기계, 시설물 등 ; 화폐로 환산 시 자본, 재산개념으로 자산

② **고정자본** … 건물, 농기구, 가구, 가축 등 자본재, 토지개량이나 관개시설 개선을 위한 투자자본, 대형 농기계나 농업시설 등 노동생산성 향상자본, 가축이나 과목 등 유생고정자본

③ **유동자본** … 1회 사용으로 그 원형이 없어지고 가치가 생산물에 이전하는 것
 – 종자, 비료, 농약 등 원료로 사용되는 것, 농기계 유류, 비닐, 포장재 등 재료로 사용되는 것

④ **유통자본** … 현금, 예금

TIP

※ 자본재
 ㉠ 생산 수단으로써 활용되어지는 구체적인 재화
 ㉡ 생산재, 중간재, 공용재 등으로 불리고 있다.
 ㉢ 자본재는 고정자본재(농지기반 투자시설과 농기계, 장비 등)와 유동자본재(원료 및 재료 등)로 분류되어진다.

※ 자본재 관리
 ㉠ 비용절감 및 예상수익 – 추가투자로 인한 예상수익
 ㉡ 재고관리, 수선 및 유지관리, 감가상각을 위한 예산수립 및 자금확보
 ㉢ 비료, 농약, 사료, 종자, 농기계, 영농시설장비의 구입 및 관리

❷ 국내 농업자본 현황

(1) 우리나라 농업자본의 현황

① **농지기반시설 투자** … 논 중심 농지기반에 많은 투자

- '08년 총 논 면적의 80%가 수리답(83만 ha), 경지정리는 69%(72만 ha)

② **농기계와 시설장비** … 경운기, 트랙터, 이앙기, 양수기, 콤바인 등 보급

㉠ 벼농사의 기계화율은 농작업이 99%('01), 건조 제외, 전국평균

㉡ 도시근교와 평야지대 기계화율이 높음

③ **원료 및 재료**

㉠ 화학비료 소비량은 90년대까지 증가 후 감소

㉡ **사료 공급량 7배 증가** : 346만 톤('70) → 2,454만 톤('09), 농후사료 18배 증가, 그 중 배합사료 30배 증가, 전체 사료 중 70% 정도를 수입 배합사료에 의존

(2) 농업자본의 관리

① **영농자재관리** … 필요한 자재를 적절히 구입, 사용(적기 구입, 재고비용 고려)

② **농기계 관리** … 농기계 구입은 이용률과 가동률을 최대화, 구입은 고정비용

③ 농기계에 투자된 자본은 기회비용을 가지는데, 기회비용은 다음의 이자율로 예측

- 이자 = $\dfrac{\text{비용} + \text{잔존가격}}{2} \times \text{기회비용 이자율}$

④ **농기계 효율성**

- 경작면적당 투자 = $\dfrac{\text{모든 농기계의 현재가치}}{\text{경작면적}}$, 임대나 중고 사용 시 낮다.
- 경작면적당 비용 = $\dfrac{\text{연간 총 농기계 비용}}{\text{경작면적}}$

⑤ **농기계 구입 시 고려사항**

㉠ 농기계 작업효율성

㉡ 수익증대 가능성

㉢ 영농규모 적합성

㉣ 농기계 내구성

㉤ 구입과 임차 임대의 차이

㉥ 농기계의 경제적 이용방법

TIP

농어촌정비법 제9조(농업생산기반 정비사업 시행계획의 수립 등)

① 농림축산식품부장관 또는 시 · 도지사는 농업생산기반 정비사업 기본계획 중 타당성이 있는 농업생산기반 정비사업에 대하여는 농업생산기반 정비사업 시행자를 지정하여야 한다.
② 농업생산기반 정비사업 시행자는 농업생산기반 정비사업 기본계획에 따라 사업을 하려면 해당 지역에 대한 세부 설계를 하고, 농업생산기반 정비사업 시행계획을 세워야 한다.
③ 농업생산기반 정비사업 시행자는 농업생산기반 정비사업(저수지의 개수 · 보수 등 농림축산식품부령으로 정하는 농업생산기반 개량사업은 제외) 시행계획을 공고하고, 토지에 대한 권리를 가지고 있는 자에게 열람하도록 한 후 3분의 2 이상의 동의를 받아야 한다.
④ 농업생산기반 정비사업 시행자는 농림축산식품부령으로 정하는 특수한 사유로 인하여 동의를 받을 수 없는 경우에는 그 지역 수혜면적(受惠面積)의 3분의 2 이상에 해당하는 토지 소유자의 동의를 받아야 한다.
⑤ 토지 등에 대한 권리를 가지고 있는 자는 제3항에 따라 공고된 농업생산기반 정비사업 시행계획에 이의가 있으면 공고일부터 30일 이내에 농업생산기반 정비사업 시행자에게 이의신청을 할 수 있다. 이 경우 농업생산기반 정비사업 시행자는 이의신청일부터 30일 이내에 이의신청에 대한 검토의견을 이의신청인에게 알려야 하고, 이의신청 내용이 타당하면 농업생산기반 정비사업 시행계획에 그 내용을 반영하여야 한다.
⑥ 농업생산기반 정비사업 시행자가 농업생산기반 정비사업 시행계획을 수립하면 농림축산식품부령으로 정하는 서류를 첨부하여 농림축산식품부장관에게 승인을 신청하여야 한다. 다만, 경지 정리, 농업생산기반시설의 개수 · 보수 및 준설 사업은 시 · 도지사에게 승인을 신청하여야 한다.
⑦ 농림축산식품부장관 또는 시 · 도지사는 농업생산기반 정비사업 시행계획을 승인한 경우에는 그 내용을 고시하여야 한다.
⑧ 농업생산기반 정비사업 시행자는 승인받은 농업생산기반 정비사업 시행계획을 변경하려는 경우에는 농림축산식품부장관 또는 시 · 도지사의 승인을 받아야 한다.
⑨ 농림축산식품부장관 또는 시 · 도지사는 농업생산기반 정비사업 시행계획 변경을 승인한 경우에는 그 내용을 고시하여야 한다. 다만, 대통령령으로 정하는 경미한 사항은 그러하지 아니하다.

출제 예상 문제

1 다음 농업자본에 관한 내용 중 고정자본에 속하지 않는 것은?

① 가축　　② 건물
③ 비료의 원료로 사용되는 것　　④ 농기구

TIP ③ 비료의 원료로 사용되는 것은 유동자본에 속한다.
※ 농업자본에서 고정자본에 속하는 것
㉠ 가축
㉡ 건물
㉢ 가구
㉣ 농기구
㉤ 관개시설의 개선을 위한 투자자본
㉥ 대형 농기구 또는 농업시설 등의 노동생산성 향상자본
㉦ 가축이나 또는 과목 등의 유생고정자본

2 투하된 자본에 대한 생산량의 비율을 의미하는 것은?

① 자본생산성
② 자본집약도
③ 자본구성도
④ 자본계수

TIP 자본생산성은 자본계수와 역수의 관계에 있으며, 자본집약도는 생산에 투입된 자본과 노동의 비율을 말한다.

Answer 1.③ 2.①

3 통상적으로 농기계에 투자된 자본은 기회비용을 지니게 되는데, 기회비용은 이자율로 예측했을 시에 이자는 어떻게 나타나는가?

① $\frac{\text{비용} + \text{잔존가격}}{2} \times \text{기회비용 이자율}$

② $\frac{\text{비용} \times \text{잔존가격}}{2} \times \text{기회비용 이자율}$

③ $\frac{\text{비용} - \text{잔존가격}}{2} \times \text{기회비용 이자율}$

④ $\frac{\text{비용} - \text{잔존가격}}{2} + \text{기회비용 이자율}$

TIP 농기계에 투자된 자본에 대한 기회비용의 이자율

$$\frac{\text{비용} + \text{잔존가격}}{2} \times \text{기회비용 이자율}$$

4 다음 중 농기계 구입 시의 고려사항으로 바르지 않은 것은?

① 구입과 임차 임대의 차이

② 농기계 내구성

③ 농기계 작업효율성

④ 농기계의 사회적인 활용방법

TIP 농기계 구입 시의 고려사항

㉠ 농기계 작업효율성
㉡ 수익증대 가능성
㉢ 영농규모 적합성
㉣ 농기계 내구성
㉤ 구입과 임차 임대의 차이
㉥ 농기계의 경제적 이용방법

Answer 3.① 4.④

5 농산물의 공급과 수요에 대한 내용이다. 잘못 설명하고 있는 것은?

① 어떤 요인에 의하여 농산물의 공급이나 수요가 조금이라도 변화하면 그 가격은 매우 크게 변화되고 결과적으로 농산물 가격이 불안정하게 되는 것은 농산물의 불안정성이다.
② 농산물은 농지 및 가족노동의 고착성, 가격변화에 둔감하고 한번 파종하면 다음에 바꾸기 어렵기 때문에 공급의 비탄력성이 있다.
③ 농산물 수요의 가격탄력성이 탄력적인 이유는 농산물이 필수품인 경우가 많기 때문이다.
④ 소농경영이 지배적인 경우 농산물의 가격이 하락할 때 생산자는 오히려 증산하여 판매량을 늘려 가격하락에 따른 소득의 감소를 상쇄하려 하는데 이를 궁박판매라 한다.

TIP 농산물 수요의 가격탄력성이 비탄력적인 이유는 농산물이 필수품인 경우가 많기 때문이다. 즉 다른 상품에 비해 대체재가 적은 것이 원인이며 자신이 섭취하는 식품에 대한 기호와 소비 패턴을 좀처럼 바꾸려 하지 않는 경향 때문이라 할 수 있다.

6 다음 중 농산물의 특성으로 틀린 것은?

① 농산물에 대한 수요와 공급 가격 탄력성이 높다.
② 자연환경에 크게 영향을 받고 불확실성이 높다.
③ 농업생산구조는 공업 생산과정에 비해 생산 확대가 제한되어 있다.
④ 정부의 정책과 시장 개입 또는 시장규제가 존재한다.

TIP 농산물에 대한 수요와 공급 가격 탄력성이 낮다. 농산물을 재배하기 위해서는 어느 정도의 재배기간이 필요해서 짧은 시간 동안 생산량을 증가시킬 수 없기 때문에 공급의 가격탄력성은 작게 나타난다.

※ 농산물의 특성
㉠ 농산물에 대한 수요와 공급 가격 탄력성이 낮다.
㉡ 농업생산구조는 공업 생산과정에 비해 생산확대가 제한적이며, 생산의 계절성이 있다.
㉢ 자연환경에 크게 영향을 받고 불확실성이 높다.
㉣ 생산기간 단축이 어렵고 기술개발에 장시간이 요구된다.
㉤ 정부의 정책과 시장 개입 또는 시장규제가 존재한다.

Answer 5.③ 6.①

7 다음 중 농어촌정비법상 농업생산기반시설로만 짝지어진 것은?

㉠ 저수지	㉡ 양수장
㉢ 관정	㉣ 제방
㉤ 유지	㉥ 용수로
㉦ 간이 상수도	㉧ 하수도

① ㉠, ㉡, ㉢, ㉦
② ㉢, ㉣, ㉤, ㉥, ㉦
③ ㉠, ㉢, ㉥, ㉦, ㉧
④ ㉠, ㉡, ㉢, ㉣, ㉤, ㉥

TIP 농업생산기반시설이란 농업생산기반 정비사업으로 설치되거나 그 밖에 농지 보전이나 농업 생산에 이용되는 저수지, 양수장(揚水場), 관정(우물) 등 지하수 이용시설, 배수장, 취입보, 용수로, 배수로, 유지(웅덩이), 도로(「농어촌도로 정비법」에 따른 농도), 방조제, 제방(둑) 등의 시설물 및 그 부대시설과 농수산물의 생산 · 가공 · 저장 · 유통시설 등 영농시설을 말한다(농어촌정비법 제2조 제6호).

8 다음이 설명하는 것은?

곡물 수요가 공급을 초과하면 곡물 가격은 산술급수적이 아니라 기하급수적으로 오른다.

① 킹의 법칙
② 료의 법칙
③ 파레토의 법칙
④ 리카도의 법칙

TIP 킹의 법칙(King's law)은 17세기 말 영국의 경제학자 킹이 정립한 법칙으로 농산물의 가격은 그 수요나 공급이 조금만 변화하더라도 큰 폭으로 변화하게 되는 현상이다. 이에 따르면 그 반대인 공급이 조금 늘어나면 가격이 급락한다는 역도 정립하게 된다.

Answer 7.④ 8.①

9 농업생산기반시설의 관리에 대한 설명으로 적절하지 못한 것은?

① 농업생산기반시설관리자는 농업생산기반시설에 대하여 항상 선량한 관리를 하여야 한다.

② 농업생산기반시설관리자는 농업생산기반시설의 정비, 시설물의 개수 · 보수 등의 조치를 하여야 한다.

③ 농림축산식품부장관은 농업생산기반시설의 안전관리에 종사하는 자의 능력향상을 위하여 교육 · 훈련계획을 세우고 시행하여야 한다.

④ 어떠한 경우에도 농업생산기반시설관리자의 허락 없이 수문을 조작하거나 용수를 인수함으로써 농어촌용수의 이용 · 관리에 지장을 주는 행위를 할 수 없다.

TIP 누구든지 자연재해로 인한 피해의 방지 및 인명 구조를 위하여 긴급한 조치가 필요한 경우에는 할 수 있다(농어촌 정비법 제18조 제3항 제2호).

※ **농어촌 정비법 제18조**(농업생산기반시설의 관리)

① 농업생산기반시설관리자는 농업생산기반시설에 대하여 항상 선량한 관리를 하여야 하며, 대통령령으로 정하는 바에 따라 농업생산기반시설의 안전관리계획을 수립하여야 한다.

② 농업생산기반시설관리자는 농업생산기반시설의 정비, 시설물의 개수 · 보수 등의 조치를 하여야 하고, 안전관리계획에 따라 안전점검과 정밀안전진단을 하여야 한다.

③ 누구든지 자연재해로 인한 피해의 방지 및 인명 구조를 위하여 긴급한 조치가 필요한 경우 등 대통령령으로 정하는 정당한 사유 없이 다음에 해당하는 행위를 하여서는 아니 된다.

1. 농업생산기반시설의 구조상 주요 부분을 손괴(損壞)하여 그 본래의 목적 또는 사용에 지장을 주는 행위
2. 농업생산기반시설관리자의 허락 없이 수문을 조작하거나 용수를 인수함으로써 농어촌용수의 이용 · 관리에 지장을 주는 행위
3. 농업생산기반시설을 불법으로 점용하거나 사용하는 행위

Answer 9.④

10 **농업생산기반 정비사업 기본계획의 수립에 대한 내용으로 잘못된 것은?**

① 농업생산기반 정비사업은 농지, 농어촌용수 등의 자원을 효율적으로 이용하여 농업의 생산성을 높일 수 있는 것을 목적으로 한다.

② 농림축산식품부장관은 자원 조사 결과와 농어촌 정비 종합계획을 기초로 논농사, 밭농사, 시설농업 등 지역별 · 유형별 농업생산기반 정비계획을 세우고 추진하여야 한다.

③ 농림축산식품부장관은 예정지 조사 결과 농업생산기반 정비사업 중 타당성이 있다고 인정되는 사업은 지역에 대한 기본조사를 하고 농업생산기반 정비사업 기본계획을 세워야 한다.

④ 농촌진흥청장은 농업생산기반 정비사업 기본계획 중 타당성이 있는 농업생산기반 정비사업에 대하여는 농업생산기반 정비사업 시행자를 지정하여야 한다.

TIP 농림축산식품부장관 또는 시 · 도지사는 농업생산기반 정비사업 기본계획 중 타당성이 있는 농업생산기반 정비사업에 대하여는 농업생산기반 정비사업 시행자를 지정하여야 한다(농어촌정비법 제9조 제1항).

※ **농어촌정비법 제9조**(농업생산기반 정비사업 시행계획의 수립 등)

① 농림축산식품부장관 또는 시 · 도지사는 농업생산기반 정비사업 기본계획 중 타당성이 있는 농업생산기반 정비 사업에 대하여는 농업생산기반 정비사업 시행자를 지정하여야 한다.

② 농업생산기반 정비사업 시행자는 농업생산기반 정비사업 기본계획에 따라 사업을 하려면 해당 지역에 대한 세부 설계를 하고, 농업생산기반 정비사업 시행계획을 세워야 한다.

③ 농업생산기반 정비사업 시행자는 농업생산기반 정비사업(저수지의 개수 · 보수 등 농림축산식품부령으로 정하는 농업생산기반 개량사업은 제외) 시행계획을 공고하고, 토지에 대한 권리를 가지고 있는 자에게 열람하도록 한 후 3분의 2 이상의 동의를 받아야 한다.

④ 농업생산기반 정비사업 시행자는 농림축산식품부령으로 정하는 특수한 사유로 인하여 동의를 받을 수 없는 경우에는 그 지역 수혜면적(受惠面積)의 3분의 2 이상에 해당하는 토지 소유자의 동의를 받아야 한다.

⑤ 토지 등에 대한 권리를 가지고 있는 자는 제3항에 따라 공고된 농업생산기반 정비사업 시행계획에 이의가 있으면 공고 일부터 30일 이내에 농업생산기반 정비사업 시행자에게 이의신청을 할 수 있다. 이 경우 농업생산기반 정비사업 시행자는 이의신청일부터 30일 이내에 이의신청에 대한 검토의견을 이의 신청인에게 알려야 하고, 이의신청 내용이 타당하면 농업생산기반 정비사업 시행계획에 그 내용을 반영하여야 한다.

⑥ 농업생산기반 정비사업 시행자가 농업생산기반 정비사업 시행계획을 수립하면 농림축산식품부령으로 정하는 서류를 첨부하여 농림축산식품부장관에게 승인을 신청하여야 한다. 다만, 경지 정리, 농업생산기반시설의 개수 · 보수 및 준설 사업은 시 · 도지사에게 승인을 신청하여야 한다.

⑦ 농림축산식품부장관 또는 시 · 도지사는 농업생산기반 정비사업 시행계획을 승인한 경우에는 그 내용을 고시하여야 한다.

⑧ 농업생산기반 정비사업 시행자는 승인받은 농업생산기반 정비사업 시행계획을 변경하려는 경우에는 농림축산식품부장관 또는 시 · 도지사의 승인을 받아야 한다.

⑨ 농림축산식품부장관 또는 시 · 도지사는 농업생산기반 정비사업 시행계획 변경을 승인한 경우에는 그 내용을 고시하여야 한다. 다만, 대통령령으로 정하는 경미한 사항은 그러하지 아니하다.

Answer 10.④

11 다음 중 농업생산기반 정비사업 시행자가 아닌 자는?

① 국가

② 지방자치단체

③ 한국농어촌공사

④ 한국농수산식품유통공사

TIP 농업생산기반 정비 사업은 국가, 지방자치단체, 「한국농어촌공사 및 농지관리기금법」에 따른 한국농어촌공사 또는 토지 소유자가 시행한다. 다만, 농업 주산단지 조성과 영농시설 확충사업은 「농업협동조합법」에 따른 조합도 시행할 수 있다(농어촌 정비법 제10조).

Answer 11.④

04 기술과 정보

❶ 농업기술

(1) 환경요인

① 농업 경영체는 내부 환경, 외부환경 영향을 받는 동적 시스템

㉠ 외부환경요인 : 농산물 시장개방(직접 · 단기적), 농업용수 이용과 농지규제(간접 · 장기적), 정부정책, 국제화추세, 자원의 이용가능성 등

㉡ 내부환경요인 : 사명, 리더십, 스타일, 경영철학, 조직구조, 기업문화, 획득 가능한 자원 등

② 환경 분석 … 기업의 내 · 외부 환경요인을 파악, 분석하는 것

TIP

기술과 정보

㉠ 최근에 들어 경영자의 경영능력이나 또는 경영기법도 경영요소 중 하나로 인식되고 있다.

㉡ 무형의 생산요소로서 특허권, 상표권, 사용전용권 등이 있다.

(2) 정보통신의 기술

① 정보통신기술의 특징

㉠ 다양한 기술이 하나의 복잡한 기술체계의 구성으로 결합

㉡ 이렇게 결합된 기술체계가 사회전반에 빠르게 확산

㉢ 새로운 유형의 생산력이 급속히 확장

㉣ 생산력의 발전은 거대한 사회적 영향력을 수반하여 사회구조의 변화를 초래

② 정보통신기술의 혁신에 따른 지식과 정보가 경제에 미치는 영향

㉠ 새로운 지식과 정보 획득비용 저렴

㉡ 관련제품 생산비용과 제품가격 하락⇒제품의 수요확대⇒해당 산업의 성장과 고용확대

㉢ 창출된 지식과 정보가 새로운 가치를 스스로 확대시키는 자기증식효과

㉣ 비농업과 농업, 도시와 농촌 간의 지식과 정보의 격차 확대, 소득격차 확대

(3) 농업의 네트워크화

① 과거 농업생산은 공급자인 농업인이 주도, 현재의 농업생산은 소비자가 주도

② 시장여건과 소비자 선호변화가 생산품목의 선택과 생산량 결정에 큰 영향

③ 농산물 생산과 판매는 과거보다 훨씬 유연, 신속하면서 탄력적인 체제로 운영

④ 농업 및 비농업 간의 연계도 더욱 강화

⑤ 농업 관련 산업의 비중이 늘어나면서 경제주체 간의 수직계열화가 빠르게 진행

⑥ 앞으로는 수직적 통합 외에도 시장 참여 경제주체들이 네트워크화하여 농업과 제조업, 농업과 서비스업 간에 제휴하는 수평적 통합도 발생할 것으로 예상

(4) 전략경영

① **개념** … 수립된 전략 및 경영의 과정을 잘 통합하는 것 또는 기업의 경영과정을 보다 조직적으로 체계화하는 방법을 의미한다.

② **전략 경영의 6단계**

㉠ 사명(경영목적)
㉡ 목표설정
㉢ 강점 및 약점, 기회요인 및 위협요인 결정
㉣ 전략의 개발
㉤ 전략의 시행
㉥ 성과의 평가

TIP

SWOT 분석

구분	강점(Strength)	약점(Weakness)
기회(Opportunity)	강점을 기회로 살림	약점을 보완하여 기회로 활용
위협(Threat)	위험을 극복하기 위하여 강점을 활용	위험을 극복하기 위하여 약점을 보완

③ **농업의 다원적 기능**

㉠ 식량안보
㉡ 환경보전
㉢ 농촌경관개선
㉣ 전통문화유지
㉤ 식량 및 농산물 생산은 기본적인 기능

(5) 농업 전자상거래 기술

전자 상거래란 기업이나 소비자가 컴퓨터와 전자 매체를 활용한 상품 및 서비스의 거래를 의미한다.

① 전자상거래와 기존 상거래와의 차이점

㉠ 고객 정보에 대한 획득이 용이하다.

㉡ 유통경로가 짧다.

㉢ 효과적인 마케팅 활동이 가능하다.

㉣ 판매를 하기 위한 점포가 필요 없다.

㉤ 소규모 자본에 의한 사업이 가능한 벤처 업종이다.

㉥ 시간 및 공간의 제약이 없다.

② 전자상거래의 종류

㉠ B2C : 기업이 소비자를 상대로 전자 상거래를 하는 방식으로 인터넷에 점포를 개설해서 상품을 판매하는 형태이다.

㉡ B2B : 기업과 기업 간의 전자 상거래 방식으로 기업 간에 부품의 상호 조달, 운송망 공유 등을 인터넷 공간에서 처리하는 방식이다.

㉢ C2C : 소비자와 소비자 간의 전자 상거래 방식으로 소비자가 상품의 구매 및 소비 주체인 동시에 공급의 주체이기도 하다.

㉣ C2B : 소비자가 기업을 상대로 전자 상거래를 하는 방식으로 소비자가 상품의 공급자나 상품의 생산자에게 가격, 수량 또는 부대서비스 등에 관한 조건을 제시하는 것을 말한다.

㉤ C2G : 소비자와 정부 간의 전자 상거래 방식으로 생활보조금 지원, 사회보험연금 지급, 세금 납부 및 환불 등이 이에 해당한다.

㉥ B2G 또는 G2B : 기업과 정부 간의 전자 상거래 방식으로 정부 조달 물품에 대한 기업의 판매 행위를 정부기관과 전자매체를 이용하여 거래하는 것이다.

③ 전자상거래의 효과

㉠ 시간 및 공간의 제약이 없어 풍부한 잠재고객의 확보가 가능하다.

㉡ 경매가 신속하고 정확하게 이루어질 수 있다.

㉢ 복잡하면서도 비효율적인 유통 과정을 사이버 공간을 이용한 전자 상거래로 전환시킴으로써 시간적 · 공간적 효율성을 높일 수 있다.

㉣ 농산물의 표준화 등급화를 앞당길 수 있다.

㉤ 유통 경로 단축이 가능하며 이로 인해 농수산물의 훼손을 줄일 수 있으며 생산자 수취가격을 높일 수 있고, 소비자 지출을 줄일 수 있다.

㉥ 유통경로의 단축을 통한 경비 절감과 ON – LINE 매장 등으로 시설비용을 절감할 수 있다.

㉦ 산지의 공동출하, 공동판매 등의 생산자단체의 시장지배력이 상승할 수 있다.

(6) 농산물 포장

구분	내용
보존성 (protection)	포장 기본기능 중 보존성은 농산물을 생산지에서 포장, 저장, 그리고 마켓에 도달하기까지 수송 중 열악한 환경으로부터 내용물을 보호해야 하는 성질을 말한다.
편리성 (convenience)	편리성은 농산물의 보호성과 같이 생산부터 수송, 보관, 사용까지 모든 단계에서의 편리를 의미하며 취급 및 배분을 용이하기위해 간편한 크기로 생산물을 둘 수 있는 용기가 그 예라 할 수 있다.
검증성 (identification)	검증성은 농산물 제품에 대한 유용한 정보를 제공해야 하는 성질을 말한다. 라벨이나 바코드를 통하여 농산물 제품의 이름, 품목, 등급, 무게, 규격, 생산자, 원산지과 같은 정보를 제공하는 것이 관례이다. 또한 영양학 정보, 조리법, 그리고 소비자에게 구체적으로 제시하는 다른 유익한 정보를 포장에서 일반적으로 쉽게 발견할 수 있다.

TIP

방제기의 구비 요건 … 매년 방제회수는 늘어난다. 이에 따라 인력이나 규모가 적은 방제기로는 도저히 효율적인 방제를 할 수 없으므로 노동력이 절감되고 약해가 거의 없는 효율적인 방제기의 사용이 불가피하다. 그러므로 우리 농가에서는 방제기의 수요가 매년 급증하며 주로 사용되는 기종으로는 동력분무기, 동력살분무기 등이 있다.

구분	내용
부착성	작물의 피해부분에 효과적으로 부착되어야 한다.
균일성과 집중성	균일하게 살포되어 약효가 높아야 되고 약해가 없어야 한다.
도달성	살포도달거리가 양호하여야 하며 작업의 능률이 높아야 한다.
경제성	방제가 효과적이며 약액 및 동력의 손실이 없어야 한다.

❷ 농업 유통정보

① 농수산물 유통정보란 농수산물을 생산하여 소비하기까지의 과정을 보다 효율적으로 만드는 모든 정보, 즉 생산자, 유통업자 및 소비자 등 시장 활동에 참가하는 사람들이 보다 유리한 거래 조건을 확보하기 위한 여러 가지 의사 결정에 필요한 각종 자료(생산동향, 유통가격, 유통량 및 소비 동향 등)를 의미한다.

② 생산자에게는 보다 유리한 조건으로 판매하기 위한 출하 시장, 출하 시기, 출하량, 출하 가격 등을 결정하는데 도움을 주며, 유통업자에게는 보다 유리한 조건으로 상품을 구입, 판매할 수 있는 시장을 발견하는데 도움이 되며, 소비자에게 보다 낮은 가격으로 품질 좋은 상품을 구입할 수 있는 시장을 발견하는데 도움이 된다.

③ 유통정보의 제공과 이용이 원활하지 못할 경우 생산자와 소비자는 시장 교섭력에 제약을 받는데 비해, 전문적이고 전국적인 판매망과 자금력을 가지고 있는 전문 유통인들의 경우 가격 결정 과정을 지배하게 되어 생산자와 소비자는 큰 불이익을 받게 된다.

(1) 농업 유통정보의 종류

① 주체(생산, 수집, 분산)에 의한 분류

㉠ 비공식적인 유통정보 : 이는 주로 시장 상인들이 자신의 시장 활동을 위해서 여러 가지의 각종 자료를 수집해서 활용하는 것으로 객관성 및 공정성이 낮다고 할 수 있다.

㉡ 공식적인 유통정보 : 이는 공공 기관 등에 의해서 수집 분석 전파되는 유통정보로서 정확성 및 객관성과 공정성 등이 확보된 정보라 할 수 있다.

② 내용 및 특성에 의한 분류

㉠ 통계 정보 : 이는 일정한 목적을 가지고 사회 · 경제적 집단의 사실을 조사 및 관찰했을 때 얻을 수 있는 계량적인 자료로서 주로 정책입안 및 평가 기준 자료로 활용된다.

㉡ 시장 정보 : 일반적으로 말하는 유통정보로 시장 출하자 및 매매자의 의사 결정을 도와 줄 수 있는 현재의 가격 수준, 가격 형성에 영향을 끼치는 여러 요소에 관한 정보를 말한다.

㉢ 관측 정보 : 이는 생산 작물과 파종량, 작황 예상, 예상 수확량, 수급과 가격 예측 정보 등으로 농업의 미래 상황을 경제적 관점에서 전망하여 영농, 판매계획 수립과 정책 입안 자료 및 농산물 구매 등에 활용하기 위하여 과거 및 현재의 농업 관계 자료를 수집 정리해서 이를 과학적으로 분석 예측한 정보를 말한다.

③ 유통정보의 요건

㉠ 객관성 : 이는 자료의 수집이나 또는 분석의 과정에서 주관이 개입되지 않고 객관적이어야 한다.

㉡ 유용성과 간편성 : 정보는 활용자의 욕구가 최대한 충족될 수 있어야 하며 해당 내용이 구체적이어서 쉽게 사용할 수 있어야 한다.

㉢ 신속성과 적시성 : 정보의 생명은 적절한 시기 및 신속성이다. 이는 생산되어진 농수산물이 부패하거나 상품성이 떨어지지 않도록 적절한 시기에 신속하게 제공되어야 한다.

㉣ 정확성 : 유통 정보는 있는 사실을 그대로 전달해야 한다.

㉤ 계속성 및 비교 가능성 : 유통정보는 장기적으로 제공되어야 의사 결정의 자료로 활용될 수 있다. 한편, 전국에서 제공되는 정보를 비교 평가하여 활용할 수 있도록 표준화되어야 한다.

(2) 유통정보의 수집, 분석, 전파 및 활용

① 유통정보의 수집 및 분석

㉠ 국내의 농수산물 유통정보는 농림축산식품부, 서울시 농수산물공사 및 농수산물유통공사 등에서 주로 수집하고 있다.

㉡ 산지에서의 유통정보는 주로 농업협동조합과 수산업협동조합을 중심으로 이루어지고 있으며, 소비지의 시장정보는 농림축산식품부 및 서울시농수산물공사 및 농수산물 유통공사가 도매시장과 공판장 등에서 수집하고 있다.

㉢ 가락동 농수산물도매 : 시장의 유통정보는 서울시 농수산물공사가 직접 경매당일에 전산으로 도매시장 법인으로부터 또는 조사 요원들의 직접적인 조사에 의해 수집 및 분석한다.

② 유통정보의 전파(분산)

㉠ 유통정보는 주로 농림부에 의해 전파되는데 서울시 농수산물공사나 또는 유통공사가 직접적으로 전파하는 경우도 있다.

㉡ 또한, 과거에는 주로 통계연보 등 인쇄매체에 의해 전달되었으나, 컴퓨터가 발달하면서 인터넷 홈페이지를 통하거나 또는 컴퓨터 통신망 및 농수산물 전문 방송을 통해서도 전파하고 있다.

③ 유통정보의 활용

㉠ 유통정보는 주로 출하시기에 출하 장소 및 출하량, 출하 가격을 결정하여야 할 때 가장 많이 활용한다.

㉡ 협의의 유통정보는 도매시장 유통정보라고 볼 때 생산자들이 판매를 할 시점에서 가장 활용가치가 높다고 할 것이다. 최근에 들어 농어촌 깊숙이까지 컴퓨터가 보급되어 농어민들의 도매시장 정보 활용 및 출하 의사결정에 중요한 기능을 하고 있다.

㉢ 물론 산지 유통인이나 또는 소비지도매시장의 유통인들은 각자의 이윤 추구를 위해 생산지 정보든 소비지 정보든 가장 잘 활용하는 사람들이며 가격 교섭력에서 우월한 위치를 차지하기 위해서 정보를 독점하려 할 것은 당연하다.

TIP

농업 유통정보의 중요성

㉠ 농산물 유통정보는 유통업자에게 무엇을, 언제, 어디서 구입하여 그것을 언제, 어디서 판매할 때 보다 많은 이윤을 얻을 수 있는지에 대해서 알려준다.

㉡ 농산물 유통정보는 생산자, 유통업자, 소비자, 정부의 정책 입안자들에게 합리적인 의사결정을 내리게끔 도와준다.

㉢ 농산물 유통정보는 생산자에게 무엇을, 언제, 어느 정도 생산하여 어디에 출하하면 보다 많은 이윤을 얻을 수 있는지를 알려준다.

㉣ 농산물 유통정보는 유통에 윤활유와 같은 기능을 한다고 볼 수 있다.

출제 예상 문제

1 **다음 농업기술에 관한 내용 중 외부환경요인에 해당하지 않는 것은?**

① 국제화의 추세
② 농업용수 이용과 농지규제
③ 경영철학
④ 농산물 시장개방

TIP 농업기술의 외부환경요인
㉠ 농업용수 이용과 농지규제
㉡ 농산물 시장개방
㉢ 자원의 이용가능성
㉣ 국제화의 추세
㉤ 정부의 정책

2 **다음 농업기술에 관한 내용 중 성격이 다른 하나는?**

① 획득 가능한 자원
② 기업의 문화
③ 조직의 구조
④ 정부의 정책

TIP ①②③ 내부 환경요인에 속하며, ④ 외부환경요인에 속한다.

3 **다음 중 정보통신기술의 특징에 관한 설명으로 바르지 않은 것은?**

① 결합된 기술체계가 사회전반에 빠르게 확산된다.
② 생산력의 발전은 거대한 사회적 영향력을 수반하여 사회구조의 변화를 초래하게 된다.
③ 새로운 유형의 생산력이 급속히 저하된다.
④ 다양한 기술이 하나의 복잡한 기술체계의 구성으로 결합된다.

TIP 새로운 유형의 생산력이 급속히 확장된다.

Answer 1.③ 2.④ 3.③

4 **정보통신기술의 혁신에 따른 지식과 정보가 경제에 미치는 영향으로 잘못 설명하고 있는 것은?**

① 창출된 지식과 정보가 새로운 가치를 스스로 확대시키는 자기증식효과
② 소득격차의 확대
③ 도시와 농촌 간의 지식과 정보의 격차 확대
④ 새로운 지식 및 정보 획득비용이 고가

TIP 새로운 지식과 정보 획득비용이 저렴하다.

5 **다음 농업의 네트워크화에 관한 내용으로 바르지 않은 것은?**

① 농업 관련 산업의 비중이 늘어나면서 경제주체 간의 수직계열화가 빠르게 진행된다.
② 농업 및 비농업 간의 연계도 더욱 강화된다.
③ 농산물 생산과 판매는 과거보다 유연하지 못하고, 느리면서도 비탄력적인 체제로 운영된다.
④ 시장여건과 소비자 선호변화가 생산품목의 선택과 생산량 결정에 큰 영향을 주게 된다.

TIP 농산물 생산과 판매는 과거보다 훨씬 유연, 신속하면서 탄력적인 체제로 운영된다.

6 **다음 중 전략경영의 6단계 요소에 해당하지 않는 것은?**

① 전략의 시행
② 전략의 피드백
③ 목표의 설정
④ 성과의 평가

TIP 전략 경영의 6단계
㉠ 사명(경영목적)
㉡ 목표설정
㉢ 강점 및 약점, 기회요인 및 위협요인 결정
㉣ 전략의 개발
㉤ 전략의 시행
㉥ 성과의 평가

Answer 4.④ 5.③ 6.②

7 **다음 중 농업의 다원적 기능으로 바르지 않은 것은?**

① 농촌경관개선 ② 환경의 보전
③ 전통문화의 폐쇄 ④ 식량 안보

TIP 농업의 다원적 기능
㉠ 식량안보
㉡ 환경보전
㉢ 농촌경관개선
㉣ 전통문화유지
㉤ 식량 및 농산물 생산은 기본적인 기능

8 **다음 중 농업 전자상거래 기술에 관한 설명 중 전자상거래와 기존 상거래와의 차이점으로 부적절한 것은?**

① 유통경로가 길다.
② 효과적인 마케팅 활동이 가능하다.
③ 판매를 하기 위한 점포가 필요 없다.
④ 시간 및 공간의 제약이 없다.

TIP 전자상거래와 기존 상거래와의 차이점
㉠ 고객 정보에 대한 획득이 용이하다.
㉡ 유통경로가 짧다.
㉢ 효과적인 마케팅 활동이 가능하다.
㉣ 판매를 하기 위한 점포가 필요 없다.
㉤ 소규모 자본에 의한 사업이 가능한 벤처 업종이다.
㉥ 시간 및 공간의 제약이 없다.

9 **다음 전자상거래의 효과로 옳지 않은 것은?**

① 경매가 신속하고 정확하게 이루어질 수 있다.
② 산지의 공동출하, 공동판매 등의 생산자단체의 시장지배력이 상승할 수 있다.
③ 농산물의 표준화 · 등급화를 앞당길 수 없다.
④ 시간 및 공간의 제약이 없어 풍부한 잠재고객의 확보가 가능하다.

TIP 전자상거래로 인해 농산물의 표준화 · 등급화를 앞당길 수 있다.

Answer 7.③ 8.① 9.③

10 다음 농업 유통정보에 관한 내용 중 내용 및 특성에 의한 분류에 해당하지 않는 것은?

① 관측정보
② 통계정보
③ 시장정보
④ 공식적 정보

TIP ④ 주체에 의한 분류에 해당한다.

11 다음 중 유통정보의 요건으로 바르지 않은 것은?

① 간편성
② 정확성
③ 적시성
④ 주관성

TIP 유통정보의 요건
㉠ 객관성
㉡ 유용성과 간편성
㉢ 신속성과 적시성
㉣ 정확성
㉤ 계속성 및 비교 가능성

12 다음 중 농업 유통정보의 중요성으로 잘못 설명하고 있는 것은?

① 농산물 유통정보는 생산자, 유통업자, 소비자, 정부의 정책 입안자들에게 합리적인 의사결정을 내리게끔 도와준다.
② 농산물 유통정보는 생산자에게 무엇을, 언제, 어느 정도 생산하여 어디에 출하하면 보다 많은 이윤을 얻을 수 있는지를 알려준다.
③ 농산물 유통정보는 유통업자에게 무엇을, 언제, 어디서 구입하여 그것을 언제, 어디서 판매할 때 보다 많은 이윤을 얻을 수 있는지에 대해서 알려주지 못한다.
④ 농산물 유통정보는 유통에 윤활유와 같은 기능을 한다고 볼 수 있다.

TIP 농산물 유통정보는 유통업자에게 무엇을, 언제, 어디서 구입하여 그것을 언제, 어디서 판매할 때 보다 많은 이윤을 얻을 수 있는지에 대해서 알려준다.

Answer 10.④ 11.④ 12.③

13 다음 중 생산된 농수산물이 부패하거나 상품성이 떨어지지 않도록 적절한 시기에 공급해야 하는 것은 유통정보의 요건 중 무엇에 해당하는가?

① 신속성 및 적시성
② 계속성 및 비교가능성
③ 객관성
④ 정확성

TIP 정보의 생명은 적절한 시기 및 신속성이다. 이는 생산된 농수산물이 부패하거나 상품성이 떨어지지 않도록 적절한 시기에 신속하게 제공되어야 한다.

14 다음 중 농민이 유통정보를 가장 필요로 하는 시기는?

① 작물을 파종할 때
② 작물을 재배하고 있을 때
③ 농산물을 출하할 때
④ 농산물을 구매할 때

TIP 일반적으로 농민이 농산물 유통정보를 가장 필요로 하는 시기는 작물을 선택하려는 시기와 농산물을 출하하려고 할 시기이다.

15 다음 농산물 유통정보의 이용과 관련된 내용 중 옳지 않은 것은?

① 농산물 유통정보의 필요한 시기는 생산자, 유통업자, 소비자, 정부가 모두 다르다.
② 농민들은 산지의 상인들로부터 얻는 비공식 유통정보에 의존하기보다 정부가 제공하는 유통정보에 의존도가 더 높다.
③ 유통업자는 거의 매일, 매시간 정보가 필요하다.
④ 소비자의 입장에서 보면 많은 농산물을 구입하려 하는 때 또는 특정 농산물의 가격이 불안할 때 유통정보가 필요할 것이다.

TIP 농민들은 필요한 유통정보를 산지의 상인들로부터 얻는 등 비공식 유통정보의 의존도가 높다. 그 이유는 정부나 공공기관이 제공해 주는 정보는 포괄적이어서 이용자의 다양한 수요를 충족시켜 줄 수 없고, 또 컴퓨터 통신이나 인터넷의 이용은 컴퓨터의 준비 및 사용방법을 익히기 어렵기 때문이다

Answer 13.① 14.③ 15.②

16 **다음 중 전자상거래의 특징이라 볼 수 없는 것은?**

① 거래가 네트워크상에서 이루어지기 때문에 판매를 위한 점포가 필요 없다.
② 고객과의 1대 1 상담이 가능하므로 효율적인 마케팅이 가능하다.
③ 복잡하고 비효율적인 유통과정을 전자 직거래로 전환시킴으로써 시간적 및 공간적 효율성을 높일 수 있다.
④ 고객의 정보 획득이 어렵다.

TIP 디지털 통신을 통해 확보한 고객 정보는 별도의 가공 과정 없이 바로 자사의 데이터베이스에 저장할 수 있는 장점이 있다.

17 **다음 중 인터넷상의 농산물쇼핑몰은 선물거래 방식 중 어디에 해당하는가?**

① B2B
② B2C
③ G2C
④ G2B

TIP Government는 정부, Business는 기업, Consumer는 소비자로 ①은 기업과 기업 간의 거래를, ②는 기업과 소비자 간의 거래를, ③은 정부와 소비자 간의 거래를, ④는 정부와 기업 간의 거래를 뜻한다. 문제는 기업이 소비자를 상대로 전자 상거래를 하는 방식으로 인터넷에 상점을 개설하여 상품을 판매하는 형태로서 B2C의 한 예이다.

18 **전자상거래의 기대효과로서 옳지 않은 것은?**

① 유통경로를 단축시킬 수 있다.
② 복잡하고 비효율적인 유통과정을 사이버 공간을 이용한 전자 직거래로 전환시킴으로써 시간적 · 공간적 효율성을 높일 수 있다.
③ 경매가 신속 · 정확히 이루어질 수 있다.
④ 생산자의 수취가격과 소비자의 지출가격을 줄일 수 있다.

TIP 전자상거래를 함으로써 수취가격은 높아지고, 소비자의 지출가격은 줄일 수 있다. 그 밖에 산지의 공동출하, 공동판매 등의 생산자단체의 시장지배력이 상승할 수 있으며, 시간과 공간의 제약이 없어 풍부한 잠재고객의 확보가 가능하고, 농산물의 표준화 등급화를 앞당길 수 있다.

Answer 16.④ 17.② 18.④

19 다음 중 농산물을 저장할 때 나오는 에틸렌가스를 자동으로 배출하는 저장 시스템은?

① 큐어링 시스템
② 자동배기 시스템
③ 토굴 시스템
④ 중금속 제거 시스템

TIP 자동배기 시스템은 농산물을 저장할 때 나오는 에틸렌가스를 자동으로 배출하는 시스템을 말한다.

※ 식물 호르몬의 종류

구분	작용
에틸렌	식물 내에서 합성하며 과일이 익거나 색깔이 나타나는데 관여하며 과다한 발생은 식물의 노화를 촉진한다.
옥신	발아, 성장을 촉진시키고 뿌리를 활착을 도우며 과일 성장을 촉진한다.
지베렐린	줄기생장촉진호르몬으로 관엽 식물의 생장을 촉진을 돕는다.
싸이토키닌	새싹 출현, 신선도 유지, 세포분열을 왕성하게 하여 성장을 돕는다.
앞스시식산	낙화, 낙엽, 낙과, 당분의 사용에 영향을 미친다.

20 다음이 가리키는 농업은?

- 1980년대 중반에 시작된 최적 시기, 최적 지역, 최적 생산방식을 동시에 고려한 농업생산시스템 연구에서 탄생하였다.
- 각 지점에서 요구하는 수분량, 양분량, 농약량 등을 필요한 만큼만 공급함으로써 남는 비료분이나 농약이 환경을 오염시킬 확률을 줄이고 작물에는 최적의 환경을 조성하여 생산성을 극대화할 수 있다.
- 센서(Sensor), 정보시스템, 기계, 정보관리 등의 다양한 기술이 융·복합된 농업생산시스템이다.

① 유기농업
② 관행농업
③ 지속적 농업
④ 정밀농업

TIP 정밀농업이란 농산물의 생산에 영향을 미치는 변이정보를 탐색하여 그 정보를 바탕으로 한 의사결정 및 처리과정을 거쳐 생산물의 공간적 변이를 최소화하는 농업기술을 말한다. 예컨대 지구위치파악시스템(GPS)으로 경작지의 위치를 정확 하게 파악하고, 토양 분석 프로그램을 이용하여 토양 성분을 측정·진단한 후 적정량의 비료를 주는 활동 등이 정밀농업이라 할 수 있다. 정밀농업은 농사정보를 이용하여 농지와 작목에 맞는 최적의 기술을 적용하고자, 1980년대 후반 미국을 중심으로 발전하여 현재 유럽, 아시아를 비롯하여 전 세계 여러 나라에서 21세기 새로운 농업전략으로 세우고 있으며, 특히 정밀농업은 비료, 농약, 물 등의 자원을 집중적으로 투입하여 관리하는 현재 농법으로 인해 일어나는 문제들의 대안으로 각광받고 있다.

Answer 19.② 20.④

21 농산물 포장 시 고려하는 3요소가 아닌 것은?

① 보존성
② 편리성
③ 검증성
④ 확대성

TIP 포장은 신선한 농산물을 생산자로부터 소비자에게 도달되기까지 긴 복잡한 과정의 가장 중요한 역할을 담당한다. 농산물은 취급, 수송, 저장, 판매 과정 중에 계속해서 호흡 및 증산작용이 이루어져 신선도가 저하된다. 오래전부터 쓰인 백, 컨테이너, 나무상자, 판지상자, 큰 통 등은 신선 제품의 취급, 수송, 그리고 마케팅을 위한 편리한 용기 형태이나 현재는 단순한 편리성을 위한 용기 기능과 더불어 농산물의 신선도를 원하는 기간 동안 유지하기 위한 다양한 기능적인 기술들이 적용되고 있다. 현재 농산물에는 수백 개 이상의 다른 포장 형태가 쓰이고 있으며 그 수는 산업체의 신포장재 및 신개념 소개와 적용에 따라 계속적으로 증가되고 있다. 비록 일반적으로 용기의 표준화가 가격 절감의 유일한 방법이라는 것에 산업체가 동의 할지라도 최근 경향은 도매상, 소비자, 식품종사자, 가공업자의 다양한 요구에 충족하도록 다양한 포장 크기가 적용되고 있다. 농산물 포장의 가장 중요한 3요소는 보존성(protection), 편리성(convenience), 검증성(identification)이 있다.

구분	내용
보존성 (protection)	포장 기본기능 중 보존성은 농산물을 생산지에서 포장, 저장, 그리고 마켓에 도달하기까지 수송 중 열악한 환경으로부터 내용물을 보호해야 하는 성질을 말한다.
편리성 (convenience)	편리성은 농산물의 보호성과 같이 생산부터 수송, 보관, 사용까지 모든 단계에서의 편리를 의미하며 취급 및 배분을 용이하기 위해 간편한 크기로 생산물을 둘 수 있는 용기가 그 예라 할 수 있다.
검증성 (identification)	검증성은 농산물 제품에 대한 유용한 정보를 제공해야 하는 성질을 말한다. 라벨이나 바코드를 통하여 농산물 제품의 이름, 품목, 등급, 무게, 규격, 생산자, 원산지과 같은 정보를 제공하는 것이 관례이다. 또한 영양학 정보, 조리법, 그리고 소비자에게 구체적으로 제시하는 다른 유익한 정보를 포장에서 일반적으로 쉽게 발견할 수 있다.

22 다음 중 농산물 저장시스템 도입 시에 나타나는 효과가 아닌 것은?

① 시장공급 및 가격안정
② 자연재해, 고온현상 등에 따른 농산품 공급 감소에 대비 가능
③ 비축분을 적절한 시기에 공급 가능
④ 농산물의 부패 심화

TIP 저장시스템 없이 농산물을 비축하면 부패가 빨라지지만 농산물 큐어링 및 자동배기 저온저장 시스템 등을 사용한다면 농산물의 저온 저장 시에도 온도와 습도, 그리고 가스의 농도를 일정하게 유지할 수 있어, 농산물의 저장 기간과 신선도를 최대한 연장할 수 있다. 또한 가뭄 등으로 인한 가격 파동 시 농민들의 생산 원가 보장 및 시장가격 안정을 동시에 할 수 있게 된다.

Answer 21.④ 22.④

23 다음 중 방제기가 가져야 할 구비조건으로 타당하지 않은 것은?

① 부착성
② 경제성
③ 도달성
④ 신속성

TIP 방제기의 구비요건은 부착성, 균일성과 집중성, 도달성, 경제성이 있어야 한다.

※ **방제기의 구비 요건**… 매년 방제회수는 늘어난다. 이에 따라 인력이나 규모가 적은 방제기로는 도저히 효율적인 방제를 할 수 없으므로 노동력이 절감되고 약해가 거의 없는 효율적인 방제기의 사용이 불가피하다. 그러므로 우리 농가에서는 방제기의 수요가 매년 급증하며 주로 사용되는 기종으로는 동력분무기, 동력살 분무기 등이 있다.

구분	내용
부착성	작물의 피해부분에 효과적으로 부착되어야 한다.
균일성과 집중성	균일하게 살포되어 약효가 높아야 되고 약해가 없어야 한다.
도달성	살포도달거리가 양호하여야 하며 작업의 능률이 높아야 한다.
경제성	방제가 효과적이며 약액 및 동력의 손실이 없어야 한다.

24 약제 분무 작업 시 주의 사항으로 적절하지 못한 것은?

① 스트레이너는 약액 속에 고정시킨다.
② 흡입호스는 반드시 수면 속에 충분히 잠겨있어야 한다.
③ 공기실에 공기를 보충하여야 한다.
④ 충분한 공기 주입을 위해 공회전을 실시한다.

TIP 공회전을 시키지 말아야 한다. 어떠한 경우라도 2분 이상 공회전(액체의 흡입이 없는 상태) 시켜서는 안 된다. 플런저, 팩킹 등 펌프의 주요 부분이 손상되기 쉽다.

※ **분무작업 중 주의할 일**

㉠ 스트레이너(여과기 일종)는 약액 속에 고정시킨다. 흡입호스는 반드시 수면 속에 충분히 잠겨있어야 한다. 만일 수면위로 노출되어 공기가 흡입된 때에는 반드시 조압핸들을 감압상태로 하여 여수호스에서 부드럽게 약액이 흐를 때까지 잠시 기다려야 한다. 또 약액을 재 보충하였을 때, 기계를 이동시켰을 경우에도 흡입호스로 공기가 유입될 경우가 있으므로 주의해야 한다.

㉡ 공기실에 공기를 보충하여야 한다. 장시간 연속 작업을 하면 공기실의 공기량이 서서히 줄어 분무 압력의 변동이 커지게 된다. 이럴 경우는 흡입호스를 공기 중으로 들어 올려 공기실로 공기가 들어가게 하고 스트레이너의 면을 청소하는 것이 좋다.

㉢ 공회전을 시키지 말아야 한다. 어떠한 경우라도 2분 이상 공회전(액체의 흡입이 없는 상태) 시켜서는 안 된다. 플런저, 팩킹 등 펌프의 주요 부분이 손상되기 쉽다.

㉣ 그랜드를 가볍게 조여 준다.

Answer 23.④ 24.④

25 다음 중 봄맞이 농기계 관리 요령으로 적절하지 못한 것은?

① 겨우내 장기 보관했던 농기계는 외부에 묻은 흙이나 먼지 등을 깨끗이 씻어내고 기름칠을 해 준다.
② 오일 필터도 점검하여 교환한다.
③ 냉각수는 보조 물탱크의 하한선에 있으면 정상이다.
④ 시동을 걸어 정상적으로 작동되면 3~4분간 난기운전을 하고, 이상이 없으면 배터리의 방전 유무 등을 다시 한번 확인한다.

TIP 냉각수가 새는 곳이 없는지, 냉각수 양은 적당한지 확인한다. 냉각수는 보조 물탱크의 상한선과 하한선 사이에 있으면 정상이다.

※ 봄맞이 농기계 공통 점검요령

㉠ 겨우내 장기 보관했던 농기계는 외부에 묻은 흙이나 먼지 등을 깨끗이 씻어내고 기름칠을 해 준다.
㉡ 윤활유 주입이 필요한 곳은 정기점검 일람표에 따라 윤활유를 주입하고 각 부위의 볼트, 너트가 풀린 곳이 없는지 확인한다.
㉢ 엔진오일, 미션 오일의 양 및 상태를 점검하여 보충하거나 교환한다.
㉣ 유량점검 게이지를 확인하여 부족하면 보충하고, 오일 색깔이 검거나 점도가 낮으면 교환한다.
㉤ 오일 필터도 점검하여 교환한다.
㉥ 연료필터를 확인하여 청소하거나 교환하고 연료탱크나 연료관, 연결부 등에 균열이 있거나 찌그러진 곳이 있는지를 확인한다. 또한 연료탱크 내에 침전물 등 오물이 있으면 깨끗이 씻어내고 연료를 채워둔다.
㉦ 냉각수가 새는 곳이 없는지, 냉각수 양은 적당한지 확인한다. 냉각수는 보조 물탱크의 상한선과 하한선 사이에 있으면 정상이다.
㉧ 에어 크리너를 점검하고 청소한다. 건식 에어 크리너는 엘리먼트의 오염 상태를 보아 청소하거나 교환한다. 습식의 경우에는 경유나 석유를 이용하여 깨끗이 세척한다.
㉨ 배터리 충전 및 단자 상태를 확인한다. 충전상태는 배터리 윗면의 점검 창을 통해서 확인하고, 단자가 부식되었거나 흰색가루가 묻어 있을 경우에는 깨끗하게 청소하고 윤활유를 발라준다.
㉩ 각종 전기배선 및 접속부, 전구, 퓨즈 등을 점검하여 이상이 있으면 교환한다.
㉪ 시동을 걸어 정상적으로 작동되면 3~4분간 난기운전을 하고, 이상이 없으면 배터리의 방전 유무 등을 다시 한번 확인한다.
㉫ 농번기에 사용될 간단한 소모품이나 연료, 엔진오일 등은 사전에 확보해 두는 것이 좋다.

Answer 25.③

05 농업경영자

❶ 농업경영자의 개요

(1) 농업경영자

① 농업경영자가 농업을 경영하는 기본적인 목표는 수익 창출이다.

② 농업은 다원적 기능에서도 알 수 있듯이 단순히 농산물을 생산하여 경제적 이익을 얻는 것 이상의 중요한 역할을 담당하고 있다.

③ 농업경영자는 농산물을 생산하는 일뿐만 아니라, 가공, 유통, 기술적 지식 등에 관련된 정보를 습득하여 모든 과정에 활용해야 한다.

④ 농업경영자의 역할은 시장의 개방화, 규모화와 함께 급변하는 유통시장에 대처하기 위하여 다양한 분야에서의 노력이 요구된다.

⑤ 농업은 국민의 식량을 안정적으로 공급하는 목적 이외에도 생산자인 농업 경영자에게는 안정적인 수익을 창출하는 경제적 기능을 수행한다.

⑥ 농업경영자의 활동 및 임무

㉠ 인적 · 물적 자원의 획득, 통제 및 관리

㉡ 기술적인 지식의 관리 및 향상

㉢ 경제, 재무, 유통 등 필요한 정보 습득

㉣ 생물학적 · 물리적 및 사회과학적인 정보의 종합과 관리

TIP

농업경영자가 직면하게 되는 기본적인 경영 문제

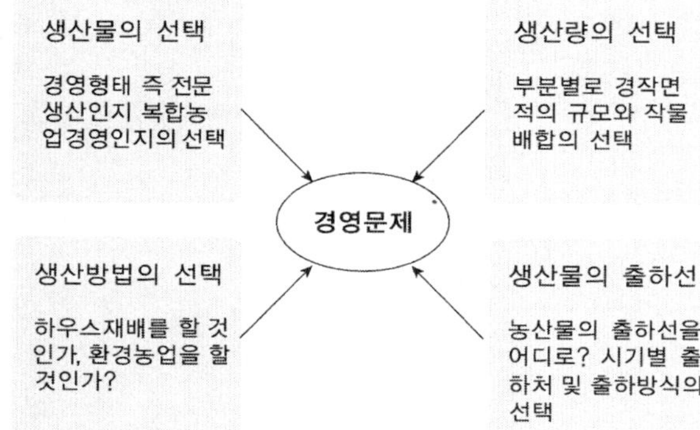
생산물의 선택
경영형태 즉 전문생산인지 복합농업경영인지의 선택
생산량의 선택
부분별로 경작면적의 규모와 작물배합의 선택
경영문제
생산방법의 선택
하우스재배를 할 것인가, 환경농업을 할 것인가?
생산물의 출하선
농산물의 출하선을 어디로? 시기별 출하처 및 출하방식의 선택

(2) 농업경영자의 기능

① 농산물의 경제적 생산을 직접 담당하는 경제와 기술과의 조직단위를 농업경영이라고 보면, 농업경영을 조직 및 운영하는 역할을 담당한 자를 농업경영자라고 한다.

② 농업경영자는 농업경영을 조직 및 운영하기 위한 관리 및 계획의 수행 등을 맡는다.

③ 국내의 경우에는 소농 및 가족농업경영이 지배적이기 때문에 아직 일반경영학의 경영관리 이론이나 업무기능이 필요한 것은 아니다.

④ 재래식 개별농가경영의 범위를 벗어나 우리 실정에 맞는 농업경영관리의 실용화 방법이 연구 진행되고 있어 한국 농촌의 농업경영자가 차지하는 역할에 대한 개념문제는 중요한 의미를 지니게 된다.

⑤ 농업경영자의 관리기능

㉠ 생산기술 과정의 관리
㉡ 경영성과의 정리
㉢ 소요경영 제 수단의 조달
㉣ 경영정보의 수집
㉤ 경영생산물의 처리
㉥ 경영수단의 축적 및 관리

⑥ 농업경영자의 계획기능

㉠ 작목 편성의 선택 및 결정
㉡ 경영목표의 설정
㉢ 생산규모 및 집약도의 선택과 결정
㉣ 생산기술의 선택 및 경영기법의 결정

TIP

최고경영자로서의 농업경영자의 역할

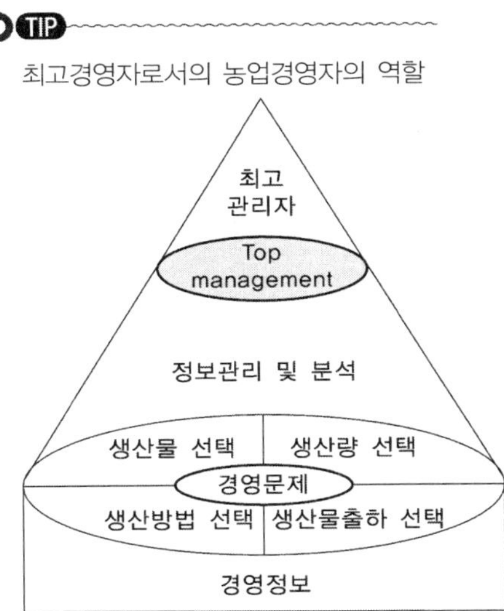

❷ 농업경영자 활동의 진단

(1) 경영자의 활동을 진단하게 되는 5가지 지표

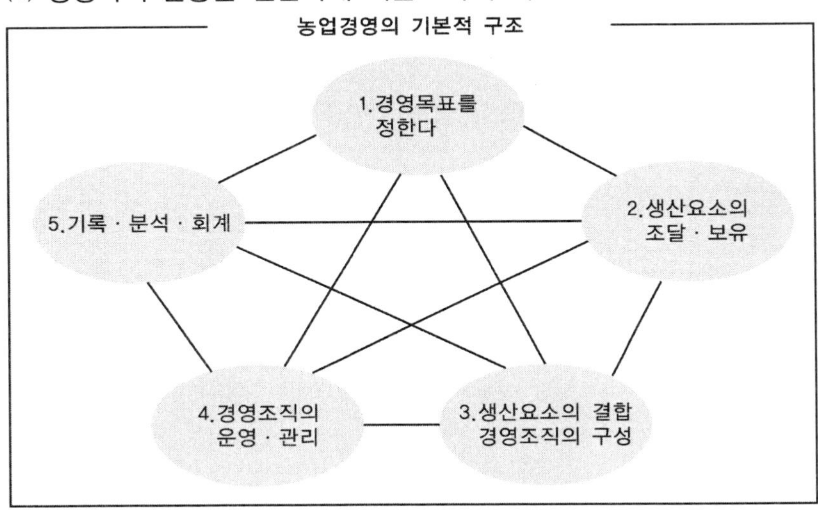

(2) 농업경영자의 요구사항

① 농업을 좋아할 것

② 농업경영에 관한 이념을 가지고 있을 것

③ 과제해결방법의 터득

④ 명확한 목적을 가질 것

⑤ 경영방침 및 의사결정

⑥ 정보네트워크의 구축

⑦ 농업기술의 연마

⑧ 지역 리더로서의 실천력 및 수련과 실적 만들기

(3) 농업경영자의 능력

① 신용력 – 자금의 조달

② 계획 및 조직능력
- ㉠ 경영계획의 수립 능력
- ㉡ 설득력 및 섭외능력
- ㉢ 조직 관리의 능력
- ㉣ 경제 및 물가동향에 대한 판단능력

③ 판매전략 – 수요예측, 마케팅관리

④ 운영능력 – 감독능력, 지도, 섭외능력

⑤ 신기술의 도입 – 기계, 시설의 도입 및 개발능력

(4) 농업경영자의 업무

① 재무적, 인적 및 물적인 자원을 획득하며 통제 및 관리하는 업무

② 물리적, 생물학적, 사회과학적인 모든 정보를 종합 및 관리하는 업무

③ 경영전략에 있어 필요로 하는 지식을 관리 및 향상시키는 업무

④ 농장의 종류에 의해 기술적인 지식을 관리 및 향상시키는 업무

출제 예상 문제

1 **신지식농업인의 선발기준이 아닌 것은?**

① 창의성
② 실천성
③ 경영성
④ 가치창출성

TIP 신지식농업인의 선발기준은 창의성, 실천성, 가치창출성, 자질 등이다(신지식농업인 운영규정 제4조 제1항).

※ **신지식농업인 운영규정 제4조**(선발기준)

① 신지식농업인의 선발기준은 다음의 세부기준을 적용한다.

1. **창의성**: 농업분야에 기존방식과는 차별되는 새로운 지식이나 기술을 활용한 정도
2. **실천성**: 습득한 창의적 지식과 기술을 농업분야에 적용함으로써, 일하는 방식을 혁신한 정도 또는 타인과 적극적으로 공유한 정도
3. **가치창출성**: 업무의 효율성, 생산성 향상 등으로 인한 조수입이나 순이익 등 경제적 부가가치의 창출정도와 전통문화, 사회봉사 등 사회적 · 문화적 부가가치 창출 정도
4. **자질 등**: 신지식농업인으로서의 자질과 지식을 습득 및 창조하려는 노력의 정도, 학력 · 사회적 편견 등의 극복 정도, 국민 계몽적 효과 및 지역농업인의 조직화 실적 등

2 **다음 중 농업경영자의 활동과 임무에 적절하지 않은 행동은?**

① 경제, 재무, 유통 등 필요한 정보 습득
② 기술적 지식의 관리 및 향상
③ 인적 · 물적 자원의 획득, 통제 및 관리
④ 농산물 생산에만 전념

TIP 농업경영자가 합리적인 경영을 펼치려면 계획과 문제점을 명확히 파악하고 분석 · 평가하여 기술, 생산자원, 사회경제적 제요소 등을 잘 활용하고 적절히 배분하여야 하며, 작목별 작업 단계별로 가장 수익성이 높게 자원이 배분된 장단기 계획 수립과 실천이 요구된다. 또한 시장변화에 따른 출하시기 · 지역의 선택 및 출하방법 등에 적절히 대응하는 것 역시 필요하다고 볼 수 있다.

Answer 1.③ 2.④

3 **신지식농업인으로 선발된 자가 수행해야 하는 역할이 아닌 것은?**

① 지식기반사회를 주도할 창의적 · 자주적 지식농업의 중심인력으로서 새로운 농업지식의 창조자
② 농업의 부가가치를 높이는 생산자 · 경영자 및 신지식을 이용한 농업 · 농촌발전의 지도자
③ 평가기준의 설정 및 변경
④ 농업인을 신지식농업인으로 양성하는 교육자 또는 자원자

TIP ③번은 해당되지 않는다.

※ **신지식 농업인 운영규정 제18조**(신지식농업인의 역할 등)

① 신지식농업인으로 선발된 자에 대해서는 신지식농업인장을 수여하여야 한다.
② 신지식농업인으로 선발된 자는 다음의 역할을 수행하기 위한 노력을 하여야 한다.
1. 지식기반사회를 주도할 창의적 · 자주적 지식농업의 중심인력으로서 새로운 농업지식의 창조자 · 전파자 · 공유자
2. 농업의 부가가치를 높이는 생산자 · 경영자 및 신지식을 이용한 농업 · 농촌발전의 지도자
3. 농업인을 신지식농업인으로 양성하는 교육자 또는 자원자

4 **신지식농업인에 대한 내용으로 잘못된 것은?**

① 농어업 · 농어촌 및 식품산업 기본법 규정에 의한 농업인이 신지식농업인에 해당한다.
② 신지식농업인 선발은 신지식농업인으로 선발하기 위하여 시장 · 군수(구청장 포함)가 시 · 도를 통하여 농림축산식품부에 추천한 자를 그 대상자로 한다.
③ 신지식농업인의 선발은 국무총리가 최종적으로 선발한다.
④ 신지식농업인으로 선발된 자에 대해서는 신지식농업인장을 수여하여야 한다.

TIP 신지식농업이란 지식의 생성, 저장, 활용, 공유를 통해 농업의 생산 · 가공 · 유통 등을 개발 · 개선하여 높은 부가가치를 창출하고, 나아가 농업 · 농촌의 변화와 혁신을 주도하는 농업활동을 말한다. 신지식농업인의 선발은 신지식농업인운영위원회에서 최종적으로 선발한다(신지식농업인 운영규정 제3조 제2항).

Answer 3.③ 4.③

농업 생산과 비용

01 생산 함수

❶ 농업생산

① 기업은 생산요소를 고용하여 생산물을 산출하고 이 과정에서 이윤을 획득하는 경영활동을 수행한다. 이 과정에서 최적생산 수준과 생산요소의 최적투입 수준에 대한 의사결정을 수행해야만 최적의 생산과정을 유지할 수 있다.

② 농업은 많은 생산요소(자원)를 생물적으로 결합하여 유용한 상품으로 생산해내는 생물생산 과정이다.

③ 농산물을 생산하기 위한 생산요소 중에서 희소성이 부족하여 경제적 가치가 없거나 태양광, 기상조건 등 생산자가 통제 불가능한 요소(기온, 강우량 등 기상조건)는 기술적으로는 아주 중요하지만 경제적으로는 다루지 않는다.

❷ 생산함수

생산함수란 투입(input)과 산출(output)의 상관관계(기술적 관계)를 나타내는 함수를 말한다.

$$Q = f(K, L)$$

• Q : 생산물
• K : 자본
• L : 노동

❸ 생산의 단기와 장기

(1) 단기

고정요소와 가변요소가 모두 존재하는 기간으로 수확체감의 법칙이 나타난다.

(2) 장기

오직 가변요소만 존재하는 기간으로 규모에 대한 보수가 나타난다.

생산과 관련된 개념

구분	내용
생산	사회후생을 증대시키는 행위로 생산요소를 적절히 배합하여 유용한 재화나 서비스를 창출하는 것을 말한다.
생산요소	노동, 자본, 토지 등으로 구성된다. 단, 생산함수는 노동과 자본 두 생산요소만 사용된다고 가정한다.
생산함수	생산요소 등의 특정한 배합들에 의하여 생산될 수 있는 생산물의 최대 생산량(Q)을 나타낸다. $Q=F(K.L)$, K: 자본, L: 노동

❹ 생산가능곡선(Production Possibility Curve)

(1) 개념

생산가능곡선은 한 사회의 자원과 기술이 일정하게 주어져 있을 때 모든 자원을 가장 효율적으로 사용하여 생산할 수 있는 생산물의 조합들을 연결한 곡선이다. 일반적으로 천연자원의 발견, 기술의 진보, 노동력 증가, 교육수준의 향상 등의 요인처럼 생산능력이 향상되면 생산가능곡선이 이동을 하게 된다.

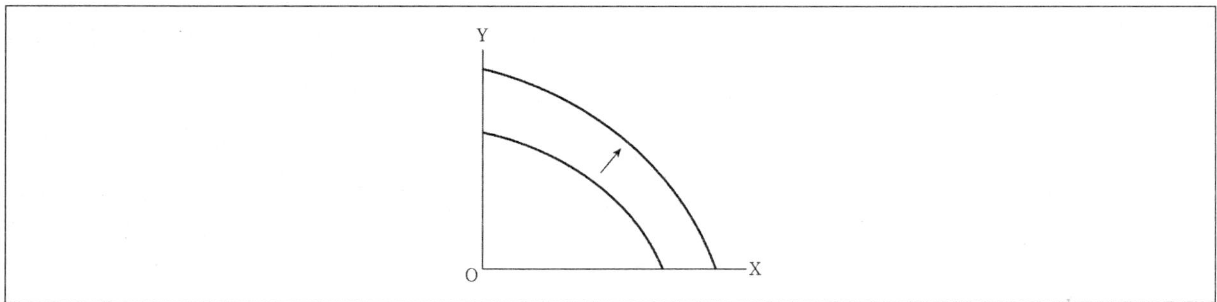

TIP

생산가능곡선의 내부와 외부

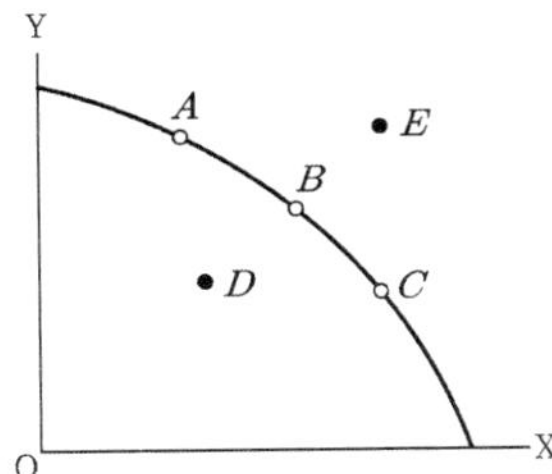

㉠ 내부의 점: 생산가능곡선 내부의 점(D)은 생산이 비효율적으로 이루어지고 있는 점이다. 만일 현재 생산가능곡선 내부의 한 점에서 생산하고 있다면 이는 실업이 존재하거나 일부 공장설비가 유휴상태에 있음을 의미한다.
㉡ 외부의 점: 생산가능곡선 바깥쪽의 점(E)은 현재의 기술수준으로 도달 불가능한 점을 나타낸다.
㉢ 생산가능곡선상의 A, B, C는 모두 생산이 효율적으로 이루어지는 점이다.

(2) 생산가능곡선의 이동

① **기술의 진보** … 생산요소 부존량은 일정하더라도 기술진보가 이루어지면 생산 가능한 X재와 Y재의 수량이 증가하므로 생산가능곡선이 이동한다.

② **천연자원의 발견** … 생산 가능한 재화의 수량이 증가하므로 생산가능곡선이 바깥쪽으로 이동한다.

③ **노동력의 증가** … 인구의 증가, 여성의 경제활동참가율 상승, 새로운 인구의 유입 등이 이루어지면 노동력이 증가하므로 생산가능곡선이 바깥쪽으로 이동한다.

④ **교육수준의 향상** … 교육 수준의 향상은 노동의 질 개선으로 노동의 생산성이 증가하여 결국 노동력의 증가를 가져온다.

(2) 생산가능곡선의 기울기

① 생산가능곡선의 기울기는 다른 재화 대신 한 재화를 선택해 생기는 기회비용이다.

② 생산가능곡선의 기울기는 수평축에 대표되는 상품의 기회비용을 의미하므로, 원점에 대해 오목한 모양의 생산가능곡선에서는 X축 재화 생산량을 늘릴수록 기회비용이 증가한다는 사실을 알 수 있다.

③ 한계변환율은 생산가능곡선의 접선의 기울기이다.

④ 한계변환율(Marginal Rate of Transformation: MRT)은 X재의 생산량을 1단위 증가시키기 위하여 감소시켜야 하는 Y재의 수량으로 다음과 같이 정의된다.

∴ MRTXY = − △Y / △X = MCX / MCY

❺ 총생산물과 평균 및 한계 생산물

(1) 총생산물(TP)

일정기간동안 생산된 재화의 총량으로 한계생산물의 총합과 같다.

(2) 평균생산물(AP)

생산요소 1단위당 평균적인 생산량으로 총생산물곡선의 한 점과 원점을 이은 직선의 기울기이다.

(3) 한계생산물(MP)

생산요소 1단위 투입증가에 따른 총생산물의 증가분으로 총생산물곡선의 한 점에서의 접선의 기울기이다.

구분	내용
총생산(TP ; total production)	$Y=f(x)$
평균생산(AP ; average production)	$\frac{Y}{X}$, $\frac{\text{생산물생산량(총생산)}}{\text{생산요소투입량(1단위당)}}$
한계생산(MP ; marginal production)	$\frac{\Delta Y}{\Delta X}$, $\frac{\text{산출량}}{\text{생산요소1단위당변화}}$

❻ 수확체감의 법칙

① 다른 생산요소의 투입량을 고정한 상태에서, 한 생산요소의 투입량을 일정한 크기로 증가시킬 때 추가적으로 증가하는 생산량이 궁극적으로 감소한다는 원칙으로 생산의 제2단계에서는 반드시 수확체감의 법칙이 적용된다.

② 농산물 생산에서는 한계수입체감의 법칙이 작용한다. 어떤 작물의 고정된 재배면적에 대한 생산요소(종자, 비료 등)의 투입을 증가시키면 이에 따른 생산량의 증가분은 점차 줄어지게 된다는 것이다. 여기에서 얼마나 많은 생산요소를 투입함으로써 이윤을 극대화시킬 수 있는지에 대한 의사결정이 필요하게 된다.

❼ 생산자 균형

(1) 등량곡선

같은 양의 재화를 생산할 수 있는 생산요소 투입량의 조합들로 구성된 곡선으로 일반적인 형태는 우하향하는 곡선이다.

(2) 한계기술대체율(Marginal Rate of Technical Substitution)

생산량을 변화시키지 않으면서 한 생산요소를 추가적으로 1단위 더 사용할 때 줄일 수 있는 다른 생산요소의 사용량을 말하며 항상 양(+)의 값으로 표현한다.

(3) 등비용선

주어진 수준의 총지출에 의해 구입가능한 생산요소의 조합들로 구성된 선으로 일반적으로 우하향하는 직선의 형태를 가진다.

(4) 생산자 균형은 등량곡선과 등비용곡선이 만나는 점에서 이루어진다.

– 생산자 균형점은 생산이 기술적 · 경제적으로 효율적인 상태를 나타낸다.

출제 예상 문제

1 $Y = -X^2 + 5X$ **(단, $X \leq 10$)일 때, 평균생산은? (단, X의 값은 ㉠ 2, ㉡ 5, ㉢ 7로 한다).**

	㉠	㉡	㉢
①	1	2	3
②	3	0	−2
③	−2	5	7
④	1	8	3

TIP ② 평균생산이란 총생산물물량을 특정생산요소의 투하단위수로 나누어 얻어지는 평균 생산량을 말한다. 평균생산(AP)은 $\frac{Y}{X} = \frac{-x^2+5x}{x}$ 이며 X값으로 Y(총생산)를 나누면 $-x+5$가 된다. 이 때 각각의 2, 5, 7을 대입하면

㉠ − (2) + 5 = 3

㉡ − (5) + 5 = 0

㉢ − (7) + 5 = −2가 된다.

따라서 생산요소 X값이 2일 때 평균생산은 3이며, X값이 5일 때 평균생산(AP)은 0이고, X값이 7일 때 평균생산(AP)은 −2가 된다.

2 다음 중 생산가능곡선의 기울기에 대한 특징으로 옳지 않은 것은?

① 생산가능곡선의 기울기는 다른 재화 대신 한 재화를 선택해 생기는 기회비용이다.

② 원점에 대해 오목한 모양의 생산가능곡선에서는 X축 재화 생산량을 늘릴수록 기회비용이 증가한다는 사실을 알 수 있다.

③ 한계변환율은 생산가능곡선의 접선의 기울기이다.

④ 한계변환율은 Y재의 생산량을 1단위 증가시키기 위하여 감소시켜야 하는 X재의 수량으로 정의된다.

TIP 한계변환율은 X재의 생산량을 1단위 증가시키기 위하여 감소시켜야 하는 Y재의 수량으로 정의된다.

Answer 1.② 2.④

3 $Y=-X^2+10X$ (단, $X \le 10$)일 때, 한계생산은? (단, X의 값은 ㉠ 2, ㉡ 5, ㉢ 7로 한다).

	㉠	㉡	㉢
①	6	5	2
②	6	0	−4
③	7	5	−2
④	3	7	9

TIP ② 한계생산이란 추가투입량 1단위에서 얻어지는 생산량의 증가분을 말한다. 한계생산은 $\frac{\Delta Y}{\Delta X}$이므로 먼저 함수 ΔX, ΔY를 미분하는 절차를 거쳐야 한다.

한계생산(MP)= $\frac{-2x+10x}{x}$를 미분하면 $-2x+10$으로 도출되고

이에 각각의 숫자를 대입하면

㉠ $-2(2)+10=6$

㉡ $-2(5)+10=0$

㉢ $-2(7)+10=-4$가 된다.

따라서 생산요소 X값이 2일 때 한계생산(MP)은 6이며, X값이 5일 때 한계생산(MP)은 0이고, X값이 7일 때 한계생산(MP)은 −4가 된다.

4 다음 중 생산가능곡선이 원점(0)에 대하여 오목한 형태를 취하는 이유로 옳은 것은?

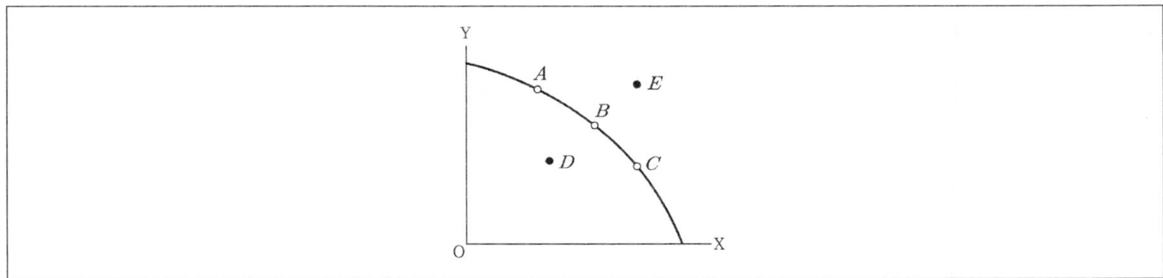

① 자원이 재화 생산에 비효율적으로 사용되고 있기 때문이다.

② 생산에 투입되는 자원의 기회비용이 일정하기 때문이다.

③ 재화 생산에 사용되는 자원이 희소하기 때문이다.

④ 재화 생산에 있어서 특화의 이익이 발생하기 때문이다.

TIP 생산가능곡선이란 경제 내의 모든 생산요소를 가장 효율적으로 투입했을 때 최대로 생산 가능한 두 개의 재화(X재와 Y재)에 대한 조합을 나타내는 곡선이다. 제시된 그림과 같이 바깥을 향해 볼록한(원점에 대해 오목한) 경우에 어느 한 생산물을 차차 더 생산함에 따라 한계기회비용이 체증한다. 이는 자원의 희소성을 반영한다. 그리고 생산가능곡선 내부의 점은 자원의 실업상태를 뜻하며, 생산가능곡선은 기술수준의 향상 또는 자원부존량의 증가 등에 따라서 바깥으로 확장된다.

Answer 3.② 4.③

5 어떤 경제가 생산가능곡선 내부에서 생산하고 있다면 다음 중 그 이유로 타당하지 않은 것은?

① 독점 ② 실업
③ 무기생산 ④ 시장실패

TIP ③ 생산가능곡선의 내부에서 생산하고 있다는 것은 일부 자원(노동, 자본, 토지 등)이 생산에 이용되지 않고 있거나 가격기구의 불완전성이나 경제외적인 요인들 때문에 비효율적으로 이용되고 있음을 의미한다.

6 생산가능곡선을 우측으로 이동시키는 요인이 아닌 것은?

① 기술의 진보 ② 새로운 자원의 발견
③ 실업의 감소 ④ 인적 자본의 축적

TIP ③ 생산가능곡선의 내부의 한 점에서 생산하고 있을 때는 실업이 존재하고 있으므로 실업을 감소시키기 위해서는 생산가능곡선 내부의 한 점을 우측으로 이동하게 하면 된다.

7 다음 중 그 개념이 잘못된 것은?

① 생산함수란 생산요소 투입량과 산출량 사이의 관계를 보여주는 함수를 말한다.
② 생산요소란 노동, 자본, 토지 등으로 구성된다.
③ 생산함수는 노동과 토지 두 생산요소만 사용된다고 가정한다.
④ 고정요소란 단기에 고정된 생산요소로, 자본, 건물, 기계설비 등이 포함된다.

TIP ③ 생산요소란 노동, 자본, 토지 등으로 구성된다. 단, 생산함수는 노동과 자본 두 생산요소만 사용된다고 가정한다.

8 일정량의 상품생산을 위하여 투입되어야 할 두가지 생산요소 조합을 나타내는 궤적을 무엇이라고 하는가?

① 등비용선 ② 등수입선
③ 생산가능곡선 ④ 등량선

TIP ④ 등량선이란 일정 생산량을 생산하는데 필요로 하는 두가지 생산요소의 조합을 연결한 선을 말한다.

Answer 5.③ 6.③ 7.③ 8.④

9 처음 열 사람의 노동자가 생산에 참여할 때 1인당 평균생산량은 20단위였다. 노동자를 한 사람 더 고용하여 생산하니 1인당 평균생산량은 19단위로 줄었다. 이 경우 노동자의 한계생산량은 얼마인가?

① 1
② 5
③ 9
④ 19
⑤ 20

TIP 11번째 노동자의 한계생산량 = (11명 × 19단위) − (10명 × 20단위) = 9단위

10 수확체감의 법칙이 작용하고 있을 때 가변생산요소의 투입이 한 단위 더 증가하면?

① 총생산물은 반드시 감소한다.
② 평균생산물은 반드시 감소하지만 총생산물은 증가할 수도 있고 감소할 수도 있다.
③ 한계생산물은 반드시 감소하지만 총생산물과 평균생산물은 반드시 증가한다.
④ 한계생산물은 반드시 감소하지만 총생산물과 평균생산물은 증가할 수도 있고 감소할 수도 있다.
⑤ 한계생산물이 마이너스가 된다.

TIP 수확체감구간에서는 한계생산물은 반드시 감소하지만 총생산물과 평균생산물은 증가할 수도 있고 감소할 수도 있다.

11 기업의 생산활동과 생산비용에 대한 설명으로 옳지 않은 것은?

① 평균비용이 증가할 때 한계비용은 평균비용보다 작다.
② 단기에 기업의 총비용은 총고정비용과 총가변비용으로 구분된다.
③ 낮은 생산수준에서 평균비용의 감소추세는 주로 급격한 평균고정비용의 감소에 기인한다.
④ 완전경쟁기업의 경우, 단기에 평균가변비용이 최저가 되는 생산량이 생산중단점이 된다.
⑤ 장기평균비용곡선과 단기평균비용곡선이 일치하는 생산량 수준에서 장기한계비용곡선은 단기한계비용곡선과 만난다.

TIP 평균비용이 증가할 때 한계비용은 평균비용보다 크다.

Answer 9.③ 10.④ 11.①

12 다음 중 기업이 장기적으로 이윤을 극대화하기 위하여 노동투입량을 반드시 감소시켜야 하는 경우는?

① 1원어치 노동의 한계생산이 1원어치 자본의 한계생산보다 클 경우
② 1원어치 노동의 한계생산이 1원어치 자본의 한계생산보다 작을 경우
③ 1원어치 노동의 한계생산이 1원어치 자본의 한계생산과 같을 경우
④ 1원어치 노동의 평균생산이 1원어치 자본의 평균생산보다 클 경우
⑤ 1원어치 노동의 평균생산이 1원어치 자본의 평균생산보다 작을 경우

TIP 1원어치 노동의 한계생산이 1원어치 자본의 한계생산보다 작은 경우라면 비용극소화를 위해서 노동투입량을 감소시키고 자본투입량을 증가시켜야 한다.

13 어떤 재화를 생산하는 데 두드러진 기술진보가 발생했다. 다음 중 어떤 변화를 기대할 수 있는가?

① 등량곡선과 생산가능곡선이 모두 원점에 가깝게 이동한다.
② 등량곡선과 생산가능곡선이 모두 원점에서 멀게 이동한다.
③ 등량곡선은 원점에 가깝게 이동하고 생산가능곡선은 원점에서 멀게 이동한다.
④ 등량곡선은 원점에서 멀게 이동하고 생산가능곡선은 원점에 가깝게 이동한다.
⑤ 등량곡선과 생산가능곡선의 기울기만 변한다.

TIP 기술진보가 발생하면 더 적은 양의 생산요소를 투입하더라도 동일한 양의 재화를 생산할 수 있으므로 등량곡선은 원점에 가깝게 이동하고, 기술진보가 발생하면 주어진 생산요소를 투입하여 더 많은 양의 재화를 생산할 수 있으므로 생산가능곡선은 원점에서 멀게 이동한다.

Answer 12.② 13.③

02 생산 비용

❶ 고정비용과 가변비용

생산비용은 고정비용(fixed costs : FC)과 가변비용(variable costs : VC)으로 구성된다.

(1) 고정비용

단기에서 기업이 사용하는 생산요소 중에는 고정되어 있는 요소(예를 들어 공장이나 기계, 최고경영자 등)가 있다. 이와 같이 고정되어 있는 생산요소를 고정요소라고 부르며, 고정요소로 말미암은 비용을 의미한다. 고정비용은 생산량의 변화와는 관계없이 일정하며, 심지어 일시적으로 조업을 중단해도 이 비용의 부담을 피할 수는 없다.

(2) 가변비용

조업률에 따라서 변화하는 생산요소(예를 들어 노동, 원료 등)를 가변요소라고 부르며, 가변요소로 말미암은 비용이다.

TIP

총비용의 구성

구분	내용
총 비용(TC ; Total Costs)	TC = TFC + TVC
총 고정비용(TFC ; Total Fixed Costs)	산출량에 따라 변하지 않는 비용
총 가변비용(TVC ; Total Variable Costs)	산출량에 따라 변하는 비용

❷ 명시적 비용과 암묵적 비용

(1) 명시적 비용(explicit cost)

기업의 직접적인 화폐지출(direct outlay of money)을 필요로 하는 요소비용을 말한다. 즉 다른 사람들이 가진 생산요소를 사용하는 대가로 지불하는 비용을 말한다.

(2) 암묵적 비용(implicit cost)

직접적인 화폐지출을 필요로 하지 않는 요소 비용(input cost)을 말한다. 눈에 보이지 않는 비용, 즉 자신이 선택하지 않고 포기하는 다른 기회의 잠재적 비용을 말한다. 암묵적 비용에는 매몰비용(sunk cost)이 포함된다.

TIP

명시적 비용과 암묵적 비용

구분	내용	예
명시적 비용	• 외부에서 고용한 생산요소에 대해 지불한 비용을 말한다. • 실제로 비용지불이 이루어지므로 회계적 비용에 포함된다.	임금, 지대, 이자, 이윤
암묵적 비용	• 기업이 보유하고 있으면서 생산에 투입한 요소의 기회비용을 말한다. • 실제로는 비용지불이 이루어지지 않으므로 회계적 비용에 포함되지 않는다.	귀속임금, 귀속지대, 귀속이자, 정상이윤

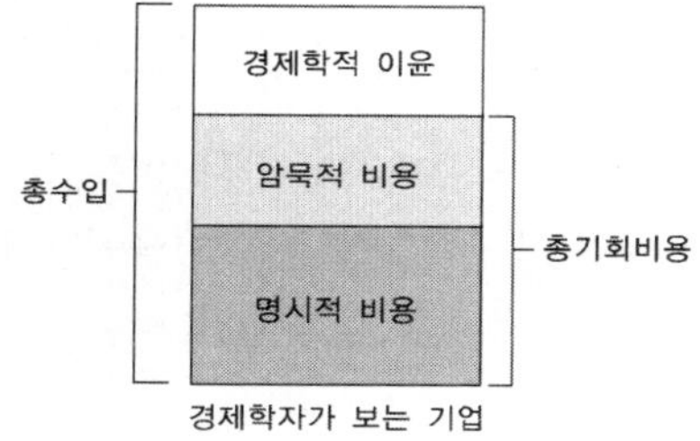

TIP

이윤의 구분

구분	내용
회계적 이윤(accounting profit)	총수입 - 명시적 비용
경제적 이윤(economic profit)	총수입 - 명시적 비용 - 암묵적 비용

❸ 기회비용과 매몰비용

(1) 기회비용(opportunity cost)

자원의 희소성으로 인하여 다수의 재화나 용역에서 가장 합리적인 선택을 하고자 어느 하나를 선택했을 때 그 선택을 위해 포기한 선택을 '기회비용'이라고 한다. 예를 들어 중요한 시험을 앞둔 학생들에게 공부와 관련된 행위를 제외한 자유시간이 2시간 정도 주어진다면 각자 하고 싶은 여러 가지 행위가 있을 것이다. 머리를 식히기 위한 오락, 부족한 수면을 위해 낮잠, 외부 체육 활동 등 여러 가지 행동이 있으나 가장 하고 싶은 행위가 낮잠이라면 나머지 포기해야 하는 활동이 체육활동과 오락이 기회비용이 되는 것이다.

(2) 매몰비용(sunk cost)

지출이 될 경우 다시 회수할 수 없는 비용을 의미한다. 기회비용이 하나를 선택함으로 인해 포기해야 하는 것 중에서 가장 큰 가치라면, 매몰비용은 일단 지출된 뒤에는 어떤 선택을 하던 다시 회수할 수 없는 비용이다. 보유한 주식의 주가가 계속해서 떨어지고 있음에도 불구하고 잃게 될 돈이 아까워 주식을 매도하지 못하는 경우가 매몰비용에 연연하여 합리적인 선택을 하지 못한 것이라 할 수 있다. 따라서 경제적 의사결정이나 선택을 내릴 때 되찾을 수 없는 매몰비용에 연연하는 것보다 과거로 묻어 버리는 행동이 합리적이라 할 수 있다.

❹ 농산물 생산비 결정요인

농산물 생산비는 생산에 투입된 생산요소 비용과 생산기술에 의해서 주로 결정된다.

(1) 토지용역비(지대)

토지용역비는 토지사용 대가로 지불되는 화폐 및 기타의 대가로 정의되는데, 이론적으로 토지용역비는 농지를 농사 아닌 다른 용도에 사용하여 얻을 수 있는 대가, 즉 기회비용으로 추정되는데 농지가격과 이자율에 의해서 구해진다. 이자율은 농업 외적인 요인에 의해서 결정되고, 지대는 농지가격에 의해서 주로 결정된다.

(2) 농업임금(임금)

경제개발연대동안 계속되어 온 농촌으로부터 도시로의 지역 간 인구이동의 결과, 농촌노동력의 양적 감소와 함께 노령화로 상징되는 질적인 저하가 지속적으로 진행되어 왔다. 따라서 농촌의 임금도 지속적으로 상승해 왔다. 이 결과 농촌에서는 질 높은 젊은 노동력을 구하기가 무척 어려워졌다. 농업 이외의 다른 일자리를 찾지 못하는 노령층 노동력은 낮은 임금수준에서도 구할 수가 있지만, 일정한 기술수준을 요구하는 노동력은 보다 높은 임금수준을 지불하고서라도 구하기기가 어렵다. 이에 따라 농촌 노동시장은 이중적인 구조를 보이고 있다.

(3) 자본용역 비용(이자)

경제가 발전함에 따라서 노동력은 귀해지고 자본은 풍부해지는 생산요소 부존조건의 변화가 일어나고 있다. 이에 따라 값이 비싸진 노동력 투입을 줄이는 대신에 값 싸진 자본고용을 늘이는 방향으로의 농업구조 개선이 진행되고 있다. 이와 더불어 시설농업의 급증현상도 값비싼 토지를 값싼 자본으로 대체하는 농가들의 경제행위라고 볼 수 있다.

(4) 생산기술

농업생산에 투입된 농지, 노동력, 자본재 등의 투입량에 따라 농업생산량의 크기가 결정된다. 그러나 생산요소 투입량만으로는 설명할 수 없는 생산량의 증가현상은 기술진보에 의한 것이다. 기술진보가 일어나면 같은 양의 생산요소를 투입하더라도 보다 많은 생산이 가능하므로 생산비도 당연히 감소하게 된다.

❺ 단기비용함수

(1) 총비용(TC) = 총가변비용 + 총고정비용

(2) 평균비용(AC) = TC / Q

(3) 한계비용(MC) = △TC / △Q

(4) 비용과 생산의 관계

① 평균가변비용과 평균생산의 관계 … AVC = w / AP(L)

② 한계비용과 한계생산물의 관계 … MC = w / MP(L)

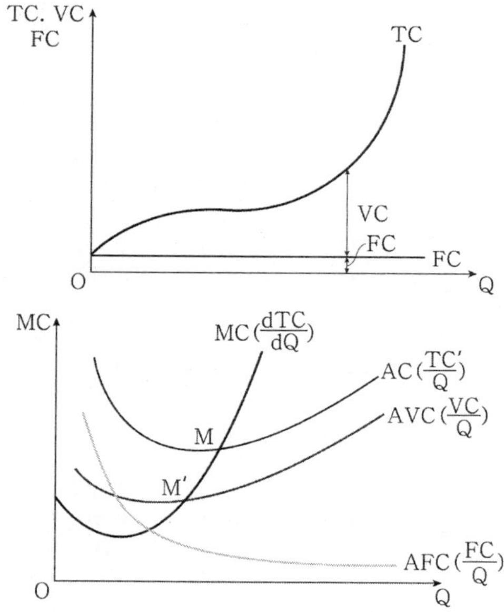

TIP

비용함수

㉠ 개념 : 비용함수는 생산량 증감에 따라 비용이 어떻게 변화하는지 알기 위한 함수를 말한다. 투입과 산출 관계에서 투입량을 결정하는 데는 일정한 범위가 있어, 적당한 투입량을 결정하는 것은 중요하다.

㉡ 구성

구분	내용
총비용(TC)	TFC + TVC {총고정비용(TFC), 평균고정비용(AFC), 총유동비용(TVC), 평균유동비용(AVC)}
한계비용(MC)	1단위의 산출량을 더 생산하는데 소요되는 추가비용, 한계비용은 온전히 유동비용만으로 구성

6 장기비용함수

(1) 규모에 대한 수확불변(Constant Returns to Scale)

모든 생산요소의 투입량이 2배 증가하였을 때 생산량이 정확히 2배 증가하는 경우를 규모에 대한 수확불변이라고 한다.

(2) 규모에 대한 수확체증(Increasing Returns to Scale)

① 모든 생산요소의 투입량이 2배 증가하였을 때 생산량이 2배보다 더 크게 증가하는 경우를 규모에 대한 수확체증이라고 한다.

② 규모에 대한 수익체증의 경우는 분업화나 기술혁신 등으로 자연독점이 발생할 가능성이 있다.

(3) 규모에 대한 수확체감(Decreasing Returns to Scale)

① 모든 생산요소의 투입량이 2배 증가하였을 때 생산량이 2배보다 작게 증가하는 경우를 규모에 대한 수확체감이라고 한다.

② 규모에 대한 수확체감은 기업의 방만한 운영에 따라 경영의 비효율성이 나타나는 경우 발생한다.

(4) 규모의 경제(economies of scale)

① 규모의 경제는 생산량이 증가할수록 생산비용이 감소하는 것을 말한다. 반대로 생산량이 증가할수록 생산비용이 증가하는 것을 규모의 불경제라고 한다.

㉠ 규모가 작은 기업이 시장을 확대함에 따라 생산량을 증가시킨다.

㉡ 기존의 조업형태에서 기술적인 혁신이나 비용절감의 유인의 발생으로 규모의 경제가 발생한다.

규모의 경제(economy of scale) … 규모의 경제는 산출량이 증가함에 따라 장기 평균총비용이 감소하는 현상을 말한다. 글로벌화를 통하여 선호가 동질화된 세계 시장의 소비자들을 상대로 규모의 경제를 실현할 수 있다.

② 규모의 경제효과는 내부경제와 외부경제 효과 때문에 발생한다. 즉, 경영관리의 효율화, 대규모 설비의 경제성, 기계화, 신기술 도입 등 경영 내부 요인의 개선으로 일어나는 비용상의 유리성과 농자재(사료, 비료 등)의 대량구입과 농산물의 대량유통 등에 의해서 다른 부문에 지불되는 비용의 감소, 즉 기업 외부의 요인 때문에 일어나는 비용상의 유리성 때문에 규모가 커질수록 평균생산비가 감소하게 된다는 것이다.

(5) 범위의 경제(economies of scope)

범위의 경제는 동일한 생산요소를 가지고 1개의 기업이 2종류 이상의 재화를 생산함으로써 더 많은 생산이 가능하도록 하는 기술적 특성을 말한다.

① 기존에 가죽 지갑만 생산하던 A업체가 가죽 벨트도 생산하고자 한다.

② 동일한 생산요소를 투입하여 가죽 지갑만을 생산하던 A업체가 가죽 벨트도 생산한다면 범위의 경제가 발생한다.

③ 범위의 경제 발생은 생산가능곡선을 원점에서 오목한 형태로 만들어 보다 생산량이 증가하는 결과를 가져온다.

- 규모의 경제와 범위의 경제는 무관한 별개의 개념이므로 양자 사이에는 아무런 관계도 없다.

출제 예상 문제

1 **다음 보기에 해당하는 비용은?**

> 생산량의 증감에 따라 변동하는 비용을 말한다. 생산비와 생산량 또는 조업도와의 관계에서 분류된 비용으로 불변비용(不變費用)과 대응되는 말이며, 이 부류에 속하는 비용요소가 생산량의 영향을 받아 변동하는 정도에는 감량이 있다.

① 매몰비용 ② 기회비용
③ 고정비용 ④ 가변비용

TIP ④ 비용에는 고정비용(Fixed cost)와 가변비용(Variable cost)이 있다. 보기는 가변비용으로 가변비용은 생산량을 늘리면 그에 따라서 같이 늘어나는 비용이며, 고정비용은 생산량이 늘어들던, 줄어들던 일정하게 지출되는 비용을 말한다.

2 **다음 중 고정비용에 해당하는 것은?**

① 원자재 ② 설비비용
③ 임금 ④ 감가삼각비

TIP ② 생산비는 설비비용과 같은 고정비용과 원자재, 임금 같은 가변비용으로 이루어져 있다.

3 **생산량을 한 단위 증가시키는데 필요한 생산비의 증가분은?**

① 한계비용 ② 생산비용
③ 평균비용 ④ 매몰비용

TIP ① 한계비용(MC ; marginal cost)은 상품 생산량을 1단위 증가시키는 데 추가적으로 드는 비용으로 고정비용과 아무 관계도 갖지 않고 오직 가변비용과만 관계를 맺는다.

Answer 1.④ 2.② 3.①

4 다음 중 틀린 것은?

① 회계적 이윤이란 총수입에서 명시적 비용을 뺀 것을 말한다.
② 경제적 이윤은 총수입에서 명시적 비용만을 제한 것을 말한다.
③ 기업의 주인이 제공하는 모든 자원의 기회비용
④ 총비용이란 생산요소 구입에 지불한 금액을 의미한다.

TIP ② 경제적 이윤은 총수입에서 명시적 비용과 암묵적 비용을 뺀 것을 말한다.

5 ㉠과 ㉡이 올바르게 연결된 것은?

> ㉠ 기업의 직접적인 화폐지출(direct outlay of money)을 필요로 하는 요소비용으로 다른 사람들이 가진 생산요소를 사용하는 대가로 지불하는 비용을 말한다.
> ㉡ 직접적인 화폐지출을 필요로 하지 않는 요소 비용(input cost)으로 자신이 선택하지 않고 포기하는 다른 기회의 잠재적 비용을 말한다.

	㉠	㉡		㉠	㉡
①	명시적 비용	회계적 비용	②	암묵적 비용	경제적 비용
③	명시적 비용	암묵적 비용	④	암묵적 비용	회계적 비용

TIP ③ ㉠은 명시적 비용이며, ㉡은 암묵적 비용이다.

6 제한된 자원 및 재화의 이용은 다른 목적의 생산 및 소비를 포기한다는 전제하에 이루어진다. 이때, 포기되거나 희생된 것을 선택된 것의 무엇이라 부르는가?

① 메뉴 비용
② 기회비용
③ 매몰비용
④ 구두창 비용

TIP ② 자원의 희소성으로 인하여 다수의 재화나 용역에서 가장 합리적인 선택을 하고자 어느 하나를 선택했을 때 그 선택을 위해 포기한 선택을 '기회비용'이라고 한다. 중요한 시험을 앞둔 학생들에게 공부와 관련된 행위를 제외한 자유시간이 주어진다면 각자 하고 싶은 여러 가지 행위가 있을 것이다. 머리를 식히기 위한 오락, 부족한 수면을 위해 낮잠, 외부 체육활동 등 여러 가지 행동이 있으나 가장 하고 싶은 행위가 낮잠이라면 나머지 포기해야 하는 활동이 체육활동과 오락이 기회비용이 되는 것이다.

Answer 4.② 5.③ 6.②

7 **다음과 같은 경제현상을 설명하는데 가장 유용한 경제개념은?**

> • 농업 경영의 성과를 올리려면 농업 이외에 관련된 다른 활동 시간을 줄여야 한다.
> • 정부가 경제개발을 위한 지출을 늘리면 농민의 복지혜택은 상대적으로 줄어든다.
> • 새 묘목을 사기 위해서는 간식비를 줄일 수밖에 없다.

① 저축 ② 기회비용
③ 형평성 ④ 합리적 소비

TIP ② 자원의 희소성으로 인하여 다수의 재화나 용역에서 가장 합리적인 선택을 하고자 어느 하나를 선택했을 때 그 선택을 위해 포기한 선택을 '기회비용'이라고 한다. 보기는 기회비용에 대한 예시이다.

8 **다음 중 한계효용에 해당하지 않는 것은?**

① 목이 말라서 냉수를 한 잔 마셨더니 갈증이 해소되었다.
② 새 옷을 입으면 기분이 좋다.
③ 첫술밥에 배부르랴?
④ 장미꽃이 아무리 아름답더라도 자꾸 보면 시들해진다.

TIP ③ 효용이란 상품이나 서비스를 소비함으로써 느끼는 소비자의 만족감을 말하며, 한계효용이란 재화소비량이 1단위 증가할 때 총효용의 증가분을 말한다. 보통 재화의 경우 소비하는 양이 증가함에 따라 전체 효용은 증가하지만 한계효용은 감소를 하는데 무더운 날, 청량음료를 마시는 경우 처음은 맛있지만, 배가 차면 더 먹어도 맛이 없듯이 어느 기준에 도달하면 효용이 감소하는 것을 뜻한다.
① 목마른 사람이 물을 한 잔 마실 때 얻는 한계효용은 매우 크다.
② 새 옷을 입을 때 한계효용은 매우 크다.
③ 첫술밥(적은 분량의 음식섭취분)으로는 총효용이 그리 크지 않음을 뜻한다.
④ 장미꽃의 한계효용이 체감함을 뜻한다.
※ 한계효용 이론

구분	내용
효용	재화나 서비스를 소비함에 따라 느끼는 주관적 만족도를 나타낸 수치
총효용	일정기간 동안에 재화나 서비스를 소비함에 따라 얻게 되는 주관적인 만족도의 총량
한계효용	재화나 서비스의 소비량이 한 단위 증가할 때 변화하는 총효용의 증가분

Answer 7.② 8.③

9 비용함수에 대한 내용으로 적절하지 못한 것은?

① 비용함수란 어떤 생산량에서의 최소 생산비용을 대응한 함수를 말한다.
② 비용함수를 알면 투입과 산출 관계를 알 수 있다.
③ 비용함수를 그림으로 나타낸 그래프를 비용곡선이라 하며 가변 생산요소의 존재여부에 따라 장기와 단기 비용곡선으로 구분한다.
④ 산출량을 늘릴수록 비용이 감소할 때, 즉, 평균비용이 감소하는 구간에서 기업은 규모의 경제를 누린다.

TIP ③ 비용함수의 장기와 단기의 구분은 고정 생산요소의 존재 여부에 따라 결정된다. 단기의 경우에는 투입량을 변화시킬 수 없는 하나 이상의 고정 생산 요소가 존재하는 경우를 의미한다. 장기에는 모든 생산요소가 가변 요소이다.

10 다음 보기에서 설명하고 있는 것은?

> 우리는 항상 처음 경험하는 일에 큰 감흥을 받는다. 첫사랑을 못 잊는 것도, 새 옷을 즐겨 찾는 것도, 남이 갖지 않은 새 것을 원하고, 해 보지 않은 일을 시도하는 용기도 모두 이에서 비롯된다. 모든 일을 처음 시작할 때의 다짐처럼 추진한다면 얼마나 좋을까? 하지만 항상 처음처럼 살아가지 못하는 것이 우리들의 모습이다. 처음 순간에 만끽했던 그 기쁨과 감흥, 때로는 큰 결심이나 고통마저도 시간이 흐르면 무덤덤하게 일상의 흐름에 묻혀 버린다. 세월이 흐를수록 첫 경험은 빛바랜 추억으로 묻히고, 반복되는 일상은 별다른 감동을 주지 못한다.

① 기회비용
② 한계효용 체감의 법칙
③ 형평성
④ 규모에 대한 수확체감의 법칙

TIP ② 한계효용 체감의 법칙(law of deminishing marginal utilities)에 대한 내용이다. 재화나 서비스의 소비에서 느끼는 주관적 만족도를 효용이라 하며 한계효용은 재화나 서비스의 소비량이 한 단위 증가할 때 변화하는 총효용의 증가분을 말한다. 한계효용 체감의 법칙은 재화나 소비가 증가할수록 그 재화의 한계효용은 감소하는 것을 말한다.

Answer 9.③ 10.②

11 기업주가 그가 고용하고 있는 노동자를 해고시킬 수가 없다면 이 기업주가 당해 노동자에게 지불하는 임금은 무슨 비용으로 보아야 하는가?

① 기회비용
② 가변비용
③ 고정비용
④ 일부는 고정비용, 일부는 가변비용으로 보아야 한다.

TIP ③ 제시된 예는 고정비용에 대한 설명이다.

12 서원각씨는 컴퓨터 보안업체에서 5,000만원의 연봉을 받고 근무하다가 그만두고 벼농사를 짓기로 결심했다. 토지임대료 1,500만원, 농사장비대여비 300만원, 기타 부대비용 100만원, 공공요금 100만원, 노무비 2,500만원이 1년간 들어갔다. 그는 이들 비용을 연간 500만원의 이자수입이 있었던 1억원의 예금으로 충당하고 남은 금액을 금고에 보관했다. 추가적인 비용이 없다고 가정할 때 서원각씨의 1년간 명시적 비용과 암묵적 비용은 모두 얼마인가?

	명시적 비용	암묵적 비용
①	4,500만원	5,500만원
②	4,500만원	5,000만원
③	6,500만원	1억원
④	1억원	7,000만원

TIP ① 명시적 비용(explicit cost)은 기업이 실제로 화폐를 지불한 회계상의 비용을 말한다.
문제에서의 명시적 비용은 토지임대료(1,500만원) + 농사장비대여비(300만원) + 기타 부대비용(100) + 공공요금(100) + 노무비(2,500) = 4,500(만원)이다. 암묵적 비용(implicit cost)은 잠재적 비용이라고도 하며 기업이 생산에 투입한 생산요소의 기회비용으로 회계상 나타나지 않는 비용을 말한다. 여기에는 포기한 연봉(5,000만원) + 사업에 투입된 금융자본 기회비용(500) = 5,500(만원)이 있다.

※ 명시적 비용과 암묵적 비용

㉠ **명시적 비용**: 명시적 비용이란 기업의 생산활동과정에서 실제로 지출된 금액을 말한다. 원료구입비, 임금, 이자, 임대료 등이 명시적 비용(회계적 비용)에 포함된다.

㉡ **암묵적 비용**(귀속비용) : 일반적으로 자신이 소유한 생산요소에 대한 비용으로 명시적 비용에 포함되지 않는 비용이다. 암묵적 비용은 회계적 비용에는 포함되지 않으나 경제적 비용에는 포함된다.

Answer 11.③ 12.①

13 **다른 생산요소를 일정하게 하고 한 생산요소를 증가시키면 처음에는 생산량의 증가율이 증가하다가 다음에는 그 증가율이 감소한다는 것은 어떤 법칙에 대한 설명인가?**

① 수확체증의 법칙
② 대규모생산의 법칙
③ 가변비용의 법칙
④ 규모의 경제와 규모의 불경제

TIP ③ 다른 생산요소는 일정하게 하고 한 생산요소만 증가하면 생산요소들 사이에 투입비율이 변하게 되어 처음에는 수확체증의 법칙이 나타나다가 수확체감의 법칙이 나타난다. 이 현상을 가변비용의 법칙이라고 한다.

14 **다음이 가리키는 것은?**

> 이것은 일정한 농지에서 작업하는 노동자수가 증가할수록 1인당 수확량은 점차 적어진다는 경제법칙을 말한다. 즉 생산요소가 한 단위 증가할 때 어느 수준까지는 생산물이 증가하지만 그 지점을 넘게 되면 생산물이 체감되는 현상으로 농업이나 전통 제조업에서 이 현상이 주로 나타난다.
> 농사를 짓는데 비료를 주게 되면 배추의 수확량이 처음에는 늘어나지만 포화상태에 다다르면 그 때부터는 수확량이 감소하게 되는 것이 바로 이 법칙의 전형적인 예라 할 수 있다.

① 수확체감의 법칙
② 거래비용의 법칙
③ 코즈의 정리
④ 약탈 가격 법칙

TIP ① 수확체감의 법칙에 대한 내용이다. 수확체감의 법칙(한계생산물체감의 법칙)이란 고정요소가 존재하는 단기에 가변요소 투입량을 증가시키면 어떤 단계를 지나고부터는 그 가변 요소의 한계생산물이 지속적으로 감소하는 현상을 말한다.
수확체감의 법칙은 정도의 차이는 있으나 단기에 거의 모든 산업부문에서 나타나는 일반적인 현상이다.

15 **다음 중 암묵적 비용에 해당되는 것은?**

① 실현된 기업의 이익
② 기업이 보유한 자산에 대한 조세
③ 자기자본에 대한 이자
④ 임차한 기계장비에 대한 비용

TIP ③ 기업이 생산에 투입하는 생산요소는 대가를 지불하고 외부에서 조달하는 것과 자체적으로 보유하면서 생산에 투입하는 것으로 나눌 수 있다. 외부에서 조달한 생산요소에 대해 지급하는 비용을 명시적 비용(explicit cost), 기업이 보유하고 있으면서 생산에 투입한 요소의 기회비용을 암묵적 비용(implict cost)이라고 한다. 암묵적인 비용은 귀속비용(imputed cost)이라고도 한다. 회계적 비용에는 명시적 비용만 포함되는데 비해, 경제적 비용에는 명시적 비용뿐만 아니라 암묵적 비용도 포함된다.

Answer 13.③ 14.① 15.③

16 한달 임대료가 100만원인 약국건물을 소유한 어떤 약사가 자신의 약국에서 약사로서 일을 하여 월 매상액이 500만원이고 총 회계적 비용이 월 200만원이다. 이 약사는 다른 약국에 고용되어 일을 한다면 월 150만원의 보수를 받을 수 있다고 한다. 이때 이 약사가 자신의 약국에서 약사로서 일을 하며 약국을 경영할 때 경제적 이윤은 월 얼마인가? (단, 총 회계적 비용에 대한 은행이자는 고려하지 않는다)

① 30만원 ② 50만원
③ 150만원 ④ 300만원

TIP ② 경제적 이윤(economic profit)은 총수입에서 명백한 비용뿐만 아니라 암묵적인 비용까지 빼야 한다. 즉, 진정한 경제적 이윤은 총수입에서 기회비용을 뺀 나머지로서 구해져야 한다는 뜻이다. 따라서 경제적 이윤=총수입－명시적 비용－암묵적 비용=500－200－(100+150)=50만원이다.

17 단기와 장기의 비용곡선 간 관계를 설명한 것이다. 다음 설명 중 옳지 않은 것은?

① 단기총비용곡선은 장기총비용곡선과 한 점에서만 접한다.
② 단기평균비용곡선의 최저점은 장기평균비용곡선의 최저점과 항상 일치하지는 않는다.
③ 단기와 장기의 총비용곡선이 서로 접하는 산출량 크기에서 단기와 장기의 한계비용곡선 도 서로 접한다.
④ 단기와 장기의 총비용곡선이 서로 접하면 단기와 장기의 평균비용곡선도 서로 접한다.
⑤ 단기평균비용곡선은 장기평균비용곡선과 한 점에서만 접한다.

TIP 단기와 장기의 총비용곡선이 서로 접하는 산출량 크기에서 단기와 장기의 한계비용곡선은 서로 교차할 뿐, 접하지는 않는다.

18 선박과 자동차만 생산하는 A국에서 선박생산의 기술혁신으로 선박과 자동차로 표현한 생산가능곡선이 이동하였고 경제성장을 달성하였다. 이 경우 나타나는 현상으로 옳지 않은 것은?

① 선박의 기회비용은 증가한다.
② 생산가능곡선상의 교환비율은 곡선상의 위치에 따라 다를 수 있다.
③ 생산가능곡선상의 교환비율은 시간에 따라 변할 수 있다.
④ 자동차의 기회비용은 증가한다.
⑤ A국의 총공급곡선은 우측으로 이동한다.

TIP 선박생산의 기술혁신으로 더 많은 선박생산이 가능하므로 선박의 생산을 위한 기회비용은 감소한다.

Answer 16.② 17.③ 18.①

19 어느 생산자는 매일 50단위의 물건을 만들기 위해 공장을 가동하고 있다. 평균가변비용은 10, 한계비용은 20, 그리고 평균비용은 15라고 한다. 이 공장의 총고정비용은?

① 250
② 350
③ 500
④ 750
⑤ 1,000

TIP 총고정비용 = (15 − 10) × 50 = 250

20 다음 ( )에 들어갈 알맞은 용어는 무엇인가?

> 이윤을 최대로 하는 기업은 (A)와 (B)의 차이를 최대로 하고자 한다. 이를 위하여 기업은 (C)와 (D)가 일치하도록 생산량을 조절한다.

① (A) 총수입 (B) 총비용 (C) 한계수입 (D) 한계비용
② (A) 한계수입 (B) 한계비용 (C) 총수입 (D) 총비용
③ (A) 평균수입 (B) 평균비용 (C) 한계수입 (D) 한계비용
④ (A) 한계수입 (B) 한계비용 (C) 평균수입 (D) 평균비용
⑤ (A) 총수입 (B) 한계비용 (C) 한계수입 (D) 평균비용

TIP 이윤을 최대로 하는 기업은 총수입과 총비용의 차이를 최대로 하고자 한다. 이를 위하여 기업은 한계수입과 한계비용이 일치하도록 생산량을 조절한다.

21 고정비용과 가변비용이 존재할 때 생산비용에 대한 다음 설명 중 옳지 않은 것은?

① 평균고정비용은 생산량이 증가함에 따라 감소한다.
② 평균가변비용이 최저가 되는 생산량에서 평균가변비용은 한계비용과 일치한다.
③ 평균총비용이 감소하는 영역에서는 한계비용이 평균총비용보다 작다.
④ 한계비용이 생산량과 상관없이 일정하면 평균총비용도 마찬가지로 일정하다.
⑤ 한계비용이 증가하더라도 평균총비용은 감소할 수 있다.

TIP 고정비용이 존재하는 경우에는 한계비용이 일정하더라도 평균비용은 체감할 수 있다.

Answer 19.① 20.① 21.④

22 자본은 고정요소이고 노동은 가변요소라고 가정하자. 임금수준과 단기총생산함수는 알려져 있다. 이로부터 얻을 수 있는 정보가 아닌 것은?

① 노동의 한계생산
② 노동의 평균생산
③ 단기한계비용
④ 평균가변비용
⑤ 단기평균비용

TIP 단기평균비용을 구하기 위해서는 총가변비용 뿐만 아니라 총고정비용도 알아야 하므로 고정요소인 자본에 관한 정보가 필요하다.

23 생산에 있어서 규모의 경제에 대한 서술로서 가장 옳은 것은?

① 해당기업은 늘 초과이윤을 누린다.
② 완전경쟁시장이 성립한다.
③ 생산기술과는 상관없는 현상이다.
④ 생산량이 증가하면 단위당 생산비용이 하락한다.
⑤ 경쟁시장을 유도하기 위해 정부는 소규모 기업들로 분할하는 것이 좋다.

TIP 규모의 경제란 생산량이 증가함에 따라 단위당 생산비용이 하락하는 현상을 말한다.

24 다음 중 범위의 경제가 발생하는 경우는?

① 고정비용이 높고 한계비용이 낮을 때
② 전체시장에 대해 하나의 독점자가 생산할 때
③ 유사한 생산기술이 여러 생산물에 적용될 때
④ 비용이 완전히 분산될 때
⑤ 가격이 한계비용보다 낮게 형성될 때

TIP 범위의 경제란 둘 이상의 재화를 각각 생산하는 것보다 동시에 생산할 경우 비용이 더 적게 드는 현상을 말한다.

Answer 22.⑤ 23.④ 24.③

25 비용이론과 관련된 다음 설명 중 옳지 않은 것은?

① 총비용이 증가하더라도 한계비용은 감소할 수 있다.
② 규모의 불경제가 발생할 때 모든 생산요소 투입량을 절반으로 줄이면 생산량은 절반이상 감소한다.
③ 장기총비용곡선은 확장경로로부터 도출될 수 있다.
④ 장기총비용곡선은 반드시 원점을 통과한다.
⑤ 장기총비용곡선이 원점을 통과하는 직선이면 장기평균비용과 장기한계비용은 항상 일치한다.

TIP 규모의 불경제가 발생할 때는 모든 생산요소를 2배 투입하면 생산량은 2배 미만으로 증가한다. 그러므로 생산요소 투입량이 절반으로 감소하더라도 생산량은 절반보다 적게 감소한다.

26 회계적 이윤과 경제적 이윤에 관한 설명 중 옳은 것은?

① 회계적 이윤 = 총수입 − 명시적 비용 − 암묵적 비용
② 회계적 이윤 = 총수입 − 암묵적 비용
③ 경제적 이윤 = 총수입 − 명시적 비용
④ 경제적 이윤 = 총수입 − 암묵적 비용
⑤ 경제적 이윤 = 총수입 − 명시적 비용 − 암묵적 비용

TIP 경제적 이윤 = 회계적 이윤 − 암묵적 비용

27 어느 기업의 평균비용곡선과 한계비용곡선은 U자형이라고 한다. 옳지 않은 것은?

① 장기평균비용곡선의 최저점에서는 단기평균비용, 단기한계비용, 장기한계비용이 모두 같다.
② 장기평균비용곡선의 최저점이 되는 생산량보다 많은 생산량 수준에서는 장기한계비용곡선은 항상 단기평균비용곡선보다 높은 곳에서 단기한계비용곡선과 만난다.
③ 단기한계비용곡선은 장기한계비용곡선보다 항상 가파른 기울기를 가진다.
④ 단기한계비용곡선은 항상 단기평균비용곡선이 최저가 되는 생산량 수준에서 장기한계비용곡선과 만난다.
⑤ 단기평균비용곡선은 주어진 자본량이 최적 자본량과 일치하는 경우에만 장기평균비용곡선과 접한다.

TIP 단기평균비용곡선과 장기평균비용곡선이 접하는 생산량 수준에서 단기한계비용곡선과 장기한계비용곡선이 교차한다. 그러나 항상 단기평균비용곡선이 최소가 되는 점에서 단기한계비용곡선과 장기한계비용곡선이 교차하는 것은 아니다.

Answer 25.② 26.⑤ 27.④

농업경영전략

01. 투자전략
02. 농산물의 유통과정
03. 마케팅전략
04. FTA 등 농산물유통환경의 변화

01 투자전략

❶ 화폐의 시간적 가치

(1) 화폐의 미래가치

※ 미래가치 : 현재의 일정 금액을 미래의 어느 시점에서 평가한 가치 ; 복리계산

① FV(future value) = $P_0(1+i)^n$, P_0 현재의 일정액, i 연 이자율, n 연수

② 일반농업 및 환경농업 유리여부 판단 시에 사용

(2) 화폐의 현재가치

※ 현재가치(present value) : 미래의 현금흐름을 현재의 시점에서 평가한 가치 ; 할인

① **할인율** … 미래의 현금흐름을 할 일할 때 사용하는 이자율

②

$$PV = \frac{F_0}{(1+i)^n}$$

- PV : 현재가치
- F_0 : 미래의 일정액
- i : 연 이자율
- n : 연수

(3) 투자분석 기준

① **자본예산** … 투자로 인한 수익이 앞으로 1년 이상 장기에 걸쳐 실현될 경우, 최적의 투자를 결정하는 계획 과정을 수립하는 것

② 투자분석의 단계

㉠ 여러 투자 가능한 대안 확인

㉡ 자본경비에 대한 적절한 데이터를 수집하고 비용과 수익을 계산

㉢ 데이터 분석할 적절한 방법 선택

㉣ 상호 배타적인 프로젝트에서 우선순위가 높은 프로젝트 수행여부 선택

③ **투자분석기준 기준** … 회수기간법, 순현재가치, 수익-비용비율, 내부수익률 등

TIP

※ 투자분석
- ㉠ 단순 투자수익률 계산법-평균 순수익을 총투자비용으로 나눈 백분비
- ㉡ 투자로부터 예상되는 매년의 현금수익예상
- ㉢ 투자액환수기간 계산법-투자액을 환수하는데 필요한 연수

※ 자금관리 – 자금운영계획(자기자본+타인자본)
- ㉠ 부채비율의 조절 및 상환기간의 조절
- ㉡ 조달가능자금의 범위 설정 및 차입자금의 종류 결정
- ㉢ 배분 · 사용계획의 수립 및 차입자금의 원리금 상환계획수립
- ㉣ 낮은 수익률, 자본회전기간 – 장기, 조기상환 곤란
- ㉤ 자금조달의 방법 – 주식발행, 회사채, 차입금

(4) 투자분석기준

① **회수기간법** … 자본예산의 한 방법으로 투자에 소요된 자금을 그 투자로부터 발생하는 현금흐름으로 모두 회수하는데 걸리는 기간으로 투자분석하는 방법

② **순현재가치**(net present value ; NPV) … 투자에서 얻어지는 이익의 현재가치와 들어가는 비용의 현재가치의 차이에 의하여 투자타당성을 분석하는 방법

$$NPV=\sum_{t=0}^{n}\frac{B_t}{(1+i)^t}-\sum_{t=0}^{n}\frac{C_t}{(1+i)^t}=\sum_{t=0}^{n}\frac{B_t-C_t}{(1+i)^t}$$

- B_t : t년도의 이익
- C_t : t년도의 비용
- I : 연이자율
- n : 연수

㉠ **투자판단 기준** : 순현재가치가 플러스(+)면 투자가치가 있다.

㉡ $BCR=\dfrac{\sum_{t=0}^{n}\frac{B_t}{(1+i)^t}}{\sum_{t=0}^{n}\frac{C_t}{(1+i)^t}}$

③ **이익-비용비율**(benefit-cost ratio, BCR) … 투자에 의한 모든 이익의 현재가치와 모든 비용의 현재가치의 비율

- 투자판단 기준 : BCR이 1보다 크면 투자가치가 있다.

④ **내부수익율**(internal rate of return ; IRR) … 투자사업에서 얻어지는 모든 이익과 모든 비용의 현재가치의 차이, 순현재가치를 0으로 만드는 할인율

㉠ 이익-비용 비율을 1로 만드는 할인율 ; 모든 이익의 현재가치와 모든 비용의 현재가치가 균형인 할인율

㉡ IRR의 계산공식

$$\sum_{t=0}^{n} \frac{B_t - C_t}{(1+i^*)^t} = 0$$

(5) 투자분석 시 고려사항

① 불확실성과 위험

② 자금의 동원가능성

③ 인플레이션을 고려한 투자분석

(6) 사업타당성 분석

① **개념** … 이는 사업의 시장측면, 환경측면, 기술측면 및 경제성 측면 등을 고려해서 검토하여 지속적으로 성장이 가능하면서도 목표로 하는 투자수익을 얻을 수 있는지를 검토하는 방식이다.

② 목적

㉠ 사업에 영향을 끼치는 요소들을 사업의 시작 전 사전에 확인

㉡ 사업의 우선순위를 결정해서 경영자원을 보다 더 효율적으로 분배

㉢ 투자자들에게 판단의 자료로 제공

㉣ 경영에 있어서 강점 및 약점의 파악과 위기관리 능력의 배양을 위한 시뮬레이션 분석

㉤ 사업의 순 기능성의 부분을 확대시키고 역 기능성을 가능한 한 축소 내지 보완시킬 수 있는 근거를 마련

❷ 위험과 불확실성 하의 의사결정

(1) 위험과 불확실성의 개념과 형태

① 농업경영자는 위험과 불확실성 하에서 가장 합리적인 의사결정능력 배양 필요

- 농업경영인은 자재구입~생산 및 판매에 이르기까지 다양한 위험과 불확실성에 직면

② 경영자는 경제적 의사결정 과정에 의존하는 정보의 종류와 관련, 확실성, 위험, 불확실성을 구분
   ㉠ 확실성 하의 정보 : 완전한 정보, 결과는 하나
   ㉡ 위험 하의 정보 : 결과는 여러 개, 결과에 대한 확률을 미리 아는 경우
   ㉢ 불확실성 하의 정보 : 결과는 상황에 따라 변하고, 객관적 확률이 없는 경우

③ 위험과 불확실성의 형태와 원인
   ㉠ 생산의 위험 : 주로 자연조건 영향으로 인한 위험
   ㉡ 가격 · 시장의 위험 : 수시로 변하는 시장상황과 농산물 가격에 의한 위험
   ㉢ 제도적 위험 : 정부 정책이나 법 제도의 변화
   ㉣ 재정적 위험 : 차입금의 상환능력과 관련된 파산위험

(2) 위험과 불확실성을 줄이는 방법

① **다각화**(Diversification) … 예상되는 손실의 위험을 여러 종류의 생산물에 분산시켜 경영 전체의 위험을 줄이는 방법 ; 시간 배분적 다각화와 작물 배분적 다각화

② **신축성**(Flexibility) … 생산조건과 시장조건을 잘 모를 경우 위험과 불확실성에 대비하기 위하여 쉽게 변화할 수 있는 생산조직을 보유
   - 생산신축성(여러 용도 작물 생산), 비용신축성(가변비용 많이 투입), 시간신축성(변화 적응 빠른 생산조직), 시장신축성(여러 시장 판매), 자산신축성(유동성 높은 자산)

③ **농업보험** … 보험회사와 계약을 맺고 일정액의 보험료를 부담하여 위험으로 인한 손실 대비 ; 재해보험(Yield Insurance ; 생산 위험)과 수입보험(Revenue Insurance, 가격 위험)

④ **공동계산제** … 농업경영자들이 생산한 농산물을 등급별로 구분하여 공동관리, 판매 후 판매대금과 비용을 농업경영자에게 정산 ; 가격 변동에 따른 위험을 감소

⑤ **선도거래와 선물거래** … 미래에 상품의 인도나 대금 지급을 명시함으로써 발생하는 위험을 축소
   ㉠ 선도거래(Forward Transaction) : 상품의 인도 및 대금 지급의 거래가 미래의 일정 시점(시기)에 이루어지는 거래 ; 가격위험 감소
   ㉡ 선물거래(Future Transaction) : 선도거래와 유사, 거래 활성화 위한 여러 거래규칙을 가지고 있는 거래

⑥ **정보의 축적** … 농산물 가격의 변동이나 생산기술에 대한 정보를 축적하여 보다 나은 의사결정을 하고 이를 통하여 위험과 불확실성을 축소

(3) 위험과 불확실성하의 의사결정방법

① **조건부 이득액 행렬표의 활용** … 각 행동 대안(작물)과 발생 가능한 사상(기후조건)에 대한 조건부 이득액을 나타낸 표

② **확률과 기대치** … 각각의 발생 가능한 사상에 대한 확률이 주어진다면 각 대안별로 순수익의 기대치 (EV)를 도출 가능

③ **부분 확률이 알려져 있는 경우** … 부분 확률이 알려져 있지 않는 경우보다 상대적으로 쉽게 의사결정 유도 가능, 모든 발생 가능한 사상의 확률 합이 1 이라는 사실을 이용

④ **모든 확률이 알려지지 않은 경우**

㉠ Maximin(최대-최소) **기준** : 행동 대안에 대한 최소이익 비교, 최소이익 중 최대인 행동대안 선택 ; 미래 비관적인 위험 회피적 기준

㉡ Maximax(최대-최대) **기준** : 행동 대안에 대한 최대이익 비교, 최대이익 중 최대인 행동대안 선택 ; 미래 낙관적인 위험 선호적 기준

㉢ Laplace **기준** : 발생 가능한 사상에 대해 동일한 확률을 부여, 기대치를 극대화하는 행동대안 선택 ; 위험 중립적 기준

㉣ Hurwitz **기준** : 농업경영자의 낙관계수(δ)를 부여하여 행동대안 선택

- 농업경영자가 완전히 비관적이면 낙관계수 0
- 농영경영자가 완전히 낙관적이면 낙관계수 1
- 비관계수 : $1-\delta$
- 부여한 낙관계수와 비관계수를 최대이득액과 최소 이득액에 다음의 식과 같이 곱하여 기대치를 구하고, 이들 기대치 중에서 최대인 행동 대안을 선택
  EV=(최대 이득액 낙관계수)+(최소 이득액 비관계수)
- 낙관계수가 0이면 Maximin 기준과 동일한 결과
- 낙관계수가 1이면 Maximax 기준과 동일한 결과

⑤ **유감기준**(the regret minimax criterion) … 각 행동 대안에 대한 유감의 양을 측정하고 각각의 행동 대안에 대한 최대 유감액을 극소화 하는 행동 대안을 선택

㉠ **유가의 양** : 최대 이득액과 다른 이득액과의 차이

㉡ 행동 대안에 대한 최대 유감액 중에서 최저치를 가지는 행동 대안을 선택

출제 예상 문제

1 다음 중 투자분석의 단계에 관련한 내용으로 바르지 않은 것은?

① 자본경비에 대한 적절한 데이터를 수집하고 비용과 수익을 계산
② 상호 배타적인 프로젝트에서 우선순위가 낮은 프로젝트 수행여부 선택
③ 여러 투자 가능한 대안 확인
④ 데이터 분석할 적절한 방법 선택

TIP ② 상호 배타적인 프로젝트에서 우선순위가 높은 프로젝트 수행여부 선택한다.

2 투자안의 경제성 분석 방법 중 순현재가치법의 특징이 아닌 것은?

① 편익의 순현재가치에서 비용의 순현재가치를 차감하여 구한다.
② NPV가 1보다 크면 경제적 가치가 있다고 판단한다.
③ 복수 선택지의 경제성을 비교하는데 유리하다.
④ 일반적으로 수치의 해석이 용이하다.

TIP NPV가 0보다 크면 경제적 가치가 있다고 판단한다.

3 다음 중 내부수익률법의 특징이 아닌 것은?

① 비율에 규모의 차이를 반영하지 않는다.
② IRR이 기준이 되는 할인율보다 큰 경우에는 투자의 타당성이 정당화된다.
③ IRR의 답이 존재하지 않는 경우가 있다.
④ 총편익을 총비용으로 나누어서 구한다.

TIP 총편익을 총비용으로 나누어서 구하는 방법은 비용편익분석법이다.

Answer 1.② 2.② 3.④

4 다음 중 투자분석기준의 기준으로 바르지 않은 것은?

① 순현재가치 ② 회수기간법
③ 외부수익률 ④ 수익-비용비율

TIP ③ 내부수익률이다.

5 다음 중 사업타당성 분석의 목적으로 바르지 않은 것은?

① 사업에 영향을 끼치는 요소들을 사업의 시작 전 사전에 확인
② 경영에 있어서 강점 및 약점의 파악과 위기관리 능력의 배양을 위한 시뮬레이션 분석
③ 사업의 우선순위를 결정해서 경영자원을 보다 더 효율적으로 분배
④ 최고경영자에게 판단의 자료로 제공

TIP ④ 투자자들에게 판단의 자료로 제공해야 한다.

6 농업투자의 특징이 아닌 것은?

① 처음부터 정부 융자와 같은 거액의 차입금으로 시작하는 경우가 많다.
② 사업자의 자부담분을 자기자본이 아닌 외부 단기 차입하는 경우, 부채는 사업 개시도 하기 전에 거액화가 된다.
③ 어떤 업종이든 손익분기점에 도달하기 위해서는 적어도 2~3년 필요하나, 초기투자가 과다한 경우 판매촉진, 생산관리 강화 등 경영관리보다는 단기부채의 상환원리금, 원재료 · 유류 · 인건비 등의 운영자금 조달에 몰두한다.
④ 경영자 대부분이 꾸준하고 체계적 장부정리로 수익성은 나빠지지 않는다.

TIP 경영자 대부분이 회계지식의 부족으로 장부정리가 미흡하여, 돈이 어디로 새는지 모르는 채 하루하루를 보내므로 자금난과 수익성 저하 계속되기도 한다.

Answer 4.③ 5.④ 6.④

7 **농업 경영에 부정적인 영향을 미치는 위험 요인 가운데 농업에 국한된 위험이 아닌 것은?**

① 생태적 위험

② 생산위험

③ 거시 경제적 위험

④ 정책적 위험

TIP 거시 경제적 위험은 모든 경영에 공통적으로 작용하는 위험이라 할 수 있다.

Answer 7.③

02 농산물의 유통과정

❶ 산지유통

(1) 산지유통의 이해

① 개념

㉠ 농산물유통과정의 첫 시작점이다.

㉡ 유통경로 상 생산자가 판매한 농산물이 도·소매단계로 이동되기 전 수집단계에서 수행되는 각종 유통기능을 포괄한다.

② 산지유통의 종류

㉠ 정부 또는 농협에 판매하는 방식

㉡ 산지 중간상에게 포전판매 및 정전 판매하는 방식

㉢ 5일장 또는 산지공판장에서 판매하는 방식

㉣ 소비지의 도매시장에 직접 출하하는 방식

③ 과거 산지유통의 한계

㉠ 거래규모가 영세하다.

㉡ 선별·포장·저장·가공 등의 유통기능이 미흡하다.

④ 산지유통의 기능

㉠ 수급조절 기능 : 농산물의 가격변동에 대응해 생산품목 및 생산량을 조절하는 기능을 수행한다.

㉡ 상품화 기능 : 농산물 생산 후 품질·지역·이미지를 차별화함으로써 농산물의 상품성을 높인다.

㉢ 시간적 효용창출 기능 : 농산물을 일반 저장 또는 저온 저장하여 성수기에는 출하를 억제하고 비수기에는 분산·출하함으로써 시간효용을 창출한다.

(2) 산지유통인

① 정의

㉠ 산지 유통인이란 생산자단체 이외의 자가 농수산물 도매시장 및 공판장에 출하할 목적으로 농산물을 모으는 영업을 하는 것을 말한다.

㉡ 지역적으로 분산되어 소량씩 생산되는 품목을 효율적으로 모아주는 기능을 하지만 매점매석 등으로 가격폭등을 일으킬 위험성이 있다.

㉢ 생산자조직의 공동출하가 확대됨에 따라 수집상의 취급비중이 저하되고 있으나 취급하는 품목과 기능면에서는 더욱 전문화되고 있다.

㉣ 생산자와 구매자 사이에 판매계약이 이루어진 경우에 농산물 생산에 따른 위험은 생산자가 부담한다.

② 산지유통인의 구분

㉠ **밭떼기형** : 농산물을 파종 직후부터 수확 전까지 밭떼기로 매입하였다가 적당한 시기에 수확하여 도매시장에 출하한다.

㉡ **저장형** : 저장성이 높은 농수산물을 수집하여 저장하였다가 일정한 시기에 도매시장에 출하한다.

㉢ **순회수집형** : 비교적 소량 품목을 순회하며 수집해서 도매시장에 출하한다.

㉣ **월급제 or 수수료형** : 출하주와 특별한 계약관계를 맺고 수집하여 출하한다.

(3) 산지유통조직 및 시설

① 산지유통전문조직

㉠ 급변하는 소비 시장의 변화에 능동적으로 대응하기 위해 육성한 마케팅 중심의 산지 생산자 조직이다.

㉡ 산지농협, 연합판매단체, 영농조합법인, 작목반 등으로 구성되어 있다.

㉢ 유통의 전문화 · 규모화가 잘 이루어지고 있는 협동조합과 영농조합법인 등을 중심으로 육성된다.

㉣ 물류개선을 통해 유통비용을 절감하고 경쟁력 있는 상품개발을 통해 부가가치를 창출한다.

② **산지유통센터**(APC ; Agricultural Product Processing Center) … 산지유통센터는 집하장, 세척실, 선별포장실, 예냉실, HACCP 시설을 갖춘 초대형 농산물 산지유통시설로 변화된 유통환경에 적극 대응하고 신선한 고품질의 농수축산물을 저렴한 가격에 공급하기 위해서 도입되었다.

❷ 도매유통

(1) 도매시장

① 도매시장의 개념

㉠ 농산물이 수집되어 분배되는 유통과정의 중간단계로서 수집된 농산물의 대량보관 · 가격안정 도모 · 수급불균형 조절 등을 통해서 농산물유통의 중심적인 역할을 한다.

㉡ 소량 및 분산적인 물량을 대량화하여 신속하게 분산시키며, 다양한 할인정책이 가능하다.

㉢ 도매시장은 거래총수 최소화의 원리와 대량준비의 원리를 통해서 사회적 유통경비를 절감시킨다.

② 도매시장의 기능

㉠ **가격형성의 기능** : 공개 경매 제도를 통해 균형적인 적정가격을 형성한다.

㉡ **수급조절의 기능** : 대량집하 및 대량 분산을 통해서 수급조절을 원활히 하고 신속한 거래를 촉진시킨다.

㉢ **배급의 기능** : 수집 기구로부터 집하된 농산물을 소비시장에 적절하게 분배하는 기능을 한다.

㉣ **위험부담의 기능** : 도매상들은 소유권을 갖거나 도난 · 변질 · 파손 등의 비용을 부담함으로써 위험을 흡수한다.

㉤ **금융의 기능** : 도매상은 고객에게 신용판매, 금융 서비스 등을 제공한다.

㉥ **시장정보제공의 기능** : 도매상은 고객에게 경쟁사의 활동, 신제품, 가격변화 등에 관한 정보를 제공한다.

TIP

거래총수 최소화의 원리와 대량준비의 원리

㉠ 거래총수 최소화의 원리 : 일정한 기간에 있어 특정농산물의 거래가 생산자와 소매업자가 직접 거래할 때의 거래총수보다 도매시장조직이 개재함에 따라 생산자와 도매조직, 도매조직과 소매업자의 거래총수가 적어진다는 원리를 말한다.

㉡ 대량준비의 원리 : 도매 조직의 개재가 비연속적인 수급을 조절하기에 필요한 일정 보유총량을 도매시장이 보유함으로써 각 소매상이 보유하는 것보다 보유총량을 감소시킬 수 있다는 원리를 말한다.

③ 도매시장의 종류

㉠ **농수산물도매시장** : 특별시 · 광역시 · 시가 농업인이 생산한 농산물 및 단순가공한 물품의 전부 또는 일부를 도매하기 위하여 관할구역에 개설하는 시장이다.

- 법정도매시장 : 농산물유통 및 가격 안정법에 의해 개설된 도매시장이다.
  - 중앙 도매시장 : 특별시 또는 광역시가 개설한 농수산물 도매시장 중 당해 관할지역 및 그 인접지역의 도매의 중심이 되는 농수산물도매시장이다.
  - 지방 도매시장 : 중앙도매시장 외의 농수산물도매시장을 말한다.
- 농 · 수산물 공판장 : 지역농업협동조합 및 대통령령이 정하는 법인이 농수산물을 도매하기 위하여 특별시장 · 광역시장 · 도지사 또는 특별자치도지사의 승인을 얻어 개설 · 운영하는 사업장이다.
- 유사 도매시장 : 소매시장의 허가를 받아 개설한 시장이지만 도매시장 기능을 수행하고 있는 것을 의미한다.

㉡ **민영농수산물도매시장** : 국가 · 지방자치단체 및 공판장을 개설할 수 있는 자 외의 민간인이 농수산물을 도매하기 위하여 시 · 도지사의 허가를 받아 특별시 · 광역시 · 시 지역에 개설하는 도매시장이다.

④ 도매시장의 구성

㉠ **도매시장법인(공판장)** : 농수산물도매시장의 개설자로부터 지정을 받아 농수산물을 위탁받아 상장하여 도매하거나 이를 매수하여 도매하는 법인을 말한다.

㉡ **시장도매인** : 농수산물도매시장 또는 민영농수산물도매시장의 개설자로부터 지정을 받고 농수산물을 매수 또는 위탁받아 도매하거나 매매를 중개하는 영업을 하는 법인을 말한다.

㉢ **중도매인** : 농수산물도매시장 · 농수산물공판장 또는 민영농수산물도매시장의 개설자의 허가 또는 지정을 받아 상장된 농수산물을 매수하여 도매하거나 매매를 중개하는 영업을 하는 자를 말한다.

㉣ **매매참가인** : 농수산물도매시장 · 농수산물공판장 또는 민영농수산물도매시장의 개설자에게 신고를 하고, 농수산물도매시장, 농수산물공판장 또는 민영농수산물도매시장에 상장된 농수산물을 직접 매수하는 자로서 중도매인이 아닌 가공업자 · 소매업자 · 수출업자 및 소비단체 등 농수산물의 수요자를 말한다.

ⓜ **산지유통인** : 농수산물 도매시장 · 농수산물공판장 또는 민영농수산물도매시장의 개설자에 등록하고 농수산물을 수집하여 농수산물도매시장 · 농수산물공판장 또는 민영농수산물도매시장에 출하하는 영업을 하는 자를 말한다.

ⓑ **경매사** : 도매시장 법인의 임명을 받거나 농수산물공판장 · 민영농수산물도매시장 개설자의 임명을 받아 상장된 농수산물의 가격 평가 및 경락자 결정 등의 업무를 수행하는 자를 말한다.

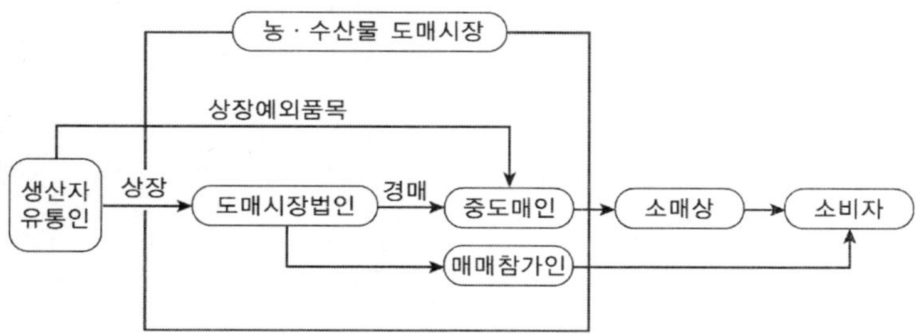

⑤ **도매시장에서 징수하는 수수료**(비용)

㉠ 중도매인과 시장도매인은 중개수수료를 수취할 수 있다.

㉡ 표준 하역비제도는 출하자의 부담을 완화시키기 위해 도입되었다.

㉢ 위탁수수료는 도매시장법인 또는 시장도매인이 징수할 수 있다.

(2) 농수산물종합유통센터

① **정의** … 농수산물의 출하경로를 다원화하고 물류비용을 절감하기 위해 농수산물의 수집 · 포장 · 가공 · 보관 · 수송 · 판매 및 그 정보처리 등 농수산물의 물류활동에 필요한 시설과 이와 관련된 업무시설을 갖춘 사업장을 말한다.

도매시장 및 농산물종합유통센터의 비교

	도매시장	농산물종합유통센터
사업방식	상장경매	예약수의거래
취급품목	농 · 임 · 축 · 수산식품	농 · 임 · 축 · 수산식품, 가공식품 및 기타 생필품
가격결정	현물을 확인 후 가격결정 (비규격품 거래 가능)	• 생산자 및 소비자의 합의 결정 • 현물을 직접 보지 않고도 거래(규격품 위주의 거래) • 가격 안정성 유지(홍수 출하 방지)
집하	생산자가 자유롭게 출하가능 (무조건 수탁조건으로 수집)	예약수의거래 물량을 기준으로 수집 (저장 및 판매능력에 따라 가변적)
분산	• 중도매인을 통해 불특정 다수의 소매상에게 분산 • 매매 참가인을 통해 대량 수요자에게 분산	• 예약수의거래에 의거, 주문처에 분산(가맹점, 직영점, 유통업체, 소매점 및 등록회원) • 직판장을 통해 일반 소비자에게 판매

② **구분** … 공공유형, 생산자 단체형, 컨소시엄형 등으로 구분할 수 있다.

③ **유통체계**

㉠ 1단계 : 신청(주문)

㉡ 2단계 : 발주

㉢ 3단계 : 출하

㉣ 4단계 : 배송 및 현장판매

④ **효과**

㉠ **물류효율화 및 물류비용 절감** : 산지와의 직거래를 통해 유통경로를 단축하며 포장출하, 팰릿화, 하역 개선 등으로 물류체계를 개선한다.

㉡ **신뢰성 제고** : 저온유통, 잔류농약검사의 강화, 리콜제의 실시로 소비자의 신뢰를 제고하고 값싸고 질 좋은 농축산물을 공급한다.

⑤ **과제**

㉠ 도매물류사업의 활성화

㉡ 유통센터 간 통합 · 조정 기능 강화

㉢ 가격안정화 및 실질적 예약상대거래체제 구축

㉣ 산지형 종합유통센터의 운영 활성화

㉤ 유통정보화 및 전자상거래의 추진

㉥ 표준규격품의 출하유도와 물류체계의 개선 촉진

㉦ 생산자와 소비자의 이익증대

(3) 협동조합 및 공동계산제

① **협동조합**

㉠ **개념** : 협동조합은 농민들의 개별적인 경제활동을 하나의 협동조합으로 통합하여 규모의 경제를 실현하고 도매상 · 수집상 · 가공업자 · 소매업자들과 거래 교섭력을 높이는데 그 목적이 있다.

㉡ **농업협동조합이 조합원에게 줄 수 있는 이익**

- 개별 농가에서 할 수 없는 가공 사업을 수행하여 부가가치를 높여 준다.
- 농자재의 공동구매를 통해 농가 생산비 절감에 기여한다.
- 규모화를 통해 거래교섭력을 증대시킨다.

② **공동계산제**

㉠ **개념** : 다수의 개별농가가 생산한 농산물을 출하주별로 구분하는 것이 아니라 각 농가의 상품을 혼합하여 등급별로 구분 · 판매하여 등급에 따라 비용과 대금을 평균하여 정산하는 방법이다.

㉡ 장 · 단점

• 장점
  - 생산자 측면 : 대량거래의 이점 실현, 개별 농가의 위험 부담 분산
  - 수요처 측면 : 유통비용 및 구매위험의 감소, 소요물량에 대한 구매 안정화
  - 유통효율성 측면 : 유통비용 감축, 농산물 품질저하 최소화
• 단점
  - 농가지불금 지연
  - 전문경영기술의 부족
  - 유동성의 저하

❸ 소매유통

(1) 소매시장의 개념

① 정의

㉠ 상품이나 서비스를 개인적 또는 영리 목적으로 사용하려는 최종소비자를 대상으로 하여 거래가 이루어지는 시장을 말한다.

㉡ 소비자의 방문, 전화, 우편주문 등을 통하여 소량단위의 제품이 거래된다.

② 기능

㉠ **상품구색 제공** : 소비자가 원하는 상품구색을 제공하여 제품 선택에 소용되는 비용과 시간을 절감시키고, 선택의 폭을 넓혀 준다.

㉡ **정보제공** : 광고, 서비스, 디스플레이 등을 통하여 소비자에게 제품 관련 정보를 제공한다.

㉢ **금융기능** : 신용제공, 할부판매 등을 통하여 소비자의 구매비용을 덜어주는 금융기능을 수행한다.

㉣ **서비스 제공** : 애프터서비스, 배달, 설치 등의 다양한 고객서비스를 제공한다.

(2) 소매상의 형태

① **점포 소매상**(Store Retailing)

㉠ **백화점**(Department Store)

• 다양한 제품계열을 취급하며 적당한 제품구색을 갖추고 있다.
• 대규모이며, 다양한 부대시설과 서비스를 제공한다.

㉡ **슈퍼마켓**(Supermarket)

• 소비자의 셀프서비스 방식에 의하여 판매하는 점포이다.
• 규모가 적고, 저비용, 저마진, 대량판매의 특징을 갖는다.

㉢ **편의점**(CVS ; Convenience Store)

- 편리성을 추구한다.
- 24시간 연중무휴 영업을 한다.

㉣ **전문점**(Specialty Store)

- 특정 제품계열에 대하여 매우 깊이 있는 구색을 갖추고 있다.
- 완전 서비스를 제공한다.

㉤ **할인점**(Discount Store)

- 소비재를 중심으로 한 중저가 및 고회전 상품을 취급한다.
- 셀프서비스의 조건 하에 저가격으로 대량 판매한다.

TIP

대형할인업체 등장의 영향
㉠ 업체 간 치열한 경쟁으로 소비자는 저가격 구입이 가능해졌다.
㉡ 농산물의 경우 대형할인업체의 산지 직구입 비율이 높아졌다.
㉢ 상품차별화의 추구로 비가격 경쟁도 중요시되고 있다.

㉥ **양판점**(GMS ; General Merchandise Store)

- 다품종의 의류 및 생활용품을 대량으로 판매하는 대형소매점이다.
- 다점포화를 통해서 중앙구매를 하여 원가를 절감시킨다.

㉦ **슈퍼센터**(Super Center)

- 할인점에 슈퍼마켓을 결합한 형태이다.
- 저가격의 폭넓은 상품구색을 갖추고 있다.

㉧ **하이퍼마켓**(Hypermarket)

- 초대형 슈퍼마켓과 할인점의 혼합 형태이다.
- 5천~9천평 규모의 초대형 매장에서 모든 상품을 셀프서비스로 판매한다.

㉨ **회원제 도매클럽**(MWC ; Membership Wholesale Club)

- 회원으로 가입한 고객만을 대상으로 판매하는 형태이다.
- 창고형 매장으로 할인점보다 20~30% 더 저렴하게 판매한다.

㉩ **카테고리 킬러**(Category Killer)

- '상품카테고리의 모든 것을 갖춤'이라는 의미의 업종별 전문할인점이다.
- 한 가지 업종만 취급하며 다종대량으로 진열한다.

㉪ **아웃렛**(Outlet)

- 메이커 또는 유명백화점의 재고품 등을 저렴한 가격으로 판매한다.
- 구색이 충분하지 않으나 할인율이 매우 높다.

㉫ **파워센터**(Power Center)

- 할인업태를 종합해 놓은 대형점포이다.
- 광대한 부지, 대형 주차장, 각 매장의 독립적인 점포 운영이 특징이다.

② 무점포 소매상

㉠ **통신(우편)판매**(Direct Mail)

- 공급업자가 광고매체를 통해 상품의 광고를 한 후 통신수단을 통해 주문을 받아 배송하는 형태이다.
- 기존의 판매방식을 보완하는 수단으로 많이 이용하고 있다.

㉡ **텔레마케팅**(Telemarketing)

- 표적소비자층에게 전화를 통해 제품판매를 유도하거나 광고를 본 고객이 전화를 통해 제품을 주문하는 형태이다.
- 수동적으로 주문전화를 기다리는 DM방식과 달리 적극적으로 고객반응을 창출한다.

㉢ **홈쇼핑**(Television Marketing)

- TV 광고를 통해 제품구매를 유도하는 방식이다.
- 직접반응광고를 이용한 주문방식과 홈쇼핑채널을 이용한 주문방식으로 나누어진다.

㉣ **인터넷 마케팅**(Internet Marketing)

- 고객과의 쌍방향 커뮤니케이션을 바탕으로 다양한 정보를 제공한다.
- 제품정보를 전 세계의 고객들에게 저렴한 비용으로 전달할 수 있다.

㉤ **방문판매**(Direct Selling)

- 판매원이 소비자를 방문하여 구매를 권유하거나 구매의욕을 자극하여 판매하는 방법이다.
- 가장 오래된 형태의 무점포형 소매업이다.

㉥ **자동판매기**(Automatic Vending Machine)

- 판매원이 아닌 기계장치를 통해 상품을 판매하는 방식이다.
- 소비자의 편의성 추구, 점포임대료 상승 등으로 수요가 급증하고 있다.

❹ 농산물 유통환경

(1) 생산 환경

① 생산구조(국내)

㉠ 쌀농사 중심의 경종농업의 비중이 높다.
㉡ 가족노동 중심의 소농경영이다.
㉢ 규모가 영세하며, 소규모 생산 위주이다.
㉣ 다른 산업에 비해 수확체감(한계생산물 체감)의 현상이 심하게 나타난다.

② 영향요인

㉠ 생산수단인 토지가 질적 및 양적으로 제한되어 있다.
㉡ 자연적인 조건에 지배적인 영향을 받는다.
㉢ 일반 제조업에 비해 기계화 · 분업화가 어렵다.

㉣ 노동생산성이 낮다.
㉤ 자본회전이 느리다.

(2) 소비 환경

① 소비구조
㉠ 생활수준의 향상으로 식품소비구조가 고급화 · 다양화되고 있다.
㉡ 특정 품목의 가격 및 수요량이 대체 품목의 가격 및 수요량에 영향을 미친다.
㉢ 가공식품과 외식의 수요 증대로 인해 소비구조가 변화하고 있다.

TIP

소비구조의 고급화 · 다양화에 따른 농산물유통의 변화
㉠ 고품질 농산물의 소포장화
㉡ 친환경 농산물, 채소, 과일 등의 신선식품 소비 증가
㉢ 가공식품 및 편의식품의 소비 증가

② 영향요인
㉠ 자연적 요인 : 지리 · 풍토적 · 생물학적 요인
㉡ 사회적 요인 : 인구구성 및 분포, 소비자의 관습과 습성 등
㉢ 경제적 요인 : 소득과 분배, 경기변동, 시장구조 등

(3) 시장 환경

① 시장의 개념
㉠ 구매자와 판매자가 재화를 교환하기 위하여 서로 정보를 교환하고 협상하도록 하는 매개체이다.
㉡ 제품이나 서비스의 실제 또는 잠재적 구매자들의 집합을 의미한다.

② 시장의 구조 … 시장의 구조 형태는 완전경쟁시장과 불완전경쟁시장으로 나뉘며, 불완전경쟁시장은 독점시장, 과점시장, 독점적 경쟁시장으로 나누어진다.

시장형태	완전경쟁	불완전경쟁		
		독점	독점적 경쟁	과점
시장 내 기업 수	다수	하나	제한적 다수	소수
상품 동일성	동질적	단일제품	차별적	동질적 또는 차별적
가격 통제력	가격순응	가격결정	타 기업 의존적 가격설정	임의의 가격설정
진입 여건	진입자유	진입장벽 존재	완전경쟁시장보다 약함	독점시장보다 약함
비가격 경쟁	없음	PR 광고에 한정	중요	중요
상호 의존성	없음	없음	약간	극대
예	농수산물, 주식, 선물시장	전력, 철도	의료, 의류소매업	철강, 자동차, 가전

③ 농산물시장의 특징

㉠ 이중과정(물적 유통과정, 매매과정)의 특징이 있다.
㉡ 개개의 농산물에 따라 다양한 형태의 농산물 시장이 존재한다.
㉢ 생산자 단체의 집하 · 가공 등으로의 진출이 빈번하다.
㉣ 원료농산물이 가공되는 경우 가공단계까지가 농산물 시장이 된다.
㉤ 농산물시장은 완전경쟁시장에 가까운 형태이다.

TIP

완전경쟁시장의 성립요건
㉠ 다수의 생산자와 수요자가 존재하고 있다.
㉡ 시장에서 거래되는 상품은 동질적이어서 완전대체가 가능해야 한다.
㉢ 산업에 대한 진입과 이탈의 자유가 보장되어야 한다.
㉣ 모든 생산자원이 제한 없이 자유롭게 이용될 수 있어야 한다.
㉤ 정부는 어떠한 간섭도 하지 말아야 한다.
㉥ 시장에 참여하고 있는 개별공급자 · 수요자는 시장의 현재조건과 미래조건에 대한 완전한 정보를 가지고 있어야 한다.

④ 영향요인

㉠ 농산물의 계절성 및 저장성
㉡ 상품의 질적 특성의 차이
㉢ 유통경로의 차이
㉣ 다양한 형태의 정부의 개입

(4) 정보 환경

① **농산물유통정보의 개념** … 농산물유통정보란 생산자 · 유통업자 · 소비자 등 생산 활동의 참가자들이 보다 유리한 거래조건을 확보하기 위해 요구되는 각종 자료와 지식 등을 말한다.

② **농산물 유통정보의 종류**

㉠ **통계정보** : 특정한 목적을 가지고 수량적 집단 현상을 조사 · 관찰하여 얻어지는 계량적 자료를 말한다.
㉡ **관측정보** : 과거와 현재의 농업 관계 자료를 수집 · 정리하여 과학적으로 분석 · 예측한 정보를 말한다.
㉢ **시장정보** : 일반적인 유통정보를 의미하며 현재의 가격 형성에 영향을 미치는 여러 요인과 관련된 정보를 말한다.

③ **농산물유통정보의 요건**

㉠ **정확성** : 사실은 변경 없이 그대로 반영해야 한다.
㉡ **신속성 및 적시성** : 최근의 가장 빠른 정보를 적절한 시기에 이용해야 이용가치가 높다.
㉢ **유용성 및 간편성** : 정보는 이용자가 손쉽게 이용할 수 있어야 한다.
㉣ **계속성** : 정보의 조사는 일관성을 가지고 지속적으로 해야 한다.
㉤ **비교가능성** : 정보는 다른 시기와 장소의 상호 비교가 가능해야 한다.
㉥ **객관성** : 조사 및 분석 시 주관이 개입되지 않은 객관적인 정보여야 한다.

5 농산물 유통경로

(1) 유통경로 및 최근의 동향

① 유통경로 이해

㉠ 유통경로(Distribution) : 생산자로부터 소비자에게로 농산물이 유통되는 흐름을 말한다.

㉡ 유통단계(Channel Level) : 제품 또는 그 소유권이 이전과 관련된 중간업자의 수를 말한다.

② 농산물유통의 최근 동향

㉠ 농산물 소비패턴이 고급화 및 다양화되고 있다.

㉡ 친환경농산물의 생산과 소비가 증가하고 있다.

㉢ 표준규격화와 브랜드의 중요성이 증가하고 있다.

(2) 농산물의 유통경로

① 품목에 따라 다르나 일반적으로 생산자－산지유통인－도매시장－중간도매상－소매상－소비자에 이르는 과정을 가진다.

② 농산물은 부패가 쉽고 저장과 표준화가 어렵기 때문에 공산품에 비해 유통경로가 길고 복잡하다.

③ 농산물의 유통은 상대적으로 비효율적이며 유통마진이 높은 편이다.

농산물 유통경로	
	내용
상인 조직을 통한 경우	• 생산자 → 수집상 → 반출상 → 위탁상 → 도매상 → 소매상 → 소비자 • 생산자 → 도매시장 → 중도매상 → 소매상 → 소비자 • 생산자 → 수집상 → 가공업체
농업인 조직을 통한 경우	• 생산농가 → 산지조합 → 공판장 → 지정거래인 → 소매상 → 소비자 • 생산농가 → 산지조합 → 가공업자

6 농산물 유통기능

(1) 유통기능의 이해

① 유통기능(Marketing Function) … 생산물이 생산자로부터 최종 소비자에게 이동하는 과정에서 이루어지는 주된 활동을 유통기능이라 하며, 유통과정에는 많은 유통기능들이 유기적으로 관련되어 있다.

② 유통기능의 흐름

㉠ 상류 : 매매와 관련된 흐름으로 실제 소유권이 이전되는 것이다.

㉡ **물류** : 수송 · 배송 · 보관과 관련된 흐름으로 실제 상품이 이동되는 것이다.

㉢ **정보류** : 가치 있는 정보가 상품이 되어 다양한 유통경로로 이동하는 것이다.

(2) 농산물 유통기능

① **소유권 이전기능** … 유통경로가 수행하는 가장 본질적인 기능으로 판매와 구매기능을 말한다.

② **물적 유통기능** … 생산과 소비 사이의 장소적 및 시간적 격리를 조절하는 기능이다.

③ **유통 조성기능** … 소유권 이전기능과 물적 유통기능이 원활히 수행될 수 있도록 지원해 주는 기능이다.

(3) 소유권 이전 기능

① 개념

㉠ 상품이 교환을 통하여 생산자로부터 소비자에게로 넘어가는 과정에서 소유권이 바뀌는 것과 관련된 경제활동을 뜻한다.

㉡ 경영적 유통기능, 교환기능, 상거래기능이라고도 한다.

② **분류** … 대금을 주고 농산물을 구매하는 구매기능과 농산물을 사고 싶은 욕구를 만족시킬 수 있는 판매기능으로 나누어진다.

㉠ 구매(수집) 기능

- 농산물을 사기 위하여 계약체결 후 농산물을 인도 받고 대금을 지불하는 과정을 말한다.
- 최종소비자가 소비를 목적으로 구매하는 경우와 재판매를 목적으로 구매하는 경우가 있다.
- 생산자로부터 원료를 수집하거나 다른 상인 소유의 최종생산물을 수집하는 활동이 포함되므로 수집기능이라고도 한다.

㉡ 절차

- 구매 필요 여부의 결정
- 구매 상품의 품목 결정
- 구매 상품의 품질 및 수량 결정
- 가격 및 인도시기, 지불조건의 상담
- 구매 상품의 인도
- 상품의 소유권 이전

③ 판매(분배) 기능

㉠ 잠재고객에게 상품 및 서비스에 대한 구매욕구를 자극시켜 구매로 연결시키는 활동을 말한다.

㉡ 판매기능을 분배기능이라고도 한다.

㉢ 판매활동의 포함 사항

- 상품의 진열
- 적당한 판매장소 및 판매시기의 결정

- 상품의 적정 크기 및 포장단위 · 규격의 결정
- 적절한 유통경로의 선택
- 구매충동을 자극하는 광고와 선전활동

(4) 물적 유통기능

① **개념** … 농산물의 수송 · 저장 · 가공과 같이 실제 우리 눈으로 볼 수 있는 기능을 말한다.

② **분류** … 장소적 효용을 창출하는 수송기능, 시간적 효용을 창출하는 저장기능, 형태적 효용을 창출하는 가공기능으로 나누어진다.

㉠ **수송기능** : 분산되어 있는 농산물을 생산지로부터 가공지 또는 소비지로 이동시키는 기능을 말한다.

- 수급은 농산물 수급의 장소적 조정을 맡아하며, 장소적 효용을 창출한다.
- 시장영역의 크기는 농산물의 수송여부에 따라 결정되므로 수송비용을 감소시키면 유통효율이 증대된다.
- 농산물 수송에는 철도, 자동차, 선박, 비행기 등이 이용된다.
- 수송비용 : 상품의 움직임에 따라 발생하는 모든 비용의 합을 수송비용이라 한다.
  - 수송거리와 직접 관련이 있는 가변수송비와 수송거리와는 직접 관련 없이 고정적으로 발생하는 고정비용으로 구성된다.
  - 수송비용의 영향 요인
    - 지형이나 도로, 철도 등의 사회 간접 자본 형성 정도
    - 수송수단
    - 생산물의 형태
    - 제도적인 조치
  - 수송비용 절감법
    - 수송기술의 혁신 : 냉동 수송 자동차 및 대량으로 수송 할 수 있는 화차 개발, 고속도로의 개설, 컨테이너 방법 또는 팰릿 방법으로 수송을 하면 수송비용이 감소한다.
    - 수송수단 간의 경쟁 촉진 : 철도와 화물, 자동차 간의 경쟁은 수송료를 감소시킬 가능성이 있으며, 새로운 수송 서비스를 제공할 수 있다.
    - 수송시설 가동률을 증대 · 효율적 이용 : 수송 시설의 중복 투자를 제거하고, 수송노선을 보다 개선하여 수집과 분배 능력을 제고시킨다.
    - 수송 중 부패와 감모 방지 : 적재방법을 개선하고 적당한 수송 용기를 사용하면 감모를 절감시켜 수송비를 감소시킬 수 있다.
    - 생산물 변화 : 육종 기술의 개발로 고급 품질의 농산물을 부패성이 적은 품종으로 개발한다.

TIP

운송수단별 특징

운송수단	특징
철도	• 안정성, 신속성, 정확성이 있다. • 융통성이 적어 제한된 경로로만 운송이 가능하다. • 중 · 장거리 운송에 이용하는 것이 경제적이다.
자동차	• 단거리 수송에 이용하는 것이 경제적이다. • 기동성이 좋고 도로망이 발달해 융통성이 있다. • 소량운송이 가능하며, 농산물 수송수단으로 큰 비중을 차지한다.
선박	• 장거리 수송에 이용하는 것이 경제적이다. • 운송비가 저렴하며 대량 수송이 가능하다. • 융통성이 작으며 제한된 통로로만 수송이 가능하다.
비행기	• 비용이 많이 들고 항로와 공항의 제한성에 구애 받는다. • 신속 및 정확하며 일부 수출농산물 수송에 이용되고 있다.

ⓛ **저장기능** : 생산품을 생산시기로부터 판매시기까지 보유하여 시간적 효용의 창조로 수요와 공급을 조절한다.

- 계절성 상품인 농산물의 연중 안정적인 공급과 상품 공급의 과부족의 조절을 위해 저장이 필요하다.
- 저장의 종류
  - 운영 재고 유지저장 : 효율적인 유통 과정을 위해 필요한 운영 재고를 유지하기 위한 저장방법이다.
  - 계절적 저장 : 공급이 많은 수확기에 하는 저장방법이다.
  - 투기목적 저장 : 저장기간 중 가격차로 이윤을 추구하려는 저장방법이다.
  - 비축재고 저장 : 주로 국가에 의해 수행되며 가격 안정과 유사시를 대비한 저장방법이다.

ⓒ **가공기능** : 원료 상태의 농산물에 인위적인 힘을 가하여 그 형태를 변화시키고 형태효용을 창출하는 것을 말한다.

- 가공기능을 통해서 생산의 계절성 및 저장성의 취약 등을 극복하고 시기적절하게 소비자에게 제공할 수 있다.
- 가공기능은 수송기능 및 저장기능 등 다른 물적 기능과 밀접히 연관되어 있다.
- 농산물은 부패 · 손상의 위험성이 높으므로 통조림 · 냉동 · 건조 등의 가공이 필요하다.
- 부피가 큰 농산물의 경우 가능한 수송에 편리한 형태로 가공하는 것이 좋다.
- 해당 농산물의 부가가치가 증가한다.
- 농가소득 증대에 기여할 수 있다.
- 해당 농산물의 총수요가 증가된다.
- 가공관련 비용
  - 가공 공장까지의 원료, 농산물의 수집 비용
  - 가공 공장의 가공비용
  - 최종 생산물을 공장으로부터 소비 시장까지 운송하는 비용

(5) 유통의 조성기능

① 개념 … 농산물의 원활한 유통을 도와주는 기능으로 표준 · 등급화, 위험부담, 유통금융, 시장정보기능 등이 있다.

② 표준 · 등급화

㉠ **표준화** : 농산물을 상품화시키기 위한 기본적인 척도 또는 기준을 정하는 것으로 농산물의 표준화는 무게와 형태의 특성에 대한 표준과 품질에 대한 표준으로 구분된다.

- 표준화의 이점
  - 시장정보의 교환을 신속 정확하게 하여 농산물유통의 운영 효율을 증진시킨다.
  - 수송비용과 저장 비용을 절감시켜 시장의 경쟁을 제고시키고, 가격 효율을 증진시킨다.
  - 상품을 유통시키는 과정에서 금융을 용이하게 하고, 위험 부담을 감소시킬 수 있다.
  - 품질에 따른 가격형성의 정확성 제고로 공정거래를 촉진한다.
  - 상품성 및 상품에 대한 신뢰도를 제고시켜준다.
  - 선별 및 포장출하로 소비지에서의 쓰레기 발생을 억제한다.
- 농산물 물류 표준화 대상

분야	표준화 대상
포장	포장치수, 재질, 강도, 포장방법, 외부 표시사항
등급	크기, 품질 등
운송	수송단위, 적재함의 높이 및 크기 등
보관 및 저장	저장시설의 설치 기준, 하역시설 등
하역	팰릿, 지게차, 컨베이어, 전동차 등
정보	상품코드, 장표, 전표, POS, EDI 등

㉡ **등급화** : 설정된 기준에 따라 상품을 구분 및 분류하는 과정을 말한다.

- 등급화의 기준 : 품목 또는 품종별로 그 특성에 따라 수량 · 크기 · 형태 · 색깔 · 신선도 · 건조도 · 성분함량 또는 선별상태 등을 등급화의 기준으로 삼는다.
- 등급의 요건
  - 동일 등급 내의 상품은 동질성을 갖추고 있어야 한다.
  - 다른 등급 사이는 쉽게 구별할 수 있도록 이질적인 특성을 갖추어야 한다.
- 농산물 등급제도의 문제점
  - 등급화 기준은 감각적 · 물리적 · 화학적 · 생물학적 · 경제학적 기준에 의해서 이루어지게 되므로 객관화하는 데 있어 어려움이 따른다.
  - 생산자 · 소비자 · 상인들의 이해관계가 다르므로 공통적인 욕구를 충족시킬 기준의 설정이 어렵다.
  - 농산물의 특성 상 출하시기와 소비자들의 구매 시기에 품질의 차이가 발생할 수 있다.
  - 생산자 · 상인 · 소비자의 입장에 따라 등급 수의 상이한 적용이 나타날 수 있다.
    - 생산자 · 소비자 : 등급 수를 세분화하려고 한다.

- 상인 : 등급 수를 줄이려는 경향이 있다.
- 각 등급에 속하는 상품의 충분한 거래량이 없을 경우 지나치게 세분화된 등급은 가격 변별력을 가질 수 없다.

③ **유통금융기능** … 농산물을 유통시키는데 필요로 하는 자금을 융통하는 것을 말한다.

㉠ 농산물유통금융은 교환기능과 물적 유통기능을 원활하게 수행할 수 있게 한다.

㉡ 물적 유통 시설자금과 유통업자들의 운영자금을 지원해서 생산자와 소비자 간에 장소 및 시간의 격차를 원만하게 연결시켜야 한다.

㉢ 유통금융기능의 행위

- 농민들이 농산물을 수확하기 위하여 부족한 자금을 빌리는 행위
- 농산물을 저장하는 창고 업자가 저온 창고를 건축하는 데에 소요되는 시설 자금을 정부나 농협으로부터 융자받는 행위
- 농산물 가공 업자가 농산물 수매 자금을 융통하는 행위
- 농협 공판장에서 출하 농민들에게 농산물 판매 대금을 현금으로 지급하고, 경매에 참가하여 농산물을 구매한 지정 중도매인에게 외상으로 팔고, 미수금은 일정 기간 후에 받는 행위

④ 위험부담기능

㉠ **개념** : 위험부담 기능이란, 농산물의 유통과정에서 발생할 가능성이 있는 손실을 부담하는 것을 말한다.

㉡ **분류** : 위험은 물적 위험과 경제적 위험으로 구분할 수 있다.

- 물적 위험 : 농산물의 물적 유통기능 수행 과정에서 파손 · 부패 · 감모 · 화재 · 동해 · 풍수해 · 열해 · 지진 등의 요인으로 농산물이 직접적으로 받는 물리적 손해를 말한다.
- 경제적(시장) 위험 : 유통 과정 중 농산물의 가치 변화로 발생하는 손실을 말한다.
  - 시장가격의 하락으로 인한 재고 농산물의 가치 하락
  - 소비자의 기호 및 유행의 변천에 따른 수요 감소
  - 경제 조건의 변화에 의한 시장 축소
  - 법령의 개정 또는 제정
  - 예측의 착오 및 수요의 변화
  - 외상 대금의 미회수 또는 속임수
- 대처방안
  - 물적 위험에 대한 대처방안
    - 기업 스스로 기금을 적립해서 위험에 대비하기도 하고, 보험에 가입한다.
    - 유통 장비의 개선과 유통활동의 합리화를 추구한다.
  - 경제적 위험에 대한 대처방안
    - 유통정보의 적절한 이용 및 선물 거래 이용
    - 정확한 유통정보의 입수와 분석

⑤ 시장정보기능

㉠ 개념 : 시장정보기능은 유통과정 중 유통활동을 원만하게 하기 위해 필요한 자료의 수집 · 분석 및 분배 활동을 말한다.

TIP

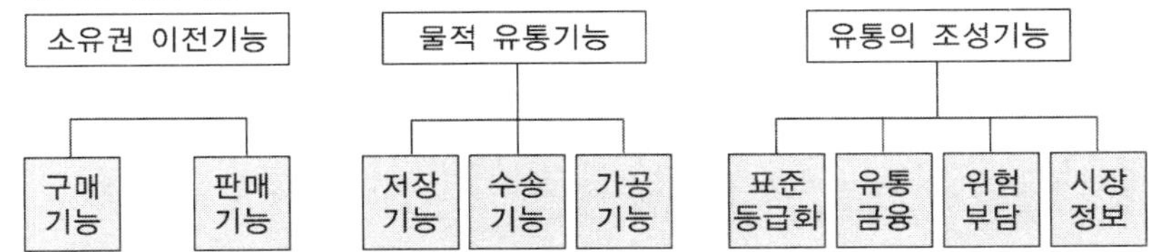

㉡ 시장정보의 필요성

- 유통에 관한 의사결정, 시장의 경쟁 유지 및 유통기능의 효율성을 제고시키기 위해 필요하다.
- 시장의 완전경쟁 상태를 유지시키는 데에 필요하다.
- 효율적인 시장운영과 합리적 시장 선택으로 유통비용을 절감시킨다.

㉢ 시장정보의 기준

- 완전하고 종합적인 것이어야 한다.
- 정확하고 신뢰성이 있어야 한다.
- 실용성이 있어야 한다.
- 개별 유통업자에 대해서는 비밀이 보장되어야 한다.
- 시사성이 있어야 한다.
- 생산자, 소비자, 상인 등이 똑같이 접할 수 있는 것이어야 한다.

출제 예상 문제

1 대형할인업체 등장의 영향에 대한 다음 설명 중 맞지 않는 것은?

① 업체 간의 치열한 경쟁으로 소비자는 저가격 구입이 가능하여 졌다.
② 제조업자의 영향력이 이전보다 커졌다.
③ 농산물의 경우 대형할인업체의 산지 직구입비율이 높아졌다.
④ 상품차별화에 대한 관심이 높아져 비가격경쟁도 중요하게 되었다.

TIP ② 대형할인업체의 등장으로 오히려 제조업자의 영향력은 감소하였다.

2 농산물 유통의 주요 특성으로 옳지 않은 것은?

① 농산물 작황에 따른 가격의 변동성이 매우 크다.
② 농산물은 제품의 차별화가 다소 어렵다.
③ 일반적으로 수요와 공급이 가격 및 소득에 대해 탄력적이다.
④ 생산의 계절성 및 기후 조건의 영향으로 공급불안정성과 불확실성이 크다.

TIP 농산물은 일반적으로 수요와 공급이 가격 및 소득에 대해 비탄력적이다.

3 농산물 물류 관리에 있어서 3S 1L원칙에 해당하지 않는 것은?

① 상품과 용역의 신속한(speedy) 제공
② 상품과 용역의 안전한(safety) 제공
③ 상품과 용역의 확실한(surely) 제공
④ 상품과 용역의 불량품 최저(low condemned) 제공

TIP 3S 1L원칙은 고객서비스 수준과 물류비 간 균형이 기업의 경쟁력이며, 이 달성을 위해 상품과 용역의 신속성(speedy), 안전성(safety), 확실성(surely), 값싸게(low cost) 제공하는 원칙을 말한다.

Answer 1.② 2.③ 3.④

4 **공동판매 조직을 통한 공동출하의 이점이 아닌 것은?**

① 대규모 거래에 의해 생산비를 절감할 수 있다.
② 노동력을 절감할 수 있다.
③ 시장교섭력을 높일 수 있다.
④ 수송비를 절감할 수 있다.

TIP ① 공동의 판매조직을 형성하여 공동 출하하는 경우 유통비를 절감할 수 있다.

5 **산지유통이 활성화되어 있는 국가에서, 농산물 도매시장의 기능 중 그 중요성이 크지 않은 것은 무엇인가?**

① 배급 기능 ② 표준규격화 기능
③ 가격형성 기능 ④ 수급조절 기능

TIP ② 산지의 유통이 활성화되어 있다면 공동선별 및 포장에 의한 표준규격화가 산지의 유통센터에서 수행되기 때문에 그 중요성이 크지 않다.

6 **소매상이 소비자에게 제공하는 주요 기능으로 볼 수 없는 것은?**

① 상품선택에 필요한 소비자의 비용과 시간을 절감할 수 있게 해준다.
② 상품사용에 대해서 소비자에게 기술적 지원과 조언을 해준다.
③ 상품관련정보를 제공하여 소비자들의 상품구매를 돕는다.
④ 자체의 신용정책을 통하여 소비자의 금융 부담을 덜어준다.

TIP ② 기술적인 지원과 조언은 소매상의 주요 기능과 관계가 없다.
※ 소매시장의 기능
㉠ 소비자가 원하는 상품구색을 제공하여 비용과 시간을 절감하게 해준다.
㉡ 소비자에게 제품관련 정보의 제공으로 상품구매를 도와준다.
㉢ 자체의 신용정책으로 소비자의 금융 부담을 덜어준다.

Answer 4.① 5.② 6.②

7 **지역농협이나 작목반 및 영농조합법인 등 생산자조직을 통한 공동출하 확대방법으로 적절한 것은?**

① 공동수송을 한다고 해도 비용절감 효과는 크지 않으므로 굳이 추진할 필요는 없다.
② 선별은 공동으로 하고 상품검사는 개별적으로 하는 것이 효과적이다.
③ 공동선별을 위해서는 품종의 공동선택과 재배기술의 평준화가 전제되어야 한다.
④ 공동계산이 공동수송이나 공동선별보다 우선적으로 추진되어야 한다.

TIP 공동출하 확대방법
㉠ 공동조직과 구성원 간의 절대적 신뢰를 전제로 해야 한다.
㉡ 품종의 공동선택과 재배기술의 평준화가 전제되어야 한다.

8 **산지에서 생산자, 생산자단체, 수집상 간에 이루어지는 거래방식에 관한 설명으로 틀린 것은?**

① 농가가 수확, 선별, 포장에 필요한 노동력이 부족할 경우 포전(圃田)거래를 선호하는 경향이 있다.
② 채소수급 안정사업은 대표적인 계약재배 방식이라 할 수 있다.
③ 정전(庭前)거래는 저장성이 없는 농산물을 중심으로 이루어지고 있다.
④ 농산물 성출하기에 주산단지에서 산지공판이 이루어지기도 한다.

TIP ③ 정전(庭前)거래는 농가에서 수확하여 거두어들인 농산물을 구입하는 것으로 저장성이 좋아 수확 후 저장 및 출하조절이 가능한 품목에서 이루어진다. 반대로 저장성이 없고 농산물의 수확 및 출하가 일정한 간격 또는 매일 이루어지는 품목은 작목반 조직의 활성화로 인해 산지에서의 거래접근이 거의 없는 편이다.

9 **무점포 소매점의 종류가 아닌 것은?**

① 아웃렛(Outlet)
② 전자상거래
③ TV홈쇼핑
④ 자동판매기

TIP ① 무점포 소매점은 무인판매방식의 소매점을 말하는 것으로 실제의 매장을 구성하고 있는 아웃렛(Outlet)은 해당하지 않는다.
※ 무점포 소매점의 종류
㉠ **통신판매점**: TV홈쇼핑, 카탈로그(Catalog)소매, 텔레마케팅, 전자상거래
㉡ **자동판매기 소매업**: 자동판매기를 통해 상품의 판매
㉢ **방문판매업**: 세일즈맨을 활용하는 상품판매방식

Answer 7.③ 8.③ 9.①

10 상품의 다양성(variety) 측면에서는 가장 좁고, 상품의 구색(assortment) 측면에서는 가장 깊은 소매업 형태는?

① 할인점(discount store)
② 백화점(department store)
③ 카테고리 킬러(category killer)
④ 기업형 슈퍼마켓(super supermarket)

TIP 카테고리 킬러는 '상품 카테고리의 모든 것을 갖춤'이라는 의미의 업종별 전문할인점이다. 이것은 한 가지 업종만 취급하며 다종대량으로 진열한다.

11 농산물 공동계산제에 대한 설명으로 옳지 않은 것은?

① 수확한 농산물을 등급별로 공동선발한 후 개별 농가의 명의로 출하한다.
② 공동판매를 통하여 개별 농가의 위험을 분산할 수 있다.
③ 엄격한 품질관리로 상품성을 제고하여 시장의 신뢰를 얻을 수 있다.
④ 출하물량의 규모화로 시장에서 거래교섭력이 증대된다.

TIP 농산물 공동계산제는 수확한 농산물을 등급별로 공동선별한 후 각 농가의 상품을 혼합하여 등급별로 구분하여 관리하기 때문에 개별 농가의 위험을 분산할 수 있다.

12 농산물 도매시장의 기능과 가장 거리가 먼 것은?

① 출하된 농산물에 대한 가격형성
② 농산물의 표준 및 등급기준 설정
③ 대량집하 및 분산을 통한 수급조절
④ 대금정산 및 유통정보 제공

TIP 농산물 도매시장은 가격형성, 대량집하 및 분산을 통한 수급조절, 대금정산 및 유통정보의 제공 등을 통해 생산과 소비 간 농산물의 질적 및 양적 모순을 조절한다.

Answer 10.③ 11.① 12.②

13 **농산물 산지유통에 관한 설명으로 옳지 않은 것은?**

① 산지에서 다양한 물류기능으로 시간적 · 장소적 · 형태적 효용을 창출한다.
② 판매계약(Marketing contract)의 경우 농산물 생산에 따른 위험을 생산자와 구매자가 분담한다.
③ 정전거래는 저장, 보관이 가능한 고추, 마늘 등 채소와 사과, 배 등 과일에서 주로 이루어진다.
④ 최근 대형유통업체들이 생산농가나 생산자 조직과 계약재배를 하는 경우가 증가하고 있다.

TIP 농산물 산지유통에서 생산자와 구매자 사이에 판매계약이 이루어진 경우에 농산물 생산에 따른 위험은 생산자가 부담한다.

14 **다음 중 산지유통의 기능으로 바르지 않은 것은?**

① 시간적 효용창출 기능
② 상품화 기능
③ 수급조절 기능
④ 비용감소 기능

TIP 산지유통의 기능
㉠ 시간적 효용창출 기능
㉡ 상품화 기능
㉢ 수급조절 기능

15 **다음 중 산지유통인에 관한 설명으로 바르지 않은 것은?**

① 생산자단체 이외의 자가 농수산물 도매시장 및 공판장에 출하할 목적으로 농산물을 모으는 영업을 하는 것을 말한다.
② 생산자와 구매자 사이에 판매계약이 이루어진 경우에 농산물 생산에 따른 위험은 생산자가 부담한다.
③ 생산자조직의 공동출하가 축소됨에 따라 수집상의 취급비중이 증가되고 있으나 취급하는 품목과 기능면에서는 더욱 전문화되고 있다.
④ 지역적으로 분산되어 소량씩 생산되는 품목을 효율적으로 모아주는 기능을 하지만 매점매석 등으로 가격폭등을 일으킬 위험성이 있다.

TIP 생산자조직의 공동출하가 확대됨에 따라 수집상의 취급비중이 저하되고 있으나 취급하는 품목과 기능면에서는 더욱 전문화되고 있다.

Answer 13.② 14.④ 15.③

16 다음 중 도매시장의 기능으로 바르지 않은 것은?

① 위험부담의 기능
② 서비스 생성의 기능
③ 수급조절의 기능
④ 가격형성의 기능

TIP 도매시장의 기능
㉠ 위험부담의 기능
㉡ 수급조절의 기능
㉢ 가격형성의 기능
㉣ 배급의 기능
㉤ 금융의 기능
㉥ 시장정보제공의 기능

17 다음 중 도매 조직의 개재가 비연속적인 수급을 조절하기에 필요한 일정 보유총량을 도매시장이 보유함으로써 각 소매상이 보유하는 것보다 보유총량을 감소시킬 수 있다는 원리는 무엇인가?

① 대량준비의 원칙
② 소량준비의 원칙
③ 거래 총 수 최소화의 원리
④ 거래 총 수 최대화의 원리

TIP 문제에서 설명하는 원리는 대량준비원칙이다.

18 다음 중 도매시장에 관한 설명으로 바르지 않은 것은?

① 사업의 방식은 상장경매에 의한다.
② 가격 결정에 있어서는 현물을 확인한 후에 가격을 결정하게 된다.
③ 집하의 경우 예약수의거래 물량을 기준으로 수집하게 된다.
④ 중도매인을 통해 불특정 다수의 소매상에게 분산한다.

TIP 생산자가 자유로이 출하가 가능하다.

Answer 16.② 17.① 18.③

19 다음 중 농산물 종합유통센터에 관한 내용으로 가장 거리가 먼 것은?

① 사업의 방식은 예약수의거래에 의한다.
② 집하 면에서는 예약수의거래 물량을 기준으로 수집한다.
③ 직판장을 통해 일반 소비자에게 판매한다.
④ 가격의 결정 시 현물을 확인한 후에 가격을 결정하게 된다.

TIP 도매시장에 관한 내용이다.

도매시장 및 농산물종합유통센터의 비교

	도매시장	농산물종합유통센터
사업방식	상장경매	예약수의거래
취급품목	농 · 임 · 축 · 수산식품	농 · 임 · 축 · 수산식품, 가공식품 및 기타 생필품
가격결정	현물을 확인 후 가격결정 (비규격품 거래 가능)	• 생산자 및 소비자의 합의 결정 • 현물을 직접 보지 않고도 거래(규격품 위주의 거래) • 가격 안정성 유지(홍수 출하 방지)
집하	생산자가 자유롭게 출하가능 (무조건 수탁조건으로 수집)	예약수의거래 물량을 기준으로 수집(저장 및 판매능력에 따라 가변적)
분산	• 중도매인을 통해 불특정 다수의 소매상에게 분산 • 매매 참가인을 통해 대량 수요자에게 분산	• 예약수의거래에 의거, 주문처에 분산(가맹점, 직영점, 유통업체, 소매점 및 등록회원) • 직판장을 통해 일반 소비자에게 판매

20 다음 중 협동조합에 관한 내용으로 바르지 않은 것은?

① 농민들의 개별적인 경제활동을 하나의 협동조합으로 통합하여 규모의 경제를 실현하고 도매상 · 수집상 · 가공업자 · 소매업자들과 거래 교섭력을 높이는 게 목적이다.
② 개별 농가에서 할 수 있는 가공 사업을 수행하여 부가가치를 높여 준다.
③ 규모화를 통해 거래교섭력을 증대시킨다.
④ 농자재의 공동구매를 통해 농가 생산비 절감에 기여한다.

TIP 협동조합은 개별 농가에서 할 수 없는 가공 사업을 수행하여 부가가치를 높여 준다.

Answer 19.④ 20.②

21 다음 중 공동계산제에 대한 설명으로 옳지 않은 것은?

① 대량거래의 이점 실현, 개별 농가의 위험 부담 분산

② 유통비용 감축, 농산물 품질저하 최소화

③ 유동성의 증가

④ 유통비용 및 구매위험의 감소, 소요물량에 대한 구매 안정화

> **TIP** 유동성의 저하이다.

22 다음 중 소매시장의 기능으로 보기 어려운 것은?

① 금융기능

② 상품구색 제공

③ 서비스 제공

④ 생산기능

> **TIP** 소매시장의 기능
> ㉠ 금융기능
> ㉡ 상품구색 제공
> ㉢ 서비스 제공
> ㉣ 정보제공

23 다음 중 재래시장의 특징이 아닌 것은?

① 영세상인 집단

② 시장의 획일적 관리통제 용이

③ 전문적 마케팅활동 수행 곤란

④ 대부분 상설시장

> **TIP** 재래시장의 특징
> ㉠ 일부 시장을 제외한 대부분의 시장이 조잡한 시설 속에 통일성 없는 영세점포와 좌판이 난립하고 노점 및 행상이 즐비하여 환경이 불결하다.
> ㉡ 불량식품 · 불량도량형기 · 부당사격 등 불공정거래의 온상이 되고 있다.
> ㉢ 시장개설자나 관리자는 임대료를 징수하고 시장을 유지하는 외에는 시장 전체를 획일적으로 관리 및 통제할 수 있는 능력이 없다.
> ㉣ 상호간의 협업화가 부진하여 시장 전체가 하나의 단일조직으로서의 기능을 갖기 어렵다.

Answer 21.③ 22.④ 23.②

24 농수산물도매시장 또는 민영농수산물도매시장의 개설자로부터 지정을 받고 농수산물을 매수 또는 위탁받아 도매하거나 매매를 중개하는 영업을 하는 유통기구는?

① 도매시장법인　　② 시장도매인
③ 중도매인　　④ 경매사

TIP ① 도매시장 개설자로부터 지정을 받고 농수산물을 위탁받아 상장하여 도매하거나 이를 매수하여 도매하는 유통기구
③ 도매시장, 공판장 또는 민영도매시장 개설자의 허가 또는 지정을 받아 상장된 농수산물을 매수하여 도매하거나 매매를 중개하는 영업을 하는 사람
④ 도매시장법인에 소속된 자로 도매시장에서 출하한 물품을 평가하여 중도매인 또는 매매참가인에게 공정한 판매를 위한 일을 하는 경매집행자

25 미국의 소매업 경영기술을 도입하여 여기에 독자적인 경영노하우를 개발, 적용시켜 주로 유럽에서 발전하고 있는 대형 소매점은?

① 월부백화점　　② 할인점
③ 버라이어티 스토어　　④ 하이퍼마켓

TIP 하이퍼마켓
㉠ 식품 또는 비식품을 풍부하게 취급하여 대규모의 주차장 등과 같은 특징이 있는 매장면적 2,500m^2이상의 소매 점포이다.
㉡ 미국의 소매경영기술을 도입하여 독자적인 경영노하우를 개발 · 적용시켜 주로 유럽에서 발전하고 있는 형태의 대형 소매점이다.

26 다음 중 공동판매조직을 통한 공동출하의 장점으로 옳지 않은 것은?

① 수송비의 절감　　② 노동력의 증가
③ 농가 수취가격 상승　　④ 농산물 출하 조절 용이

TIP ② 공동출하는 노동력을 절감할 수 있다.

Answer 24.② 25.④ 26.②

27 다음 중 소매시장에 대한 설명으로 옳지 않은 것은?

① 최종소비자를 대상으로 하여 거래가 이루어지는 시장을 소매시장이라 한다.
② 거래 단위는 비교적 작으며, 인구밀집지역에 많이 분포되어 있다.
③ 소매상은 소비자들에게 상품에 대한 관련 지식과 기술적 지원 등의 도움을 준다.
④ 소매시장의 상인들은 상품의 구매 · 보관 · 판매의 기능을 가지고 있다.

TIP ③ 소매시장의 소매상은 소비자들에게 상품관련정보를 제공하여 상품구매를 도울 수는 있으나 기술적 지원은 하지 않는다.

28 도매시장의 기능에 대한 설명으로 옳지 않은 것은?

① 수급조절 기능 ② 집하 기능
③ 분배 기능 ④ 유통경로 기능

TIP 도매시장의 기능
㉠ 유통참가자들은 도매시장의 상황변동을 고려하여 출하량과 구입량을 조절함으로써 수급조절이 가능하게 된다.
㉡ 타 소매시장 및 산지 시장가격을 결정하는 가격형성의 기능을 한다.
㉢ 농산물의 상품적 특성 및 거래상의 특성으로 도매시장은 많은 품종과 종류를 집하하는 기능을 한다.
㉣ 도매시장에 집하된 농산물은 신속하게 거래되어 소비자에게 전달되므로 분배기능을 한다.
㉤ 도매시장은 출하자에 대한 출하대금결제기능, 생산자 및 수집상에 대한 선도자금의 대여 등 유통금융 기능을 수행한다.
㉥ 도매시장은 판매자와 구매자가 한 번에 대량으로 농산물을 팔거나 살 수 있으므로 시간과 비용을 절약하는 기능을 한다.
㉦ 도매시장에는 많은 상품이 집중되어 공개된 상태에서 가격이 형성되기 때문에 도매시장에서 발생된 각종 유통정보는 각종 유통참가자들에게 있어 의사결정에 필요한 가장 중요한 자료가 되는 유통정보의 수집 및 전달기능을 한다.

29 다음 중 도매시장의 운영주체로 보기 어려운 것은?

① 도매시장법인 ② 시장도매인
③ 중도매인 ④ 경매사

TIP 도매시장의 운영주체
㉠ 도매시장법인(공판장)
㉡ 시장도매인
㉢ 중도매인

Answer 27.③ 28.④ 29.④

30 **도매시장 운영상의 문제점을 지적한 내용으로 옳지 않은 것은?**

① 과다하게 건설된 공영도매시장의 운영 비활성화
② 하역기계의 미비 및 비효율적 구조
③ 일부 상인들의 불공정행위
④ 중도매인의 규모의 경제 실현

TIP 도매시장 운영의 문제점
㉠ 도매시장개설자의 전문성 결여
㉡ 도매시장의 관리 · 감독 소홀
㉢ 과다한 공영도매시장의 건설 및 운영의 비활성화
㉣ 일부 상인들이 불공정 행위
㉤ 영세한 중도매인으로 인한 물류개선 저해 및 규모의 경제에 따른 이득의 비실현
㉥ 하역기계의 미비 및 비효율, 고비용 구조

31 **다음 중 농산물유통의 기능이 아닌 것은?**

① 관측 기능
② 유도 기능
③ 교환 기능
④ 거래촉진 기능

TIP 농산물유통의 기능
㉠ 관측 기능
㉡ 교환 기능
㉢ 물리적 기능
㉣ 거래촉진 기능
㉤ 판매 후 서비스 기능

Answer 30.④ 31.②

32 다음 설명 중 농산물의 상품적 특성과 관계가 먼 것은?

① 가격에 비하여 부피가 큰 편이다.
② 부패성이 강하여 유통 중 손실이 많이 발생한다.
③ 품종과 품질이 다양하여 표준규격화가 어렵다.
④ 수요와 공급이 탄력적이다.

TIP ④ 농산물의 경우 가격변동에 따른 수요의 변동이 크지 않아 탄력성이 낮다고 할 수 있다.
※ 농산물의 특성
㉠ 부패 및 손상이 쉽기 때문에 살균, 예냉 등의 관리기술로 인하여 유통비용이 많이 발생한다.
㉡ 크기, 모양, 맛 등이 매우 다양하기 때문에 등급화, 표준화가 어렵다.
㉢ 동질성이 크고 편의품에 해당하므로 차별화 또는 차별화의 유지가 어렵다.

33 다음 중 농산물 시장에 대한 설명으로 옳지 않은 것은?

① 농산물이 가격의 형성과 변동을 통하여 생산자에서부터 소비자에게까지 전달되는 과정을 말한다.
② 농산물이 가공될 경우 가공단계는 농산물 시장에 포함되지 않는다.
③ 농산물의 자연적 · 사회적 특수성으로 인하여 일반시장과는 구분된다.
④ 농산물 시장은 물적 유통과정과 매매과정이 혼합되어 이루어진다.

TIP ② 농산물이 가공되는 경우에는 가공단계까지 농산물 시장이 된다.

34 다음 중 농산물유통의 개념에 대한 설명으로 가장 적절한 것은?

① 상품과 용역이 생산자에서 소비자에 이르기까지 거치는 모든 경제활동을 말한다.
② 기업의 경영상 합리화 및 효율화를 추구하는 미시적 · 동태적 판매기법을 총칭하는 개념이다.
③ 상품을 구입하기 위하여 계약체결을 하고 상품을 인도받고 대금을 치루는 활동을 말한다.
④ 생산자에서 소비자까지의 모든 경제활동의 종합적 개념을 말한다.

TIP 농산물유통의 개념은 농산물이 생산자에서부터 소비자에 이르기까지의 모든 경제활동을 말한다.

Answer 32.④ 33.② 34.④

35 유통은 상적 유통과 물적 유통으로 구별되며, 상적 유통은 재화의 이동을 수반하지 않는 형태이고, 물적 유통은 재화의 이동을 수반하는 것이다. 다음 중 물적 유통끼리 짝지어진 것은?

① 수송기능, 창고기능
② 창고기능, 금융기능
③ 금융기능, 가공기능
④ 가공기능, 수송기능

TIP 수송기능과 창고기능은 물적 유통에 해당하며, 금융기능과 가공기능은 상적 유통에 해당된다.

36 농산물유통에 대한 설명으로 옳지 않은 것은?

① 농산물이 생산자로부터 최종 소비자의 손에 이르기까지의 모든 경제활동을 의미한다.
② 소비자가 원하는 품종을 육종하는 과정에서부터 농산물유통은 시작된다고 볼 수 있다.
③ 농산물유통에서 상인과 농민은 서로 상호의존관계에 있으며 상인들은 농민의 생산활동을 보완하는 역할을 한다.
④ 농산물유통은 생산자, 소비자, 상인 모두의 이해가 동일하다.

TIP 농산물유통에서 생산자인 농민은 보다 높은 가격을 받으려 하고 소비자는 보다 낮은 가격으로 구매하길 원하며 상인들은 보다 높은 이윤을 얻으려고 하기 때문에 서로 다른 이해를 조정하여 적정 수준을 유지하여야 한다.

37 다음 중 농산물유통의 특성으로 보기 어려운 것은?

① 수요와 공급의 탄력성
② 부패성
③ 양과 질의 불균일성
④ 영농규모의 영세성

TIP 농산물유통의 특성
㉠ 계절적 편재성
㉡ 부패성
㉢ 부피와 중량성
㉣ 양과 질의 불균일성
㉤ 용도의 다양성
㉥ 수요와 공급의 비탄력성
㉦ 영농규모의 영세성

Answer 35.① 36.④ 37.①

38 다음 중 농산물 등급화의 문제점으로 보기 어려운 것은?

① 등급수가 소비자, 생산자 및 상인에 의해 다르게 나타날 수 있어 정확한 등급화가 어렵다.
② 소비자의 품질선호에 따라 등급화를 시키므로 생산자의 수익을 증대시킬 수 있다.
③ 등급의 기준이 객관적이지 못하다.
④ 농산물은 출하시기와 소비자의 구매 시기 및 지역 간 품질이 항상 일치할 수 없으므로 유통과정에 따르는 부패성이 우려된다.

TIP 농산물 등급화의 문제점
㉠ 지나치게 세분화된 등급화는 그 물품의 거래량이 부족할 때 가격차이가 나타나게 되므로 등급화의 한계성이 문제가 된다.
㉡ 등급화의 기준이 감각적, 물리적, 화학적, 생물학적 기준 및 경제적 기준에 따라 달라지게 되므로 등급설정의 기준이 문제가 된다.
㉢ 생산자, 소비자, 상인 모두의 욕구를 충족시킬 수 없어 등급설정의 주체가 문제가 된다.
㉣ 농산물의 출하시기 및 소비자의 구매시기 및 지역 간 품질의 차이에 의해 달라지므로 유통과정에 따르는 부패성을 배제할 수 없다.
㉤ 생산자 및 소비자가 모두 알 수 있어야 하는 등급의 명칭이 문제가 된다.

39 유통의 기능 중 조성기능이 아닌 것은?

① 전문화
② 표준화
③ 시장정보
④ 위험부담

TIP 조성 기능은 소유권 이전기능과 물적 유통기능이 원활히 수행될 수 있도록 지원해 주는 기능으로 표준화 기능, 시장금융 기능, 위험부담 기능, 시장정보 기능이 있다.

40 농산물 등급화에 대한 내용으로 볼 수 없는 것은?

① 공동화된 상품을 이용하면 수송 및 저장이 편리해지고 등급별 일괄거래를 통하여 유통비용을 절감할 수 있다.
② 실물을 보지 않고도 견본 및 전단지를 통한 거래가 가능해진다.
③ 소비자의 욕구를 보다 정확히 반영할 수 있다.
④ 시장의 경쟁구조를 개선하고 중간이윤을 높여 적정가격의 형성이 가능하다.

TIP ④ 농산물 등급화를 하게 되면 시장경쟁구조가 개선되어 가격경쟁을 촉진하고 중간이윤을 감소시킴으로서 적정가격형성이 가능해진다.

Answer 38.② 39.① 40.④

41 농산물 광고의 역할에 대해 가장 잘 설명하고 있는 것은

① 농산물 광고는 소비자 가격을 상승시키므로 불필요하다는 것이 정론이다.
② 농산물 광고는 유통업체 간의 경쟁을 완화시켜 준다.
③ 농산물 광고는 인적판매 방식에 주로 의존한다.
④ 농산물 광고는 새로운 수요를 창출하고 유통혁신을 자극한다.

TIP ④ 광고는 촉진전략의 하나로써 정보의 전달 및 설득과정을 통해 소비자의 의사결정을 도와주는 역할을 한다. 따라서 농산물 광고는 새로운 수요를 창출하거나 유통혁신을 자극할 수 있다.

42 농산물 소매기구의 마케팅전략(소매믹스전략)에 대한 설명 중 가장 알맞은 것은?

① 일반적으로 높은 유통마진을 추구하는 소매점은 고객에 대한 서비스 수준을 높이고 평균재고의 회전율을 낮춘다.
② 소매믹스전략 중 가장 중요한 요인은 표적고객의 욕구에 부응하는 상품화 계획인 머천다이징(merchandising)이다.
③ 상권은 1차, 2차, 3차로 구분되는데 1차 상권은 구매고객의 60% 내외, 2차 상권은 30% 내외 가 거주하고 있는 지역을 말한다.
④ 소매점의 단기적 성과의 촉진수단으로서 광고와 PR이 흔히 사용된다.

TIP ② 머천다이징은 적절한 상품의 개발이나 판매방법 등을 계획하는 것으로 소매믹스전략에 해당하지 않는다.
③ 마케팅전략 수립 시 상권은 고려대상이 되지만 상권 자체를 소매전략으로 취급하지는 않는다.
④ 단기적 성과의 촉진수단으로는 가격할인이나 할인쿠폰 등의 방법이 흔히 사용된다.

43 가격과 품질의 상관성에 의한 소비자 심리에 바탕을 둔 가격전략으로 적당한 것은?

① 단수가격전략
② 미끼가격전략
③ 고가전략
④ 특별염가전략

TIP ① 가격을 1,000원이 아닌 990원 등으로 설정하여 소비자들의 심리에 저렴하다는 인식을 심어주는 방식이다.
② 특정제품의 가격을 저렴하게 책정하고 다른 제품의 가격도 저렴하다는 인식을 심어주어 가격이 저렴한 상품을 바탕으로 다른 제품의 판매까지도 유도하는 방식이다.
④ 일정기간 동안 제품을 할인하여 판매함으로 단기적으로써 재고를 감소시키며 매출을 증대시키는 방식이다.

Answer 41.④ 42.① 43.③

03 마케팅전략

❶ 마케팅 전략

(1) 마케팅 전략

① **시장점유마케팅전략** … 시장점유마케팅이란 전통적인 마케팅전략이라고도 하며, STP전략과 4P MIX 전략으로 구분된다.

> **TIP**
>
> AIDA 원리
>
> ㉠ 개념 : 소비자가 어떤 상품을 구입하기까지의 심리적 발전단계를 표현한 것이다.
>
> ㉡ AIDA 단계
>
> - 주의단계(Attention)
> - 관심단계(Interest)
> - 욕망단계(Desire)
> - 행동단계(Action)

② **고객점유마케팅**(Customer Possession Marketing) … 고객점유마케팅이란 소비자 입장에서 소비자의 의식구조, 생활양식, 소비행태, 소비자 심리 등을 고려하는 감성적 접근방법으로서 마케팅효과를 극대화하고자 하는 전략으로 AIDA 원리가 해당된다.

③ **관계마케팅**(Connection Marketing) … 관계마케팅이란 생산자 중심 또는 소비자 중심의 한쪽의 편중된 관점에서 벗어나 생산자와 소비자의 지속적인 관계를 통하여 win-win할 수 있는 장기적인 관점의 마케팅 전략으로 브랜드마케팅이 해당된다.

(2) STP 전략

① **시장세분화**(Market Segmentation)

㉠ 정의

- 하나의 시장을 비교적 유사하며, 동질적인 집단으로 구분하는 과정이다.
- 제한된 자원으로 전체시장에 진출하기보다 욕구와 선호가 비슷한 소비자 집단으로 나누어 진출하는 전략이다.

㉡ 목적 : 소비자들의 다양한 특성은 구매행위에 차이를 주므로 소비자의 구매욕구 · 구매동기의 변화 등을 조사하여 마케팅 기회를 포착하기 위함이다.

㉢ 시장세분화의 기준변수
- 지리적 변수 : 국가, 지역, 도시, 군
- 인구통계학적 변수 : 연령, 성별, 가족 수, 직업, 결혼 유무, 학력, 종교
- 심리적 변수 : 사회계층, 개성, 라이프스타일
- 행동적 변수 : 태도, 사용량, 이용도, 구매준비

㉣ 효과적 세분화의 조건
- 측정가능성(Measurability)
- 접근가능성(Accessibility)
- 시장의 규모(Substantiality)
- 실행가능성(Actionability)

TIP

시장세분화의 기준변수

세분화 기준	세분화 범주의 예
지리적 세분화	
지역 도시, 시골 기후	• 서울경기, 중부, 호남, 영남, 강원, 제주 • 대도시, 농촌, 어촌 • 남부, 북부
인구통계적 세분화	
나이 성별 가족 수 결혼유무 소득 직업 학력 종교	• 유아, 소년, 청소년, 청년, 중년, 노년 : 7세 미만, 7~12세, 13~18세, 18~24세, … 60세 이상 • 남, 여 • 1~2명, 3~4명, 5명 이상 • 기혼, 미혼 • 100만 원 미만, 101~200만 원, 201~300만 원, 301만 원 이상 • 전문직, 사무직, 기술직, 학생, 주부, 농업, 어업 • 중졸 이하, 고졸, 대졸, 대학원졸 • 불교, 기독교, 천주교, 기타
심리 행태적 세분화 (생활양식)	
사회계층 라이프스타일 개성	• 상, 중상, 중, 중하, 하 • 전통지향형, 쾌락추구형, 세련형 • 순종형, 야심형, 이기형

인지 및 행동적 세분화	
태도	• 긍정적, 중립적, 부정적
추구편익	• 편리성, 절약형, 위신형
구매준비	• 인지 전, 인지, 정보획득, 관심, 욕구, 구매의도
충성도	• 높다, 중간, 낮다
사용률	• 무사용, 소량사용, 다량사용
사용상황	• 가정에서, 직장에서, 야외에서
이용도	• 비이용자, 과거이용자, 잠재이용자, 현재이용자
산업재 구매자 시장의 세분화	
기업규모	• 대기업, 중기업, 소기업
구매량	• 소량구매, 대량구매
사용률	• 대량 사용, 소량 사용
기업유형	• 도매상, 소매상, 표준산업분류 기준상의 여러 유형
입지	• 지역적 위치, 판매지역
구매형태	• 신규구매, 반복구매, 재구매

② 표적시장 선택(Market Targeting)

㉠ 정의 : 여러 세분시장 중 소비자의 욕구를 충족시켜주고 최대의 이익을 가져다 줄 수 있는 시장을 선택한다.

㉡ 표적시장 선정 전략

• 무차별 마케팅 : 소매점이 시장세분의 차이를 무시하고 단일제품이나 서비스로 전체시장에 진출하려는 것이다.
  – 원가면에서 경제적이다.
  – 광고 · 마케팅조사 및 제품관리비가 절감된다.
  – 소비자의 만족도는 낮은편이다.

• 차별적 마케팅 : 여러 목표시장을 표적으로 하고 각각의 상이한 제품과 서비스를 설계한다.
  – 무차별 마케팅에 비해 매출액은 크나 사업운영비가 높다.
  – 연구개발비, 마케팅비용이 필요하다.
  – 세분시장의 소비자 만족도가 높다.

• 집중적 마케팅 : 대규모 시장에서 낮은 점유율을 추구하는 대신 한 두 개의 세분시장에서 높은 점유율을 추구하는 전략이다.
  – 소매점이 자원의 제약을 받을 때 유용하다.
  – 목표시장을 잘 선정하면 고투자수익률을 얻을 수 있다.

㉢ 세분시장전략 선택의 고려요인

• 기업자원 : 기업자원이 한정되어 있으면 집중적 마케팅이 효과적이다.
• 제품의 다양성 : 제품목록 내에 상품 수가 적은 경우 무차별 마케팅이 적합하다.
• 제품 수명 주기상 단계 : 도입단계는 무차별 · 집중화 전략이, 성숙단계는 차별적 전략이 효과적이다.
• 시장의 가변성 : 동일한 취향과 수량을 구매한다면 무차별 전략이 효과적이다.

③ 포지셔닝(Positioning)

㉠ 정의 : 경쟁사의 상품 · 서비스와 차별화될 수 있도록 소비자의 마음 속에 자사의 제품 또는 서비스의 정확한 위치를 심어주는 과정이다.

㉡ 포지셔닝 전략

- 특수한 제품 속성 및 소매점 특성에 따라 포지셔닝할 수 있다.
- 제품이나 소매점이 제공하는 편익에 따라 포지셔닝할 수 있다.
- 특정 계층의 고객에 따라 포지셔닝할 수 있다.
- 경쟁제품이나 경쟁점과 직접 대비함으로써 포지셔닝할 수 있다.

㉢ 포지셔닝 전략의 선택

- 경쟁우위 : 소매점이 선택한 목표시장에 대해 우수한 가치를 제공하여 포지셔닝 함으로써 경쟁우위를 확보할 수 있다.
- 적합한 경쟁우위 선정 : 어떤 차이를 몇 가지나 중점적으로 추진하는가의 결정이다.
- 선택 위치를 효과적으로 시장에 전달 : 목표소비자들에게 원하는 위치를 알리고 전달하는 강력한 조치가 필요하다.

㉣ 성공적인 포지셔닝을 위한 전략

- 올바른 포지셔닝을 위해서는 양질의 자료가 확보되어야 한다.
- 서비스 포지셔닝에 일관성이 있어야 한다.
- 고객과의 접촉정도가 낮은 부분과 높은 부분을 나누어 관리한다.
- 포지셔닝 전략은 소비자의 마음을 움직일 수 있으며, 변화환경에 융통적이어야 한다.

④ 친환경농산물의 STP전략

㉠ 가격을 낮출 수 있는 유통과정의 효율화 및 구매편의성 제고가 필요하다.

㉡ 소비확대를 위해 안전성에 대한 신뢰도를 높여야 한다.

㉢ 판매확대를 위해 대량소비처를 확보할 필요가 있다.

❷ 마케팅믹스 (Marketing Mix)

(1) 마케팅 믹스

① 정의

㉠ 마케팅믹스란 표적시장에서 마케팅 목표를 달성하기 위해 필요한 요소들의 조합을 말한다.

㉡ 표적시장 선정이 끝나고 포지셔닝 전략을 세운 후 이를 토대로 상품전략 · 가격전략 · 촉진전략 · 유통 등의 전략수립을 하는 것을 말한다.

TIP

4P(기업, 마케터 관점)	4C(고객관점)
• 상품(Product) • 가격(Price) • 유통(Place) • 촉진(Promotion)	• 고객가치(Customer value) • 고객 측의 비용(Cost to the Customer) • 편리성(Convenience) • 의사소통(Communication)

② 구성요소

㉠ **상품**(Product) : 제품의 품질과 기능, 특징, 보증, A/S

㉡ **가격**(Price) : 권장소비자가격, 유통가격, 현금 할인, 대량 구매 할인, 신용 조건

㉢ **유통**(Place) : 마케팅 채널, 물리적 의미의 배달, 배송, 지역적 위치

㉣ **촉진**(Promotion) : 광고, 판촉, 홍보, 다이렉트 메일, 전시, 포장, 판매

(2) 그린마케팅 전략

① 그린마케팅(Green Marketing)

㉠ 그린마케팅이란 환경의 효율적 관리를 통해 인간의 삶의 질을 향상시키는 데 초점을 둔 마케팅 활동을 말한다.

㉡ 제품의 개발, 생산, 판매 등의 지구의 환경 문제에 대응토록 하는 환경보호 중심 마케팅이다.

㉢ '오염자 부담 원칙(polluter-pays principle)'과 '전 과정 책임주의(Life Cycle Stewardship)'가 강조되고 있다.

② 그린마케팅전략의 기본요건

㉠ 고객 지향적이어야 한다.

㉡ 상업적으로 실행 가능해야 한다.

㉢ 소비자 또는 이해관계자에게 신뢰를 주어야 한다.

㉣ 기업목표, 전략 및 능력에 부합되어야 한다.

㉤ 분명해야 한다.

③ 그린마케팅전략

㉠ **그린 상품전략** : 좋은 환경상품을 어떻게 개발할 것인지 고려해야 한다.

㉡ **가격전략** : 소비자의 환경지향적인 제품에 대한 가격 탄력성, 환경 지향적 제품의 가격이 대체성이 있는 일반제품보다 낮은지 등의 사항을 고려해야 한다.

㉢ **그린 유통전략** : 소비자로부터 생산자에게로 재활용 가능한 폐기물을 환원시키는 역 유통 경로의 효율적 운영을 고려해야 한다.

㉣ **그린 촉진전략** : 개발된 환경상품을 어떻게 소비자의 구매로 연결시킬지 고려해야 한다.

출제 예상 문제

1 소비자들이 특정 상품이나 상표를 선택할 때 영향을 미치는 요인에 대해 가장 잘 설명한 것은?

① 사회적 요인으로서 사회계층, 준거집단, 가족, 라이프스타일 등이 포함된다.
② 제도적 요인으로서 직업, 소득, 교육, 소비스타일 등이 포함된다.
③ 정치적 요인으로서 국내 및 국제적 정치 상황이 포함된다.
④ 법률적 요인으로서 법이 어떻게 바뀌는가에 따라 달라진다.

TIP 소비자 구매행동 영향요인
㉠ **문화적 요인**: 문화 환경 또는 사회적 계급에 영향을 받는 것으로 국적, 인종, 지역, 생활양식 등이 포함된다.
㉡ **사회적 요인**: 가족이나 학교, 회사 등의 집단의 특성에 영향을 받으며 사회계층, 준거집단, 가족, 라이프스타일 등이 포함된다.
㉢ **개인적 요인**: 개인의 개성과 생활주기 등에 영향을 받으며 연령, 인성, 경제적 상황 등이 포함된다.
㉣ **심리적 요인**: 지각상태와 상황에 따른 심리상태에 영향을 받으며 학습, 태도, 동기, 욕구 등이 포함된다.

2 마케팅믹스(marketing mix)전략을 적절히 설명한 것은?

① 마케팅믹스요소는 상품전략, 수송전략, 유통전략, 광고 전략으로 나눈다.
② 기업이 표적시장을 선정한 다음에 여러 가지 자사 상품을 잘 섞어서 판매하는 전략이다.
③ 기업의 마케팅 노하우, 상표, 기업 이미지 등을 경쟁자가 쉽게 모방할 수 없도록 하는 종합적인 전략이다.
④ 기업이 소비자의 욕구와 선호를 효과적으로 충족시키기 위하여 4P를 활용한 마케팅 전략을 말한다.

TIP ① 광고는 촉진전략의 한 방법이다.
② 표적시장에 맞는 마케팅 구성요소를 조합하는 전략이다.
③ 마케팅믹스전략을 통해 종합적인 마케팅 전략을 수립하는 것이다.

Answer 1.① 2.④

3 **다음 중 좁은 의미의 판매촉진에 관해 가장 잘 설명하고 있는 것은?**

① 좁은 의미의 판매촉진에서는 광고와 홍보가 가장 중요한 수단이다.
② 광고, 홍보 및 인적판매와 같은 범주에 포함되지 않은 모든 촉진활동을 말한다.
③ 가격할인, 경품, 샘플제공 등을 사용하지 않는다.
④ 광고, 홍보 및 인적판매와 같은 모든 수단을 기업이미지개선과 매출증가를 위해 사용한다.

TIP **판매촉진** … 광고, 인적판매, 홍보로 명확히 분류할 수 없는 촉진활동을 모두 지칭하는 말이다.
㉠ **좁은 의미** : 접객 판매와 광고를 종합한 활동 및 접객판매와 광고를 지원 · 보완하는 활동을 말한다.
㉡ **넓은 의미**
- 대외적 활동 : 판매원 훈련, 도매광고, 조언, 정보 및 자료제공, 광고지도, 카탈로그 제공, 광고자재 제공, DM, 컨설턴트 서비스 등
- 대내적 활동 : 판매자재 준비, 광고, PR, 상품계획, 조사 등

4 **소비자의 상품구매 특성이 건강 및 환경문제에 민감하고 기업의 윤리적 측면을 고려함에 따라, 마케팅 과제를 삶의 질 향상과 인간지향 및 사회적 책임을 중시하는 데에 두는 마케팅 개념 유형은?**

① 생산지향 개념
② 제품지향 개념
③ 판매지향 개념
④ 사회지향 개념

TIP 마케팅 이념의 발전단계
㉠ **생산지향 개념** : 기업은 초과적인 수요를 충족시키기 위해 생산력 향상에 초점을 기울였으며 기술과 생산설비의 열악한 수준으로 상품의 생산성을 향상시키고 비용을 낮추는 것이 기업의 목표였다.
㉡ **제품지향 개념** : 기업은 품질만 좋다면 소비자는 상품을 좋아할 것이라고 인식하였으며 마케팅의 중요성은 상대적으로 약하게 인식되었다.
㉢ **판매지향 개념** : 시장의 공급이 수요를 앞지른 시기로 기업은 계속해서 생산되는 제품의 소비를 촉진하는 것이 주요 관심사였다. 이 시기 마케팅 역할은 영업과 판매를 지원하고 활성화시키는데 있었으며 광고의 초기 기법과 철학이 탄생하였다.
㉣ **마케팅 개념** : 공급의 과잉이 심화되어 치열한 경쟁 속에서 소비자의 욕구와 만족을 효율적으로 전달하는 것의 중요성을 인식하여 받아들여졌다. 기업은 고객과 고객의 욕구를 바탕으로 전사적 통합 마케팅을 활용하여 기업의 이익을 지향하게 된다.
㉤ **사회지향 개념** : 기업 활동 과정에서 마케팅 과제를 삶의 질 향상과 인간지향 및 사회적 책임을 중시하는 데에 기초한 마케팅 개념이다.

Answer 3.② 4.④

5 **소비자의 농산물 구매행동에 대한 설명으로 옳지 않은 것은?**

① 과일, 채소 등을 구입할 때 소비자는 경험이나 습관에 의해 쉽게 구매결정을 내리는 저관여 구매행동을 한다.

② 친환경농산물과 같은 소비자의 관심이 큰 상품은 신중하게 의사결정을 내리는 고관여 구매행동을 한다.

③ 제품관여도가 낮은 농산물의 경우는 브랜드 간 차이가 크더라도 소비자가 브랜드 전환(brand switching)을 시도하는 경우가 드물다.

④ 저관여 상품의 판매를 확대하려면 친숙도를 높여야 하고, 고관여 상품은 다양한 상품정보를 제공해야 한다.

TIP 관여도는 특정 상황의 자극에서 발생하는 개인적인 중요성 또는 관심도를 말한다. 즉, 소비자가 어떤 브랜드, 어떤 제품을 선택하는 것이 자신에게 얼마나 중요하고 관심이 있는가의 문제이다. ③ 관여도가 낮은 경우는 소비자의 구매의사결정과정이 신속하고 구매의사결정과정이 전체적으로 짧고 단순하다. 따라서 이러한 제품의 경우 습관적인 반복 구매가 일어나며 브랜드 전환(Brand Switching)이 쉽게 일어난다는 특징이 있다.

6 **농산물 마케팅환경을 분석할 때 직접적으로 고려해야 할 요인에 해당되지 않는 것은?**

① 소비자의 농산물 기호변화 등 소비구조의 변화

② 경쟁자의 생산량, 가격정책 등 경쟁 환경의 변화

③ 국내외 정치상황, 지역분쟁 등 정치적 요인의 변화

④ 농산물유통기구, 유통경로 등 시장 구조의 변화

TIP ③ 국내외 정치적 요인의 변화는 거시적 마케팅 환경요인으로 거시적 환경은 직접적 고려요인에 해당하지 않는다.

※ 마케팅환경

㉠ **거시적 환경**: 인구통계 환경, 사회적 환경, 경제적 환경, 법률적 환경, 기술적 환경, 정치적 환경

㉡ **미시적 환경**: 산업구조, 경쟁업체, 외부집단(유통기관, 언론기관, 시민단체 등), 기업내부 환경

Answer 5.③ 6.③

7 **상품을 구매한 후 구매영수증을 비롯한 증명서를 제조업자에게 보내면 제조업자가 판매가격의 일정비율에 해당하는 현금을 반환해 주는 가격할인전략은?**

① 현금할인 ② 거래할인
③ 리베이트 ④ 특별할인

TIP 리베이트는 상품가격의 일부를 반환하여 주는 것으로 쿠폰과 비슷한 기능을 수행한다. 백화점이나 슈퍼 체인점에서 자주 사용되며 일정기간의 구매액을 산출한 후 지불금액의 일부를 일정비율로 환불해주는 것으로 지급방법에는 수량 리베이트와 누진 리베이트가 있다. 리베이트는 판매촉진 수단으로서 직접적인 효과를 올리기 때문에 최근 많이 사용되고 있다.

8 **시장점유 마케팅전략에 대한 내용 중 차별화전략에 대한 내용으로 옳은 것은?**

① 인구 및 경제성을 중심으로 시장을 세분화한 후 그 세분시장에서의 상품 판매지향점을 찾는 전략을 말한다.
② 신상품의 기획 시 표적시장의 선점을 위하여 세분시장을 조사한 후 상품들을 비교하는 것을 말한다.
③ 세분시장으로 선정한 표적시장에서 자사 상품의 포지션을 결정하는 전략을 말한다.
④ 세분화된 소비자들의 욕구를 보다 정확하게 충족시키는 상품을 공급하는 전략을 말한다.

TIP 차별화전략은 두 개 혹은 그 이상의 세분시장을 표적시장으로 선정하고 각각의 세분시장에 적합한 상품과 마케팅 프로그램을 개발하여 공략하는 전략을 말한다.

9 **마케팅 조사에 대한 설명으로 옳지 않은 것은?**

① 상품과 서비스를 마케팅하는 데에 관련된 문제에 대하여 정확하고 객관적이며 체계적인 방법으로 자료를 수집 · 분석 · 기록하는 일을 말한다.
② 의사결정자의 정보욕구를 진단하고 정보에 관련된 변수들을 선정한 후 유효하고 신뢰성 있는 자료를 수집 · 기록 · 분석하는 일을 말한다.
③ 마케팅 조사 시 변수에 대한 자료를 수집할 경우 변수들은 마케팅이론, 선행연구, 탐색적 조사, 사전신념 등을 근거로 선정한다.
④ 기업과 시장 간의 관계에 관련된 의사결정자의 정보욕구를 강조하는 마케팅 조사에서 수집된 자료를 근거로 하는 마케팅 분석 및 평가는 포함되지 않는다.

TIP ④ 마케팅 조사에는 수집된 자료를 근거로 하는 마케팅 분석 및 평가 또한 포함된다.

Answer 7.③ 8.③ 9.④

10 다음 중 시장세분화전략에 대한 설명으로 옳지 않은 것은?

① 소비자의 다양한 욕구와 서로 다른 구매능력을 유사한 집단으로 세분화하여 세분화된 소비자의 욕구를 반영한 상품을 공급하는 것을 말한다.

② 소비자의 구매욕구, 구매동기 등을 조사하고 소비자들의 다양한 구매행위의 차이를 분석하여 보다 나은 마케팅 활동을 하기 위하여 시장세분화를 실시한다.

③ 세분화된 소비자의 욕구를 보다 정확하게 충족시키는 광고 및 마케팅전략을 전개하여 경쟁 상 우위에 서려는 것이 시장세분화의 기본 접근방법이다.

④ 소주시장을 키가 큰 사람과 작은 사람의 집단으로 세분화하는 것은 가장 효과적인 세분화 전략에 해당한다.

TIP ④ 키가 큰 사람과 작은 사람의 집단은 소주시장과 아무런 상관이 없다. 소주시장의 세분화에 적합한 집단으로는 기호, 소득별, 도시와 지방, 경제성, 직업별, 사회계층별로 집단을 세분화하는 것이 적합하다.

11 소비자의 구매행동에 대한 설명으로 옳지 않은 것은?

① 소비자는 본원적이거나 구체적인 욕구가 발생하면 이를 충족시켜줄 수 있는 수단에 대한 정보를 탐색하게 되며 이때 기억 속에 보유한 관련 정보를 자연스럽게 회상하게 된다.

② 소비자가 자신의 기억으로부터 회상한 정보로 충분한 의사결정이 가능하다면 상관없지만 그렇지 못할 경우에는 더 많은 정보를 외부로부터 찾게 된다.

③ 정보탐색 후 소비자들은 선택대안을 비교 · 평가한 후 가장 마음에 드는 대안을 선택하여 구매하게 된다.

④ 이렇게 선택된 상품은 소비자들에게 항상 만족의 경험을 가져온다.

TIP ④ 특정 대안을 선택한 후 상품을 구매하여도 소비 및 사용 후 불만 또는 만족이 나타날 수 있다.

Answer 10.④ 11.④

12 다음 중 포장의 원칙에 대한 설명으로 볼 수 없는 것은?

① 소비자의 사용이 편리하도록 하여야 한다.
② 상품을 소비자들이 쉽게 알아볼 수 있도록 하여야 한다.
③ 상품의 유효기일만을 표기하여 소비자들이 쉽게 선택할 수 있도록 해야 한다.
④ 제작비용 및 포장에 사용되는 노동비용의 효율성을 고려해야 한다.

TIP ③ 포장에는 폐기일, 판매유효일, 포장일 등을 기록하여 포장을 통하여 소비자들에게 많은 정보가 전달될 수 있도록 하여야 한다.

13 다음 중 용어에 대한 설명이 올바르지 않은 것은?

① 상품의 중요속성을 놓고 경쟁자들의 상품과 비교하여 소비자들의 마음속에 특정상품이 정의되고 있는 방식을 포지션이라 한다.
② 소비자들이 느끼고 있는 상품에 대한 인식상의 위치를 위해 표적고객들의 마음속에 의미있고 독특하며, 경쟁적인 자리를 확보할 수 있도록 하기 위해 기업이 제시하는 상품이나 이미지를 디자인하는 행동을 포지셔닝이라 한다.
③ 자사제품의 포지션 분석을 통하여 기업이 소비자에게 매력적인 것으로 인식되는 자사의 상품의 특성을 강조하게 되는 것을 포지션이라 한다.
④ 기업이 선택할 수 있는 포지셔닝 전략으로는 속성 · 효익에 의한 포지셔닝, 사용상황에 포지셔닝, 제품 사용자에 의한 포지션닝, 경쟁에 의한 포지셔닝, 니치시장에 의한 포지셔닝, 제품군에 의한 포지셔닝 등이 있다.

TIP 포지셔닝 전략은 자사 상품의 포지션의 분석을 통하여 기업이 소비자에게 매력적인 것으로 인식되는 자사의 상품의 특성을 강조하게 되는 것을 말한다.

14 다음 중 마케팅 조사의 일반적인 과정에 해당하지 않는 것은?

① 마케팅 조사 문제의 정의
② 마케팅 조사의 설계
③ 자료의 분석 및 해석
④ 마케팅 환경의 조사

TIP **마케팅 조사의 과정**… 마케팅 조사 문제의 정의→마케팅 조사의 설계(조사형태, 자료의 확인 및 수집, 표본설계와 표본조사)→자료의 분석 및 해석→보고서의 작성

Answer 12.③ 13.③ 14.④

15 **소비자가 자신의 욕망을 충족시키기 위해 특정 제품을 구매하게 되는 동기를 의미하는 것은?**

① 제품동기 ② 애고동기
③ 기업동기 ④ 학습동기

TIP 소비자의 구매동기
㉠ **제품동기**: 소비자가 자신의 욕망을 충족시키기 위하여 특정 상품을 구매하는 동기를 말한다.
㉡ **애고동기**: 소비자가 상품 구매 시 어떠한 기업의 상품을 선택하느냐 하는 동기를 말한다.

16 **농산물과 농산물 유통기업에 대한 일반 소비자들의 오해를 파괴하고 그 중요성을 인식시키거나 농산물에 대한 지식을 제공하는 목적을 하는 광고를 무엇이라고 하는가?**

① 기업광고 ② 계몽광고
③ 신문광고 ④ 교통광고

TIP ① 일반 소비자들에게 기업의 이미지를 좋은 쪽으로 부각시키고 기업의 이름을 기억시키게 하는 광고를 말한다.
③ 신문지면의 광고란을 통해 하는 광고로 안내광고와 전시 광고로 분류할 수 있다.
④ 지하철, 버스 등의 차내 및 차외, 역 구내의 간판, 기업의 통근버스 등을 사용하여 알리는 광고를 말한다.

17 **다음 중 시장세분화에서 가장 중요한 변수에 대한 설명으로 적합한 것은?**

① 지리적 변수－도시와 지방, 해외의 각 시장지역, 사회계층별
② 심리적 욕구변수－기호, 성별, 연령
③ 사회경제적 변수－직업별, 자기 현시욕, 가족수별
④ 행동적 변수－경제성, 품질, 안전성, 편리성

TIP 시장세분화의 기본 변수
㉠ **지리적 변수**: 국내 각 지역, 도시와 지방, 해외의 각 시장지역
㉡ **사회경제적 변수**: 연령, 성별, 소득별, 가족수별, 가족의 라이프사이클별, 직업별, 사회계층별
㉢ **심리적 욕구변수**: 자기 현시욕, 기호
㉣ **행동적 변수**: 경제성, 품질, 안전성, 편리성

Answer 15.① 16.② 17.④

18 **다음 중 상표에 대한 설명으로 옳지 않은 것은?**

① 한 기업의 상품을 다른 기업의 상품과 구별 짓기 위하여 사용되는 것으로 도형, 문자, 기호 등이 결합되어 있는 것을 말한다.

② 상표를 통하여 기업이나 판매자는 소비자로부터 신뢰를 얻을 수 있으며 보다 많은 수요의 창출 또한 가능하다.

③ 법적으로 보호를 받을 수 있는 것을 상표라 한다.

④ 상표는 반드시 상품이 지닌 이미지와 동일하여야 한다.

TIP ④ 상표는 그 상품 또는 기업의 이미지와 동일하여야 한다.

19 **소비자들의 심리를 이용하여 특정상품의 가격에 대해 천단위, 백단위로 끝나는 것보다 특정의 홀수로 끝나면 더 싸다고 느낀다는 전제하에 가격을 결정하는 방법은?**

① 단수가격전략
② 관습가격전략
③ 고가치가격전략
④ 과부하가격전략

TIP ② 기업이 시장변화나 원료의 구입, 임금인상 등으로 특정상품의 원가상승요인이 발생하여도 추가적인 인상 없이 동일한 가격대를 지속적으로 유지하는 정책을 말한다.
③ 높은 품질의 상품을 낮은 가격으로 판매하는 전략으로 다수 고객확보에 의한 대량생산을 통한 고품질의 상품을 낮은 가격으로 공급할 경우 구매자관계관리가 용이해진다.
④ 상품이 품질이 낮은 데 반해 가격을 비싸게 책정하는 전략으로 시장상황이 독점적일 때 주로 이용된다.

20 **다음 중 기업 입장에서의 마케팅믹스의 구성요소가 올바르게 나열된 것은?**

① 유통경로, 상품전략, 가격전략, 의사소통

② 고객가치, 편리성, 고객측 비용, 의사소통

③ 유통경로, 상품전략, 가격전략, 촉진전략

④ 편리성, 유통전략, 유통경로, 촉진전략

TIP 마케팅 믹스의 구성요소
㉠ **기업의 입장**: 유통경로, 상품전략, 가격전략, 촉진전략
㉡ **고객의 입장**: 편리성, 고객가치, 고객측 비용, 의사소통

Answer 18.④ 19.① 20.③

21 **시장세분화의 세분화조건에 대한 설명으로 옳지 않은 것은?**

① 접근가능성 – 세분시장의 접근 및 그 시장에서의 활동가능 정도
② 신뢰성 – 일관성 있는 특징의 존재
③ 실질성 – 효과적인 영업활동의 정도
④ 측정가능성 – 규모 및 구매력의 측정 정도

TIP 세분한 시장의 규모가 충분히 크고, 이익이 발생할 수 있는 가능성이 큰 정도를 의미한다.

22 **표적시장 선택 시 선택할 수 있는 마케팅전략으로 보기 어려운 것은?**

① 비차별적 마케팅
② 차별적 마케팅
③ 집중적 마케팅
④ 종합적 마케팅

TIP 표적시장의 마케팅전략
㉠ 비차별적 마케팅
㉡ 차별적 마케팅
㉢ 집중 마케팅

23 **다음 중 마케팅 조사에서 나타날 수 있는 오류에 해당되지 않는 것은?**

① 마케팅 조사자 특정 입장을 지지하기 위한 자료의 선택적 수집 및 분석
② 잘못된 의사결정의 속죄양으로 이용하기 위한 사후적 마케팅 조사의 조작
③ 보고서 작성 시 난해한 용어 및 전문 용어의 지나친 구사
④ 조사에 활용할 수 있는 마케팅 조사 기법의 미흡

TIP 마케팅 조사에서 나타날 수 있는 오류
㉠ 조사자의 선입견 및 사전신념에 의한 자료의 수집 및 분석을 통한 의도적인 오류
㉡ 잘못된 의사결정의 속죄양으로 이용하기 위한 사후적 마케팅 조사의 조작
㉢ 조사자의 의도적인 조작
㉣ 보고서 작성 시 난해한 용어 및 전문 용어의 남발
㉤ 조사문제의 본질의 파악이 잘못되어 관련 변수를 잘못 선정하여 조사결과의 가치를 현저히 저하시키는 오류

Answer 21.③ 22.④ 23.④

24 다음 중 광고의 목적에 따른 분류에 해당하지 않는 것은?

① 기업광고
② 상품광고
③ 계몽광고
④ 신문광고

TIP 광고의 분류
㉠ **목적에 따른 분류**: 기업광고, 상품광고, 계몽광고
㉡ **매체에 따른 분류**: 신문광고, DM광고, 교통광고, 출판광고 등

25 다음 중 가격차별의 유형으로 알맞지 않은 것은?

① 개인별 가격차별
② 그룹별 가격차별
③ 지리별 가격차별
④ 시장별 가격차별

TIP 가격차별의 유형
㉠ **개인별 가격차별**: 정가표가 부착되어 있지 않은 상품을 소비자의 기분과 이미지에 따라 적정 가격으로 판매하는 경우가 해당된다.
㉡ **시장별 가격차별**: 비수기와 성수기의 판매가격이 다른 것, 학생을 할인하는 요금 등이 해당된다.
㉢ **그룹별 가격차별**: 단체손님의 수에 따라 20명은 10%, 40명은 30% 할인하는 경우가 해당된다.

26 소비자가 상품을 구매할 의도로 여러 상품들을 보면서 품질, 가격 등의 조건을 비교·검토한 후 가장 적합한 상품을 구매하는 것을 의미하는 것은?

① 충동구매
② 선정구매
③ 회상구매
④ 암시구매

TIP ① 소비자가 상품을 구입하려는 사전계획 및 준비 없이 상품을 구매하는 행위
③ 소비자가 상점에 진열된 상품을 보는 순간 집에 없거나 다 떨어져 간다고 생각이 되어 구매하는 행위
④ 소비자가 상점에 진열된 상품을 보고 이에 대한 필요성이 구체화되었을 때 구매하는 행위

Answer 24.④ 25.③ 26.②

27 마케팅믹스의 구성요소 중 다음에서 설명하고 있는 것은?

> 전체적인 마케팅에서 광고, 홍보, 판촉, 인적판매 등으로 구분되며 상품에 대한 소비자의 인식 증가를 목표로 하는 광고는 소비자를 교육시키는 장기적인 효과가 있고, 판매촉진(이벤트, 시승회, 보상판매)은 단기적인 매출 증가를 목표로 하며, 인적 판매(개인 세일즈로 보험 및 자동차 세일즈로 1 : 1 마케팅)는 산업이 복잡해짐에 따라 그 중요성이 강조되고 있다. 또한, 홍보(보도자료, 기사 등)는 기업의 신뢰성 증가를 목표로 하며 가장 효과가 좋다.

① 유통경로
② 상품전략
③ 가격전략
④ 촉진전략

TIP ① 상품이 생산되어 소비되는 과정에 관련된 생산자, 도매상, 소매상 및 소비자까지 포함된 조직이나 개인의 활동을 의미한다. 유통경로는 서비스에 대한 고객의 기대수준 분석, 경로의 목적설정, 경로의 전략결정, 그리고 유통경로의 갈등관리의 순으로 설계된다.

② 소비자의 욕구를 충족시키는 상업적인 재화를 상품이라 하며 상품 전략에서는 상품뿐 아니라 서비스, 사람, 장소, 조직, 아이디어 등이 모두 포함되도록 하여야 한다.

③ 기업의 마케팅 노력으로 생산되는 상품과 소비자의 필요와 욕구를 연결하여 교환을 실현시키는 매개체 역할을 하며, 고가정책, 중용가정책, 할인가정책으로 나뉘며, 가격에 대한 시장의 특성으로 가격이 낮은 제품 → 프리미엄 제품 → 가격이 낮은 제품으로 순환되어진다.

28 다음 중 상표의 기능이 아닌 것은?

① 상품식별기능
② 가치창조기능
③ 출처표시기능
④ 광고기능

TIP 상표의 기능

㉠ 상품식별기능
㉡ 광고기능
㉢ 품질보증기능
㉣ 출처표시기능
㉤ 시장점유율 및 통제기능

Answer 27.④ 28.②

29 **농산물 광고에 대한 설명으로 옳지 않은 것은?**

① 소비자의 농산물 구입의사결정을 도와주는 정보전달 및 설득과정을 말한다.
② 농산물 광고에는 항상 광고주가 명시된다.
③ 농산물 광고는 광고주의 의도에 따라 움직이게 된다.
④ 대부분 농산물 광고는 무료이다.

TIP ④ 대부분의 광고는 유료이다.

30 **다음은 농산물 가격차별의 한 유형을 설명한 것이다. 이에 해당하는 것은?**

판매자가 수요의 가격탄력성이 다른 각 시장에서의 가격과 판매량을 서로 다르게 결정하는 방식을 말한다.

① 개인별 가격차별
② 집단별 가격차별
③ 시장별 가격차별
④ 수요별 가격차별

TIP 시장별 가격차별
㉠ **개념**: 판매자가 수요의 가격탄력성이 다른 각 시장에서의 가격과 판매량을 서로 다르게 결정하는 방법을 말한다.
㉡ **유형별 실례**
- 극장의 조조할인요금과 일반요금의 차이
- 전력요금의 심야와 주중 차이
- 비성수기 때의 요금과 성수기 때의 요금 차이

31 **다음 중 농산물에 대한 소비자들의 구매행위 변화에 대한 설명으로 적합하지 않은 것은?**

① 보다 높은 질의 농산물을 저렴한 가격으로 구매한다.
② 소포장단위의 농산물과 브랜드를 선호하여 구매한다.
③ 조리가 간편한 전처리 농산물을 선호한다.
④ 기능성 농산물, 건강식품 등은 선호하지 않는다.

TIP ④ 현대 소비자들은 농산물에 대한 신뢰성 및 차별성을 중시하게 되면서 친환경농산물, 기능성농산물, 건강식품 등을 선호하는 경향이 늘어나고 있다.

Answer 29.④ 30.③ 31.④

32 소비자들이 특정상표에 일관하여 선호하는 경향을 의미하는 용어는?

① 브랜드 파워
② 브랜드 네임
③ 브랜드 이미지
④ 브랜드 충성도

TIP 브랜드 충성도는 소비자들이 특정상표를 일관되게 선호하는 경향을 의미한다.

Answer 32.④

04 FTA 등 농산물유통환경의 변화

❶ 농산물 유통의 현실 및 문제점

(1) 농수산물 유통의 현실 및 문제점

① 유통의 중요성이 사회적으로 관심을 끌게 된 것은 저장기술과 냉동기술의 발달에 기인한다.

② 최근에는 채소류를 산지에서부터 소비지에 이르기까지 운송하는 동안 신선도를 유지할 수 있도록 저온 냉장 운송하는 콜드체인시스템(Cold Chain System)이 사용되고 있다.

③ 국내의 경우 기업농이 아니라 대부분 소규모 영세농이기 때문에 유통효율화 기술들을 충분히 활용하지 못하고 있는 것이 현실이다.

(2) 유통 단계별로 중요한 문제점

① 생산자가 다수이며 대부분 소규모이다.

㉠ 국내 농업은 생산자가 다수이며 대부분이 영세농이다.

㉡ 유통효율화를 이루기 위해서는 시간과 비용이 최소화되어야 하며, 그래야 대규모 소비지 시장까지 효율적으로 운송될 수 있는데, 다수의 소규모 농어민이 출하한 농수산물이 모여서 일정규모가 되기 위해서는 상당한 시간과 비용이 소요된다.

② 유통과정의 자동화가 미흡하다.

③ 유통단계가 지나치게 많다. 특히 소비지 도매시장 내에서 다단계를 거친다.

- 산지에서 수집하는 과정과 중간상인에게 넘어가는 단계를 거쳐 소비지 도매시장에 이르는 과정이 지나치게 길고 복잡하다.

④ 규격화 및 등급화가 미흡하다.

- 농산물은 산지에서는 대부분 산물로 거래되며, 대도시 도매시장에 출하되는 농산물도 아직은 규격화된 포장상태로 출하되는 비율이 낮다.

⑤ 상품의 특성 상 장기 저장이 어렵다.

⑥ 장기적 공급 관리가 잘 되지 않는다.

❷ 농산물 유통의 환경변화

① 수요 및 소비구조의 변화

㉠ 소비자의 농산물과 식품소비성향이 안전성, 건강, 맛, 멋 등 질적·문화적 요인으로 전환되면서 고급화, 다양화, 개성화, 편의화, 위생·안전성 및 고품질 중시경향으로 나타나고 있다.

㉡ 가공식품 및 외식소비의 증가로 인해 농산물 유통체계에 영향을 미치고 있으며, 식품 구매패턴의 다양화 현상도 나타나고 있다.

② 생산 및 공급구조의 변화

㉠ 재배기술의 발전, 우량품종의 개발 및 보급, 수입농산물의 증가로 일부 품목에서 국내시장에 대한 공급과잉 구조로 전환되고 있다.

㉡ 산지유통센터를 중심으로 안정적인 판로확보 및 다양한 판매루트 개척을 위한 엄격한 품질등급화, 포장 규격화가 빠르게 진전되고 있다.

③ 소매유통구조의 변화 및 소비자 중심 유통체계로의 전환

㉠ 유통시장의 완전 개방화에 의해 국내시장에 진출한 다국적 유통기업 및 국내 대기업의 신업태 중심의 다점포화와 체인화는 국내 농산물의 유통체계를 재편하게 되는 요인으로 작용하고 있다.

㉡ 신업태 중심의 대규모 유통업체들의 농산물 구매패턴이 도매시장 의존형에서 점차 산지직구입의 형태로 전환되면서 대형업체들은 자체 물류센터를 보유함으로써 도매시장 의존도를 낮추고 있으며, 산지와 도매시장에서 구입한 상품을 물류센터에 집하 및 상품화하여 배송하고 있다.

㉢ 농산물 유통시장의 개방화와 국제화로 인해 기존의 공급자 위주의 유통체계가 소매기구 또는 소비자 위주의 유통체계로 급속히 전환되고 있으며, 소비자의 구매욕구나 소비성향에 의해 생산 활동이 영향을 받고 있다.

④ 유통경로의 다원화

㉠ 기존의 도매시장과는 다른 새로운 형태의 물류체계를 구축하여 유통경로를 다원화하고 농어민의 출하선택 폭 확대, 유통단계 축소, 유통비용 절감을 도모하고 있다.

㉡ 현재 도매시장과 가장 경쟁적인 도매유통기구로는 소비지 종합유통센터로서 생산자 (단체) 및 산지유통시설로부터 농수산물을 수집해서 직영점, 가맹점 및 소매상에 배송하고, 농수산물의 가공, 소포장, 보관, 현장판매 및 산지 물류체계 개선을 위한 선도기능까지 수행하고 있으며, 현재 전국적으로 18개소가 운영 중에 있다.

㉢ 또한, 종합유통센터로 인해 기존의 도매시장 중심체계에서 경쟁적인 유통구조로 전환됨으로써 도매시장의 유통환경이 크게 바뀌고 있는 것이라 할 수 있다.

⑤ 지식정보화시대와 디지털경제의 도래

㉠ 정보화의 진전은 유통기구 간의 수평적 및 수직적인 연결을 통해서 유통경로를 단축시키며 물량을 규모화함으로써 이로 인한 물류비용의 절감을 가능하고, 농산물의 거래방법을 실물거래의 위주에서 견본거래, 전자상거래, 텔레마케팅 등의 여러 가지 다양한 거래방법으로 전환시킴으로써 시간 및 공간의 제약성을 극복해 갈 것이다.

㉡ 더불어서 농산물유통에도 규모의 경제 및 네트워크 경제화의 효율성이 중시되고, 유통활동의 아웃소싱이 활성화될 전망이다.

TIP

농산물 유통체계 변화 및 전망 … 후의 농산물 유통체계는 소비 및 수요, 생산 및 공급, 정부정책, 지식정보 및 기술 등의 요소들이 개별적 또는 상호 연관되어 변화될 전망이다. 다시 말해 특정의 유통단계가 일방적으로 변화를 주도하기보다는 산지, 도매, 소매단계에서의 변화가 상호 연관되어 변화를 주도하게 될 것이다.

① 소매단계는 유통업체의 규모화, 체인화 등이 빠르게 이루어질 전망이고, 할인점, 창고형 도매클럽, 하이퍼마켓, 슈퍼 센터 등과 같은 신업태가 소매유통의 중추적인 역할을 담당할 것으로 전망된다. 또한 기존의 소매주체인 재래시장과 영세 소매점포의 비중은 빠르게 감소되거나 또는 업태전환이 이루어질 것이다.

② 도매단계의 경우에는 산지 및 소비지의 유통체계가 변화함에 따라 도매시장의 비중은 점차적으로 감소될 것이며, 더불어 기존의 도매시장 중심체계와 대형유통업체 및 종합도매물류회사의 물류센터 중심으로 전환될 전망이다. 이와 함께 전자상거래, 통신판매, 직거래 등의 여러 가지 다양한 보완적인 유통경로가 활성화될 것으로 예상된다.

③ 산지단계는 소매기구의 조직화 및 규모화, 물류센터의 도매기능 강화추세 및 도매시장 기능의 축소 등에 의해 영향을 받게 될 것이며, 생산 및 출하의 규모화와 유통활동의 공동화가 급속히 진행되며, 산지유통기능의 종합화가 빠르게 진행될 것으로 예상되어진다.

❸ 농산물 유통의 개선방안

① 농수산물 유통개선 다시 말해, 유통 효율화는 농수산물 유통 과정에서 최소의 유통 비용으로써 소비자들에게 최대의 효용이나 또는 만족도를 줄 수 있도록 하는 것을 의미한다.

② 그러므로, 유통의 과정에서 발생된 비용들을 무조건으로 최소화하는 것만이 유통 효율화라고 단정 지을 수는 없다.

③ 비록 유통비용이 증가하더라도 그 이상으로 소비자들에게 보다 더 많은 만족을 제공할 수 있다면 이는 효율적인 유통이라고 말할 수 있을 것이다.

④ 유통 효율화에는 비용의 절감도 포함되지만 신속성, 안전성 및 불필요한 규제와 통제의 완화 등도 포함될 것이다.

(1) 실물적인 유통기능의 효율화

① 운송에 있어서의 유통체계는 철도 및 도로건설 등에 대한 정부의 사회간접자본의 투자에 크게 의존하고 있다.
   ㉠ 정부가 철도 및 도로 등을 건설하고 운영하는 데에는 효율적인 조직과 이를 위한 조정이 필요하다.
   ㉡ 적절한 시장위치 및 주의 깊은 포장을 통해 운송기능의 효율성을 높일 수 있다. 더불어 운송수단 및 신속화도 유통효율화를 증진시키는 방법일 것이다.

② 창고시설과 가공공장의 위치 및 경제적 규모의 선정 여하는 유통비용을 절감하는데 있어 크게 기여할 수 있다.

③ 표준화된 계량법, 계량화, 표준규격의 포장, 품질의 등급화도 유통의 효율성을 높여 줄 수 있으며, 저장기술, 냉동기술 등의 신기술 개발도 유통의 효율성을 증대시킬 수 있다.
   ㉠ 이런 요소들의 개선이 운영효율성과 가격효율성을 동시에 높일 수 있는 것은 아니다.
   ㉡ 표준화 및 등급화는 가격효율성은 증대시킬 수 있지만 운영효율성을 저하시킬 수 있다.

④ 유통량이 늘어남에 따라 유통비용을 줄일 수 있는 가장 좋은 방법은 실물적인 운영 면에 있어서의 경영에 대한 규모를 확대하는 것이고, 이를 위해서는 조직화된 금융 제도에 의한 유통금융의 활용, 또한 위험부담을 줄일 수 있는 제도적인 지원 등이 뒷받침되어야 할 것이다.

(2) 경영적인 유통기능의 효율화

① 자유시장의 경제체제에서 유통에 대한 결정은 가격에 의해 이루어지며, 보다 잘 조직화된 시장정보의 서비스는 경영적인 기능의 효율성을 높여준다.

② 더불어서 경영적인 기능의 효율성을 높이기 위해서 생산지의 출하자들과 소비지의 도매상 서로 간의 신축성 있는 매매관계가 요구되어지며, 수요조건을 충실히 반영하는 가격이 형성되어야 한다.

(3) 소유권 이전 기능의 효율화

① 산지의 유통 시설을 확충하고 공동 출하를 확대해야 한다. 개인적으로 출하하거나 또는 소량을 출하하는 것보다는 공동의 판매망을 구축해서 이를 대량으로 출하할 경우에 보다 더 높은 가격을 받을 수 있다.

② 산지의 직거래를 활성화해야 한다. 대도시의 대규모 소비자들과 직접적으로 만날 수 있는 장소를 마련해야 한다.

③ 도매시장의 거래방식을 다양화해서 생산자의 선택에 대한 기회를 확대해야 한다. 수지식보다는 최근에 일반화되고 있는 전자식 거래를 통해 거래를 투명화해야 한다.

④ 인터넷을 통해 전자상거래를 활성화시켜야 한다. 구매 및 판매가 온라인상에서 이루어지고 한 번에 원하는 목적지로 수송이 가능하므로 유통의 효율을 증진시킬 수 있다.

(4) 장기적인 공급의 관리

① 가격체계에 관련된 여러 가지 다양한 원칙이 장기적인 공급할당을 유도하는 기능을 수행한다. 재배계약 및 작황에 대한 주기적인 조사는 곡물의 장기적인 공급 관리에 있어 유용한 정보를 제공하게 되며, 이들 정보를 통해 농산물의 시기적인 배분을 효율적으로 수행할 수 있다.

② 가공업자 및 저장업자들의 제결정도 시장조건에 대한 정보를 충분히 입수함으로써 보다 더 정확한 것으로 될 수 있다.

(5) 가격에 따른 생산의 반응

① 경쟁적인 자유 시장체제에 있어서의 이점은 시장 가격이 생산자원의 효율적인 활용을 자동적으로 유도한다는데 있다.

② 농업생산 자원의 효율적인 활용을 유도하는 가격의 역할은 크게 2가지 측면에서 제약을 받게 된다. 첫 번째는 생산의 계절성 또는 생산기간의 장기성에 의한 제약이며, 두 번째는 농업생산의 유기적인 성격에 의한 자연조건의 제약이다.

③ 하지만, 기술적 및 경제적인 발전은 이러한 제약 조건들을 점차적으로 완화시키게 될 것이고 이로 인해 가격기능의 효율적인 작동이 가능하게 될 것이다.

(6) 수요 및 가격과 소득

① 자유 시장경제에 있어서의 가격은 이중적인 부담을 가지게 되는데 첫 번째는 생산 자원의 배분을 유도하는 기능이고, 두 번째는 소득을 여러 사람들에게 분배하는 기능이다.

② 예를 들어 농산물 가격 안정정책이나 경제개발계획, 과세정책 등인데, 이러한 정부의 개입이 효과를 거두기 위해서는 유통체계의 근대화가 필요하다.

출제 예상 문제

1 **다음 중 유통단계별로 중요한 문제점으로 바르지 않은 것은?**

① 생산자가 소수이며, 대부분이 대규모이다.
② 규격화 및 등급화가 미흡하다.
③ 유통과정의 자동화가 미흡하다.
④ 장기적 공급 관리가 잘 되지 않는다.

TIP 생산자가 다수이며 대부분 소규모이다.
※ **유통 단계별로 중요한 문제점**
㉠ 생산자가 다수이며 대부분 소규모이다.
㉡ 유통과정의 자동화가 미흡하다.
㉢ 유통단계가 지나치게 많다.
㉣ 규격화 및 등급화가 미흡하다.
㉤ 상품의 특성 상 장기 저장이 어렵다.
㉥ 장기적 공급 관리가 잘 되지 않는다.

2 **유통 4.0시대의 특징 중 하나로 인터넷 환경에서 일정한 내용을 담을 수 있는 공간이나 포맷을 제공하는 사업자를 의미하는 것은?**

① 플랫폼 사업자
② 온라인 사업자
③ 모바일 사업자
④ 오프라인 사업자

TIP 유통 4.0은 유통산업에서 AI, IoT, Block-chain 등 기술들을 활용해 유통서비스의 초지능, 초연결화가 실현되는 현상으로 플랫폼 유통이 특징이다.

Answer 1.① 2.①

3 **농산물의 유통비용에는 간접비용이 발생하는데 다음 중 간접비용에 해당하지 않는 것은?**

① 임대료
② 인건비
③ 제세공과금
④ 운송비

TIP 유통비용 중 직접비용에는 운송비, 포장재비, 상하차비 등이 포함된다.

4 **2021년 농산물의 온라인 시장 성장에 대한 설명으로 옳지 않은 것은?**

① 전체 온라인 거래액 중에서 모바일 쇼핑이 75%를 차지하고 있다.
② 농식품은 반조리식 밀키트, 가정대체식 등으로 새벽 배송이 이루어지기 힘들다.
③ 2020년 신선식품의 새벽 배송시장은 2015년에 비해 약 150배 성장하였다.
④ 동영상 스트리밍과 쇼핑을 연계한 라이브커머스 시장이 크게 성장하였다.

TIP 농식품은 반조리식 밀키트, 가정대체식 등으로 새벽 배송이 급성장하고 있다.

5 **다음 중 농산물 유통의 환경변화에 대한 내용으로 옳지 않은 것은?**

① 수요 및 소비구조의 변화
② 소매유통구조의 변화 및 소비자 중심 유통체계로의 전환
③ 유통경로의 일원화
④ 생산 및 공급구조의 변화

TIP 농산물 유통의 환경변화
㉠ 수요 및 소비구조의 변화
㉡ 유통경로의 다원화
㉢ 생산 및 공급구조의 변화
㉣ 소매유통구조의 변화 및 소비자 중심 유통체계로의 전환
㉤ 지식정보화시대와 디지털경제의 도래

Answer 3.④ 4.② 5.③

6 **다음 농산물 유통의 개선방안 중 실물적인 유통기능의 효율화에 관한 내용으로 바르지 않은 것은?**

① 유통량이 늘어남에 따라 유통비용을 줄일 수 있는 가장 좋은 방법은 실물적인 운영면에 있어서의 경영에 대한 규모를 확대하는 것이다.

② 저장기술, 냉동기술 등의 신기술 개발도 유통의 효율성을 증대시킬 수 있다.

③ 운송에 있어서의 유통체계는 철도 및 도로건설 등에 대한 정부의 사회간접자본의 투자에 대해 크게 의존하고 있지 않다.

④ 창고시설과 가공공장의 위치 및 경제적 규모의 선정 여하는 유통비용을 절감하는데 있어 크게 기여할 수 있다.

TIP 운송에 있어서의 유통체계는 철도 및 도로건설 등에 대한 정부의 사회간접자본의 투자에 크게 의존하고 있다.

7 **다음 농산물 유통의 개선방안 중 소유권 이전 기능의 효율화에 대한 내용으로 가장 거리가 먼 것은?**

① 인터넷을 통한 전자상거래를 활성화시켜야 한다.

② 도매시장의 거래방식을 다양화해서 생산자의 선택에 대한 기회를 확대해야 한다.

③ 산지의 직거래를 활성화해야 한다.

④ 산지의 유통 시설을 확충하고 공동 출하를 축소해야 한다.

TIP 산지의 유통 시설을 확충하고 공동 출하를 확대해야 한다.

Answer 6.③ 7.④

농업경영 분석

01. 농업회계
02. 농업경영 성과와 지표
03. 농업경영개선을 위한 노력

01 농업회계

❶ 회계의 일반원칙

① 회계처리 및 보고는 신뢰할 수 있도록 객관적인 자료와 증거에 의하여 공정하게 처리하여야 한다.

② 재무제표의 양식 및 과목과 회계용어는 이해하기 쉽도록 간단명료하게 표시하여야 한다.

③ 중요한 회계방침과 회계처리기준과목 및 금액에 관하여는 그 내용을 재무제표상에 충분히 표시하여야 한다.

④ 회계처리에 관한 기준 및 추정은 기간별 비교가 가능하도록 매기 계속하여 적용하고 정당한 사유 없이 이를 변경하여서는 아니된다.

⑤ 회계처리와 재무제표 작성에 있어서 과목과 금액은 그 중요성에 따라 실용적인 방법에 의하여 결정하여야 한다.

⑥ 회계처리과정에서 2 이상의 선택 가능한 방법이 있는 경우에는 재무적 기초를 견고히 하는 관점에 따라 처리하여야 한다.

⑦ 회계처리는 거래의 실질과 경제적 사실을 반영할 수 있어야 한다.

TIP

부기와 회계의 차이점 … 부기는 기업의 경영활동으로 발생하는 경제적 사건을 단순히 기록, 계산, 정리하는 과정을 중요시하는 반면에, 회계는 부기의 기술적인 측면을 바탕으로 산출된 회계정보를 기업의 이해관계자들에게 유용한 경제적 정보를 식별, 측정, 전달하는 과정이라고 정의된다.

❷ 현금주의와 발생주의

① 발생주의 … 발생주의는 현금주의 회계에 있어서는 수익을 현금수입할 때에 인식하고, 비용을 현금지출할 때에 인식한다는 것이다. 그러나 이 인식기준을 단순히 적용하면 기간손익계산은 매우 불합리하게 된다. 그러므로 오늘날 기업회계는 현금주의보다도 발생주의에 의한다. 발생주의에 의하면 수익의 인식이란 재고자산 · 서비스를 구매자나 수요자에게 인도할 때, 즉 재고자산 등을 현금이나 그 등가물(채권)과 교환할 때에 행하며, 비용의 인식은 기업이 물품 · 노동 · 서비스를 이용 · 소비할 때, 또는 기업 자산이 그 유용성 · 수익획득 능력을 상실할 때에 행하고, 지출 · 소비가 장래에 그 효과를 미칠 때에는 비용의 견적이 행해진

다. 이와 같이 매매라든가 이용 · 소비라는 경제적 사상에 따라 수익 · 비용을 인식하는 것이 기업회계에 있어서의 발생주의이다.

② **현금주의** … 현금주의는 회수기준 또는 지급기준이라고도 하며 발생주의와 대비되는 말로써, 손익의 계상이 현금의 수입 및 지출에 의거하여 산정되는 손익계산에 관한 하나의 원칙을 말한다. 한편, 법인세법상 기부금의 손금귀속사업연도도 현금주의에 의한다. 즉 기부금을 실제로 지출한 사업연도의 손금으로 인정한다. 따라서 법인이 기부금을 가지급금 등으로 이연계상한 경우에는 이를 그 지출한 사업연도의 기부금으로 하고, 그 후의 사업연도에 있어서는 이를 기부금으로 보지 아니한다. 또한 법인이 기부금을 미지급금으로 계상한 경우에는 실제로 이를 지출할 때까지 소득금액계산에 있어서 기부금으로 보지 아니한다.

❸ 재무제표

① **개념** … 경영장부 기록은 의사결정에 필요한 유용한 정보를 얻기 위함으로 이러한 정보는 결국 재무제표의 형태로 이루어진다.

② **종류** … 재무제표는 재무상태표, 손익계산서, 현금흐름표, 자본변동표로 구성되며, 주석을 포함한다.

㉠ **재무상태표** : 일정 시점 현재 경영체가 보유하고 있는 경제적 자원인 자산과 경제적 의무인 부채, 그리고 자본에 대한 정보를 제공하는 재무보고서로서, 정보이용자들이 경영체의 유동성, 재무적 탄력성, 수익성과 위험 등을 평가하는 데 유용한 정보를 제공한다.

TIP

재무상태표는 자산, 부채 및 자본으로 구분한다.

자산<왼쪽>
기업이 특정 시점에 보유하고 있는 자원들

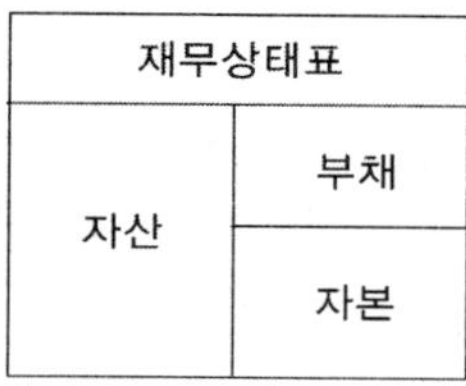

부채+자본<오른쪽>
자원들이 어떤 이유로 기업에 존재하게 되었는지에 대한 원인

㉡ **손익계산서** : 일정 기간 동안 경영체의 경영성과에 대한 정보를 제공하는 재무보고서이다. 손익계산서는 당해 회계기간의 경영성과를 나타낼 뿐만 아니라 경영체의 미래현금흐름과 수익창출능력 등의 예측에 유용한 정보를 제공한다.

TIP

손익계산서

㉠ 개념 : 손익계산서는 그 회계기간에 속하는 모든 수익과 이에 대응하는 모든 비용을 적정하게 표시하여 손익을 나타내는 회계문서를 말한다. 즉 기업의 일정기간의 경영성과를 알려 주는 보고서라 할 수 있으며 손익계산서는 순이익 · 매출액 · 매출원가 등의 정보와 수익력을 보여주므로, 대차대조표보다도 중요하게 인식되는 재무제표이다.

ⓛ 구성

구분	내용
수익 (revenue)	• 기업이 일정기간 동안 고객에게 재화나 서비스를 제공하고 그 대가로 받은 것을 화폐금액으로 표시한 것이다. • 수입(receipt)과 수익(revenue)는 불일치한다. • 영업수익(매출액)과 영업외수익 등이 있다.
비용 (expense)	• 수익을 획득하는 과정에서 소비 또는 지출된 경제가치를 화폐금액으로 표시한 것을 말한다. • 지출(disbursement)과 비용(expense)은 불일치한다. • 매출원가, 판매비와 관리비, 영업외비용, 법인세비용 등으로 구성되어 있다.

ⓒ 계산 : 수입 - 비용 = 수익(또는 손실)

ⓒ **현금흐름표** : 경영체의 현금흐름을 나타내는 표로서 현금의 변동내용을 명확하게 보고하기 위하여 당해 회계기간에 속하는 현금의 유입과 유출내용을 적정하게 표시하여야 한다.

ⓔ **자본변동표** : 자본의 크기와 그 변동에 관한 정보를 제공하는 재무보고서로서, 자본을 구성하고 있는 자본금, 자본잉여금, 자본조정, 기타포괄손익누계액, 이익잉여금(또는 결손금)의 변동에 대한 포괄적인 정보를 제공한다.

ⓜ 주석

• 재무제표 작성기준 및 유의적인 거래와 회계사건의 회계처리에 적용한 회계정책
• 회계기준에서 주석공시를 요구하는 사항
• 재무상태표, 손익계산서, 현금흐름표 및 자본변동표의 본문에 표시되지 않는 사항으로서 재무제표를 이해하는 데 필요한 추가 정보

❹ 자산의 계정 구분

거래가 발생하면 자산, 부채, 자본에 변동이 일어난다. 이 경우 각 요소의 변동내용을 명확히 기록, 계산하기 위해서는 각 항목별로 구체적인 장소가 필요한데 이렇게 특정하게 기록, 계산하는 장소적 단위를 계정(A/C ; account)이라고 하며 계정의 명칭을 계정과목, 계정기입의 장소를 계정계좌라고 한다. 이러한 계정계좌는 좌우 2개의 장소가 있는데 계정의 왼쪽을 차변(Debit), 오른쪽을 대변(Credit)이라고 부른다.

구분	내용	종류
당좌자산	가장 빨리 현금화할 수 있는 자산	현금 및 현금성자산, 단기투자자산, 매출채권, 선급비용
투자자산	투자이윤이나 타기업을 지배하는 목적으로 소유하는 자산	투자부동산, 장기투자증권, 지분법적용, 투자주식
재고자산	차기 제조에 투입되거나 판매될 재화	상품, 제품, 원재료
유형자산	장기간 영업활동에 사용하는 자산으로 물리적 형태가 있는 자산	토지, 건물, 기계장치, 비품
무형자산	회사의 수익 창출에 기여하거나 형체가 없는 자산	영업권, 산업 재산권, 개발비 등

❺ 부채의 계정과목

부채는 유동부채와 고정부채로 구분한다.

구분	종류
유동부채	매입채무, 단기차입금, 미지급금, 선수금, 예수금, 미지급비용, 미지급제세, 유동성장기부채, 선수수익, 예수보증금, 단기부채성충당금, 임직원단기차입금 및 기타의 유동부채
고정부채	장기차입금, 외화장기차입금, 금융리스미지급금, 장기성매입채무, 퇴직급여충당금, 이연법인세대, 고유목적사업준비금 및 임대보증금

❺ 농업회계처리의 범위

농업회계처리는 살아 있는 동물 및 식물자산을 대상으로 하지만 관리활동을 통하여 판매 가능한 수확물을 획득하거나 추가적으로 생물의 형질을 전환시키는 활동과 관련한 것만을 대상으로 한다. 즉, 농업활동의 대상이 되는 동·식물의 생물자산 및 수확 시점의 수확물을 회계처리 대상으로 한다. 따라서 관리활동을 하지 않고도 자연 상태에서 획득하거나 채취하는 경우에는 농업회계처리 대상에서 제외된다. 즉 어업과 같이 자연 상태에서 획득하는 어획물과 임산물 중 산나물 채취, 약초 채취 및 벌목(영림은 관리활동을 필요로 하므로 제외)의 경우에는 농업회계 처리대상에서 제외된다.

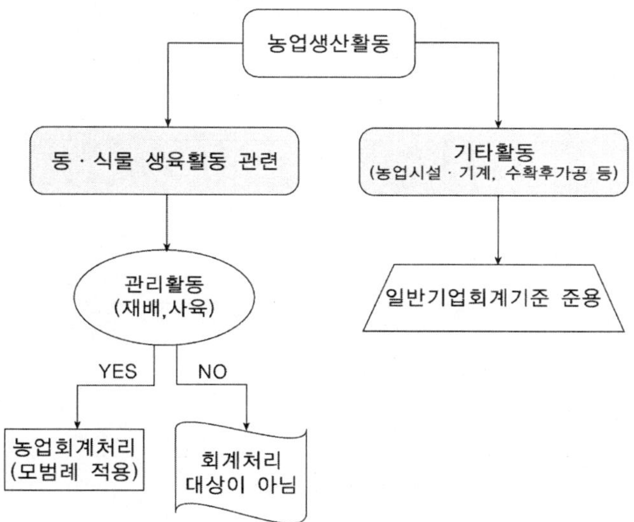

❼ 농가재산의 구분

① 자산 … 자산은 1년을 기준으로 유동자산과 비유동자산으로 분류한다.

구분		예시
유동자산	당좌자산	현금, 예금, 매출채권(외상매출금), 대여금, 미수금 등
	재고자산	비료, 농약, 사료, 재고농산물, 비육우, 육성돈, 병아리 등
비유동자산		토지, 대농기구, 농용시설, 대식물(과수나무, 뽕나무), 대가축(번식우, 번식돈 등)

② 부채 … 부채는 1년을 기준으로 유동부채와 비유동부채로 분류한다.

구분	예시
유동부채	단기차입금, 매입채무(외상매입금), 미지급비용, 미지급금 등
비유동부채	장기차입금

❽ 농업부문 자산, 부채, 자본의 종류

구분	내용
자산	현금, 예금, 당좌예금, 비료, 농약, 상토, 재고농산물, 농기계, 하우스, 창고, 농지 등
부채	농협대출금, 차입금, 미지급비용, 선수수익, 외상매입금, 사채 등
자본	• 초기 출자금액 및 중간 투자액 • 자산 − 부채 = 자본

❾ 원가의 3요소

구분	내용
재료비(Direct Material)	종자비, 농약비, 비료비, 소농구비, 전기료, 광열동력비 등
노무비(Direct Labor)	농작물 생산에 직접 투입된 인건비
경비(Overhead Cost)	재료비, 노무비 이외 생산물 원가에 기여한 비용

⑩ 농산물의 원가 측정

구분	공식
조수입	판매수량×가격
경영비	재료비+인건비+감가상각비
생산비	경영비+자가노력비
소득	조수입－경영비
순이익	조수입－생산비
소득율	소득/조수입

TIP

조수입 … 조수입은 주산물과 부산물의 가치(또는 평가액)를 합한 것으로 본다. 다만 이것은 작목단위의 생산비 분석을 할 경우이고, 농가의 총농업조수입 또는 총농업소득을 다룰 경우에는 정부지불금 등을 포함하고 있다.

⑪ 농업 경영 지표

구분	내용
소득	조수입{주산물가액(수량×단가)+부산물 가액}－경영비
순수익	조수입{주산물가액(수량×단가)+부산물 가액}－생산비
생산비	경영비기회비용(자기자본용역비+자가토지용역비+자가노력비)

⑫ 경영기록을 하는 목적 또는 경영기록의 용도

① 경영이윤을 계측하고 재무상태를 평가

② 기업의 경영분석을 위한 자료를 제공

③ 자금대출을 얻기 위한 자료 준비

④ 기업의 수익성 계측

⑤ 신규 투자를 위한 분석자료

⑥ 소득세 자료(납부 및 환급)

⑦ 기타 환경규제, 보험, 부동산 가치 평가, 재고 파악, 동업자 또는 주주보고자료, 마케팅 계획 수립 등

⑬ 농업회계시스템

농업회계시스템은 생산과 판매, 투자, 재무 등 세 가지 분야로 나누어지는 농업경영 활동의 결과를 하나의 시스템에 포함시키는 것이 바람직하다.

TIP

회계시스템으로 얻을 수 있는 12개 재무보고서

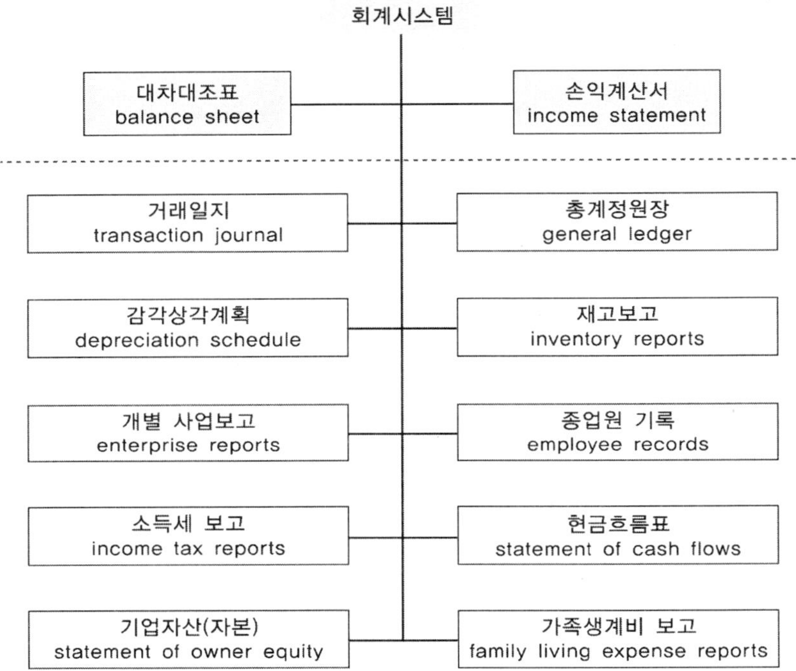

- 대차대조표 : 일정 기간의 특정 시점에서 기업의 재무상태를 설명
- 손익계산서 : 순소득을 평가하여 수익과 비용을 설명
- 거래일자 : 수표발행, 예금계좌번호 등 모든 재무적 거래의 발생일자별 기록
- 총계정원장 : 수익과 비용계정 및 자산과 부채, 자본 등 대차대조표를 구성하기 위한 원장
- 감가상각계획 : 감가상각 가능한 모든 자산을 비용화하는 계획
- 재고보고 : 모든 작물과 축산물의 가격과 양의 변동을 추적하여 작성한 재고량 기록
- 개별 사업보고 : 경영처가 수행하고 있는 개별 사업에 관한 보고

- 종업원 기록 : 개별 종업원의 작업시간, 근무일수, 급료, 소득세 등에 관한 기록
- 소득세 보고 : 농장사업 소득세의 산출과 보고 및 납부에 관한 보고
- 현금흐름표 : 농장의 모든 지출과 수입의 현금흐름 보고
- 기업자산표 : 기업의 자산상태(자본)의 변화 보고
- 가족생계비 보고 : 기업의 재무활동 부분은 아니지만 소득세 산출 등을 위해서 필요

출제 예상 문제

1 **'장부에 기입한다'를 줄인 말로서 기업이 수유하는 재산 및 자본의 증감변화를 일정한 원리원칙에 따라 장부에 기록, 계산, 정리하여 그 원인과 결과를 명백히 밝히는 것을 무엇이라 하는가?**

① 항등
② 대차
③ 부기
④ 회계

TIP ③ 부기란, '장부에 기입한다'를 줄인 말로서 기업이 수유하는 재산 및 자본의 증감변화를 일정한 원리원칙에 따라 장부에 기록, 계산, 정리하여 그 원인과 결과를 명백히 밝히는 것을 말한다.

2 **회계의 일반원칙에 대한 설명으로 적절하지 못한 것은?**

① 회계처리 및 보고는 신뢰할 수 있도록 객관적인 자료와 증거에 의하여 공정하게 처리하여야 한다.
② 회계처리에 관한 기준 및 추정은 기간별 비교가 가능하도록 매기 계속하여 적용하고 계속해서 이를 변경해야 한다.
③ 재무제표의 양식 및 과목과 회계용어는 이해하기 쉽도록 간단명료하게 표시하여야 한다.
④ 회계처리에 관한 기준 및 추정은 기간별 비교가 가능하도록 매기 계속하여 적용하고 정당한 사유 없이 이를 변경하여서는 아니된다.

TIP ② 회계처리에 관한 기준 및 추정은 기간별 비교가 가능하도록 매기 계속하여 적용하고 정당한 사유 없이 이를 변경하여서는 아니된다.

Answer 1.③ 2.②

3 재무제표에 대한 설명으로 적절하지 못한 것은?

① 경영장부 기록은 의사결정에 필요한 유용한 정보를 얻기 위함으로 이러한 정보는 결국 재무제표의 형태로 이루어진다.
② 재무제표는 재무상태표, 손익계산서, 현금흐름표, 자본변동표로 구성되며, 주석을 포함한다.
③ 손익계산서는 일정 기간 동안 경영체의 경영성과에 대한 정보를 제공하는 재무보고서이다.
④ 자본의 크기와 그 변동에 관한 정보를 제공하는 재무보고서로서, 자본을 구성하고 있는 자본금, 자본잉여금, 자본조정, 기타포괄손익누계액, 이익잉여금(또는 결손금)의 변동에 대한 포괄적인 정보를 제공하는 것은 재무상태표이다.

TIP ④ 자본의 크기와 그 변동에 관한 정보를 제공하는 재무보고서로서, 자본을 구성하고 있는 자본금, 자본잉여금, 자본조정, 기타포괄손익누계액, 이익잉여금(또는 결손금)의 변동에 대한 포괄적인 정보를 제공하는 것은 자본변동표이다.

4 자산의 계정 과목 중 비유동자산이 아닌 것은?

① 당좌자산
② 투자자산
③ 무형자산
④ 유형자산

TIP ① 당좌자산은 유동자산에 속한다.
※ 자산의 구성

자산	부채
유동자산 – 당좌자산 – 재고자산 비유동자산 – 투자자산 – 유형자산 – 무형자산	–유동부채 –비유동부채 **자본** –자본금 –자본잉여금 –자본조정 –기타포괄손익누계액 –이익잉여금

Answer 3.④ 4.①

5 **다음 중 연결이 올바르지 않은 것은?**

① 당좌자산 – 현금 및 현금성자산
② 재고자산 – 제품, 원재료
③ 유형자산 – 영업권, 산업 재산권
④ 투자자산 – 투자부동산, 장기투자증권

TIP ③ 영업권, 산업 재산권은 무형재산에 속한다.

6 **다음 중 재무상태표의 구성이 아닌 것은?**

① 비용
② 자산
③ 부채
④ 자본

TIP ① 재무상태표는 자산, 부채 및 자본으로 구분한다.

7 **농업 부문의 자산의 종류가 아닌 것은?**

㉠ 당좌예금	㉡ 비료
㉢ 외상매입금	㉣ 농기계
㉤ 차입금	㉥ 농지
㉦ 대출금	

① ㉠, ㉡, ㉢
② ㉡, ㉥, ㉦
③ ㉢, ㉤, ㉦
④ ㉡, ㉢, ㉣, ㉤

TIP ③ ㉢㉤㉦은 부채에 해당한다.

Answer 5.③ 6.① 7.③

8 농가에서 소유하고 있는 재산을 표시하기 위하여 자산, 부채, 자본으로 분류할 때 재고자산에 포함되는 것은?

① 현금 ② 육성돈
③ 예금 ④ 미지급비용

TIP ② 농가에서 소유하고 있는 재산을 표시하기 위하여 자산, 부채, 자본으로 분류하고 화폐단위로 평가하여 표시한다. 이러한 농가재산을 회계에서는 「계정과목」으로 표시하고 계산한다.

9 다음 중 재고자산에 해당하지 않는 것은?

① 제품 ② 반제품
③ 저장품 ④ 선급비용

TIP ④ 선급비용은 당좌자산에 해당한다.

※ 자산계정의 구분

구분	종류	
유동자산	당좌자산	현금 및 현금성자산 단기투자자산 단기대여금 미수금 미수수익 선급금 선급비용
	재고자산	상품 제품 반제품 재공품 원재료 저장품
비유동자산	투자자산	투자부동산 장기투자증권 장기대여금
	유형자산	토지 건물 비품
	무형자산	영업권 산업재산권 개발비
	기타 비유동자산	장기미수금 장기외상매출금 이연법인세자산

Answer 8.② 9.④

10 다음 중 무형자산에 속하지 않는 것은?

① 영업권　　② 산업재산권

③ 개발비　　④ 장기투자증권

TIP ④ 장기투자증권은 투자자산에 해당한다.

11 다음 중 부채의 계정과목 중 고정부채라 보기 어려운 것은?

① 장기차입금　　② 외화장기차입금

③ 장기성매입채무　　④ 단기차입금

TIP ④ 유동부채는 1년을 기준으로 해소될 것으로 예상되는 단기부채를 의미하므로 단기차입금은 유동부채에 해당한다.

12 차변합계와 대변합계는 항상 동일한 금액으로서 차변과 대변은 평형을 이룬다는 것으로 (　　)에 의해 복식부기의 자기검증기능이 가능해지는 것은?

① 대차평형의 원리　　② 평형수의 원리

③ 발생주의 원리　　④ 시산의 원리

TIP ① 거래가 발생하면 반드시 재무상태표의 양변(차변과 대변)이 같은 금액으로 변동한다는 것으로 복식부기 기록의 기본원리를 말한다. 이러한 거래의 이중성에 의해 거래의 결합관계, 계정기입의 법칙, 분개의 법칙 등의 설명이 가능하다. 차변합계와 대변합계는 항상 동일한 금액으로서 차변과 대변은 평형을 이룬다는 것으로 대차평형의 원리에 의해 복식부기의 자기검증기능이 가능하다.

※ 거래의 결합관계(거래의 8요소)

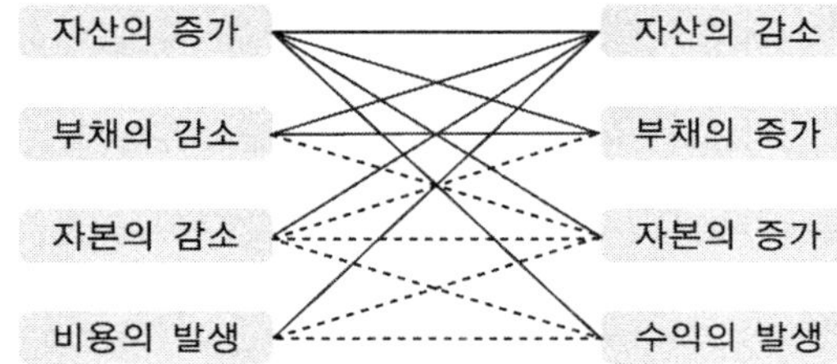

Answer 10.④ 11.④ 12.①

13 **농업회계처리 범위에 대한 내용으로 틀린 것은?**

① 농업회계처리는 살아 있는 동물 및 식물자산을 대상으로 한다.

② 농업회계처리는 농업활동의 대상이 되는 동·식물의 생물자산 및 수확 시점의 수확물을 회계처리 대상으로 한다.

③ 어업과 같이 자연 상태에서 획득하는 어획물과 임산물 중 산나물 채취, 약초 채취 및 벌목의 경우에는 농업회계 처리대상에서 제외된다.

④ 관리활동을 하지 않고 자연 상태에서 획득하거나 채취하는 경우에도 농업회계처리 대상에서 포함된다.

TIP ④ 관리활동을 하지 않고도 자연 상태에서 획득하거나 채취하는 경우에는 농업회계처리 대상에서 제외된다.

14 **농업경영체가 영업활동을 수행한 결과 순자산이 오히려 감소한 경우에 그 감소분을 누적하여 기록한 금액은?**

① 손익계산서

② 결손금

③ 비유동부채

④ 당기순이익

TIP ② 결손금은 농업경영체가 영업활동을 수행한 결과 순자산이 오히려 감소한 경우에 그 감소분을 누적하여 기록한 금액을 말한다. 여기서 순자산이란 자산에서 부채를 뺀 금액으로 결손금은 소유주의 입장에서 보면 투자원금의 잠식으로 자본의 차감요소이며 이를 자본금이나 자본잉여금에 직접 차감하지 않고 결손금이란 별도의 과목으로 표시한다. 이는 자본거래와 손익거래를 구분하고 결손금의 손익거래에서 발생한 것으로 납입자본금과 구분하여 정보의 유용성을 증대하고 채권자를 보호하기 위한 것이라 할 수 있다. 결손금은 향후 사업연도에 이익이 발생한 경우 우선적으로 결손금과 상계하여야 하며 결손금을 모두 보전하여야만 이익배당으로 사외에 유출할 수 있다.

Answer 13.④ 14.②

15 다음 중 계정기업방식으로 적절하지 못한 것은?

① $\dfrac{\text{자산계정}}{\text{증가(+)} \ : \ \text{감소(−)}}$

② $\dfrac{\text{부채계정}}{\text{감소(−)} \ : \ \text{증가(+)}}$

③ $\dfrac{\text{자본계정}}{\text{감소(−)} \ : \ \text{증가(+)}}$

④ $\dfrac{\text{수익계정}}{\text{발생(+)} \ : \ \text{소멸(−)}}$

TIP ④ 손익계산서에서 수익계정은 $\dfrac{\text{수익계정}}{\text{소멸(−)} \ : \ \text{발생(+)}}$ 로 나타낸다.

※ 계정기입 방법

㉠ 재무상태표

구분	내용	방식
자산계정	증가를 차변에, 감소를 대변에 기입한다.	$\dfrac{\text{자산계정}}{\text{증가(+)} \ : \ \text{감소(−)}}$
부채계정	증가를 대변에, 감소를 차변에 기입한다.	$\dfrac{\text{부채계정}}{\text{감소(−)} \ : \ \text{증가(+)}}$
자본계정	증가를 대변에, 감소를 차변에 기입한다.	$\dfrac{\text{자본계정}}{\text{감소(−)} \ : \ \text{증가(+)}}$

㉡ 손익계산서

구분	내용	방식
수익계정	발생을 대변에, 소멸을 차변에 기입한다.	$\dfrac{\text{수익계정}}{\text{소멸(−)} \ : \ \text{발생(+)}}$
비용계정	발생을 차변에, 소멸을 대변에 기입한다.	$\dfrac{\text{비용계정}}{\text{발생(+)} \ : \ \text{소멸(−)}}$

16 농업인 장항채씨는 2014년 10월 5일 종자관리소에서 당해 사업연도에 사용할 벼 종자를 5,000,000원에 현금 구입하였다. 이 경우 회계적으로 처리를 할 경우 알맞은 방식은?

① 차변) 종묘비 5,000,000원　　대변) 현금 5,000,000원
② 차변) 자산　 5,000,000원　　대변) 현금 5,000,000원
③ 대변) 자본　 5,000,000원　　차변) 현금 5,000,000원
④ 대변) 종묘비 5,000,000원　　차변) 현금 5,000,000원

TIP ① 차변) 종묘비 5,000,000원 대변) 현금 5,000,000원으로 처리해야 한다.

Answer 15.④ 16.①

17 장항채씨의 재산상태는 다음과 같다. 다음의 표를 보고 재무상태표에서 자산의 합을 올바르게 나타낸 것은?

• 은행에 예입한 현금	20,000,000
• 토지	300,000,000
• 농기계	50,000,000
• 건물	100,000,000
• 친척에게 빌려준 돈	10,000,000
• 토지 구입 위해 은행에서 빌린 돈	100,000,000

① 300,000,000 ② 400,000,000
③ 480,000,000 ④ 560,000,000

TIP ③ 은행에 예입한 현금, 토지, 건물, 농기계, 친척에게 빌려 준 돈이 자산에 해당한다. 따라서 총액은 480,000,000원이 된다.
※ 장항채씨의 재무상태표

대차대조표			
재산(자산)		빚(부채)	
은행 예금	20,000,000	차입금	100,000,000
농기계	50,000,000	빚(부채)합계	100,000,000
대여금	10,000,000	순재산(자본)	
건물	100,000,000	순재산	380,000,000
토지	300,000,000	순재산(자본)합계	380,000,000
재산(자산)합계	480,000,000	빚과 순재산 합계	480,000,000

18 손익계산서에 대한 내용으로 틀린 것은?

① 손익계산서는 그 회계기간에 속하는 모든 수익과 이에 대응하는 모든 비용을 적정하게 표시하여 손익을 나타내는 회계문서이다.
② 손익계산서는 기업의 특정시점의 기업의 재정 상태를 알려주는 보고서이다.
③ 기업의 경영성과, 현금창출능력 파악하는 지표이다.
④ 손익계산서는 순이익 · 매출액 · 매출원가 등의 정보와 수익력을 보여준다.

TIP ② 재무상태표가 기업의 특정시점의 기업의 재정 상태를 알려주는 것이라면 손익계산서는 기업의 일정기간의 경영성과를 알려 주는 보고서이다.

Answer 17.③ 18.②

19 다음의 표의 내용을 알맞게 연결한 것은?

> ㉠ 현금이 유입된 시점에 수익으로 인식하고 현금이 유출된 시점에 비용으로 인식하는 방법
> ㉡ 수익의 발생시점에 수익으로 인식하고 비용의 발생시점에 비용으로 인식하는 방법

	㉠	㉡
①	현금주의	발생주의
②	발생주의	현금주의
③	배금주의	발생주의
④	현금주의	실현주의

TIP ① 수익을 인식하는 방식에 대한 것은 발생주의와 현금주의로 나눌 수 있다. ㉠은 현금주의이며, ㉡은 발생주의이다.

20 손익계산서의 계정 중 영업비용에 해당하지 않는 것은?

① 급여
② 퇴직급여
③ 복리후생비
④ 외화환산이익

TIP ④ 급여, 퇴직급여, 복리후생비는 영업비용이나 외화환산이익은 영업 외 수익에 해당한다.
※ 손익계산서 계정

구분	종류	
수익	영업수익	매출액
	영업 외 수익	이자수익, 배당금수익, 임대료, 단기투자자산처분이익, 단기투자자산평가이익, 외환차익, 외화환산이익, 지분법이익, 우형자산처분이익, 장기투자증권손상차손환입, 전기오류수정이익
비용	영업비용	급여, 퇴직급여, 복리후생비, 접대비, 감가상각비, 무형자산상각비, 세금과공과, 연구비, 경상개발비
	영업 외 비용	이자비용, 기타의 대손상각비, 단기투자사산처분손실, 외환차손, 외화환산손실, 기부금, 사채상환손실

Answer 19.① 20.④

21 다음의 사례를 보고 손익계산서를 작성할 경우 결과는?

> 김창헌씨는 버섯농업을 시작하여 2015년 다음과 같이 손실과 비용이 발생하였다.
> • 버섯판매액 2,000,000원
> • 버섯종묘판매액 200,000원
> • 원재료비 350,000원
> • 인건비 250,000원
> • 건물임차비 200,000원
> • 대출금 100,000원
> • 은행예금 이자 100,000원

① 순이익 1,400,000원 발생
② 순이익 1,000,000원 발생
③ 비용 1,000,000원 발생
④ 비용 1,400,000원 발생

TIP ① 버섯판매액, 버섯종묘판매액, 은행예금이자는 수익이며, 나머지는 비용이다.

※ 김창헌씨 2015년 버섯농업 손익계산서

비용		수익	
재료비	350,000	버섯판매액	2,000,000
인건비	250,000	버섯종묘판매액	200,000
건물임차비	200,000	은행예금이자 (영업외 수익)	100,000
대출금	100,000		
순이익	1,400,000		
합계	2,300,000	합계	2,300,000

22 원가의 3요소가 아닌 것은?

① 재료비
② 노무비
③ 경비
④ 영업비

TIP ④ 원가의 3요소는 재료비(Direct Material), 노무비(Direct Labor), 경비(Overhead Cost)이다. 농산물 원가는 재료비 + 노무비 + 경비로 나타낼 수 있다.

Answer 21.① 22.④

23 다음 표를 보고 손익계산서를 작성할 경우 결과를 가장 잘 나타낸 것은?

> 김창헌씨는 은행예금 2천만 원을 이용하여 원예농업을 시작하였다. 2014년 중 5천만 원의 매출을 달성하였으며 상품구입비용 3천만 원과 판매비용 5백만 원이 발생하였다.

① 이익이 10,000,000원이 발생하였다.
② 이익이 12,000,000원이 발생하였다.
③ 이익이 15,000,000원이 발생하였다.
④ 비용이 15,000,000원이 발생하였다.

TIP ③ 김창헌씨는 수익이 총 50,000,000원이 발생하고 상품구입비용과 판매비용이 35,000,000원이 발생하였으므로 이를 공제하면 이익 15,000,000원이 발생하였다는 것을 알 수 있다.

24 다음 보기에서 ㉠과 ㉡은?

> ㉠ 생산량에 따라 비례적으로 증가하는 재료비, 노무비 등의 원가를 의미한다.
> ㉡ 조업도 수준과 상관없이 발생하는 임차료 등의 비용을 의미한다.

	㉠	㉡
①	변동원가	고정원가
②	고정원가	변동원가
③	노무원가	고정원가
④	변동원가	가공원가

TIP ① ㉠은 변동원가이며, ㉡은 고정원가이다.
조업도 … 생산량, 판매량, 직접노동시간, 기계작업시간 등 원가의 발생과 가장 큰 상관관계를 갖는 원가요인을 의미한다.

Answer 23.③ 24.①

25 농산물의 원가계산 중 잘못 언급된 것은?

① 조수입 : 판매수량 × 가격
② 경영비 : 경영비 + 자가노력비
③ 소득 : 조수입 – 경영비
④ 순이익 : 조수입 – 생산비

TIP ② 경영비는 재료비 + 인건비 + 감가상각비로 구할 수 있다.

26 다음 중 농업조수익 공식은?

① 생산량 ÷ 면적
② 농업경영비 + 유동자본 + 고정자본이자 + 토지자본이자
③ (총재배면적 ÷ 경지면적) × 100
④ 농산물생산량 × 가격

TIP ④ 농업조수익은 농산물 및 부산물생산량×가격으로 구한다. 참고로 조수익(粗收益)이란 뜻은 총수익과 같은 말로 1년 간의 농업경영의 성과로서 얻어진 농산물과 부산물의 총 가액을 말한다. 농업총수익, 농업조소득, 농업조수입 등으로 부르기도 한다.

27 농업순수익은 어떻게 구하는가?

① 농업조수익 – 농업생산비
② 농업조수익 – 물재비(농업경영비 – 고용노력비)
③ 농업경영비 + 자기노력비 + 고정자본이자 + 유동자본이자 + 토지자본이자
④ (농업소득 ÷ 농업조수익) × 100

TIP ① 농업순수익(이윤)은 농업조수익 – 농업생산비로 구할 수 있다.

Answer 25.② 26.④ 27.①

02 농업경영 성과와 지표

❶ 농가교역조건지수

농가교역조건지수란 농가가 생산하여 판매하는 농산물과 농가가 구입하는 농기자재 또는 생활용품의 가격 상승폭을 비교하여 농가의 채산성(경영상에 있어 수지, 손익을 따져 이익이 나는 정도)을 파악하는 지수이다. 농가교역조건지수가 100 이상이면 채산성이 호전된 것으로, 100 이하이면 채산성이 악화된 것으로 해석할 수 있다.

구분	내용	상태
100 이상	농산물가격상승률 > 농가구입물품가격상승률	채산성 호전
100 이하	농산물가격상승률 < 농가구입물품가격상승률	채산성 악화

❷ 재무비율분석

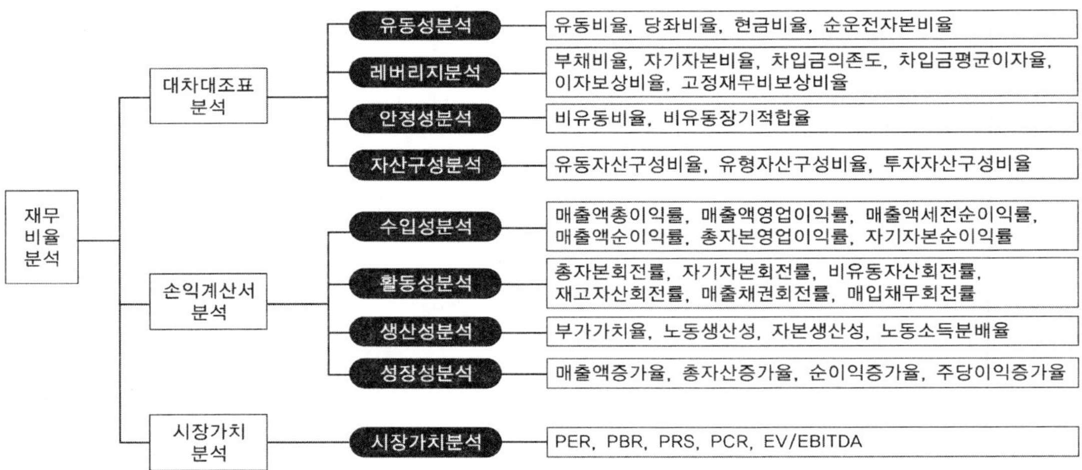

TIP

재무분석

㉠ 개념 : 자본운영 및 자본조달이 효과적인지 기업 조직의 상태를 인지하고 해당 문제점을 분석하는 것을 경영분석 또는 재무분석이라고도 한다. 재무분석의 경우 포괄손익계산서 또는 재무상태표 등의 자료를 활용해서 분석하므로 비율분석이라고 한다.

㉡ 재무비율의 종류

구분	내용
레버리지 비율	이자보상비율, 부채비율, 고정재무비보상비율
유동성 비율	당좌비율, 유동비율
수익성 비율	총자산순이익률, 자기자본순이익률, 매출액순이익률

❸ 생산비

생산비를 직접생산비와 간접생산비로 구분하고 있는데 그 기준을 달리하고 있다. 우리나라의 직접생산비와 간접생산비의 구분은 직접투입 되었느냐 간접투입 되었느냐 또는 특정 농산물에 비용을 직접 부과할 수 있느냐 없느냐를 기준으로 삼고 다음과 같이 분리된다.

구분	내용
직접생산비	비료, 농약, 자재 등 소모성 투입재에 대한 비용 또는 직접 특정 작목에 계산하여 넣을 수 있는 비용
간접생산비	직접생산비를 제외한 모든 비용으로 주로 타 작목과 분담하여 계산하거나 생산요소(토지, 노동, 자본 등)에 대한 기회비용 등

TIP

생산비의 종류

구분	내용
종묘비	해당 작물의 생산을 위하여 파종한 종자나 옮겨 심은 묘 등의 비용. 자급과 구입으로 구분
비료비	해당 작물의 생산을 위하여 투입된 무기질 비료 및 유기질 비료의 비용. 무기질과 유기질로 구분. 유기질은 자급과 구입으로 구분
농약비	해당 작물의 병충해 예방 및 구제에 투입된 농업용 약제의 비용
영농광열비	해당 작물의 생산을 위하여 사용한 기계동력재료, 가온재료, 광열재료, 전기료 등
기타재료비	해당 작물의 생산을 위하여 투입된 종자, 비료, 농업용 약제 및 영농광열재료를 제외한 기타의 모든 재료비. 자급과 구입으로 구분
농구비	해당 작물의 생산을 위하여 사용된 각종 농기구의 비용으로 대농구는 각 농기구별 비용부담률을 적용하여 감가상각비, 수선비 및 임차료를 산출하고, 소농구는 대체계산법을 적용하여 기간 중 구입액 전액을 포함. 대농구와 소농구로 구분. 대농구는 감가상각비와 수리유지임차료로 구분. 소농구는 자급과 구입으로 구분
영농시설비	해당 작물의 생산을 위하여 사용된 주택, 헛간, 창고 등의 비용으로 각 시설물별 비용부담률을 적용하여 감가상각비, 수선비 및 임차료를 산출. 감가상각비와 수리유지임차료로 구분

수리비	해당 작물의 생산을 위하여 사용된 수리구축물의 경상적인 수선비 및 감가상각비와 물을 사용하는데 든 비용 등. 감가상각비와 수리유지임차료로 구분
축력비	해당 작물의 생산을 위하여 사용한 자가 또는 임차 축력의 용역비용. 자가와 차용으로 구분
노동비	해당 작물의 생산을 위하여 투입한 노동력의 용역비용으로 고용임금 뿐만 아니라 자가 노동력에 대한 평가액을 포함. 자가와 고용으로 구분
위탁영농비	해당 작물의 생산과 관련하여 일정구간 작업을 다른 사람에게 위탁한 경우의 그 비용
토지용역비	해당 작물의 생산을 위하여 사용된 토지에 대한 대가로, 임차토지에 대해서는 실제 지불한 임차비용을 적용하고, 자가토지에 대해서는 인근 유사토지의 임차료를 적용하여 평가한 비용. 자가와 임차로 구분
자본용역비	해당 작물의 생산을 위하여 기간 중 투입된 자본에 대한 이자로, 고정자본 비용은 대농구, 영농시설물, 수리구축물 등 고정자산의 현재가에 농구별 또는 시설물별로 비용 부담률을 산출한 후 연이율 10%를 곱하여 계상하고, 유동자본 비용은 조사기간 중 지출된 자본금액에 연이율 10%를 계상하되 기간평균비용으로 보아 산출계수 0.5를 곱하여 산출. 유동자본과 고정자본으로 구분

❹ 가치사슬 분석

① 가치사슬 분석은 농업의 경영개선 활동을 수행하거나 새로운 사업 참여를 위한 농업계획 수립 과정에서 유용한 분석도구로 이용되고 있다.

② 가치사슬 활동은 부가가치 창출과 관련된 모든 기업활동과 그 활동들의 연계성을 보여 주는 것으로 크게 주요활동과 지원활동으로 구분된다. 주요활동이란 제품의 생산, 운송, 마케팅, 판매, 물류, 서비스 같은 부가가치의 직접 창출활동을 말하며 지원활동이란 생산기반 시설, 기술개발, 연구, 교육, 조직화 등 주요 기업활동을 지원하는 부가가치의 간접 창출활동을 뜻한다.

③ 생산자 입장에서는 농산물을 생산하는 과정에서 부가가치를 생산하는 상방흐름에 관심이 높고, 소비자 입장에서는 생산물과 서비스를 제공하는 하방흐름에 관심이 높다.

④ **농산물의 가치사슬 구조** … 농산물의 가치는 주요 활동과 지원활동에 의해서 창출된다. 가치의 크기는 비용절감 등 경영효율화 실현에 의해서 그리고 품질의 차별화에 의한 수요자의 만족도 증가 등에 의해서 창출된다.

TIP

농산물의 가치사슬 구조와 가치창출

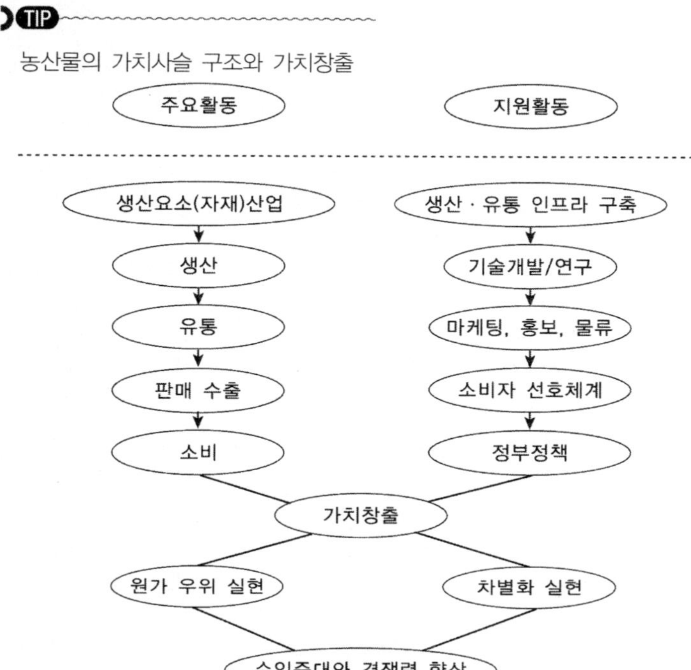

출제 예상 문제

1 **농업경영의 매출이익을 나타낸 공식은?**

① 판매가격 – 농산물원가

② 판매가격 – 영업비용 + 경상비

③ 영업이익 + 영업손실

④ 노무비 + 원가

TIP ① 농업경영의 매출이익은 판매가격 – 농산물원가를 제하면 알 수 있다.

2 **재무제표 분석 지표 가운데 수익성 지표에 해당하는 것은?**

① 총자산이익률

② 총자본회전율

③ 부채비율

④ 매출액증가율

TIP 총자본회전율은 생산성지표에 반영되며 부채비율은 안전성지표에 그리고 매출액증가율은 성장성 지표에 속한다.

3 **다음 중 유동비율의 산식으로 옳은 것은?**

① 유동자산 ÷ 총자산

② 유동부채 ÷ 총자산

③ 유동부채 ÷ 유동자산

④ 유동자산 ÷ 유동부채

TIP 유동비율은 유동자산을 유동부채로 나누어서 구한다.

Answer 1.① 2.① 3.④

4 농업경영의 수익과 비용에 대한 설명으로 옳지 않은 것은?

① 농업조수익은 농산물의 판매에 따른 현금수입과 현물수입으로 매출을 의미한다.
② 농업경영비는 중간재비와 고용노동비의 합으로 구성된다.
③ 농업이윤은 농업조수익에서 농업생산비를 차감하여 구한다.
④ 농업소득은 농업조수익에서 농업경영비를 차감하여 구한다.

TIP 농업경영비는 중간재비, 고용노동비, 지불지대, 지불이자의 합으로 구성된다.

5 농가소득을 구하는 공식은?

① 농업소득 + 겸업수득 + 사외업소득
② 농업소득 + 이전소득 + 비경상소득
③ 농업소득 + 농외소득(겸업소득 + 사업외소득) + 이전소득 + 비경상소득
④ 농업소득 + 비경상소득

TIP ③ 농가소득은 농가가 영농 또는 그 밖의 경제활동을 통하여 얻게 되는 소득으로 농어소득과 농외소득, 이전소득, 비경상소득을 더하여 구한다.

※ 농가소득 = 농업소득(농업총수입 – 농업경영비) + 농외소득(겸업소득 + 사업외소득) + 이전소득 + 비경상소득

※ 용어해설

구분	내용
겸업소득	농업 외의 사업으로 얻은 소득으로 임업, 어(농)업, 제조업, 건설업 등
사업외소득	사업이외 활동으로 얻은 소득으로 노임, 급료, 임대료 등
이전소득	비경제적활동으로 얻은 수입으로 공적 또는 사적 보조금
비경상소득	우발적인 사건에 의한 소득으로 경조수입, 퇴직일시금 등

Answer 4.② 5.③

6 **농가소득에 대한 설명으로 잘못된 것은?**

① 농가소득은 농가가 일년 동안 벌어들인 소득으로 농업 · 농외 · 이전 · 비경상소득으로 구성되어 있다.

② 농업의존도는 농업소득이 농가소득에서 차지하는 비중을 의미한다.

③ 농가의 종업원은 재배작물 결정, 농용자재 구입, 인부 고용, 수확물 처분 등의 의사결정을 하면서 농업경영을 총괄하는 자를 말한다.

④ 농업소득률은 농업총수입에서 농업소득이 차지하는 비중을 의미한다.

TIP ③ 농가의 경영주는 재배작물 결정, 농용자재 구입, 인부 고용, 수확물 처분 등의 의사결정을 하면서 농업경영을 총괄하는 자를 말한다. 농가소득은 농가가 일년(1.1~12.31)동안 벌어들인 소득으로 농업 · 농외 · 이전 · 비경상소득으로 구성되어 있다. 농업의존도는 농업소득(농업총수입-농업경영비)이 농가소득에서 차지하는 비중을 의미하며, 농업소득률은 농업총수입에서 농업소득이 차지하는 비중을 의미한다.

7 **다음 중 농가교역조건지수란?**

① 소비생활과 영농에 필요한 재화 및 서비스의 구입가격을 조사하여 작성하는 지수

② 농가가 생산하여 판매하는 농산물과 농가가 구입하는 농기자재 또는 생활용품의 가격 상승폭을 비교하여 농가의 채산성을 파악하는데 사용하는 지수

③ 농촌지역에서 생산한 농산물의 판매가격과 농촌에서 주로 필요로 하는 품목의 가격변화를 조사하기 위해 작성되는 특수한 목적의 물가지수

④ 수출 금액으로 수입을 늘릴 수 있는 능력을 측정하는 지수

TIP ② 농가교역조건지수란 농가가 생산하여 판매하는 농산물과 농가가 구입하는 농기자재 또는 생활용품의 가격 상승폭을 비교하여 농가의 채산성(경영상에 있어 수지, 손익을 따져 이익이 나는 정도)을 파악하는 지수이다.

③ 농촌지역에서 생산한 농산물의 판매가격과 농촌에서 주로 필요로 하는 품목의 가격변화를 조사하기 위해 작성되는 특수한 목적의 물가지수는 농가 판매 및 구입 가격 지수이다.

Answer 6.③ 7.②

8 **다음 중 대차대조표를 통해 알기 어려운 분석 내용은?**

① 유동성 분석 ② 레버리지 분석
③ 자산구조분석 ④ 수익성 분석

TIP ④ 수익성(profitability)이란 일정기간 동안에 자본, 토지, 노동 등의 생산요소를 얼마만큼 투하하여 그로부터 얼마의 이익(보수)을 얻었는가를 나타내는 지표로 수익성 분석은 손익계산서를 통해 알 수 있는 내용이다.

9 **농업경영진단에 대한 설명으로 적절하지 못한 것은?**

① 농업경영의 궁극적인 목표는 소득의 극대화에 있다.
② 농업경영의 목표인 소득극대화를 위해서 우선 손익계산서와 재무상태표라고 하는 재무제표에 수치로 나타낸 뒤, 이를 경영이라는 측면에서 분석하여야 한다.
③ 농업경영진단이란 농가의 경영실태를 조사 분석하기 전에 실시하는 진단법을 말한다.
④ 농업경영을 진단하는 방식에는 직접비교법과 표준비교법, 생산성분석, 수익성분석, 활동성분석 등이 있다.

TIP ③ 농업경영진단이란 농가의 경영실태를 조사 분석한 뒤 그 경영의 조직과 운영상의 결정 또는 문제점을 발견하여 원인을 규명하고 이를 토대로 개선방안의 제시와 아울러 보다 나은 경영계획 수립을 가능케 하는 것이라고 정의할 수 있다.

10 **PER(Price Earnings Ratio)는 현 주가가 주당이익의 몇 배인지를 나타내는 정보이다. 다음 중 이에 대한 내용으로 바르지 않은 것은?**

① PER는 해당 기업조직에 대한 시장의 신뢰도 지표로는 활용이 불가능하다.
② PER가 높으면 높을수록 주가가 고평가되어 있다고 할 수 있다.
③ PER는 구성요소에 대한 예측이 배당평가모형에 비해서 용이하다.
④ PER는 이익의 크기가 다른 비슷한 기업 조직들의 주가수준을 쉽게 비교할 수 있는 특징을 지니고 있다.

TIP ① PER는 해당 기업조직에 대한 시장의 신뢰도 지표로 활용이 가능하다. 일반적으로 기업의 이익이 높은 경우에는 주가가 높게 형성되고 기업의 이익이 낮은 경우에는 주가가 낮게 형성된다.

Answer 8.④ 9.③ 10.①

11 유동성 분석의 내용이 아닌 것은?

① 유동비율
② 당좌비율
③ 매출액 증가율
④ 현금비율

TIP ③ 매출액 증가율은 손익계산서의 성장성 분석의 한 부분이다.

12 다음 중 농업경영진단 방식으로 올바르게 연결하지 않은 것은?

① 사전진단 – 장래의 목표이익을 사전에 설정한 뒤, 이를 달성하기 위해 경영내용은 어떻게 구성해야 되고, 그때의 경영성과 및 문제점은 어떠한가에 대해 진단하는 방법
② 사후진단 – 경영성과를 사후적으로 조사, 분석한 뒤 거기에 입각하여 경영 활동 결과의 잘잘못을 진단, 평가하는 방법
③ 집단진단 – 특정의 지역을 대상으로 경영진단을 행하는 것
④ 전체진단 – 경영의 특정부문만 대상으로 하여 진단을 행하는 경우

TIP ④ 전체진단은 경영전체의 여러 부문을 종합적으로 진단하는 것을 말한다. 경영의 특정 부문만을 대상으로 하여 진단하는 것은 부분진단의 내용이다.

13 다음 수식 가운데 자본수익률은?

① $\text{자본이익률} = \frac{\text{자본순수익}}{\text{투하자본액}} \times 100$

② $\text{자본이익률} = \frac{\text{소득}}{\text{암묵적비용}} \times 100$

③ $\text{자본이익률} = \frac{\text{투하자본액}}{\text{자본순수익}} \times 100$

④ $\text{자본이익률} = \frac{\text{자본순수익}}{\text{노무비}} \times 100$

TIP ① $\text{자본이익률} = \frac{\text{자본순수익}}{\text{투하자본액}} \times 100$으로 나타낸다. 자본이익률은 어떤 자본을 투하하려고 할 때 경영 내부의 여러 부문, 또는 경영 이외의 다른 부문 중 어디에 투자하는 것이 좋을까를 판단하는데 중요한 지표가 되며, 또 이들 각 부문 간에 투하자본의 수익성을 비교할 때도 유용한 지표가 된다.

Answer 11.③ 12.④ 13.①

14 토지순수익을 구하는 방식은?

① 소득 − (가족노동평가액 + 자기자본이자)

② 조수입 − (경영비 + 가족노동평가액 + 자기토지지대)

③ 소득 − (가족노동평가액 + 자기토지지대)

④ $(\frac{\text{자본순수익}}{\text{조수입}})$

TIP ① 토지순수익이란 소유토지에 대한 수익성지표로서 농업경영에 투하된 토지로부터 발생한 수익의 크기를 말하며 소득 − (가족노동평가액 + 자기자본이자)으로 나타낼 수 있다.

15 농업경영에 투하된 자기자본비율은?

① $\text{자기자본비율} = \frac{\text{타인자본}}{\text{총자본}} \times 100$

② $\text{자기자본비율} = \frac{\text{자기자산}}{\text{총부채}} \times 100$

③ $\text{자기자본비율} = \frac{\text{총부채}}{\text{총자본}} \times 100$

④ $\text{자기자본비율} = \frac{\text{자기자본}}{\text{총자본}} \times 100$

TIP ④ 자기자본비율이란 경영에 투하된 총자본 중 자기자본이 어느 정도인지를 나타내는 것을 말한다. 보통 50%이상을 목표로 하며 많은 자본을 필요로 하는 전업적 · 기업적 농업경영이라도 30%이상의 수준을 유지하는 것이 바람직하다고 볼 수 있다.

16 단기채무의 상환능력을 평가하는 지표는?

① 유동비율
② 수익성비율
③ 당좌비율
④ 안전성비율

TIP ① 유동비율은 유동자산을 유동부채로 나눈 비율로 단기채무의 상환능력을 평가하는 지표이다. 이 비율이 높을수록 신용도가 높다고 할 수 있다.

Answer 14.① 15.④ 16.①

17 부채에 관한 설명으로 적절하지 못한 것은?

① 자기자본은 타인자본에 대한 최종의 담보력이라 할 수 있기 때문에 자기자본이 소화할 수 있는 수준에서 부채를 얻어야 한다.

② 유동부채란 대개 이자율이 낮고 상환기일이 장기이므로 이 비율이 높을수록 상환부담이 적다.

③ 고정부채가 총부채에 차지하는 비율이 높을수록 상환부담이 적다.

④ 설비투자가 자기자본만으로 곤란할 때에는 장기상환이 가능한 고정부채를 사용하는 것도 고려할 만 하다.

TIP ② 유동부채란 대개 이자율이 높고 상환기일이 단기이므로 이 비율이 높을수록 상환부담이 크다.

$\text{유동부채비율} = \frac{\text{유동부채}}{\text{자기자본(또는총자본)}} \times 100$로 나타낸다.

18 경영자가 주어진 자산을 얼마나 효율적으로 활용하여 이익을 얻었는가를 나타내는 지표는?

① 총자본이익률
② 자기자본이익률
③ 매출액순이익률
④ 매출채권회수율

TIP ① 총자본이익률이란 기업에 투하 · 운용된 총자본이 어느 정도의 수익을 냈는가를 나타내는 수익성 지표로 기업수익이라고도 불린다.

19 총자본이익률을 구하는 공식은?

① $\frac{\text{순매출액}}{\text{당기순이익}} \times 100$
② $\frac{\text{영업이익}}{\text{총자본}} \times 100$
③ $\frac{\text{매출액}}{\text{총자본}} \times 100$
④ $\frac{\text{영업이익}}{\text{총부채}} \times 100$

TIP ② 총자본이익률은 $\frac{\text{영업이익}}{\text{총자본}} \times 100$로 구할 수 있다.

Answer 17.② 18.① 19.②

20 생산비에 대한 설명으로 잘못된 것은?

① 생산비란 생산에 쓰인 생산요소의 가치를 말한다.
② 생산비를 직접생산비와 간접생산비로 나눌 수 있다.
③ 우리나라의 직접생산비와 간접생산비의 구분은 직접투입 되었느냐 간접투입 되었느냐에 따라 구분하고 있다.
④ 직접생산비란 주로 타 작목과 분담하여 계산하거나 생산요소에 대한 기회비용 등을 가리킨다.

TIP ④ 직접생산비는 비료, 농약, 자재 등 소모성 투입재에 대한 비용 또는 직접 특정 작목에 계산하여 넣을 수 있는 비용을 말하며, 간접생산비는 직접생산비를 제외한 모든 비용으로 주로 타 작목과 분담하여 계산하거나 생산요소(토지, 노동, 자본 등)에 대한 기회비용 등을 가리킨다.

21 다음에 해당하는 생산비는?

> 해당 작물의 생산을 위하여 사용한 기계동력재료, 가온재료, 광열재료, 전기료 등

① 영농광열비 ② 농구비
③ 영농시설비 ④ 축력비

TIP ① 영농광열비는 해당작물의 생산을 위하여 사용한 기계동력재료, 가온재료, 광열재료, 전기료 등을 말한다.
② 농구비란 해당작물의 생산을 위하여 사용된 각종 농기구의 비용으로 대농구는 각 농기구별 비용부담률을 적용하여 감가상각비, 수선비 및 임차료를 산출하고, 소농구는 대체계산법을 적용하여 기간 중 구입액 전액을 말한다.
③ 영농시설비는 해당작물의 생산을 위하여 사용된 주택, 헛간, 창고 등의 비용으로 각 시설물별 비용부담률을 적용하여 감가상각비, 수선비 및 임차료를 산출하며 감가상각비와 수리유지임차료로 구분한다.
④ 축력비는 해당작물의 생산을 위하여 사용한 자가 또는 임차 축력의 용역비용을 말한다.

Answer 20.④ 21.①

22 다음 중 설명이 잘못된 것은?

① 종묘비 – 해당작물의 생산을 위하여 파종한 종자나 옮겨 심은 묘 등의 비용
② 수리비 – 해당작물의 생산을 위하여 사용된 수리구축물의 경상적인 수선비 및 감가상각비와 물을 사용하는데 든 비용
③ 비료비 – 해당작물의 생산을 위하여 투입된 무기질 비료 및 유기질 비료의 비용
④ 자본용역비 – 해당작물의 생산을 위하여 사용된 토지에 대한 대가로, 임차토지에 대해서는 실제 지불한 임차비용을 적용하고, 자가토지에 대해서는 인근 유사토지의 임차료를 적용하여 평가한 비용

TIP ④ 해당작물의 생산을 위하여 사용된 토지에 대한 대가로, 임차토지에 대해서는 실제 지불한 임차비용을 적용하고, 자가토지에 대해서는 인근 유사토지의 임차료를 적용하여 평가한 비용은 토지용역비에 해당한다.

23 해당 작물의 생산을 위하여 사용된 토지에 대한 대가로, 임차토지에 대해서는 실제 지불한 임차비용을 적용하고, 자가토지에 대해서는 인근 유사토지의 임차료를 적용하여 평가한 비용은?

① 축력비
② 용역비
③ 토지용역비
④ 종묘비

TIP ③ 토지용역비에 대한 내용이다.

24 재무비율 중 수익성 비율을 나타내는 지표는?

① 이자보상비율
② 자기자본순이익률
③ 유동비율
④ 부채비율

TIP ② 수익성 비율은 총자산순이익률, 자기자본순이익률, 매출액순이익률이 있다.

Answer 22.④ 23.③ 24.②

03 농업경영개선을 위한 노력

❶ 작목선택 시 고려사항

① 경영주 성향 및 기술, 정보의 활용 능력

② 동원 가능한 인적, 물적 자원의 양과 자연, 시장입지 여건

③ 대상 작목 수익성, 기술 난이도, 초기투자자금과 운영비의 수준

④ 대상 품목의 수급 전망 및 유통 실태 등

❷ 농업의 위험과 유형(OECD)

① 모든 경영에 공통적인 위험 … 건강, 개인적 사고, 거시 경제적 위험

② 농업에 국한된 위험

구분	내용
생산위험	병해충, 날씨, 질병, 기술변화 등
생태적 위험	기후변화, 수자원 관리 등
시장 위험	산출물과 투입물 가격의 변화, 품질, 유통, 안정성 등
제도적 위험	농업 정책, 환경규제 등

❸ 농업 경영 개선방향

농가는 토지, 노동, 자본, 기술 등 한정된 자원을 가지고 최대의 효과 즉, 소득 또는 순수익을 극대화하고자 한다. 이러한 목표의 달성을 위해 농업경영자는 먼저 자기 농장의 경영실태를 정확하게 파악하고 진단할 수 있는 능력의 배양이 요구된다.

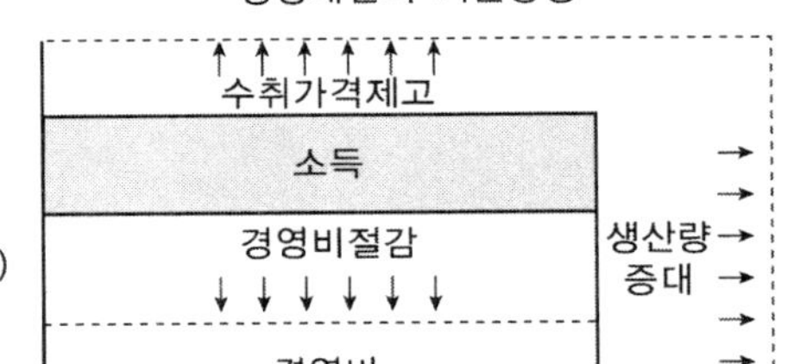

❹ 각 주체별 농업의 위험 관리 방식

정부	시장	농가
• 소득안정화 정책 • 재해 보험료 보조 • 수출신용보증정책 • 수출보험지원 • 기후관측사업 • 유통명령제	• 선물 • 선도 • 옵션	• 저장과 생산 등 유통시기 조절 • 경영의 다각화 • 정보의 수집과 분석 • 자원 사용과 유보

❺ 농업경영 혁신

① 농업경영의 기본요소인 상품, 프로세스, 사람의 혁신을 위해서는 각각의 요소별로 세부적인 실천전략의 추진이 필요하다.

② 상품 혁신

㉠ 시장지향적 상품개발

㉡ 역발상을 통한 틈새시장 개척

㉢ 관광상품의 개발

㉣ 스토리상품의 개발

③ 프로세스 혁신
   ㉠ 시장지향적인 프로세스 구축
   ㉡ 개별 농장의 조직화

④ 사람 혁신
   ㉠ 장인정신
   ㉡ 농기업 CEO의 육성
   ㉢ 지속적인 벤치마킹과 학습

❻ 농업경영 성과에 영향을 미치는 요소

① 농업수입에 영향을 미치는 요소

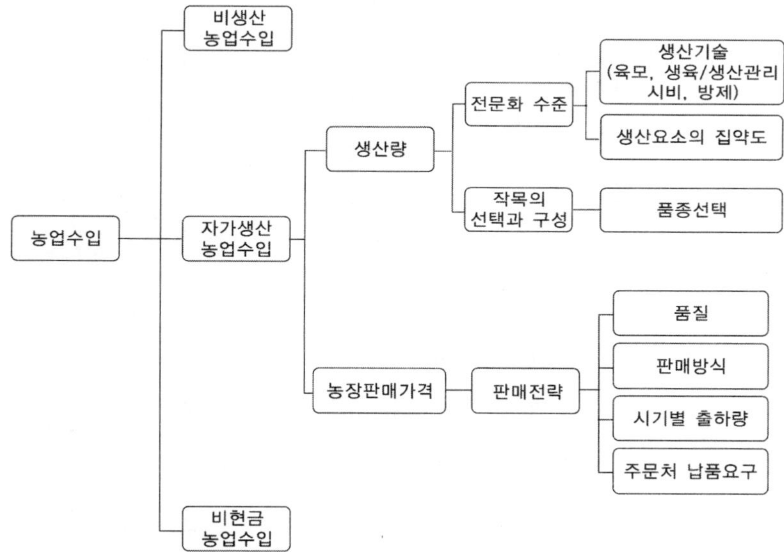

② 농업지출에 영향을 미치는 요소

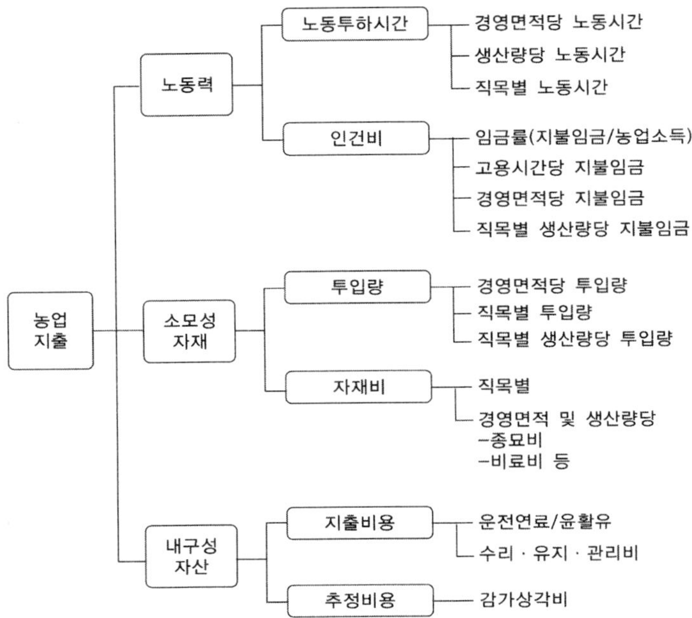

❼ 농업경영 성과를 결정하는 요소

① 경영기반 … 규모, 시설, 입지조건

② 생산기술 … 생산성, 생산비, 품질

③ 생산요소의 이용

④ 생산물 판매능력 … 판로, 상표화, 시장개척

출제 예상 문제

1 **작목선택 시 고려사항에 해당하지 않는 것은?**

① 경영주 성향 및 기술
② 물적 자원의 양과 자연
③ 대상 품목의 수급 전망
④ 대상 작물의 종자 신고

TIP ④는 해당되지 않는다.

2 **농업의 노동력에 대한 내용으로 틀린 것은?**

① 농업에 투입되는 노동량은 점차 늘고 있는 추세이다.
② 농업 노동은 통제와 감독이 어렵다.
③ 우리나라에서는 특성상 가을에 노동량이 증가한다.
④ 이질적인 노동이 전후로 교체되어 분업이 곤란하다.

TIP 경제와 농업이 발전할수록 농업노동에 들어가는 투입량은 점차 감소하게 된다.

3 **농업 경영에 부정적인 영향을 미치는 위험 요인 가운데 농업에 국한된 위험이 아닌 것은?**

① 생태적 위험
② 생산위험
③ 거시 경제적 위험
④ 정책적 위험

TIP 거시 경제적 위험은 모든 경영에 공통적으로 작용하는 위험이라 할 수 있다.

Answer 1.④ 2.① 3.③

4 농업경영개선을 위한 것으로 적절하지 못한 것은?

① 수익을 극대화하려면 조수입을 줄여나가야 한다.
② 불필요한 비용 절감을 해나가야 한다.
③ 경영비의 제고가 우선시 된다.
④ 출하시기를 조절하거나 시장에 대한 교섭력을 확장해나가는 것도 농업경영 개선 효과를 나타낸다.

TIP ① 조수입(粗收入)이란 필요한 경비를 빼지 않은 수입으로 여기서 관련 경비를 뺀 것을 조수입이라 한다. 농업경영을 개선하여 수익 극대화를 하려면 조수입 증대, 비용 절감 개선 활동 등과 같은 방안을 마련하여야 한다.

5 농가의 수익 극대화를 위한 방식으로 적절하지 못한 것은?

① 다량의 노동력 투입
② 생산자조직의 결성과 운영
③ 고가의 농기계 · 시설 등을 공동으로 이용
④ 우량 신품종의 선택

TIP ① 노동의 적정투입은 경영비의 절감과 함께 자가노동보수의 소득화라는 면에서 중요하다. 임금이 상승하고 고용노력의 확보가 점점 곤란해지는 상황에서 농가는 가족노동을 최대로 활용할 수 있는 경영규모와 작업체계의 선택과 함께 노력절감과 노동환경개선을 위한 생력화 · 자동화 기계 및 시설의 도입이 요구된다.
② 생산자조직의 결성과 운영은 공동구입, 공동이용, 공동출하 등을 통한 비용의 절감, 기술의 공유, 시장교섭력의 제고 등 여러 측면에서 경영성과 향상에 도움을 줄 수 있다.
③ 농기계시설비 즉, 감가상각비의 절감을 위해서는 고가의 농기계 · 시설 등을 공동으로 이용하는 것이 바람직하다.
④ 우량 신품종의 선택과 같은 품질향상기술은 농가 수익의 향상을 가져다준다.

6 농업 경영의 위험을 줄이기 위한 노력 가운데 농가의 노력에 해당하는 것은?

㉠ 경영의 다각화	㉡ 계약 생산 체결
㉢ 정보 수집과 분석	㉣ 가격 안정화 정책
㉤ 기후관측사업 진행	㉥ 선물 또는 옵션

① ㉠, ㉡, ㉢
② ㉡, ㉢, ㉥
③ ㉠, ㉢, ㉤
④ ㉠, ㉡, ㉢, ㉣

TIP ㉠, ㉡, ㉢이 농가 단위에서 실시 가능한 농업 위험 관리방법이다.

Answer 4.① 5.① 6.①

7 두 가지 이상의 품목을 재배하여 생산, 가격에서 나타나는 위험들을 통합함으로써 위험을 완화하는 방법은?

① 영농의 다각화
② 수직적 통합
③ 수평적 통합
④ 유통협약

TIP 영농의 다각화는 여러 종류의 생산물에 위험 손실을 분산시켜 경영의 위험을 줄이는 방법으로, 한 품목에서 수익이 감소한 것을 수익이 높은 다른 품목의 영농활동으로 보완함으로써 농가소득의 변동위험을 방지할 수 있다. 영농의 다각화는 동일한 작물을 서로 다른 시기에 경작하여 가격의 연중 변동에 따른 위험을 회피하기에 효과적인 시간배분적 다각화와 동일한 시기에 여러 작물을 경작하는 작물배분적 다각화로 구분하고 있다.

Answer 7.①

농업경영지원

01 농업정책지원과 자금

❶ 농업금융

(1) 농업금융

① 농업부문은 본래 저생산성, 저수익성, 고위험 등의 문제를 갖고 있으므로 금융시장에서 자금을 조달하는 경우 보다 높은 금리를 지불하는 것이 원칙이다.

② 농업정책금융의 재원은 재정융자특별회계, 농어촌구조개선특별회계, 차관자금, 각종 기금 등이 있다.

③ 소규모 농업은 대규모 농업에 비해 위험부담이 크고 수익성이 낮아 농업 중에서도 소규모 농업에 대한 신용할당현상이 보다 심각하게 나타난다.

④ 농업금융시장에서 농업에 관한 정보의 불완전으로 인하여 농업에 불리한 역유인과 역선택의 문제가 나타난다.

(2) 농업정책금융

① 농업정책금융은 정부가 특정한 목적을 가지고 설치한 재정 또는 제도를 통해 농업부문에 공급되는 금융자금을 의미한다.

② 이에는 정부예산 및 기금을 통해 농업부문에 공급되는 금융자금을 물론 이자보조를 받아 농업부문에 공급되는 민간금융자금도 포함된다.

③ 농업정책금융은 농업시장의 시장실패를 보완하고 형평성을 높여 사회전체의 후생증가를 목적으로 하며, 우리나라 농업정책 금융은 특정분야의 육성이나 특정상품의 생산 유도, 영세농민에 대한 소득보전 등 다양한 목적을 위해 실시하고 있다.

❷ 농지관리기금

(1) 농지관리기금

① 농지관리기금은 공공자금관리기금으로부터의 예수금이나 정부출연금 등으로 재원이 조성된다.

② 기금은 농림축산식품부장관이 운용 및 관리한다.

③ 농지관리기금은 농지매매사업 등에 필요한 자금의 융자에 사용할 수 있다.

④ 농림축산식품부장관은 기금 운용에 필요한 경우에는 기금의 부담으로 「국가재정법」에 따른 특별회계, 금융기관 또는 다른 기금으로부터 자금을 차입할 수 있다.

(2) 농지관리기금의 용도

① 농지의 집단화

② 영농규모의 적정화

③ 농지의 조성 및 효율적 관리

④ 해외농업개발에 필요한 자금

TIP

한국농어촌공사 및 농지관리기금법 제34조(기금의 용도)

① 기금은 다음에 해당하는 용도로 운용한다.

1. 농지매매사업 등에 필요한 자금의 융자
2. 농지의 장기임대차사업에 필요한 자금의 융자 및 장려금의 지급
3. 농지의 교환 또는 분리 · 합병사업과 「농어촌정비법」에 따른 농업생산기반정비사업 시행자가 시행 · 알선하는 농지의 교환 또는 분리 · 합병 및 집단환지 사업의 청산금 융자 및 필요한 경비의 지출
4. 농지의 재개발사업에 필요한 자금의 융자 및 투자
5. 농지의 매입사업에 필요한 자금의 융자

5의2. 다음 농지 및 농업기반시설의 관리, 보수 및 보강에 필요한 자금의 보조 및 투자
   가. 공사가 농업생산기반정비사업 시행자로부터 인수하여 임대한 간척농지
   나. 간척농지의 농업생산에 이용되는 방조제, 양수장, 배수장 등 대통령령으로 정하는 농업기반시설

6. 경영회생 지원을 위한 농지매입사업에 필요한 자금의 융자
7. 농지를 담보로 한 농업인의 노후생활안정 지원 사업에 필요한 자금의 보조 및 융자
8. 「농어촌정비법」에 따른 한계농지 등의 정비사업의 보조 · 융자 및 투자
9. 농지조성사업에 필요한 자금의 융자 및 투자
10. 「농지법」에 따른 농지보전부담금의 환급 및 같은 법 제52조에 따른 포상금의 지급
11. 해외농업개발 사업에 필요한 자금의 보조, 융자 및 투자
12. 기금운용관리에 필요한 경비의 지출
13. 그 밖에 기금설치 목적 달성을 위해 대통령령으로 정하는 사업에 필요한 자금 지출

(3) 농업정책자금 흐름도

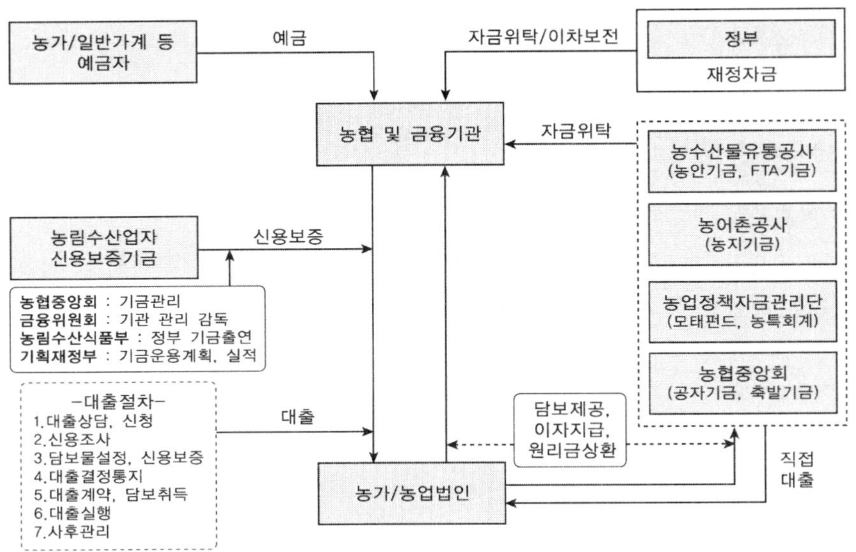

농가/일반가계 등 예금자
예금
자금위탁/이차보전
정부
재정자금
농협 및 금융기관
자금위탁
농수산물유통공사 (농안기금, FTA기금)
농어촌공사 (농지기금)
농업정책자금관리단 (모태펀드, 농특회계)
농협중앙회 (공자기금, 축발기금)
농림수산업자 신용보증기금
신용보증
농협중앙회 : 기금관리
금융위원회 : 기관 관리 감독
농림수산식품부 : 정부 기금출연
기획재정부 : 기금운용계획, 실적
-대출절차-
1.대출상담, 신청
2.신용조사
3.담보물설정, 신용보증
4.대출결정통지
5.대출계약, 담보취득
6.대출실행
7.사후관리
대출
담보제공, 이자지급, 원리금상환
직접 대출
농가/농업법인

출제 예상 문제

1 다음 중 농업금융에 관한 설명 중 틀린 것은?

> ㉠ 농업부문은 본래 저생산성, 저수익성, 고위험 등의 문제를 갖고 있으므로 금융시장에서 자금을 조달하는 경우 보다 높은 금리를 지불하는 것이 원칙이다.
> ㉡ 대규모 농업이 소규모 농업보다 위험부담이 크고 수익성이 낮다.
> ㉢ 농업금융시장에서 농업에 관한 정보의 불완전으로 인하여 농업에 불리한 역유인과 역선택 문제가 나타난다.
> ㉣ 농업정책금융의 재원은 재정융자특별회계, 농어촌구조개선특별회계, 차관자금, 각종 기금 등이 있다.

① ㉠ ② ㉡
③ ㉢ ④ ㉣

TIP ㉡ 소규모 농업은 대규모 농업에 비해 위험부담이 크고 수익성이 낮아 농업 중에서도 소규모 농업에 대한 신용할당현상이 보다 심각하게 나타난다.

※ 농업정책자금 흐름도

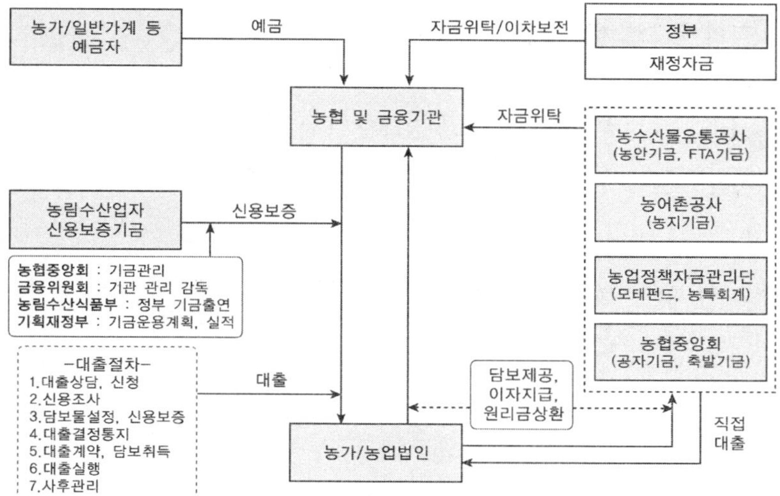

Answer 1.②

2 **다음 중 우리나라의 농업금융에 대한 설명으로 적절하지 못한 것은?**

① 농업정책금융 지원방식은 크게 보조금 지원과 정책자금 대출로 구분된다.

② 보조나 융자, 자부담 혼합 형태의 지원은 사업성보다 보조금 수령 자체를 목적으로 참여하는 경향이 있다.

③ 기후변화의 여파로 자연재해가 증가하고 있는데 이는 농가의 경영부실로 이어질 가능성이 적다.

④ 농업인력 고령화는 미래 지속적 영농 기간을 축소시켜 새로운 농업투자를 꺼리게 만드는 요인이 된다.

TIP 농업금융이란 농업경영에 필요한 시설 및 운영자금의 조달 및 공급을 말한다. 현재 우리나라는 기후변화의 영향으로 자연재해 횟수가 증가하고 있는데 이는 농업의 특성상 기후변화 및 자연재해와 밀접한 관련을 맺고 있기 때문에 이에 관련한 농업정책 자금이 필요성이 대두된다. 대규모 자연재해로 인한 농작물 및 축산질병 발생의 위험이 농가의 경영악화로 이어져 농촌경제와 지역경제를 침체시키기 때문에 자연재해 규모에 따라 대응방안을 마련하고 농가 위험을 관리 · 지원할 수 있는 농업정책금융 차원의 체계 마련이 필요하다고 볼 수 있다.

※ **농업정책금융** … 농업정책금융은 정부가 특정한 목적을 가지고 설치한 재정 또는 제도를 통해 농업부문에 공급되는 금융자금을 말한다. 여기에는 정부예산 및 기금을 통해 농업부문에 공급되는 금융자금을 물론 이자보조를 받아 농업부문에 공급되는 민간금융자금도 포함된다. 농업정책금융은 농업시장의 시장실패를 보완하고 형평성을 높여 사회전체의 후생증가를 목적으로 하며, 우리나라 농업정책 금융은 특정분야의 육성이나 특정상품의 생산 유도, 영세농민에 대한 소득보전 등 다양한 목적을 위해 실시하고 있다.

3 **다음 중 농지관리기금의 용도로 볼 수 없는 것은?**

① 영농규모의 적정화

② 농지조성과 효율적 관리

③ 해외농업 개발 자금

④ 농업경영인 육성

TIP 정부는 영농규모의 적정화, 농지의 집단화, 농지의 조성 및 효율적 관리와 해외농업개발에 필요한 자금을 조달 · 공급하기 위하여 농지관리기금을 설치할 수 있다.

Answer 2.③ 3.④

4 **다음 중 농지관리기금에 대한 내용으로 옳지 않은 것은?**

① 농지관리기금은 공공자금관리기금으로부터의 예수금이나 정부출연금 등으로 재원이 조성된다.

② 농림축산식품부장관은 기금 운용에 필요한 경우에는 기금의 부담으로 「국가재정법」에 따른 특별회계, 금융기관 또는 다른 기금으로부터 자금을 차입할 수 있다.

③ 기금은 농림축산식품부장관이 운용 · 관리한다.

④ 농지관리기금은 농지매매사업 등에 필요한 자금의 융자에 사용할 수 없다.

TIP 농지관리기금은 농지매매사업 등에 필요한 자금의 융자에 사용할 수 있다.

※ **한국농어촌공사 및 농지관리기금법 제34조**(기금의 용도)

① 기금은 다음에 해당하는 용도로 운용한다.

1. 농지매매사업 등에 필요한 자금의 융자
2. 농지의 장기임대차사업에 필요한 자금의 융자 및 장려금의 지급
3. 농지의 교환 또는 분리 · 합병사업과 「농어촌정비법」에 따른 농업생산기반정비사업 시행자가 시행 · 알선하는 농지의 교환 또는 분리 · 합병 및 집단환지사업의 청산금 융자 및 필요한 경비의 지출
4. 농지의 재개발사업에 필요한 자금의 융자 및 투자
5. 농지의 매입사업에 필요한 자금의 융자

5의2. 다음의 농지 및 농업기반시설의 관리, 보수 및 보강에 필요한 자금의 보조 및 투자

가. 공사가 농업생산기반정비사업 시행자로부터 인수하여 임대한 간척농지

나. 간척농지의 농업생산에 이용되는 방조제, 양수장, 배수장 등 대통령령으로 정하는 농업기반시설

6. 경영회생 지원을 위한 농지매입사업에 필요한 자금의 융자
7. 농지를 담보로 한 농업인의 노후생활안정 지원사업에 필요한 자금의 보조 및 융자
8. 「농어촌정비법」에 따른 한계농지 등의 정비사업의 보조 · 융자 및 투자
9. 농지조성사업에 필요한 자금의 융자 및 투자
10. 「농지법」에 따른 농지보전부담금의 환급 및 같은 법 제52조에 따른 포상금의 지급
11. 해외농업개발 사업에 필요한 자금의 보조, 융자 및 투자
12. 기금운용관리에 필요한 경비의 지출
13. 그 밖에 기금설치 목적 달성을 위하여 대통령령으로 정하는 사업에 필요한 자금의 지출

Answer 4.④

5 다음 중 농업협동조합에 대한 내용으로 적절하지 못한 것은?

① 협동조합이란 재화 또는 용역의 구매·생산·판매·제공 등을 협동으로 영위함으로써 조합원의 권익을 향상하고 지역 사회에 공헌하고자 하는 사업조직을 말한다.

② 농업협동조합은 농업인의 자주적인 협동조직을 바탕으로 농업인의 경제적·사회적·문화적 지위를 향상시키고, 농업의 경쟁력 강화를 통하여 농업인의 삶의 질을 높이는 기능을 한다.

③ 지역농업협동조합은 정관으로 정하는 품목이나 업종의 농업 또는 정관으로 정하는 한우사육업, 낙농업, 양돈업, 양계업, 그 밖에 대통령령으로 정하는 가축사육업의 축산업을 경영하는 조합원에게 필요한 기술·자금 및 정보 등을 제공하고, 조합원이 생산한 농축산물의 판로 확대 및 유통 원활화를 도모하여 조합원의 경제적·사회적·문화적 지위향상을 증대시키는 것을 목적으로 한다.

④ 지역조합은 지역명을 붙이거나 지역의 특성을 나타내는 농업협동조합 또는 축산업협동조합의 명칭을, 품목조합은 지역명과 품목명 또는 업종명을 붙인 협동조합의 명칭을, 중앙회는 농업협동조합중앙회의 명칭을 각각 사용하여야 한다.

TIP 지역농업협동조합(지역농협)은 조합원의 농업생산성을 높이고 조합원이 생산한 농산물의 판로 확대 및 유통 원활화를 도모하며, 조합원이 필요로 하는 기술, 자금 및 정보 등을 제공하여 조합원의 경제적·사회적·문화적 지위 향상을 증대시키는 것을 목적으로 한다.

6 다음 중 농업정책금융의 재원에 해당하지 않는 것은?

① 농어촌구조개선특별회계
② 재정융자특별회계
③ 차관자금
④ 농기구특별대여금

TIP 농업정책금융의 재원
㉠ 재정융자특별회계
㉡ 농어촌구조개선특별회계
㉢ 차관자금
㉣ 각종 기금

Answer 5.③ 6.④

02 농업연구사업

❶ 농업과학기술 연구개발 사업 운영규정

① 공동연구 사업은 농촌진흥청이 법령에 근거하여 연구개발과제를 특정하여 그 연구개발비의 전부 또는 일부를 출연하거나 공공기금 등으로 지원하는 연구개발 사업이다.

② 농업과학기술 연구개발 사업은 농업 · 농업인 · 농촌과 관련된 과학기술을 연구 및 개발하여 새로운 이론과 지식 등 성과를 창출하는 사업이다.

③ 기술료는 연구개발 결과물을 실시하는 권리를 획득한 대가로 실시권자가 국가, 전문기관 또는 연구개발 결과물을 소유한 기관에 지급하는 금액으로서 현금 또는 유가증권

④ 연구개발 사업 어젠다는 농촌진흥청이 연구개발 사업을 통해 해결해야 할 의제를 중심으로 설정한 최상위 목표 단위이다.

❷ 신기술 농업기계 지정을 위한 절차별 심사기준

구분	심사기준
서류심사	A. 기술성 평가 1. 국내외 기술수준과 비교하여 기술적 우위정도 2. 제품에서 차지하는 기술적 가치의 비중 정도 3. 제품의 성능 및 품질을 재현할 수 있는 기술의 완성정도 4. 기술의 수직적 측면에서 성장 · 발전의 가능성 정도 5. 핵심기술이 제품의 본연의 기능 및 성능과 직접적인 관련정도 B. 경제성 평가 1. 기존 유사 · 동종제품에 대한 성능 · 품질의 우위성 2. 시장수요의 충족정도, 가격수준 등 생산 · 가격 경쟁력 정도 3. 신규 시장개척, 수입대체, 수출증대 등 시장규모의 정도 C. 기타 사항 1. 제품의 개발 및 실용화 정도 2. 인증 제외대상 해당여부 및 해당제품에 대한 강제인증 획득여부 3. 우수한 품질의 제품을 생산할 수 있는 품질경영체계 구축정도 4. 기술개발자들의 해당기술에 대한 개발능력 보유정도 5. 유사품목에 인증여부 및 재신청 가능기간 준수여부 6. 공인기관 시험성적서 제출 및 선행기술 권리 침해 여부 7. 추가확인 필요자료

현장심사	A. 제품평가 1. 연구개발 현황 및 기술개발방법(자체개발내용, 비중 등) 2. 제품의 국산화 및 부품 수입정도 3. 제품개발의 문제점과 한계성 극복정도 4. 신청 농업기계에 대한 성능 및 품질 우위정도 5. 신청 농업기계의 시험 성능에 대한 객관화 및 평가방법 · 지정기준의 적정성 6. 신청 농업기계의 구조 및 성능 7. 시험성적서 제출 8. 추가확인 필요자료 B. 품질관리체계 1. 공정관리의 상태(품질인증시스템) 및 제품의 품질관리 정도 2. 품질경영 및 자재의 관리 정도 3. 시험 · 검사상태 및 부품 · 재료 · 완제품 관리상태 C. 기타 사항 1. 서류심사 제출자료 진위여부 2. 신청 농업기계의 시장성 3. 부품, 재료 등의 국산화 정도 4. 제품설계 정도(독자설계, 외국기술도입 등)
종합심사	지정기준의 적합여부, 서류 및 현장심사 결과 적정 및 지정의 필요성

❸ 농업기계화 기본계획

① 농기계 공동이용 확대

㉠ 농기계 임대사업, 은행사업의 효과적 운영 : 활용도 높은 기종 중심 충분한 수량 확보 및 적정 임대료 징수 유도 및 무인 헬기를 이용한 공동작업 확대 및 장기적으로 밭농사 농작업도 대행하여 수익창출

㉡ 공동경영체 중심의 농기계 효율적 운용 : 공동생산 품목의 다양화와 이에 맞는 농기계 공급 추진, 농기계 지원 사업간 연계성을 강화하여 공동 생산 확대 및 기술지도 강화로 공동이용촉진 및 지원 효율성 제고

㉢ 농업용 면세유 공급기한 연장 및 공급기종 확대 : 공급기한 연장, 대상기종 확대, 홍보 강화 및 부정사용 억제

② 밭작물 기계 보급과 일관기계화 촉진

㉠ 마늘, 양파, 고추, 콩의 밭작물 브랜드육성품목 중심으로 개발보급 하며, 농가의견 수렴 및 밭작물 기계화 표준재배법과 병행한 시스템 구축

㉡ 농가가 필요한 개발기종 선정, 평가 시 관련 농업인 및 단체 등 수요자 요구 반영 강화

㉢ **소요 개발비를 감안 개발주체를 선정, 실효성을 제고** : 작목이 손상을 입지 않도록 하는 등 일정부분 개발비가 많이 드는 기종은 관련부처 지원 사업으로 추진하고 단순 중소형 기종은 농업공학부 연구사업, 농림기술개발사업 활용

㉣ 노력절감형 재배 · 관리기술 개발로 고품질 다수확 상품 생산

㉤ **생산설비 및 구입자금 우대지원 등으로 실용화를 촉진** : 밭작물 기계화 촉진을 위한 중점 개발대상 농기계에 대한 생산 설비 및 구입자금 우대 지원

③ 농산식품 가공시스템 선진화

㉠ FTA에 대응한 품목별 농산식품 가공체계에 대한 연구 강화

㉡ 생산에서 판매까지 단지화 구축 통한 품질향상과 농가소득 증대를 위한 개발비 확대 지원

㉢ 고부가가치 농업을 위한 수확 후 기계개발

㉣ **현장기술을 접목한 식품관련 기계 지원체계 마련** : 농산식품 가공체계와 단위기계 개발을 전담할 연구기관 지정 및 지원

④ 고성능 융 · 복합 신기술 개발 지원

㉠ **IT · BT 융합 미래형 농기계 개발 · 보급** : IT · BT 등 첨단기술과의 융 · 복합, 농작업의 자동화 · 로봇화 핵심기술 및 가축복지형 동물생산공정 자동화 기술 등

㉡ **화석연료 대체 및 에너지 절약형 농기계 개발 · 보급** : 냉난방시스템 성능 향상, 설치비용 저감기술 및 지열 등 신재생에너지 활용

TIP

식물신품종보호제도

도입배경 : 1980년대 중반 이후 지적재산권보호가 미국, EU, 일본 등 주요 선진국의 통상현안으로 등장하였고, 1994년 UR타결에 따라 세계무역기구의 무역관련 지적재산권협정이 다자간 협정으로 제정되어 1995년 1월 1일부터 발효되었고 TRIPs 협정은 식물품종을 특허법 또는 개별법 등으로 보호하도록 하여 품종보호제도는 WTO 가입국가의 의무사항이 되었다. 식물신품종보호제도는 1995년 종자산업법 제정과 함께 도입되어, 1997년 12월 31일 종자 산업법이 발효되면서 시행되었다.

출제 예상 문제

1 다음 중 농업 R&D에 관한 설명으로 적절하지 못한 것은?

① 농업 R&D 보급은 R&D 지출을 통해 농업생산에 투입되는 비용을 줄이고자 하는 의도를 가지고 있다.
② 농림 R&D 투자는 녹색혁명을 통한 식량작물의 획기적인 생산성 향상과 식량문제의 해결이라는 성과를 가져왔다.
③ 농업인의 소득 증대를 위한 고부가가치화 및 산업화 전략의 일환으로 정부와 민간의 농림 R&D 사업이 확대되어야 할 것이다.
④ 농업부분에 연구기술개발은 사회 전체적인 편익보다 농민 개인의 편익을 우선시한다.

TIP 농업부분에 연구기술개발은 사회 전체적인 편익을 극대화하며, 사회의 편익에는 농업의 지속성, 환경, 식품안전, 소득분배, 지역의 고용증대, 식량안보 등 시장가치로 평가하지 못하는 다양한 경제적 효율 외적인 공익적 기능이 포함되어 있다.

2 다음 중 농업 연구에 대한 특성으로 옳지 못한 것은?

① 농업 R&D는 다른 분야와 달리 투자에 따른 파급효과가 단기간에 나타난다.
② 농림연구의 편익이 국민을 대상으로 하기 때문에 공공성의 비중이 높은 편이다.
③ 개발수요자인 농업인이 기술을 제공받아 적용 및 실용화에 실패하였을 시 이에 대한 책임은 공공의 부담으로 전환되는 경향이 있다.
④ 농림업관련 기업이 매우 영세하고 경쟁력이 취약하여 연구기술이전에 대한 경제적 지불 능력을 가지기 어렵다.

TIP 농업 R&D는 다른 분야와 달리 투자에 따른 파급효과가 단기간에 나타나기 어렵다는 특성이 있고 이로 인해 파생되는 세부적 특성들이 있으며 이는 농업 R&D 투자한계를 지적할 수 있으나 역으로 말하면 농업 부문에 R&D 투자를 지속적으로 지출해야 하는 논거로 작용한다.

Answer 1.④ 2.①

3 **다음 중 연구개발 사업 어젠다에 대한 내용으로 틀린 것은?**

① 농촌진흥청장은 연구개발 사업을 체계적으로 운영하기 위하여 농촌진흥청의 모든 연구 분야를 어젠다로 설정하여 추진한다.

② 설정한 어젠다는 연구목표를 달성하기 위하여 하위 단계에 한 개 이상의 소과제와 대과제로 구성되며, 어젠다 및 대과제의 체계는 농촌진흥청 조직 체계와의 연계성을 고려한다.

③ 농촌진흥청장은 연구개발 사업에 관한 사항을 심의 · 의결하기 위하여 어젠다 운영위원회를 설치하여 운영할 수 있다.

④ 어젠다는 해당분야의 소속기관 부장(부서장)이 책임자를 담당하고, 대과제는 해당분야의 소속기관 과장(팀장)이 책임자를 담당하는 것을 원칙으로 한다.

TIP 설정한 어젠다(Agenda)는 연구목표를 달성하기 위하여 하위 단계에 한 개 이상의 대과제로 구성되며, 어젠다 및 대과제의 체계는 농촌진흥청 조직 체계와의 연계성을 고려한다.

※ **농촌진흥청 농업과학기술 연구개발 사업 운영규정 제4조**(연구개발사업 어젠다)

① 농촌진흥청장은 연구개발 사업을 체계적으로 운영하기 위하여 농촌진흥청의 모든 연구 분야를 어젠다로 설정하여 추진한다.

② 제1항에 따라 설정한 어젠다는 연구목표를 달성하기 위하여 하위 단계에 한 개 이상의 대과제로 구성되며, 어젠다 및 대과제의 체계는 농촌진흥청 조직 체계와의 연계성을 고려한다.

③ 연구개발 사업은 어젠다 체계 하에서 운영하는 것을 원칙으로 한다.

④ 제2항에 따라 구성한 어젠다는 해당분야의 소속기관 부장(부서장)이 책임자를 담당하고, 대과제는 해당분야의 소속기관 과장(팀장)이 책임자를 담당하는 것을 원칙으로 한다. 이 경우 어젠다 책임자와 대과제 책임자는 연구개발 사업 또는 연구개발과제의 관리를 위하여 간사를 둘 수 있다.

⑤ 제3항에도 불구하고 어젠다 체계와 다르게 운영할 필요가 있는 연구개발사업의 경우에는 이 규정의 절차를 준용하여 사업담당부서가 운영을 주관할 수 있다. 이 경우 연구개발 사업 운영과 관련된 세부사항은 별도의 운영지침에서 정한다.

Answer 3.②

4 **다음 중 농촌진흥청 농업과학기술 연구개발 사업 운영규정에 대해 잘못 설명하고 있는 것은?**

① 농업과학기술 연구개발 사업이란 농업 · 농업인 · 농촌과 관련된 과학기술을 연구 · 개발하여 새로운 이론과 지식 등의 성과를 창출하는 사업을 말한다.

② 공동연구 사업이란 농촌진흥청이 법령에 근거하여 연구개발과제를 특정하여 그 연구개발비의 전부 또는 일부를 출연하거나 공공기금 등으로 지원하는 연구개발 사업을 말한다.

③ 연구개발 사업 어젠다란 농촌진흥청이 연구개발 사업을 통해 해결해야 할 의제를 중심으로 설정한 최상위 목표 단위를 말한다.

④ 기술료란 국가연구개발사업의 목적을 달성하기 위하여 국가 등이 반대급부 없이 예산이나 기금 등에서 연구수행기관에게 지급하는 연구경비를 말한다.

TIP 기술료란 연구개발 결과물을 실시하는 권리를 획득한 대가로 실시권자가 국가, 전문기관 또는 연구개발 결과물을 소유한 기관에 지급하는 금액으로서 현금 또는 유가증권 등을 말한다.

5 **다음 중 농촌진흥청장이 공동연구개발과제의 유사 · 중복 여부를 판단하는 데이터베이스는?**

① 국가과학기술종합정보시스템

② 오피넷

③ 과학기술지식정보시스템

④ 환경신기술정보시스템

TIP 국가과학기술종합정보시스템(NTIS)에서 할 수 있다. 농촌진흥청장은 연구개발과제의 유사 · 중복 여부는 국가과학기술종합정보시스템(NTIS)을 통하여 검토하여야 한다. 다만, 연구개발과제 사이에 경쟁이나 상호 보완이 필요한 경우에는 유사 · 중복되는 연구개발과제로 판단하지 아니할 수 있다.

6 **다음 중 공동연구사업 연구개발과제의 공모 · 신청을 위해 공동연구사업 연구개발과제를 공모할 경우 ATIS 등을 활용하여 며칠을 공고해야 하는가?**

① 10일

② 20일

③ 25일

④ 30일

TIP 농촌진흥청장은 「농촌진흥법 시행령」제5조제2항에 따라 공동연구사업 연구개발과제를 공모할 경우에는 ATIS 등을 활용하여 30일 이상 공고하여야 한다. 다만, 국가 안보 및 사회 · 경제에 파장이 우려되는 분야의 경우에는 이를 공고하지 아니할 수 있다.

Answer 4.④ 5.① 6.④

7 어젠다별 연구 성과의 진단·분석을 실시하고 연구개발과제를 운영하기 위해 기술수요조사를 실시하고, 그 결과를 반영하여 연구개발과제를 발굴할 수 있는 자는?

① 농촌진흥청장 ② 사업단장
③ 소속기관 과장 ④ 간사

TIP 농촌진흥청장은 연구개발 사업을 원활하게 추진하기 위하여 사업단을 구성하여 운영할 수 있으며, 농촌진흥청장은 어젠다별 연구 성과의 진단·분석을 실시하고 그 결과를 소속기관 평가와 신규과제 기획 과정의 성과목표 설정 등에 반영할 수 있다. 또한 농촌진흥청장은 기술수요조사를 실시하고, 그 결과를 반영하여 연구개발과제를 발굴할 수 있다. 다만, 시급하거나 전략적으로 반드시 수행할 필요가 있는 연구개발과제의 경우는 기술수요조사를 생략할 수 있다.

8 다음 중 농업과학기술 연구개발 사업 운영규정 중 기술수요조사와 분석에 대한 내용으로 틀린 것은?

① 상시 기술수요조사는 농촌진흥사업 종합관리시스템(ATIS)을 통하여 연중 실시한다.
② 정기 기술수요조사는 다음 해 과제기획을 위하여 관련 부처와 공동으로 ATIS 등을 활용하여 매년 11~12월에 실시한다.
③ 농촌진흥청장은 제안된 기술수요를 어젠다, 전문분야, 기술코드별로 분류하여 기술수요 목록을 작성한다.
④ 어젠다 책임자와 대과제 책임자는 연구개발과제 발굴을 위하여 선행 개발기술 존재 여부, 연구개발과제 중복성, 기존 수행여부 등을 검토하여야 한다.

TIP 정기 기술수요조사는 다음 해 과제기획을 위하여 관련 부처와 공동으로 ATIS 등을 활용하여 매년 2~3월에 30일간 실시한다.

※ **농촌진흥청 농업과학기술 연구개발 사업 운영규정 제11조**(기술수요조사와 분석)

① 농촌진흥청장은 기술수요조사를 실시하고, 그 결과를 반영하여 연구개발과제를 발굴할 수 있다. 다만, 시급하거나 전략적으로 반드시 수행할 필요가 있는 연구개발과제의 경우는 기술수요조사를 생략할 수 있다.
② 상시 기술수요조사는 농촌진흥사업 종합관리시스템(ATIS)을 통하여 연중 실시한다.
③ 정기 기술수요조사는 다음 해 과제기획을 위하여 관련 부처와 공동으로 ATIS 등을 활용하여 매년 2~3월에 30일간 실시한다.
④ 농촌진흥청장은 제안된 기술수요를 어젠다, 전문분야, 기술코드별로 분류하여 기술수요 목록을 작성하고, 이를 관련 부처와 어젠다 책임자에게 제공한다.
⑤ 어젠다 책임자와 대과제 책임자는 연구개발과제 발굴을 위하여 선행 개발기술 존재 여부, 연구개발과제 중복성, 기존 수행여부 등을 검토하여야 한다.
⑥ 농촌진흥청장은 기술수요조사 결과 중에서 실용화 과제 등 경제적 타당성 검토가 필요한 연구개발과제에 대하여 사전 경제적 타당성 분석을 실시할 수 있다.

Answer 7.① 8.②

9 다음 중 다음에서 차세대 바이오그린 21사업의 중점 추진 분야인 것들을 모두 고르면?

㉠ 차세대 유전체연구 분야	㉡ 동물유전체육종 분야
㉢ 농생명 원천기술 분야	㉣ 식물분자육종 분야
㉤ 동물바이오신약 및 장기개발 분야	㉥ 유전자변형(GM)작물 실용화 분야
㉦ 농생명 바이오식 의약소재개발 분야	㉧ 시스템 합성 농생명공학 분야

① ㉠, ㉢, ㉣
② ㉡, ㉣, ㉤, ㉥
③ ㉢, ㉤, ㉥, ㉦, ㉧
④ ㉠, ㉡, ㉢, ㉣, ㉤, ㉥, ㉦

TIP 모두 다 정답이다. 2011년 1월 농촌진흥청에서는 대한민국을 세계적인 농생명산업 국가로 육성하기 위하여 차세대 바이오그린 21사업을 시작하였다.

※ **농촌진흥청 농업과학기술 연구개발사업 운영규정 제41조**(차세대 바이오그린 21사업)

① 차세대 바이오그린 21사업의 중점 추진 분야는 다음과 같다.

1. 차세대유전체연구 분야
2. 동물유전체육종 분야
3. 식물분자육종 분야
4. 유전자변형(GM)작물 실용화 분야
5. 농생명 바이오식 의약소재개발 분야
6. 시스템 합성 농생명공학 분야
7. 동물바이오신약 · 장기개발 분야
8. 그 밖에 농생명 원천기술 및 미래기술 선도 분야 등 농촌진흥청장이 정하는 사항

10 다음 중 국제공동연구의 사업대상 분야로 묶인 것은?

㉠ 국내기술 또는 농촌진흥청의 단독 기술개발로 해결이 곤란한 경우
㉡ 연구목표의 조기달성이 어려워 외국의 연구기관과 공동으로 첨단 · 핵심 농업기술을 개발하고자 하는 경우
㉢ 국제 농업이슈 및 현안해결에 국제 간 공동대응이 필요한 경우
㉣ 위탁연구개발비를 연차계획서보다 20퍼센트 이상 늘리려는 경우
㉤ 해당 연구개발과제 수행을 위하여 신규로 채용한 중소기업 소속 연구자의 인건비를 연차계획서보다 감액하려는 경우

① ㉠
② ㉠, ㉡, ㉢
③ ㉢, ㉣, ㉤
④ ㉠, ㉣, ㉤

Answer 9.④ 10.②

TIP 농촌진흥청 농업과학기술 연구개발 사업 운영규정 제40조(국제공동연구)

① 국제공동연구의 사업대상 분야는 다음과 같다.

1. 국내기술 또는 농촌진흥청의 단독 기술개발로 해결이 곤란하거나 연구목표의 조기달성이 어려워 외국의 연구기관과 공동으로 첨단 · 핵심 농업기술을 개발하고자 하는 경우
2. 국제 농업이슈 및 현안해결에 국제간 공동대응이 필요하여 외국과 공동으로 연구를 해야 하는 경우
3. 기타 농촌진흥청장이 국제공동연구가 필요하다고 인정하는 경우

11 **다음 중 신품종개발 공동연구의 대상이 아닌 것은?**

① 소속기관에서 육성한 계통의 지역적응시험 및 특성검정시험을 통한 신품종 육성시험

② 벼, 보리 등 주요 농작물의 생육 및 수량을 예측하고 연차 간, 지역 간의 변이를 비교 · 평가하여 신품종 개발의 기초자료로 활용하기 위하여 추진하는 작황시험

③ 우수한 국내 신품종의 재배확대와 소규모 작목의 국내 신품종 조기 정착을 위한 신품종 이용촉진사업

④ 지역여건에 맞는 특화작목 기술 개발

TIP 지역여건에 맞는 특화작목 기술 개발은 지역특화작목기술개발사업의 중점 추진 분야에 해당한다.

※ 제44조(신품종개발 공동연구)

① 신품종개발 공동연구의 대상은 다음과 같다.

1. 소속기관에서 육성한 계통의 지역적응시험 및 특성검정시험을 통한 신품종 육성시험
2. 벼, 보리 등 주요 농작물의 생육 및 수량을 예측하고 연차 간, 지역 간 변이를 비교 · 평가하여 신품종 개발의 기초자료로 활용하기 위하여 추진하는 작황시험
3. 우수한 국내 신품종의 재배확대와 소규모 작목의 국내 신품종 조기 정착을 위한 신품종 이용촉진사업

② 신품종 육성시험, 작황시험 및 신품종 이용촉진사업은 농촌진흥청 주관으로 소속기관이 주체가 되어 지방농촌진흥기관과 공동으로 수행한다.

③ 신품종개발 공동연구에서 대상으로 하는 작물은 다음과 같다.

1. 지역적응시험과 특성검정시험 : 소속기관에서 육성하는 모든 작물. 단, 시설 내에서 재배되는 채소, 화훼작물 등은 특성검정시험만을 수행할 수도 있다.
2. 작황시험 : 벼, 보리, 콩 등 주요 농작물
3. 신품종 이용촉진사업 : 농촌진흥청 또는 지방농촌진흥기관에서 최근 5년 이내에 개발한 품종. 단, 장기적인 재배기간이 필요한 과수 등의 작목은 최근 8년 이내에 개발한 품종으로 할 수 있다.

④ 신품종개발 공동연구의 운영에 관한 세부적인 사항은 운영지침에서 정한다.

Answer 11.④

12 **다음 중 우장춘 프로젝트 분야에 해당하지 않는 것은?**

① 세계적인 학술적 연구 성과 도출을 통한 청 위상 및 국격 제고 분야
② 고위험 고수익형 원천융합기술 개발로 농업을 한 단계 업그레이드할 수 있는 대형 실용화기술 개발 촉진 분야
③ 농업분야 신성장 동력 창출을 선도할 세계적인 과학자 육성 분야
④ 농림축산식품 바이오정보 고도화 사업 분야

TIP 농림축산식품 바이오정보 고도화 사업 분야는 포스트게놈 다 부처 유전체사업의 중점 지원 대상 분야에 해당한다.
※ 제43조(우장춘프로젝트)
① 우장춘프로젝트 사업의 중점 추진 분야는 다음과 같다.
1. 세계적인 학술적 연구성과 도출을 통한 청 위상 및 국격 제고 분야
2. 고위험 고수익형 원천융합기술 개발로 농업을 한 단계 업그레이드할 수 있는 대형 실용화기술 개발 촉진 분야
3. 농업분야 신성장 동력 창출을 선도할 세계적인 과학자 육성 분야
4. 그 밖에 미래농업기술 선도 분야 등 농촌진흥청장이 정하는 사항

13 **다음 중 농촌진흥청장은 지방 농업연구개발 사업을 촉진하기 위하여 도농업 기술원, 시·군 농업기술센터 소속 연구직 공무원의 국제학술활동을 지원할 수 있는 범위에 해당하지 않는 것은?**

① 학술회의 발표
② 첨단 기술 연수
③ 연구노트 작성 및 관리 방법
④ 해외정보 수집

TIP 연구노트 작성 및 관리 방법은 해당사항이 아니다.
※ 제63조(지방 연구직 공무원의 국제 학술활동 지원)
① 농촌진흥청장은 지방 농업연구개발 사업을 촉진하기 위하여 도농업 기술원, 시·군 농업기술센터 소속 연구직 공무원의 국제학술활동을 지원할 수 있다.
② 농촌진흥청장이 제1항에 따라 지원하는 범위는 다음과 같다.
1. 학술회의 발표, 국제회의 참가
2. 해외정보 수집
3. 첨단 기술 연수 등

Answer 12.④ 13.③

14 다음 중 신기술 농업기계 지정의 기준에 해당되지 않는 것은?

① 타인의 지식재산권을 침해하지 아니할 것
② 신청농업기계의 성능과 품질이 같은 종류의 다른 농업기계와 비교하여 뛰어나게 우수할 것
③ 수출 증대 및 관련 산업에 미치는 영향 등 경제적 파급 효과가 클 것
④ 정보적 가치와 증거적인 가치를 모두 가질 수 있을 것

TIP ④는 해당되지 않는다.
※ **신기술 농업기계의 지정 및 관리 요령 제2조**(신기술 농업기계 지정 기준 및 대상)
① 「농업기계화 촉진법」에 따른 신기술 농업기계 지정의 기준은 다음과 같다.
1. 신청농업기계의 핵심기술이 국내에서 최초로 개발된 기술 또는 이에 준하는 대체기술로서 기존의 기술을 혁신적으로 개선 · 개량한 신기술 일 것
2. 신청농업기계의 성능과 품질이 같은 종류의 다른 농업기계와 비교하여 뛰어나게 우수할 것
3. 같은 품질의 농업기계를 지속적으로 생산할 수 있을 것
4. 타인의 지식재산권을 침해하지 아니할 것
5. 기술적 파급 효과가 클 것
6. 수출 증대 및 관련 산업에 미치는 영향 등 경제적 파급 효과가 클 것
② 신기술 농업기계 지정의 대상은 사용자에게 판매되기 시작한 이후 3년이 지나지 아니한 제품으로 한다. 다만, 다음의 어느 하나에 해당하는 농업기계는 신기술 농업기계 지정의 대상에서 제외한다.
1. 이미 국내에서 일반화된 기술을 적용한 농업기계
2. 농업기계를 구성하는 핵심 부품 일체가 수입품인 농업기계
3. 적용한 신기술이 농업기계의 고유 기능과 목적을 구현하는 데에 필요하지 아니한 농업기계
4. 그 밖에 선량한 풍속에 반하거나 공공의 질서를 해칠 우려가 있는 농업기계

15 다음 중 골든씨드 프로젝트에 대한 설명으로 옳지 않은 것은?

① 골든씨드 프로젝트는 미래 농업환경 변화에 따라 새롭게 전개되고 있는 글로벌 종자시장 선점을 통한 글로벌 종자강국 실현을 위해 만들어졌다.
② 2011년도 예비타당성 조사에서 사업추진 타당성 인정받았다.
③ 글로벌 시장개척 종자는 보유 강점기술 기반으로 수출시장 개척용 종자들로 벼, 감자, 옥수수, 배추, 고추, 수박, 무, 넙치, 전복, 바리과가 해당된다.
④ 수입대체 종자 개발 품목은 양파, 양배추, 우엉, 오이, 한라봉, 도라지, 버섯, 돼지, 닭, 김 등이다.

TIP 골든씨드 프로젝트 공동연구는 수출용 감자, 벼 및 옥수수의 품종 그리고 수출 및 수입 대체용 종돈 및 종계개발 및 기반조성에 필요한 기술개발을 대상으로 하며 수입대체 종자 개발 품목은 양파, 양배추, 토마토, 파프리카, 감귤, 백합, 버섯, 돼지, 닭, 김 등이다.

Answer 14.④ 15.④

16 다음 중 지방농촌진흥기관에서 수행하는 연구개발사업의 관리를 위한 시스템은?

① LATIO
② LATIS
③ ATIS
④ ATIO

TIP 지방농촌진흥사업 종합관리시스템(LATIS)은 통합된 농업연구 개발과제 관리서비스시스템으로, 농업연구개발과제의 효율적 관리를 통해 과제의 중복성 제거와 실시간 정책통계 분석 서비스에 의한 사업 조정과 성과물의 신속한 활용체계 전환을 가능하게 하는 시스템이다.

※ **제64조**(지방 농업연구개발사업의 관리)

① 농촌진흥청장은 지방농촌진흥기관에서 수행하는 연구개발사업의 관리를 위한 지방농촌진흥사업 종합관리시스템(LATIS)을 구축 · 운영할 수 있다.

② 농촌진흥청장은 제13조에 따른 중복성 검토 및 연구개발사업 관리의 효율성 제고를 위하여 지방농촌진흥기관에서

17 다음 중 농촌진흥청이 농업기술의 실용화를 촉진하기 위하여 지원하는 사업 가운데 농식품 산업체가 농촌진흥청 또는 지방농촌진흥기관 또는 전담기관을 통하여 이전받은 기술을 상용화하는데 소요되는 시제품 개발비를 지원하는 사업은?

① 연구개발성과 실용화지원 사업
② 농식품 산업체 R&D기획지원 사업
③ 농업기술 시장진입 경쟁력 강화사업
④ 농업기술 마케팅 강화사업

TIP 연구개발성과 실용화지원 사업은 농식품 산업체가 농촌진흥청 또는 지방농촌진흥기관 또는 전담기관을 통하여 이전받은 기술을 상용화하는데 소요되는 시제품 개발비를 지원하는 사업을 말한다.

※ **농촌진흥청 농업기술실용화지원 사업 운영규정 제5조**(세부사업)

① 전담기관의 장은 실용화지원사업의 목적달성을 위하여 다음의 사업을 세부사업으로 운영할 수 있다.

1. 연구개발성과 실용화지원 사업 : 농식품 산업체가 농촌진흥청 또는 지방농촌진흥기관 또는 전담기관을 통하여 이전받은 기술을 상용화하는데 소요되는 시제품 개발비를 지원하는 사업
2. 농식품 산업체 R&D기획지원 사업 : 농식품 산업체의 농업기술 실용화 촉진을 위하여 R&D기획역량을 제고하는데 지원하는 사업
3. 농업기술 시장진입 경쟁력 강화사업 : 농식품 산업체가 농촌진흥청 또는 지방농촌진흥기관 또는 전담기관을 통하여 이전받은 기술을 활용하여 개발한 시제품의 시장진입 및 확대에 소요되는 양산화 공정 개발비를 지원하는 사업
4. 농업기술의 실용화를 촉진하기 위하여 관리지침에서 명시한 사업

Answer 16.② 17.①

18 다음 중 농업과 농촌의 경쟁력을 선도하는 농업기계화의 기본 방향들이 아닌 것은?

① 농기계 단독이용 확대
② 밭작물 기계 보급과 일관기계화 촉진
③ 농산식품 가공시스템 선진화
④ 고성능 융·복합 신기술 개발 지원

TIP 농업기계화 기본계획에는 농기계 공동이용 확대가 포함되어 있다.

※ 농업기계화 기본계획

㉠ 농기계 공동이용 확대
- 농기계 임대사업, 은행사업의 효과적 운영 : 활용도 높은 기종 중심 충분한 수량 확보 및 적정 임대료 징수 유도 및 무인헬기를 이용한 공동작업 확대 및 장기적으로 밭농사 농작업도 대행하여 수익창출
- 공동경영체 중심의 농기계 효율적 운용 : 공동생산 품목의 다양화와 이에 맞는 농기계 공급 추진, 농기계 지원 사업 간 연계성을 강화하여 공동 생산 확대 및 기술지도 강화로 공동이용촉진 및 지원 효율성 제고
- 농업용 면세유 공급기한 연장 및 공급기종 확대 : 공급기한 연장, 대상기종 확대, 홍보 강화 및 부정사용 억제

㉡ 밭작물 기계 보급과 일관기계화 촉진
- 마늘, 양파, 고추, 콩의 밭작물 브랜드육성품목 중심으로 개발보급 하며, 농가의견 수렴 및 밭작물 기계화 표준재배법과 병행한 시스템 구축
- 농가가 필요한 개발기종 선정, 평가 시 관련 농업인 및 단체 등 수요자요구 반영 강화
- 소요 개발비를 감안 개발주체를 선정, 실효성을 제고 : 작목이 손상을 입지 않도록 하는 등 일정부분 개발비가 많이 드는 기종은 관련부처 지원 사업으로 추진하고 단순 중소형 기종은 농업공학부 연구사업, 농림기술개발사업 활용
- 노력절감형 재배·관리기술 개발로 고품질 다수확 상품 생산
- 생산설비 및 구입자금 우대지원 등으로 실용화를 촉진 : 밭작물 기계화 촉진을 위한 중점 개발대상 농기계에 대한 생산 설비 및 구입자금 우대 지원

㉢ 농산식품 가공시스템 선진화
- FTA에 대응한 품목별 농산식품 가공체계에 대한 연구 강화
- 생산에서 판매까지 단지화 구축을 통한 품질향상 및 농가소득 증대를 위한 개발비 확대 지원
- 고부가가치 농업을 위한 수확 후 기계개발
- 현장기술을 접목한 식품관련 기계 지원체계 마련 : 농산식품 가공체계와 단위기계 개발을 전담할 연구기관 지정 및 지원

㉣ 고성능 융·복합 신기술 개발 지원
- IT·BT 융합 미래형 농기계 개발·보급 : IT·BT 등 첨단기술과의 융·복합, 농작업의 자동화·로봇화 핵심기술 및 가축복지형 동물생산공정 자동화 기술 등
- 화석연료 대체 및 에너지 절약형 농기계 개발·보급 : 냉난방시스템 성능향상, 설치비용 저감기술 및 지열 등 신재생에너지 활용

19 다음 중 품종목록 등재의 유효기간은 등재한 날이 속한 해의 다음 해부터 언제까지로 되어 있는가?

① 10년 ② 15년
③ 20년 ④ 30년

TIP 품종목록 등재의 유효기간은 등재한 날이 속한 해의 다음 해부터 10년까지로 한다.

Answer 18.① 19.①

20 다음 중 신기술 농업기계 지정에 해당되지 않는 심사는?

㉠ 서류심사	㉡ 현장심사
㉢ 종합심사	㉣ 예고심사

① ㉠　　② ㉢

③ ㉣　　④ ㉡

TIP 농촌진흥청장은 신기술 농업기계 지정을 위하여 서류 · 면접심사, 현장심사 및 종합심사를 하는 것을 원칙으로 한다.

※ 신기술 농업기계 지정 세부심사기준

구분	심사기준
서류 · 면접심사	A. 기술성 평가 1. 국내외 기술수준과 비교하여 기술적 우위정도 2. 제품에서 차지하는 기술적 가치의 비중 정도 3. 제품의 성능 및 품질을 재현할 수 있는 기술의 완성정도 4. 기술의 수직적 측면에서 성장 · 발전의 가능성 정도 5. 핵심기술이 제품의 본연의 기능 및 성능과 직접적인 관련정도 B. 경제성 평가 1. 기존 유사 · 동종제품에 대한 성능 · 품질의 우위성 2. 시장수요의 충족정도, 가격수준 등 생산 · 가격 경쟁력 정도 3. 신규 시장개척, 수입대체, 수출증대 등 시장규모의 정도 C. 기타 사항 1. 제품의 개발 및 실용화 정도 2. 인증 제외대상 해당여부 및 해당제품에 대한 강제인증 획득여부 3. 우수한 품질의 제품을 생산할 수 있는 품질경영체계 구축정도 4. 기술개발자들의 해당기술에 대한 개발능력 보유정도 5. 유사품목에 인증여부 및 재신청 가능기간 준수여부 6. 공인기관 시험성적서 제출 및 선행기술 권리 침해 여부 7. 추가확인 필요자료

Answer 20.③

현장심사	A. 제품평가 1. 연구개발 현황 및 기술개발방법(자체개발내용, 비중 등) 2. 제품의 국산화 및 부품 수입정도 3. 제품개발의 문제점과 한계성 극복정도 4. 신청 농업기계에 대한 성능 및 품질 우위정도 5. 신청 농업기계의 시험 성능에 대한 객관화 및 평가방법 · 지정기준의 적정성 6. 신청 농업기계의 구조 및 성능 7. 시험성적서 제출 8. 추가확인 필요자료 B. 품질관리체계 1. 공정관리의 상태(품질인증시스템) 및 제품의 품질관리 정도 2. 품질경영 및 자재의 관리 정도 3. 시험 · 검사상태 및 부품 · 재료 · 완제품 관리상태 C. 기타 사항 1. 서류심사 제출자료 진위여부 2. 신청 농업기계의 시장성 3. 부품, 재료 등의 국산화 정도 4. 제품설계 정도(독자설계, 외국기술도입 등)
종합심사	지정기준의 적합여부, 서류 · 면접심사 및 현장심사 결과 적정 및 지정의 필요성

21 다음 중 종자 산업법에서 정의하는 종자에 해당하는 것이 아닌 것은?

① 씨앗

② 버섯 종균

③ 묘목

④ 난자

TIP 종자 산업법은 종자의 생산 · 보증 및 유통, 종자산업의 육성 및 지원 등에 관한 사항을 규정함으로써 종자산업의 발전을 도모하고 농업 · 임업 및 수산업 생산의 안정에 이바지함을 목적으로 도입된 법률이다.

Answer 21.④

22 다음 중 식물 신품종 육성자의 권리를 법적으로 보장하여 주는 지적재산권의 한 형태로 특허권, 저작권, 상표 등록권과 유사하게 육성자에게 배타적인 상업적 독점권을 부여하는 제도는?

① 국가품종목등록제도 ② 식물신품종보호제도
③ 종자보증제도 ④ 종자기증제도

TIP 식물신품종보호제도에 대한 질문이다. 식물신품종보호제도는 식물 신품종 육성자의 권리를 보호함으로써 우수품종 육성 및 우량종자의 보급을 촉진하여 농업 생산성의 증대와 농민소득을 증대하는데 있다. 통상적으로 신품종 개발에는 오랜 시간, 기술 및 노동력이 소요되며 많은 비용이 투입된다. 새로운 품종이 육성, 개발되어 일반대중에게 공개되었을 때 다른 사람에 의해 쉽게 복제 · 재생산된다면 신품종을 개발한 육성자의 투자에 대한 적절한 보상의 기회가 박탈되어 개발의욕을 상실하기 때문에 품종보호제도는 육성자로 하여금 타인이 육성자의 허락 없이는 신품종의 상업화를 할 수 없도록 규제 한다. 그리하여 품종보호권을 가진 육성자가 개발비용을 회수하고 육종투자로부터 이익을 거둘 수 있도록 하는데 목적이 있다.

※ 식물신품종보호제도

㉠ **도입배경** : 1980년대 중반이후 지적재산권보호가 미국, EU, 일본 등 주요 선진국의 통상현안으로 등장하였고, 1994년 UR타결에 따라 세계무역기구의 무역관련 지적재산권협정(WTO/TRIPs)이 다자간 협정으로 제정되어 1995년 1월1일부터 발효되었고 TRIPs(Trade Related Intellectual Properites) 협정은 식물품종을 특허법 또는 개별법 등으로 보호하도록 하여 품종보호제도는 WTO 가입국가의 의무사항이 되었다.

식물신품종보호제도는 1995년 종자산업법 제정과 함께 도입되어, 1997년 12월 31일 종자산업법이 발효되면서 시행되었다. 그러나, 종자산업법의 시행 결과 종자의 보증 · 유통관리 등에 관한 실체적 규정과 품종보호에 관한 절차적 규정이 단일법에 혼재되어 있어 법의 체계와 내용이 복잡하고 제도의 효율적인 운영에 한계점이 노출되어 목적에 맞게 별개의 법률로 분리함으로써 종자의 유통 · 보증과 품종보호 등 각 제도의 정체성을 명확히하고 제도의 의의를 최대한 살리는 취지에서 2012년 6월 1일자로 종전의 종자산업법에서 식물신품종보호법이 분리 · 제정되었고 2013년 6월 2일자로 발효되었다.

23 다음 중 농림축산식품부장관은 농업 생산의 안정상 중요한 작물의 종자에 대한 품종성능을 관리하기 위하여 해당 작물의 품종을 농림축산식품부령으로 정하는 국가품종목록에 등재할 수 있다. 다음 중 국가품종목록 관리 대상에 해당되지 않는 것은?

① 벼, 콩 ② 보리
③ 파인애플 ④ 옥수수, 감자

TIP 국가품종목록에 등재할 수 있는 대상작물은 벼, 보리, 콩, 옥수수, 감자와 그 밖에 대통령령으로 정하는 작물로 한다. 다만, 사료용은 제외한다.

Answer 22.② 23.③

03 농업경영컨설팅

❶ 지도사업 및 컨설팅의 비교

(1) 지도사업 및 컨설팅의 비교

구분	컨설팅	지도사업
대상	서비스 계약자	불특정 다수
정보범위	종합적	단편적
방법	문제 해결을 위해 상호 정보를 교환	일방적인 정보 전달 체계
사후관리	지속	별도로 마련되어 있지 않음

(2) 농업컨설팅의 일반적인 과정

순서	내용
컨설팅 요청	희망 농업인 농업기술센터에 요청
농가경영 진단	표준진단표 이용 경영진단
분석 및 처방	• 진단결과 분석 • 실천가능한 기술, 경영개선 처방
지도상담	• 전문지도사의 기술 및 경영 종합상담 • 기술과 경영의 개선 교육 및 현장 지도

(3) 농업경영컨설팅의 영역과 범위

구분	기술측면	경영측면
진단활동	• 번식 : 분만, 육성율 등 • 사료 : 사료구입비, 사료요구율 등 • 생산기술 : 수의진료, 상시사육두수 등	• 수익성 : 소득, 순수익, 소득율 등 • 안정성 : 자기자본 구성비율, 부채비율 등 • 성장성 : 시육두수의 변화 등 • 생산비 : 사료비, 생산비 등 • 생산성 : 총생산량, 소고기 생산량 등
지도활동	• 진단결과를 이용 지도안 제시 • 축사 및 시설 개보수 제시 • 병해충 및 질병치료 • 온실 및 축사 관리요령 제시	• 시설규모 및 사육두수를 제시 • 출하시기 및 출하량 등 제시 • 투자 타당성 제시 • 경영목표선정 및 전략계획 제시

❷ 농업경영컨설팅

(1) 농업경영컨설팅의 개요

① 컨설팅(Consulting)은 특정 대상에 대하여 해당분야의 전문가가 자신의 전문지식을 활용하여 문제점을 분석(진단)하여 구체적인 해결방안을 제시하여 주는 것이다.

② 농업경영에 대하여 전문적인 지식을 갖춘 외부전문가가 농가의 각 경영 상태를 분석, 진단하여 그 경영체의 경영개선을 위하여 필요한 사항을 처방하여 권고하고 그 권고를 실천하는데 있어서 지도자문하는 경영개선 기법을 말한다.

③ 국제노동기구(ILO)에서는 경영컨설팅에 대해 조직의 목적을 달성하는데 있어서 경영 · 업무상의 문제점을 해결하고 새로운 기회를 발견 · 포착하고 학습을 촉진하며, 변화를 실현하는 관리자와 조직을 지원하는 독립적이고 전문적인 자문서비스라고 하고 있다.

(2) 벤치마킹의 성공전략

구분	내용
경영자의 적극적인 참여	벤치마킹은 경영자로부터 시작하여, 경영체가 당면하고 있는 전략적 이슈 또는 성과개선이 필요하다고 판단되는 프로세스 등에 관한 우선순위를 파악하여 이를 추진하는 리더십이 필요하다.
적절한 교육 및 훈련 프로그램의 확보	벤치마킹은 다른 조직으로부터 지속적인 학습 및 개선을 의미하므로 벤치마킹에 필요한 사고와 행동을 유발시키기 위해서는 교육과 훈련이 필수적이다.
조사 및 정보수집 기능의 확보	경영체의 근본적인 문제점까지 조사와 분석할 수 있는 능력을 갖추거나, 유능한 전문가 층을 확보하여야 계획→자료수집→분석→경영개선 이라는 벤치마킹 순환주기를 원활히 추진할 수 있다.
충분한 사전 및 배움의 자세	자기 경영체의 내부진단에 의한 올바른 평가가 먼저 이루어져야 하며, 진단결과에 의해 나타난 문제점을 해결하기 위해서 배우고자 하는 마음가짐으로 꾸준히 노력하는 자세를 가져야 한다.

(3) 농가경영 컨설팅의 필요성

① 농업기술의 지속적인 발전으로 생산성 향상

② 농업 구조조정에 의한 개별농가의 경영규모 확대와 농업경영

③ 환경에 변화로 보다 전문화된 농업경영의 필요성 증대

④ 사회 환경도 과거에 비하여 날로 복잡해짐에 따라 보다 많은 경영상의 문제들이 발생

⑤ 농업인들의 경영여건의 변화에 대한 적응력은 타 산업분야에 비하여 뒤떨어지는 형편

❸ VRIO 분석

(1) 경영전략 분석 도구로 경쟁우위의 원천이 되는 자원/능력의 조건을 파악함으로써 핵심역량을 알기 쉽게 하는 분석 툴이다.

① V(value, 가치) : 특정 기업의 특정한 자원/능력이 기회를 이용하고 위협을 완화시킬 수 있다면 가치있는 자원/능력이다.

② R(rarity, 희소성) : 특정 기업의 특정한 자원/능력이 많은 다른 경쟁기업도 가지고 있다면 희소성이 없는 자원/능력이다. 경쟁우위의 원천이 될 수 없다.

③ I(imitability, 모방가능성) : 특정 자원을 소유하고 있지 않은 기업이 그 자원을 획득, 개발하는데 원가 열위를 가진다면 모방가능성이 낮은 자원이다. 경쟁우위의 원천이 될 수 있다.

④ O(organization, 조직) : 가치있고 희소하며 모방이 어려운 자원/능력을 이용할 수 있고 경쟁적 잠재력을 이용할 수 있도록 기업이 조직되어 있다면 경쟁우위의 원천이다.

(2) VRIO 분석 결과는 다음과 같다.

① 가치없다 : 경쟁 열위를 나타낸다.

② 가치있지만 희소하지 않다 : 경쟁에 영향을 주지 않는다.

③ 가치있고 희소하지만 모방하기 쉽다 : 임시적 경쟁우위만을 보장한다. 금방 따라 잡힌다.

④ 가치있고 희소하고 모방하기 어렵다 : 지속적 경쟁우위를 보장한다.

⑤ 가치있고 희소하고 모방하기 어려우며 조직특화적이다 : 지속적 경쟁우위의 유지 및 조직 특유 성과를 얻는다.

출제 예상 문제

1 다음 중 농업경영 컨설팅에 대한 설명으로 적절하지 못한 것은?

① 농업경영자는 자기의 경영수준이 어느 정도이고, 무엇이 문제이며, 무엇을 보완하여야 보다 더 발전할 수 있는지 생산에서 판매에 이르는 경영과정별로 조목조목 진단하여 경영을 개선해 나갈 필요가 있다.
② 농업경영에 대하여 전문적인 지식을 갖춘 외부전문가가 농가의 각 경영 상태를 분석, 진단하여, 그 경영체의 경영개선을 위하여 필요한 사항을 처방하여 권고하고, 그 권고를 실천하는데 있어서 지도자문하는 경영개선 기법을 농업경영컨설팅이라 정의할 수 있다.
③ 농업인의 경영능력보다 정부의 농업구조개선 노력이 농업경영에서 더욱 중요하다.
④ 컨설팅(Consulting)이란 특정 대상에 대하여 해당분야의 전문가가 자신의 전문지식을 활용하여 문제점을 분석(진단)하여 구체적인 해결방안을 제시하여 주는 것을 말한다.

TIP 우리 농업의 발전을 위하여는 정부의 농업구조개선 노력도 중요하지만 농업인의 경영능력에 따라 농가 간에 경영성과가 크게 차이가 나고 있으므로 무엇보다도 농업의 주체인 농업인들의 경영혁신 노력이 가장 필요하다. 동일한 품목, 비슷한 영농기반을 가지고도 경영주의 기술, 경영 능력에 따라 생산량 및 수익성이 크게 차이가 나고 있으므로 농업인을 과학적인 경영혁신 기법을 도입하여 농업인 스스로 자기의 경영수준이 어느 정도이고 무엇이 문제이며, 무엇을 보완하여야 보다 더 발전할 수 있는지 생산에서 판매에 이르는 경영과정별로 조목조목 진단하여 경영을 개선하여야 한다. 그러나 기업 경영체와는 달리 개별농업경영자는 획득 가능한 정보의 한계, 비교분석능력 등의 제약이 따르기 때문에 경영자 스스로 자기 경영을 진단하여 경영개선 사항을 찾아내어 실천하기는 매우 어려운 실정이다. 따라서 농촌지도사업을 담당하고 있는 농촌진흥청, 도농업 기술원, 시 · 군 농업기술센터에는 농업인들의 농가경영혁신 노력을 뒷받침하고 농업인 지도의 효율성을 제고하기 위하여 농가경영컨설팅을 강화하여야 할 것이다.

2 다음 중 부분경영계획의 수립 과정을 올바르게 나타낸 것은?

① 정보의 수집 → 문제의 정의 → 대안의 작성 → 대안의 분석 → 대안의 선택
② 정보의 수집 → 대안의 분석 → 문제의 정의 → 대안의 작성 → 대안의 선택
③ 문제의 정의 → 대안의 작성 → 정보의 수집 → 대안의 분석 → 대안의 선택
④ 문제의 정의 → 대안의 작성 → 정보의 수집 → 대안의 선택 → 대안의 분석

TIP 부분경영계획의 수립은 '문제의 정의 → 대안의 작성 → 정보의 수집 → 대안의 분석 → 대안의 선택' 과정을 거친다.

Answer 1.③ 2.③

3 다음 중 종합경영계획의 수립 과정을 올바르게 나타낸 것은?

① 경영목표 설정 → 작목 선정 → 자원상태 파악 → 경영전략 수립 → 경영계획서 작성
② 자원상태 파악 → 작목 선정 → 경영목표 설정 → 경영전략 수립 → 경영계획서 작성
③ 작목 선정 → 경영목표 설정 → 자원상태 파악 → 경영전략 수립 → 경영계획서 작성
④ 경영전략 수립 → 작목 선정 → 경영목표 설정 → 자원상태 파악 → 경영계획서 작성

TIP 종합경영계획의 수립은 '작목 선정 → 경영목표 설정 → 자원상태 파악 → 경영전략 수립 → 경영계획서 작성' 과정을 거친다.

4 경영체의 내부 및 외부 환경을 분석하여 강점, 약점, 기회, 위협 요인을 규정하고 이를 토대로 경영전략을 수립하는 기법은 무엇인가?

① PEST 분석 ② SWOT 분석
③ 4P MIX 분석 ④ 9 BLOCK 분석

TIP SWOT 분석이란 경영체의 내부 및 외부 환경을 분석하여 강점, 약점, 기회, 위협 요인을 규정하고 이를 토대로 경영전략을 수립하는 기법을 말한다.
비즈니스모델캔버스는 총 9가지 블록으로 구성되어 있으며 일반적인 접근 방식은 고객 세분화, 가치제안, 채널, 고객 관계, 수익원, 핵심자원, 핵심활동, 핵심파트너십, 비용구조 순이다.

5 농업경영 컨설팅에 대한 내용 중 잘못된 것은?

① 경영 컨설팅이란 특정 비즈니스의 경영 상태를 조사해 그 회사의 문제점을 파악하고, 적합한 해결책을 제시해 주는 경영 자문 서비스를 말한다.
② 국제노동기구(ILO)에서는 경영컨설팅에 대해 조직의 목적을 달성하는데 있어서 경영 · 업무상의 문제점을 해결하고 새로운 기회를 발견 · 포착하고, 학습을 촉진하며, 변화를 실현하는 관리자와 조직을 지원하는 독립적이고 전문적인 자문서비스라 부른다.
③ 컨설팅이란 제품을 생산자로부터 소비자에게 원활하게 이전하기 위한 기획 활동을 말한다.
④ 경영컨설팅을 통해 조직 효과성 증대를 위한 방안을 모색을 할 수 있다.

TIP 컨설팅(consulting)이란 어떤 분야에 전문적인 지식을 가진 사람이 고객을 상대로 상세하게 상담하고 도와주는 것을 말한다. 즉 특정한 대상에 대하여 해당 전문가들이 지식을 활용해 목표달성이나 문제해결을 위한 의사결정에 도움을 주는 서비스 활동이다. 제품을 생산자로부터 소비자에게 원활하게 이전하기 위한 기획 활동은 마케팅이다.

Answer 3.③ 4.② 5.③

6 다음 중 일반적인 컨설팅의 프로세스는?

① 컨설팅 요청→농가경영 진단→분석 및 처방→지도상담
② 농가경영 진단→컨설팅 요청→분석 및 처방→지도상담
③ 컨설팅 요청→농가경영 진단→지도상담→분석 및 처방
④ 컨설팅 요청→지도상담→분석 및 처방→농가경영 진단

TIP 컨설팅 요청→농가경영 진단→분석 및 처방→지도상담 순으로 진행된다.

※ 컨설팅의 과정

순서	내용
컨설팅 요청	희망 농업인 농업기술센터에 요청
농가경영 진단	표준진단표 이용 경영진단
분석 및 처방	• 진단결과 분석 • 실천가능한 기술, 경영개선 처방
지도상담	• 전문지도사의 기술 및 경영 종합상담 • 기술과 경영의 개선 교육 및 현장 지도

7 다음 중 지도사업과 컨설팅의 차이점으로 옳은 것은?

① 지도사업 대상은 서비스 계약자이며, 컨설팅은 불특정 다수를 대상으로 한다.
② 지도사업 정보의 범위는 종합적인 반면, 컨설팅의 정보범위는 단편적이다.
③ 지도사업 이후 사후관리는 지속되지만, 컨설팅은 그렇지 않다.
④ 지도사업은 일방적인 정보를 전달하는 구조이며, 컨설팅은 문제 해결을 위해 상호 정보를 교환하는 체계이다.

TIP ① 지도사업 대상은 불특정 다수이며, 컨설팅은 서비스 계약자를 대상으로 한다.
② 지도사업 정보의 범위는 단편적인 반면, 컨설팅의 정보범위는 종합적이다.
③ 컨설팅 이후 사후관리는 지속되지만, 지도사업은 그렇지 않다.

Answer 6.① 7.④

8 다음 중 농업경영에서 컨설팅이 필요한 이유라 보기 어려운 것은?

① 인력 절감

② 전문가의 의견 수용

③ 정확한 진단과 해결방안 모색 가능

④ 단기적 판매를 위한 수단

TIP 농업경영 컨설팅은 농가의 당면한 경영 및 기술상의 특정문제를 해결하기 위하여 그 문제에 관한 전문적인 지식을 갖춘 사람이 문제의 해결방안을 강구한 후 농가에 제시하여 경영체가 경영을 개선해 나갈 수 있도록 유도하는 것이다. 농업경영자는 컨설팅을 통하여 계속해서 기술과 지식의 습득이 가능해지며, 새로운 지식과 기술을 습득해야만 선진적인 경영체들과 대결할 수 있고 지속적인 경영을 해나갈 수 있다.

※ **농가경영 컨설팅의 필요성** … 우리 나라의 농업에 있어서도 일반 기업과 마찬가지로 경영에 관한 관심이 높아지고 있으며, 이에 급속히 변화하는 농업인의 경영환경 및 경영체의 발전수준에 맞는 지도사업 추진 중에 있다.

㉠ 농업기술의 지속적인 발전으로 생산성 향상

㉡ 농업 구조조정에 의한 개별농가의 경영규모 확대와 농업경영

㉢ 환경에 변화로 보다 전문화된 농업경영의 필요성 증대

㉣ 사회환경도 과거에 비하여 날로 복잡해짐에 따라 보다 많은 경영상의 문제들이 발생

㉤ 농업인들의 경영여건의 변화에 대한 적응력은 타 산업분야에 비하여 뒤떨어지는 형편

9 다음 중 벤치마킹의 성공요건으로 보기 어려운 것은?

① 적절한 교육 및 훈련 프로그램의 확보

② 외부인의 적극적인 참여

③ 충분한 사전 배움의 자세

④ 정보수집 기능의 확보

TIP 벤치마킹(Bench Marking)은 본래 공학에서 사용하던 용어로 측량할 때 필요한 관측용 푯대를 뜻하는 벤치마크(Benchmark)에서 유래하였다. 벤치마킹이란 경영체가 경영성과의 지속적인 개선을 위해서 농산품의 생산 및 유통 그리고 농장 관리능력 등을 외부적인 비교기준을 통해 평가해서 개선해 나가자는 경영혁신실천기법을 말한다. 벤치마킹은 경영자로부터 시작하여 경영체가 당면하고 있는 전략적 이슈, 성과개선이 필요하다고 판단되는 프로세스 등에 관한 우선순위를 파악하여 이를 추진하는 리더십이 필요하다.

※ 벤치마킹의 성공전략

구분	내용
경영자의 적극적인 참여	벤치마킹은 경영자로부터 시작하여 경영체가 당면하고 있는 전략적 이슈 또는 성과개선이 필요하다고 판단되는 프로세스 등에 관한 우선순위를 파악하여 이를 추진하는 리더십이 필요하다.
적절한 교육 및 훈련 프로그램의 확보	벤치마킹은 다른 조직으로부터 지속적인 학습 및 개선을 의미하므로 벤치마킹에 필요한 사고와 행동을 유발시키기 위해서는 교육과 훈련이 필수적이다.
조사 및 정보수집 기능의 확보	경영체의 근본적인 문제점까지 조사와 분석할 수 있는 능력을 갖추거나, 유능한 전문가 층을 확보하여야 계획→자료수집→분석→경영개선 이라는 벤치마킹 순환주기를 원활히 추진할 수 있다.
충분한 사전 및 배움의 자세	자기 경영체의 내부진단에 의한 올바른 평가가 먼저 이루어져야 하며, 진단결과에 의해 나타난 문제점을 해결하기 위해서 배우고자 하는 마음가짐으로 꾸준히 노력하는 자세를 가져야 한다.

Answer 8.④ 9.②

10 농업경영 컨설팅의 영역과 범위에 대한 구분이 잘못 짝지어진 것은?

	경영분야	기술 분야		경영분야	기술 분야
①	생산비	번식	②	수익성	사료
③	성장성	안전성	④	생산성	생산기술

TIP ③ 안정성은 경영분야에 속하는 범위이다.

※ 농업경영컨설팅의 영역과 범위

구분	기술측면	경영측면
진단 활동	• 번식 : 분만, 육성율 등 • 사료 : 사료구입비, 사료요구율 등 • 생산기술 : 수의진료, 상시사육두수 등	• 수익성 : 소득, 순수익, 소득율 등 • 안정성 : 자기자본 구성비율, 부채비율 등 • 성장성 : 시육두수의 변화 등 • 생산비 : 사료비, 생산비 등 • 생산성 : 총생산량, 소고기 생산량 등
지도 활동	• 진단결과를 이용 지도안 제시 • 축사 및 시설 개·보수 제시 • 병해충 및 질병치료 • 온실 및 축사 관리요령 제시	• 시설규모 및 사육두수를 제시 • 출하시기 및 출하량 등 제시 • 투자 타당성 제시 • 경영목표선정 및 전략계획 제시

Answer 10.③

04 농업법인

1 농업법인경영

(1) 농업법인제도의 추진 경과

① 1962년 12월 농림부의 농업구조개선심의회에서 협업농 개념 제시

② 1967년 공포된 "농업기본법"에 협업농 육성이 규정

③ 1990년 농어촌발전특별조치법이 제정됨으로써 법적인 장치 마련

④ 법인 경영체 육성의 목적

㉠ 자본 및 기술 집약적 농업 실현의 추구

㉡ 농업의 경쟁력 제고를 위해 규모화에 의한 대규모 경영체의 육성

㉢ 농업회사법인은 기업적 농업경영을 통하여 생산성 향상, 농산물 유통, 가공, 판매함으로써 농업의 부가가치를 제고하고 농작업의 전부 또는 일부를 대행하는데 목적을 두고 있다.

㉣ 영농조합법인은 협업적 농업경영을 통하여 생산성을 높이고 농산물의 공동출하 및 가공, 수출 등으로 소득을 향상시키는데 목적이 있다.

(2) 농업법인의 법률적 성격

① 법인의 활동은 그 기관에 의하여 행한다.

② 법인은 주어진 활동을 위하여 각기 의사결정 기관을 가진다.

③ 법인은 법률에 의해서만 성립하며, 그 설립에 있어서 입법주의 원칙에 따른다.

④ 법인의 해산은 정관에서 정한 해산의 사유의 발생, 목적 사업의 성취 불능 등의 원인에 의해서 해산한다.

❷ 농업경영의 경영체 특성

(1) 농업경영의 법인화 의의

① 경영상의 유리성으로 법인경영의 인적 결합체적인 성격에서 비롯

② 농업경영에 대한 이미지 개선이나 의식

③ 인적집단 및 자본집단의 성격 모두 존재하므로, 경영의 효율성 원칙을 용이하게 추구 가능

④ 제도 및 정책적인 측면

㉠ 법인격을 획득으로 채권, 채무 및 권리, 의무의 주체로 각종 이점 향유

㉡ 농정 상의 혜택배려

(2) 가족농과 농업법인과의 성격 비교

가족농과 농업법인의 성격 비교			
구분	가족농	협업농	
		임의조직	농업법인
경영체 성격	단독 자연인	복수 자연인	복수출자자의 법인
사업 계속성	사망으로 종결	구성원의 해체로 소멸	영구적 또는 일정기간
책임 형태	무한책임	무한책임	무한 또는 유한 책임
자금 조달	개인의 투자	구성원의 투자	구성원 출자, 차입금 등
토지 조달	상속, 구입, 차입	구성원의 제공	출자, 구입, 차입
의사 결정	경영주 단독	구성원의 합의	구성원, 사원의 차입
소유자 사망	상속 또는 파산	생존하는 구성원에 매각	지분은 유산, 상속으로 보전

(3) 영농조합법인 및 농업회사법인의 비교

구분	영농조합법인	농업회사법인
성격	협업적 농업경영	기업적 농업경영
법적근거	농업 및 농촌기본법 15조	농업 및 농촌기본법 16조
설립자격	농업인, 농산물의 생산자 단체	농업인, 농산물의 생산자 단체
발기인 수	농업인 5인 이상	• 합자회사 : 유, 무한 각 1인 이상 • 합명회사 : 2인 이상 (무한) • 유한회사 : 2인 이상 50인 이내 • 주식회사 : 3인 이상 (주주)
준조합원	• 영농조합 법인에 생산자재를 공급하거나 생산기술을 제공하는 자 • 영농조합 법인에 농지를 임대하거나 농지의 경영을 위탁하는 자 • 영농조합 법인이 생산한 농산물을 대량으로 구입 · 유통 · 가공, 수출하는 자 • 그 밖에 농업인이 아닌 자로서 영농조합법인의 사업에 참여하기 위해 영농조합 법인에 출자하는 자	• 비농업인도 의결권 인정
사업	• 농업의 경영 및 부대사업 • 농업관련 공동이용 시설 설치 및 운영 • 농산물의 공동출하, 가공 및 수출 • 농작업의 대행 • 기타 영농조합법인의 목적달성을 위하여 정관으로 정하는 사업	• 농업경영, 농산물의 유통, 가공, 판매 농작업 대행 • 영농에 필요한 자재의 생산 및 공급, 종자생산 및 종균배양 사업 • 농산물의 구매 및 비축사업 • 농기계 기타 장비의 임대, 수리, 보관 • 소규모 관개시설의 수탁 및 관리

(4) 농업법인의 설립 및 운영

회사법인의 형태별 특성				
구분	합명회사	합자회사	유한회사	주식회사
구성원	무한책임사원	유무한책임사원	유한책임사원	주주
구성원 수	2명 이상	유, 무한 각 1인 이상	2~50명	발기인 3인 이상
자본금	2,000만원 이상	2,000만원 이상	1,000만원 이상	5,000만원 이상
운영기구	사원총회, 이사회	사원총회, 이사회	사원총회, 이사회	주주총회, 이사회
이사, 감사	별도규정없음	별도규정없음	각 1인 이상	각 1인 이상
의결권	출자좌수당 1표	출자좌수당 1표	출자좌수당 1표	1주당 1표
지분양도	타사원의 과반수 동의	무한책임사원 전원 동의	타사원 전원 동의	무제한 양도 가능
정관공증	필요없음	필요없음	공증 필요	공증 필요
대표선임	사원중에서 선임	무한책임사원중에서	사원중에서	이사중에서 선임

(5) 영농조합 법인에 준조합원으로 가입할 수 있는 자

① 영농조합 법인에 생산자재를 공급하는 자

② 영농조합 법인이 생산한 농산물을 대량으로 구입하는 자

③ 영농조합 법인에 생산기술을 제공하는 자

④ 영농조합 법인이 생산한 농산물을 대량으로 가공하는 자

⑤ 영농조합 법인에 농지를 임대하는 자

⑥ 영농조합 법인에 농지의 경영을 위탁하는 자

출제 예상 문제

1 다음 중 농업 경영체 등록에 대한 내용으로 적절하지 못한 것은?

① 농업문제의 핵심인 구조개선과 농가소득 문제 등을 해결하기 위해서는 평준화된 지원정책에서 탈피하고 맞춤형 농정 추진이 필요함에 따라 농업 경영체 등록제가 도입되었다.
② 등록정보는 각종 농림사업 및 직접지불제도의 기초 자료로 활용된다.
③ 경영체 단위의 개별정보를 통합 · 관리함으로써 정책사업과 재정집행의 효율성이 제고된다.
④ 변경등록을 하지 않아도 경영체는 각종 지원에는 지장을 받지 않는다.

TIP 농림축산식품부장관은 농업경영정보를 등록하지 아니한 농업 경영체와 등록정보의 수정 등을 하지 아니한 농업 경영체에 대하여 농업 경영체의 육성 및 소득 안정 등을 위한 각종 지원의 전부 또는 일부를 제한할 수 있다(농어업경영체법 제8조).

2 다음 중 농어업경영체의 생산성 향상과 경영안정을 위하여 경영규모 확대에 필요한 시책을 수립 · 시행하여야 하는 곳은?

㉠ 농림축산식품부장관	㉡ 국가
㉢ 도지사	㉣ 지방자치단체
㉤ 농산물품질관리원장	

① ㉠, ㉡
② ㉡, ㉣
③ ㉠, ㉢, ㉤
④ ㉠, ㉡, ㉢, ㉣

TIP 국가와 지방자치단체는 농어업경영체의 생산성 향상과 경영안정을 위하여 경영규모 확대에 필요한 시책을 수립 및 시행하여야 한다.

Answer 1.④ 2.②

3 **다음 중 협업적인 농업경영을 통하여 생산성을 높이고 농산물의 출하 · 유통 · 가공 · 수출 등을 공동으로 하고자 영농조합 법인을 만들 경우 최소한의 조합원 수는?**

① 4인
② 5인
③ 8인
④ 10인

TIP 협업적인 농업경영을 통하여 생산성을 높이고 농산물의 출하 · 유통 · 가공 · 수출 등을 공동으로 하려는 농업인 또는 「농어업 · 농어촌 및 식품산업 기본법」에 따른 농업 관련 농업생산자단체는 5인 이상을 조합원으로 하여 영농조합법인(營農組合法人)을 설립할 수 있다(농어업경영체법 제16조 제1항).

4 **다음 중 농업 경영체 등록제에 대한 내용으로 틀린 것은?**

① 농산물에 대한 국가검사를 실시함으로써 농산물의 품질향상, 공정 원활한 거래 및 소비의 합리화를 도모하여, 국민경제 발전에 기여를 목적으로 도입되었다.
② 경영체 단위의 개별정보를 통합 및 관리함으로써 정책사업과 재정집행의 효율성이 제고된다.
③ 등록대상 농지는 공부상 지목에 관계없이 실제농업에 이용되는 농지이어야 한다.
④ 농업문제의 핵심인 구조개선과 농가소득 문제 등을 해결하기 위해서는 평준화된 지원정책에서 탈피하여 맞춤형 농정 추진 필요했기 때문에 농업 경영체 등록 사업 실시된 것이라 할 수 있다.

TIP 농산물에 대한 국가검사를 실시함으로써 농산물의 품질향상, 공정 원활한 거래 및 소비의 합리화를 도모하여 국민경제 발전에 기여를 목적으로 도입된 것은 농산물 검사이다. 농업경영체 등록제란 농업인(농업법인)을 하나의 경영체로 식별하는 시스템을 확립하여 농업인에게 적합하고 효율적인 농가소득안정 정책을 추진할 수 있도록 자율적인 신고를 기초로 경영정보를 등록하게 하는 제도를 말한다. 즉 농업인들의 농사정보인 누가 어떤 농사를 얼마나 짓는지 등의 자료를 등록하는 제도로 농가 경영체의 단위의 개별 정보를 통합 관리함으로써 정책 사업과 재정 집행의 효율성을 높이고자 도입된 것이다. 농업 경영체 등록은 농업인의 성명 · 주소 등 인적정보, 농지 및 농산물 생산정보, 가축사육정보 등 농업인의 기본정보를 등록하는 것으로 농업인은 주민등록지, 농업법인은 주사무소 소재지 관할 농산물품질관리원 지원 또는 사무소에 등록을 할 수 있다.

5 **다음 중 영농조합법인의 해산 사유로 적절하지 않은 것은?**

① 총회에서 의결한 경우
② 조합 법인이 합병된 경우
③ 조합 법인이 파산한 경우
④ 조합원이 5명 미만이 된 후 3년 이내에 5명 이상이 되지 아니한 경우

TIP 조합원이 5명 미만이 된 후 1년 이내에 5명 이상이 되지 아니한 경우가 해산사유이다.

Answer 3.② 4.① 5.④

6 다음의 보기에서 영농조합 법인에 준조합원으로 가입할 수 있는 자로만 짝지어진 것은?

㉠ 영농조합 법인에 생산자재를 공급하는 자 ㉡ 영농조합 법인이 생산한 농산물을 대량으로 구입하는 자 ㉢ 영농조합 법인에 생산기술을 제공하는 자 ㉣ 영농조합 법인이 생산한 농산물을 대량으로 가공하는 자 ㉤ 영농조합 법인에 농지를 임대하는 자 ㉥ 영농조합 법인에 농지의 경영을 위탁하는 자

① ㉠, ㉡, ㉣　　② ㉡, ㉢, ㉣

③ ㉢, ㉣, ㉤, ㉥　　④ ㉠, ㉡, ㉢, ㉣, ㉤, ㉥

TIP 영농조합법인은 농업인과 농업생산자단체 중 정관으로 정하는 자를 조합원으로 한다. 농업인이 아닌 자로서 대통령령으로 정하는 자는 정관으로 정하는 바에 따라 영농조합 법인에 출자하고 준조합원으로 가입할 수 있다. 이 경우 의결권은 행사하지 못한다.

※ **농어업경영체법 시행령 제14조**(준조합원의 자격)

① 영농조합 법인에 준조합원으로 가입할 수 있는 자는 다음과 같다.

1. 영농조합 법인에 생산자재를 공급하거나 생산기술을 제공하는 자
2. 영농조합 법인에 농지를 임대하거나 농지의 경영을 위탁하는 자
3. 영농조합 법인이 생산한 농산물을 대량으로 구입 · 유통 · 가공 또는 수출하는 자
4. 그 밖에 농업인이 아닌 자로서 영농조합법인의 사업에 참여하기 위하여 영농조합 법인에 출자를 하는 자

7 다음 중 영농조합 법인이 조합원 또는 준조합원으로 가입할 수 있는 농업생산자단체가 아닌 것은?

① 농업협동조합　　② 낙농조합

③ 엽연초 생산 협동조합　　④ 산림조합

TIP 영농조합 법인이 조합원 또는 준조합원으로 가입할 수 있는 농업생산자단체는 농업협동조합 · 산림조합 및 엽연초 생산 협동조합으로 한다.

Answer 6.④ 7.②

8 **다음 중 영농조합법인의 조직변경에 대한 내용으로 적절하지 못한 것은?**

① 영농조합법인은 총 조합원의 일치로 총회의 결의를 거쳐 합명회사(合名會社)인 농업회사 법인으로 조직을 변경할 수 있다.

② 채권자가 일정 기간 내에 이의를 제기한 경우에는 영농조합법인 또는 영어조합법인이 채무를 변제하거나 상당한 담보를 제공하지 아니하면 조직변경의 결의는 효력을 발생하지 아니한다.

③ 영농조합 법인이 조직변경의 결의를 한 경우에는 그 결의가 있는 날부터 4주 내에, 조합 채권자에 대하여 조직변경에 이의가 있으면 일정한 기간 내에 이를 제출할 것을 정관으로 정하는 바에 따라 3개월 이상 공고하여야 한다.

④ 영농조합법인은 대통령령으로 정하는 농업생산자단체의 조합원 또는 준조합원으로 가입할 수 있다.

TIP 영농조합 법인이 조직변경의 결의를 한 경우에는 그 결의가 있는 날부터 2주 내에, 조합 채권자에 대하여 조직변경에 이의가 있으면 일정한 기간 내에 이를 제출할 것을 정관으로 정하는 바에 따라 1개월 이상 공고하여야 한다.

9 **농업회사 법인에 대한 설명으로 적절하지 못한 것은?**

① 농업의 경영이나 농산물의 유통 · 가공 · 판매를 기업적으로 하려는 자가 설립할 수 있다.

② 농업회사 법인을 설립할 수 있는 자는 농업인만 가능하다.

③ 농업회사법인의 해산명령에 관하여는 영농조합법인의 해산 사유를 준용한다.

④ 농업회사법인 및 어업회사법인에 관하여 이 법에서 규정한 사항 외에는 「상법」 중 회사에 관한 규정을 준용한다.

TIP 농업회사 법인을 설립할 수 있는 자는 농업인과 농업생산자단체이되, 농업인이나 농업생산자단체가 아닌 자도 대통령령으로 정하는 비율 또는 금액의 범위에서 농업회사 법인에 출자할 수 있다.

※ 농업회사 법인을 설립할 수 있는 자는 농업인과 농업생산자단체이되, 농업인이나 농업생산자단체가 아닌 자도 대통령령으로 정하는 비율 또는 금액의 범위에서 농업회사 법인에 출자할 수 있다.

10 **농업법인의 효율적 관리를 위하여 농업법인 운영실태 등에 대한 조사를 할 수 없는 자는?**

① 시장　　② 구청장

③ 군수　　④ 농업회사법인장

TIP 시장 및 군수 또는 구청장은 농업법인의 효율적 관리를 위하여 농림축산식품부장관이 정하는 바에 따라 농업법인 운영실태 등에 대한 조사를 하여야 한다.

Answer 8.③ 9.② 10.④

05 우리나라 농업정책

❶ 국내, 외 농업환경의 여건 변화 및 농업 트렌드

(1) 변화 중인 국내 농업의 5가지 트렌드

① 브랜드화 및 명품화 전략

② 친환경적인 농산물의 생산

③ 농업의 6차 산업화

④ 전자상거래의 활성화

⑤ 수출농업의 육성을 통한 농업의 경쟁력 강화

(2) 친환경 농업

친환경 농업(Environmentally-Friendly Agriculture)은 농업이 가지고 있는 홍수조절, 토양보전 등 공익적 기능을 최대한 살리고 화학비료와 농약사용을 최소화하여 농산물을 생산하고 환경을 보존하면서 소비자에게는 건전한 식품을 공급하고 생산자인 농업인에게는 소득을 보장해 주는 방법으로써 종업인 및 소비자 모두에게 이익이 되게 하려는 농업을 의미한다.

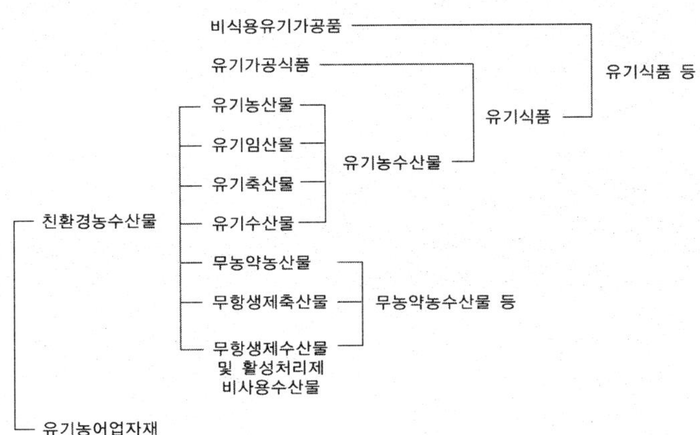

(3) 농산물의 분류

구분		개념
유기농수산물	유기농산물 (임산물 포함)	화학비료와 유기합성농약을 전혀 사용하지 않고 일정한 인증기준을 지켜 재배한 농산물
	유기축산물	100퍼센트 비식용유기가공품(유기사료)를 급여하고 일정한 인증기준을 지켜 사육한 축산물
무농약 농수산물 등	무농약 농산물	유기합성농약을 사용하지 않고 화학비료는 권장시비량의 1/3 이하를 사용하고 일정한 인증기준을 지켜 재배한 농산물
	무항생제 축산물	항생제, 합성항균제, 성장촉진제, 호르몬제 등이 첨가되지 않은 사료를 급여하고 일정한 인증기준을 지켜 사육한 축산물
	무항생제 수산물	항생제, 합성항균제, 성장촉진제, 호르몬제 등이 첨가되지 않은 사료를 급여하고 일정한 인증기준을 지켜 양식한 수산물
	활성처리제 비사용수산물	유기산 등의 화학물질이나 활성처리제를 사용하지 않고 일정한 인증기준을 지켜 생산된 양식수산물(해조류)

❷ 농산물 우수관리

(1) 농산물 우수관리의 개념

농산물의 안전성을 확보하고 농업환경을 보전하기 위해 농산물의 생산, 수확 후 관리(농산물의 저장 · 세척 · 건조 · 선별 · 절단 · 조제 · 포장 등 포함) 및 유통의 각 단계에서 작물이 재배되는 농경지 및 농업용수 등의 농업환경과 농산물에 잔류할 수 있는 농약, 중금속, 잔류성 유기오염물질 또는 유해생물 등의 위해요소를 적절하게 관리하는 것을 말한다.

(2) 농산물 우수관리의 내용

① GAP표시는 농산물우수관리인증을 받았다는 것을 의미하는 것으로 국내에서 재배되는 농산물 중 생산단계부터 수확, 포장, 유통단계까지 위해요소 110개 항목의 관리기준을 통과한 경우에만 GAP 마크를 표시할 수 있다.

② 우수관리인증

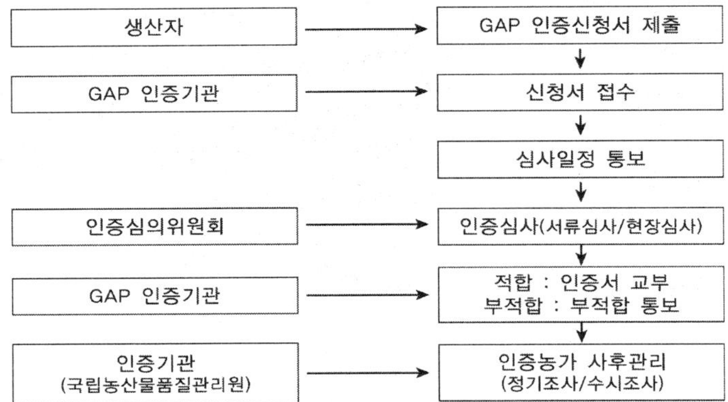

(3) 지리적표시제도

① 의의 … 농림축산식품부장관은 지리적 특성을 가진 농산물 또는 농산물 가공품의 품질향상과 지역특화산업 육성 및 소비자 보호를 위하여 지리적표시의 등록 제도를 실시한다.

② 목적
- ㉠ 우수한 지리적 특성을 가진 농산물 및 가공품의 지리적표시를 등록 · 보호함으로써 지리적특산품의 품질향상, 지역특화산업으로의 육성 도모
- ㉡ 지리적 특산품 생산자를 보호하여 우리 농산물 및 가공품의 경쟁력 강화
- ㉢ 소비자에게 충분한 제품구매정보를 제공함으로써 소비자의 알권리 충족

③ 지리적표시의 효력
- ㉠ 지리적표시를 등록한 자는 등록한 농산물에 대하여 지리적표시권을 가지, 지리적 표시권자가 그 표시를 하려면 지리적 표시품의 포장 · 용기의 겉면 등에 등록 명칭을 표시하여야 하며, 지리적 표시품의 표시를 해야 한다.
- ㉡ 다만, 포장하지 아니하고 판매하거나 낱개로 판매하는 경우에는 대상품목에 스티커를 부착하거나 표지판 또는 푯말로 표시를 할 수 있다.

④ 지리적표시제도 도입효과
- ㉠ 시장차별화를 통한 농산물 및 가공품의 부가가치 향상 및 지역경제 발전
- ㉡ 생산자단체가 품질향상에 노력함으로써 농산물의 품질향상을 촉진
- ㉢ 생산자단체간의 상호협조체제가 원만히 구축될 경우 생산품목의 전문화와 농산물 수입개방에 효율적으로 대처
- ㉣ 소비자입장에서는 지리적표시제에 의해 보호됨으로써 믿을 수 있는 상품 구입
- ㉤ 정부의 입장에서는 지역의 문화유산의 보존

(4) 지리적 표시제도 충족 요건

구분	내용
유명성	해당 품목의 우수성이 국내나 국외에서 널리 알려져야 한다.
역사성	해당 품목이 대상지역에서 생산된 역사가 깊어야 한다.
지역성	해당 상품의 생산, 가공과정이 동시에 해당 지역에서 이루어져야 한다.
지리적 특성	해당 품목의 특성이 대상지역의 자연환경적 요인에 기인하여야 한다.
생산자 조직화	해당 상품의 생산자들이 모여 하나의 법인을 구성해야 한다.

(5) 주요 직접지불금 제도

농림축산식품부장관은 농가의 소득안정, 영농 규모화 촉진, 친환경농업 활성화, 지역 활성화, 농촌지역의 경관 형성 및 관리를 위하여 직접 소득보조금을 지급하는 각종 직접 지불제도를 시행한다.

구분	내용
쌀소득 보전 직접 직불제	DDA/쌀협상 이후 시장개방 폭이 확대되어 쌀 가격이 떨어지는 경우에 대비해 쌀 재배 농가의 소득안정을 도모하기 위한 제도
친환경 농업직접직불제	친환경농업 실천으로 인한 초기 소득 감소분 및 생산비 차이를 지원하여 친환경농업 조기 정착을 도모하고, 고품질안전농축산물 생산 장려 및 환경보전 등을 제고하기 위한 제도
조건불리지역 직불제	농업생산 및 정주여건이 불리한 농촌지역에 대한 지원을 통해 농가소득 보조 및 지역사회 유지를 목적으로 도입된 제도

(6) 우수관리인증농산물의 표지 도형

① 표시방법

㉠ 포장재의 크기에 따라 표지의 크기를 키우거나 줄일 수 있다.

㉡ 포장재 주 표시면의 옆면에 표시하되, 포장재 구조상 옆면에 표시하기 어려울 경우에는 표시위치를 변경할 수 있다.

㉢ 표지 및 표시사항은 소비자가 쉽게 알아볼 수 있도록 인쇄하거나 스티커로 포장재에서 떨어지지 않도록 부착하여야 한다.

㉣ 포장하지 않고 낱개로 판매하는 경우나 소포장 등으로 우수관리인증농산물의 표지와 표시사항을 인쇄하거나 부착하기에 부적합한 경우에는 농산물우수관리의 표지만 표시할 수 있다.

㉤ 수출용의 경우에는 해당 국가의 요구에 따라 표시할 수 있다.

㉥ 표준규격, 지리적표시 등 다른 규정에 따라 표시하고 있는 사항은 그 표시를 생략할 수 있다.

② 표시내용

구분	내용
표지	표지크기는 포장재에 맞출 수 있으나, 표지형태 및 글자표기는 변형할 수 없다.
산지	농산물을 생산한 지역으로 시·도명이나 시·군·구명 등 원산지에 관한 법령에 따라 적는다.
품목(품종)	「종자산업법」에 따라 표시한다.
중량·개수	포장단위의 실중량이나 개수
생산연도	쌀만 해당
우수관리시설명	대표자 성명, 주소, 전화번호, 작업장 소재지
생산자(생산자집단명)	생산자나 조직명, 주소, 전화번호

(7) 농산물 위험평가의 방법

① 농산물 등을 통하여 섭취될 수 있는 위해요소의 종류를 확인하고 인체 건강에 대한 유해영향의 종류 및 특성, 그와 관련된 임상적 및 예찰조사 결과 등을 평가하며 당해 위해요소의 위해성에 민감하게 영향을 받는 인구집단군을 확인한다.

② 동물실험결과 등의 불확실성 등을 보정하여 위해요소의 일일섭취허용량 등 인체노출허용량을 산출한다.

③ 농산물 등을 통하여 인체가 노출될 수 있는 위해요소의 양 또는 수준을 정량적 또는 정성적으로 산출한다.

④ 위해요소 및 이를 함유한 농산물 등의 섭취에 따른 건강상 영향, 인체노출허용량 또는 수준 및 농산물 섭취 이외의 환경 등에 따라 유입되는 위해요소의 양을 고려하여 사람에게 미칠 수 있는 위해의 정도와 발생빈도 등을 정량적 또는 정성적으로 예측한다. 예측결과를 종합적으로 고려하여 적정 안전관리기준을 제시하여 과학적으로 타당한 위험관리가 이루어지도록 한다.

(8) 5kg 이상의 표준거래 단위

종류	품목	표준거래단위
과실류	사과, 배, 감귤	5kg, 7.5kg, 10kg, 15kg
	복숭아, 매실, 단감, 감(홍시), 떫은감, 자두, 살구, 모과	5kg, 10kg, 15kg
	포도	5kg
	금감, 석류	5kg, 10kg
	유자	5kg, 8kg, 10kg, 100과
	참다래	5kg, 10kg
	양앵두(버찌)	5kg, 10kg, 12kg
	앵두	8kg

(9) 농산물의 표준규격

구분	내용
표준규격품	포장규격 및 등급규격에 맞게 출하하는 농산물
포장규격	거래단위, 포장치수, 포장재료, 포장방법, 포장설계 및 표시사항 등
등급규격	농산물의 품목 또는 품종별 특성에 따라 고르기, 크기, 형태, 색깔, 신선도, 건조도, 결점, 숙도(熟度) 및 선별상태 등 품질구분에 필요한 항목을 설정하여 특, 상, 보통으로 정한 것
거래단위	농산물의 거래 시 포장에 사용되는 각종 용기 등의 무게를 제외한 내용물의 무게 또는 개수
포장치수	포장재 바깥쪽의 길이, 너비, 높이
겉포장	농산물 또는 속포장한 농산물의 수송을 주목적으로 한 포장
속포장	소비자가 구매하기 편리하도록 겉포장 속에 들어있는 포장
포장재료	농산물을 포장하는데 사용하는 재료로써 「식품위생법」등 관계 법령에 적합한 골판지, 그물망, 폴리에틸렌대(P · E대), 직물제 포대(P · P대), 종이, 발포폴리스티렌(스티로폼) 등

출제 예상 문제

1 **다음 중 친환경농업에 관한 내용으로 적절하지 못한 것은?**

① 친환경 농수산물이란 친환경농어업을 통해 얻는 유기농수산물과 무농약 농산물, 무항생제 축산물, 무항생제 수산물 및 활성처리제 비사용 수산물 등을 말한다.
② 허용물질이란 유기식품 등, 무농약 농수산물 등 또는 유기농어업자재를 생산, 제조·가공 또는 취급하는 모든 과정에서 사용 가능한 물질을 말한다.
③ 친환경농수산물에는 유기농산물이 포함되지 않는다.
④ 유기농어업자재란 유기농수산물을 생산, 제조·가공 또는 취급하는 과정에서 사용할 수 있는 허용물질을 원료 또는 재료로 하여 만든 제품을 말한다.

TIP 친환경농산물이란 친환경농업을 통하여 얻는 것으로 유기농수산물, 무농약 농산물, 무항생제 축산물, 무항생제 수산물 및 활성처리제 비사용 수산물을 말한다.

※ 친환경 농산물

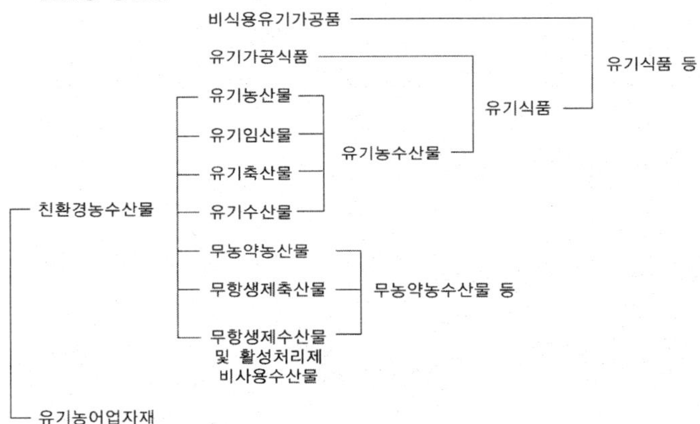

2 **다음 중 농업경영의 3요소에 해당하지 않는 것은?**

① 기술
② 토지
③ 노동
④ 자본

TIP 농업경영체가 농업경영을 영위하기 위해서 반드시 필요한 농업경영 요소 3가지는 토지, 노동, 자본이다.

Answer 1.③ 2.①

3 **다음 중 농가교역조건지수에 대한 설명으로 옳지 않은 것은?**

① 해당년도의 농가 판매가격지수를 농가의 구입가격지수로 나누어 백분율을 산출한다.
② 산출된 지수의 값이 100보다 낮으면 농가의 채산성이 좋다는 것을 의미한다.
③ 기후변화와 기상이변 등의 영향으로 과수 및 축산물의 지수가 높게 상승하고 있다.
④ 2010년이후 농산물 판매가격의 상승과 농가 구입물품 가격의 하락으로 교역조건이 꾸준히 개선되었다.

TIP 산출된 지수의 값이 100보다 높으면 농가의 채산성이 좋다는 것을 의미한다.

4 **친환경농업에 대한 설명으로 잘못된 것은?**

① 친환경 농산물은 유기합성농약 및 화학비료 사용량에 따라 저농약 · 무농약 농산물로 구분한다.
② 친환경농산물 생산비중은 전체 농산물생산량 중 친환경농산물이 차지하는 비율을 의미한다.
③ 우리나라는 꾸준히 친환경농산물의 생산이 늘고 있는 추세이다.
④ 앞으로도 건강 및 식품안전에 대한 관심 증대로 친환경농산물 소비는 일정수준까지 증가추세를 유지할 것으로 전망된다.

TIP 친환경 농산물은 유기합성농약 및 화학비료 사용량에 따라 유기 · 무농약 및 저농약 농산물로 구분한다.

5 **다음 중 유기합성농약과 화학비료를 사용하지 않고 재배한 농산물을 무엇이라 하는가?**

① 저농약 농산물
② 유기농산물
③ 무농약 농산물
④ 친환경비료농산물

TIP 유기합성농약과 화학비료를 사용하지 않고 재배한 농산물은 유기농산물이다.

※ 농산물의 구분

구분	내용
유기 농산물	유기합성농약과 화학비료를 사용하지 않고 재배한 농산물을 말한다.
저농약 농산물	화학비료 · 유기합성농약을 기준량의 1/2이하 사용하며, 제초제 사용이 불가한 것을 말한다.
무농약 농산물	유기합성농약은 사용하지 않고, 화학비료는 권장시비량의 1/3이하로 재배하는 것을 말한다.

Answer 3.② 4.① 5.②

6 다음 중 유기합성농약을 사용하지 않고 화학비료는 권장시비량의 1/3 이하를 사용하고 일정한 인증기준을 지켜 재배한 농산물은?

① 유기농산물 ② 무기농산물
③ 무항생제 농산물 ④ 무농약 농산물

TIP 유기합성농약을 사용하지 않고 화학비료는 권장시비량의 1/3 이하를 사용하고 일정한 인증 기준을 지켜 재배한 농산물은 무농약 농산물이다.

※ 농산물의 구분

구분		개념
유기농수산물	유기농산물 (임산물 포함)	화학비료와 유기합성농약을 전혀 사용하지 않고 일정한 인증기준을 지켜 재배한 농산물
	유기축산물	100퍼센트 비식용유기가공품 (유기사료)를 급여하고 일정한 인증기준을 지켜 사육한 축산물
무농약 농수산물 등	무농약 농산물	유기합성농약을 사용하지 않고 화학비료는 권장시비량의 1/3 이하를 사용하고 일정한 인증 기준을 지켜 재배한 농산물
	무항생제 축산물	항생제, 합성항균제, 성장촉진제, 호르몬제 등이 첨가되지 않은 사료를 급여하고 일정한 인증기준을 지켜 사육한 축산물
	무항생제 수산물	항생제, 합성항균제, 성장촉진제, 호르몬제 등이 첨가되지 않은 사료를 급여하고 일정한 인증기준을 지켜 양식한 수산물
	활성처리제 비사용수산물	유기산 등의 화학물질이나 활성처리제를 사용하지 않고 일정한 인증기준을 지켜 생산된 양식수산물(해조류)

7 다음 중 농산물품질관리법상 우수관리인증의 유효기간은?

① 1년 ② 2년
③ 3년 ④ 5년

TIP 우수관리인증의 유효기간은 우수관리인증을 받은 날부터 2년으로 한다. 다만, 품목의 특성에 따라 달리 적용할 필요가 있는 경우에는 10년의 범위에서 농림축산식품부령으로 유효기간을 달리 정할 수 있다.

Answer 6.④ 7.②

8 농산물우수관리제도에 대한 내용으로 절적하지 못한 것은?

① 생산단계에서 판매단계까지 농산물의 안전관리체계를 구축하여 소비자에게 안전한 농산물 공급이 목적이다.

② 국제적으로도 안전농산물 공급 필요성을 인식과 일부 채소나 과일에서 농약이 과다검출 되었다는 언론보도 등으로 농산물 안전성에 대한 국민적 우려가 증대되는 것 등이 도입목적이라 할 수 있다.

③ 우수농산물의 경우 GAP(농산물우수관리)표시를 할 수 있다.

④ 농산물우수관리인증을 위해서는 생산된 농산물은 국립농산물품질관리원장이 지정한 위생적인 우수농산물관리시설에서 반드시 선별 등을 거쳐야 할 필요는 없다.

TIP 농산물우수관리(GAP : Good Agricultural Practices)란 농산물의 안전성을 확보하고 농업환경을 보전하기 위해 농산물의 생산, 수확 후 관리(농산물의 저장 · 세척 · 건조 · 선별 · 절단 · 조제 · 포장 등 포함) 및 유통의 각 단계에서 작물이 재배되는 농경지 및 농업용수 등의 농업환경과 농산물에 잔류할 수 있는 농약, 중금속, 잔류성 유기오염물질 또는 유해생물 등의 위해요소를 적절하게 관리하는 것을 말한다. 농산물우수관리인증을 위해서는 농촌진흥청에서 고시하고 있는 농산물 안전성과 관련한 110개 항목의 우수농산물관리기준에 적합하게 생산 · 관리되어야 하고, 생산된 농산물은 국립농산물품질관리원장이 지정한 위생적인 우수농산물관리시설에서 반드시 선별 등을 거쳐야 하며, 유통 중에 위생 등의 안전성에 문제가 발생할 경우 신속한 원인 규명과, 필요한 조치를 할 수 있도록 국립농산물품질관리원장에게 이력추적등록을 하도록 되어 있다.

※ **농산물우수관리**(GAP) … GAP표시는 농산물우수관리인증을 받았다는 것을 의미하는 것으로 국내에서 재배되는 농산물 중 생산단계부터 수확, 포장, 유통단계까지 위해요소 110개 항목의 관리기준을 통과한 경우에만 GAP 마크를 표시할 수 있다.

※ 우수관리인증 절차도

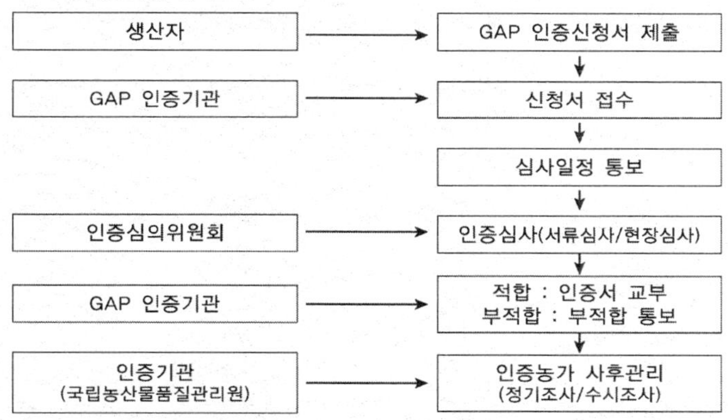

Answer 8.④

9 **다음 중 우수관리인증기관으로 지정하여 우수관리인증을 하도록 할 수 있는 자는?**

① 농림축산식품부장관
② 도지사
③ 시장
④ 국립농산물품질관리원장

TIP 농림축산식품부장관은 우수관리인증에 필요한 인력과 시설 등을 갖춘 자를 우수관리인증기관으로 지정하여 우수관리인증을 하도록 할 수 있다. 다만, 외국에서 수입되는 농산물에 대한 우수관리인증의 경우에는 농림축산식품부장관이 정한 기준을 갖춘 외국의 기관도 우수관리인증기관으로 지정할 수 있다.

10 **다음 중 우수관리기준에 따라 농산물을 생산 · 관리하는 자 또는 우수관리기준에 따라 생산 · 관리된 농산물을 포장하여 유통하는 자는 지정된 농산물우수관리인증기관으로부터 농산물우수관리의 인증을 받을 수 있는데, 우수관리인증기관은 우수관리인증을 한 후 조사, 점검, 자료제출 요청 등의 과정에서 해당 우수관리품목을 반드시 취소를 해야 하는 경우는?**

① 우수관리기준을 지키지 아니한 경우
② 폐업 등으로 우수관리인증농산물을 생산하기 어렵다고 판단되는 경우
③ 우수관리인증을 받은 자가 정당한 사유 없이 조사 · 점검 또는 자료제출 요청에 응하지 아니한 경우
④ 거짓이나 그 밖의 부정한 방법으로 우수관리인증을 받은 경우

TIP 거짓이나 그 밖의 부정한 방법으로 우수관리인증을 받은 경우에는 우수관리인증을 취소하여야 한다.

Answer 9.① 10.④

11 다음 중 농수산물 또는 농수산가공품의 명성 · 품질, 그 밖의 특징이 본질적으로 특정 지역의 지리적 특성에 기인하는 경우 해당 농수산물 또는 농수산가공품이 그 특정 지역에서 생산 · 제조 및 가공되었음을 나타내는 표시를 무엇이라 하는가?

① 이력표시관리　　② 지리적 표시
③ 동음이의어표시　　④ 물류표준화

TIP 지리적표시란 농산물 또는 농산가공품의 명성 · 품질, 그 밖의 특징이 본질적으로 특정 지역의 지리적 특성에 기인하는 경우 해당 농산물 또는 농산가공품이 그 특정 지역에서 생산 · 제조 및 가공되었음을 나타내는 표시를 말한다. 지리적 표시 제도는 농산물의 품질이 특정 지역의 지리적 특성에 기인하는 경우 지리적표시를 등록 · 보호함으로써 지리적 특산물의 품질향상 및 지역특화 산업으로서의 육성을 도모하는 제도로 지리적표시를 등록하기 위해서는 해당 품목이 지리적 표시 대상지역에서 생산된 농산물이어야 하며, 등록신청자격도 특정지역에서 지리적 특성을 가진 농산물을 생산하는 자로 구성된 단체로 한정하고 있다.

※ 지리적표시제도

㉠ 의의 : 농림축산식품부장관은 지리적 특성을 가진 농산물 또는 농산물 가공품의 품질향상과 지역특화산업 육성 및 소비자 보호를 위하여 지리적표시의 등록 제도를 실시한다.

㉡ 목적
- 우수한 지리적 특성을 가진 농산물 및 가공품의 지리적표시를 등록 · 보호함으로써 지리적특산품의 품질향상, 지역특화산업으로의 육성 도모
- 지리적 특산품 생산자를 보호하여 우리 농산물 및 가공품의 경쟁력 강화
- 소비자에게 충분한 제품구매정보를 제공함으로써 소비자의 알권리 충족

㉢ 충족 요건

구분	내용
유명성	해당 품목의 우수성이 국내나 국외에서 널리 알려져야 한다.
역사성	해당 품목이 대상지역에서 생산된 역사가 깊어야 한다.
지역성	해당 상품의 생산, 가공과정이 동시에 해당 지역에서 이루어져야 한다.
지리적 특성	해당 품목의 특성이 대상지역의 자연환경적인 요인에 기인하여야 한다.
생산장 조직화	해당 상품의 생산자들이 모여 하나의 법인을 구성해야 한다.

㉣ 지리적표시의 효력 : 지리적표시를 등록한 자는 등록한 농산물에 대하여 지리적표시권을 가지며, 지리적 표시권자가 그 표시를 하려면 지리적 표시품의 포장 · 용기의 겉면 등에 등록 명칭을 표시하여야 하며, 지리적 표시품의 표시를 해야 한다. 다만, 포장하지 아니하고 판매하거나 낱개로 판매하는 경우에는 대상품목에 스티커를 부착하거나 표지판 또는 푯말로 표시를 할 수 있다.

Answer 11.②

12 다음 중 지리적 표시제도의 요건으로 보기 어려운 것은?

① 유명성
② 지역성
③ 경제성
④ 역사성

TIP 지리적 표시 제도를 신청하려면 유명성, 역사성, 지역성, 지리적 특성, 생산자 조직화가 되어야 한다.

※ 지리적 표시제도 충족 요건

구분	내용
유명성	해당 품목의 우수성이 국내나 국외에서 널리 알려져야 한다.
역사성	해당 품목이 대상지역에서 생산된 역사가 깊어야 한다.
지역성	해당 상품의 생산, 가공과정이 동시에 해당 지역에서 이루어져야 한다.
지리적 특성	해당 품목의 특성이 대상지역의 자연환경적 요인에 기인하여야 한다.
생산자 조직화	해당 상품의 생산자들이 모여 하나의 법인을 구성해야 한다.

13 다음 중 지리적 표시도입으로 인한 효과가 아닌 것은?

① 시장차별화를 통한 농산물 및 가공품의 부가가치 향상
② 생산품목의 전문화와 농산물 수입개방에 효율적으로 대처
③ 농산물의 안전성 등에 문제가 발생할 경우 해당 농산물을 추적
④ 정부의 입장에서는 지역의 문화유산의 보존

TIP ③ 농산물이력추적관리의 목적이다.

※ 지리적표시제도 도입효과

㉠ 시장차별화를 통한 농산물 및 가공품의 부가가치 향상 및 지역경제 발전
㉡ 생산자단체가 품질향상에 노력함으로써 농산물의 품질향상을 촉진
㉢ 생산자단체간의 상호협조체제가 원만히 구축될 경우 생산품목의 전문화와 농산물 수입개방에 효율적으로 대처
㉣ 소비자입장에서는 지리적표시제에 의해 보호됨으로써 믿을 수 있는 상품 구입

Answer 12.③ 13.③

14 다음 중 유전자변형농산물의 표시를 해야 하는 사람으로 묶인 것은?

㉠ 판매할 목적으로 진열을 하는 자
㉡ 유전자변형농수산물을 생산하여 출하하는 자
㉢ 유전자변형농수산물을 판매하는 자
㉣ 먹을 목적으로 보관하는 자

① ㉠, ㉡　　② ㉠, ㉢
③ ㉠, ㉡, ㉢　　④ ㉠, ㉡, ㉢, ㉣

TIP ㉣을 제외하고 전부 표시를 하야 하는 자들이다. 유전자변형농수산물을 생산하여 출하하는 자, 판매하는 자, 또는 판매할 목적으로 보관 · 진열하는 자는 대통령령으로 정하는 바에 따라 해당 농수산물에 유전자변형농수산물임을 표시하여야 한다.

15 농수산물 이력추적 관리에 대한 내용으로 적절하지 못한 것은?

① 국제적으로 광우병 파동 이후 식품에 대한 안전문제에 대한 관심을 가지기 시작하면서, 축산물을 중심으로 이력추적제도를 실시하고 있으며, 점차 농산물로 확대되어가고 있는 추세에 있다.
② 외국 특히 유럽은 EU 식품기본법[Regulation(EC) 178/2002] 제18조에 따라 2005년 1월부터 전체 농식품과 사료에 대해 의무적으로 이력 추적제를 도입하고 있다.
③ 이력추적관리 표시를 한 이력추적관리 농산물의 등록기준에 적합성 등의 조사를 할 수 있다.
④ 생산자와 판매자만이 이력추적관리 대상자이다.

TIP 농림축산식품부장관은 이력추적관리농산물을 생산하거나 유통 또는 판매하는 자에게 농수산물의 생산, 입고 · 출고와 그 밖에 이력추적관리에 필요한 자료제출을 요구할 수 있다.

Answer 14.③ 15.④

16 다음 중 농어업경영체의 소득을 안정시키기 위하여 지급하는 보조금 지급하는 제도는?

① 보조금 제도 ② 생활보조금 제도
③ 유휴자금 제도 ④ 직접지불금 제도

TIP 직접지불금제도란 농어업인 소득안정, 농어업 · 농어촌의 공익적 기능 유지 등을 위해 정부가 시장기능을 통하지 않고 공공재정에 의해 생산자에 직접 보조금을 지원하는 제도이다. 이는 정부지원에 의한 생산 · 소비 · 무역에 대한 경제적 왜곡을 최소화하는 역할을 하며, 직접지불금은 농어업경영체의 해당 연도 농어업소득이 기준소득보다 농림축산식품부장관 또는 해양수산부장관이 정하는 비율 이상으로 감소한 경우에 예산의 범위에서 지급할 수 있다.
직접지불금제도는 쌀소득 보전 직접직불제, 친환경농업 직접직불제, 조건불리지역 직불제 등 여러 가지 형태의 사업으로 지원을 하고 있다.
※ **주요 직접지불금 제도** … 농림축산식품부장관은 농가의 소득안정, 영농 규모화 촉진, 친환경농업 활성화, 지역활성화, 농촌지역의 경관 형성 및 관리를 위하여 직접 소득보조금을 지급하는 각종 직접지불제도를 시행한다.

구분	내용
쌀소득 보전 직접 직불제	DDA/쌀협상 이후 시장개방 폭이 확대되어 쌀 가격이 떨어지는 경우에 대비해 쌀 재배 농가의 소득안정을 도모하기 위한 제도
친환경 농업직접직불제	친환경농업 실천으로 인한 초기 소득 감소분 및 생산비 차이를 지원하여 친환경농업 조기 정착을 도모하고, 고품질안전농축산물 생산 장려 및 환경보전 등을 제고하기 위한 제도
조건불리지역 직불제	농업생산 및 정주여건이 불리한 농촌지역에 대한 지원을 통해 농가소득 보조 및 지역사회 유지를 목적으로 도입된 제도

17 다음 중 지역별 특색 있는 작물 재배와 마을경관보전활동을 통해 농어촌의 경관을 아름답게 가꾸고, 보전하여 이를 통해 지역축제, 농촌관광, 도농교류 등과 연계, 지역경제 활성화를 도모하고자 지원하는 직접지불금제도는?

① 조건불리지역 직접지불제 ② 밭농업 직접지불제
③ 경관보전직접지불제 ④ 친환경농업직접지불제

TIP 농림축산식품부장관은 「농업 · 농촌 및 식품산업 기본법」에 따른 농촌과 준 농촌 지역에서 경관을 형성 · 유지 · 개선하기 위하여 경관작물을 재배 · 관리하는 농업인등에게 예산의 범위에서 경관보전직접지불보조금을 지급한다. 경관보전보조금을 신청할 수 있는 농업인 등은 경관보전보조금 지급대상 농지에서 경관작물을 재배 및 관리하는 자로 한다.

Answer 16.④ 17.③

18 **다음 중 정부가 수매하거나 수출 또는 수입하는 농산물 등은 공정한 유통질서를 확립하고 소비자를 보호하기 위하여 농림축산식품부장관이 정하는 기준에 맞는지 등에 관하여 농림축산식품부장관의 검사를 받아야 한다. 다음 중 검사대상 농산물의 종류별 품목이 잘못 연결된 것은?**

① 정부가 수매하거나 생산자단체등이 정부를 대행하여 수매하는 농산물 - 잠사류(누에)
② 정부가 수매하거나 생산자단체등이 정부를 대행하여 수매하는 농산물 - 채소류(마늘, 고추)
③ 정부가 수출 · 수입한 농산물 - 특용작물류(참깨, 땅콩)
④ 정부가 수매 또는 수입하여 가공한 농산물 - 과실류(사과, 배, 단감, 감귤)

TIP 정부가 수매 또는 수입하여 가공한 농산물 중 검사대상은 곡류만 있다.

19 **다음 중 포장재에 원산지를 표시할 수 있는 경우 농산물의 표시 방법으로 적절하지 못한 것은?**

① 소비자가 쉽게 알아볼 수 있는 곳에 표시한다.
② 한글로만 표시할 수 있다.
③ 포장재의 바탕색 또는 내용물의 색깔과 다른 색깔로 선명하게 표시한다.
④ 포장재에 직접 인쇄하는 것을 원칙으로 하되, 지워지지 아니하는 잉크 · 각인 · 소인 등을 사용하여 표시하거나 스티커, 전자저울에 의한 라벨지 등으로도 표시할 수 있다.

TIP 한글로 하되, 필요한 경우에는 한글 옆에 한문 또는 영문 등으로 추가하여 표시할 수 있다.

Answer 18.④ 19.②

20 다음 중 우수관리인증농산물의 표시에 대한 설명으로 적절하지 않은 것은?

① 우수관리인증농산물의 표시는 포장재의 크기에 따라 표지의 크기를 키우거나 줄일 수 있다.

② 표지 및 표시사항은 소비자가 쉽게 알아볼 수 있도록 인쇄하거나 스티커로 포장재에서 떨어지지 않도록 부착하여야 한다.

③ 수출용의 경우에는 해당 국가의 요구에 따라 표시할 수 있다.

④ 포장재 주 표시면의 앞면에 표시를 한다.

TIP ※ 우수관리인증농산물의 표지 도형

㉠ 표시방법
- 포장재의 크기에 따라 표지의 크기를 키우거나 줄일 수 있다.
- 포장재 주 표시면의 옆면에 표시하되, 포장재 구조상 옆면에 표시하기 어려울 경우에는 표시위치를 변경할 수 있다.
- 표지 및 표시사항은 소비자가 쉽게 알아볼 수 있도록 인쇄하거나 스티커로 포장재에서 떨어지지 않도록 부착하여야 한다.
- 포장하지 않고 낱개로 판매하는 경우나 소포장 등으로 우수관리인증농산물의 표지와 표시사항을 인쇄하거나 부착하기에 부적합한 경우에는 농산물우수관리의 표지만 표시할 수 있다.
- 수출용의 경우에는 해당 국가의 요구에 따라 표시할 수 있다.
- 표준규격, 지리적표시 등 다른 규정에 따라 표시하고 있는 사항은 그 표시를 생략할 수 있다.

㉡ 표시내용

구분	내용
표지	표지크기는 포장재에 맞출 수 있으나, 표지형태 및 글자표기는 변형할 수 없다.
산지	농산물을 생산한 지역으로 시 · 도명이나 시 · 군 · 구명 등 원산지에 관한 법령에 따라 적는다.
품목(품종)	「종자산업법」에 따라 표시한다.
중량 · 개수	포장단위의 실중량이나 개수
생산연도	쌀만 해당
우수관리시설명	대표자 성명, 주소, 전화번호, 작업장 소재지
생산자(생산자집단명)	생산자나 조직명, 주소, 전화번호

Answer 20.④

21 다음 중 농산물 위험 평가방법에 관한 내용으로 적절하지 않은 것은?

① 농산물 등을 통하여 섭취될 수 있는 위해요소의 종류를 확인하고 인체 건강에 대한 유해영향의 종류 및 특성, 그와 관련된 임상적 및 예찰조사 결과 등을 평가하며 당해 위해요소의 위해성에 민감하게 영향을 받는 인구집단군을 확인한다.

② 동물실험결과 등의 불확실성 등을 보정하여 위해요소의 일일섭취허용량 등 인체노출허용량을 산출한다.

③ 농산물 등을 통하여 인체가 노출될 수 있는 위해요소의 양 또는 수준을 정량적 또는 정성적으로 산출한다.

④ 위해요소 및 이를 함유한 농산물 등의 섭취에 따른 건강상 영향, 인체노출허용량 또는 수준 및 농산물 섭취만을 기준으로 제시하여 과학적으로 타당한 위험관리가 이루어지도록 한다.

TIP 위해요소 및 이를 함유한 농산물 등의 섭취에 따른 건강상 영향, 인체노출허용량 또는 수준 및 농산물 섭취 이외의 환경 등에 따라 유입되는 위해요소의 양을 고려하여 사람에게 미칠 수 있는 위해의 정도와 발생빈도 등을 정량적 또는 정성적으로 예측한다. 예측결과를 종합적으로 고려하여 적정 안전관리기준을 제시하여 과학적으로 타당한 위험관리가 이루어지도록 한다.

※ **농산물 위험평가의 방법**

㉠ 농산물 등을 통하여 섭취될 수 있는 위해요소의 종류를 확인하고 인체 건강에 대한 유해영향의 종류 및 특성, 그와 관련된 임상적 및 예찰조사 결과 등을 평가하며 당해 위해요소의 위해성에 민감하게 영향을 받는 인구집단군을 확인한다.

㉡ 동물실험결과 등의 불확실성 등을 보정하여 위해요소의 일일섭취허용량 등 인체노출허용량을 산출한다.

㉢ 농산물 등을 통하여 인체가 노출될 수 있는 위해요소의 양 또는 수준을 정량적 또는 정성적으로 산출한다.

㉣ 위해요소 및 이를 함유한 농산물 등의 섭취에 따른 건강상 영향, 인체노출허용량 또는 수준 및 농산물 섭취 이외의 환경 등에 따라 유입되는 위해요소의 양을 고려하여 사람에게 미칠 수 있는 위해의 정도와 발생빈도 등을 정량적 또는 정성적으로 예측한다. 예측결과를 종합적으로 고려하여 적정 안전관리기준을 제시하여 과학적으로 타당한 위험관리가 이루어지도록 한다.

Answer 21.④

22 **다음 중 농산물의 표준거래 단위 중 적절하지 않은 것은?**

① 5kg미만 표준거래 단위는 1kg, 3kg로 되어 있다.

② 사과, 배, 감귤의 경우는 5kg, 7.5kg, 10kg, 15kg로 한다.

③ 포도는 5kg이 표준규격이다.

④ 참다래는 5kg, 10kg이 표준규격이다.

TIP 5kg미만 표준거래 단위는 별도로 규정하지 않는다.

※ 농산물의 표준거래 단위

1. 5kg미만 표준거래 단위 : 별도로 규정하지 않음
2. 5kg이상 표준거래 단위 : 다음과 같음

종류	품목	표준거래단위
과실류	사과, 배, 감귤	5kg, 7.5kg, 10kg, 15kg
	복숭아, 매실, 단감, 감(홍시), 떫은감, 자두, 살구, 모과	5kg, 10kg, 15kg
	포도	5kg
	금감, 석류	5kg, 10kg
	유자	5kg, 8kg, 10kg, 100과
	참다래	5kg, 10kg
	양앵두(버찌)	5kg, 10kg, 12kg
	앵두	8kg

23 **다음 중 농산물 위험평가에 관한 설명 중 옳지 않은 것은?**

① 위해요소란 인체건강에 잠재적인 유해영향을 일으킬 수 있는 농산물 중에 존재하는 화학적 · 물리적 · 미생물학적 또는 재배환경적 요인 및 상태 등을 말한다.

② 인체노출허용량이란 위해요소의 용량-반응성 평가를 거쳐 인체 건강에 미치는 영향을 인체노출허용량 등의 정량적 수치 또는 정성적으로 산출하는 과정을 말한다.

③ 노출평가란 농산물 등의 섭취를 통하여 인체가 특정 위해요소에 노출되는 수준을 정량적 또는 정성적으로 산출하는 과정을 말한다.

④ 위험평가는 위험성 확인, 위험성 결정, 노출평가 및 위해도 결정의 절차를 거쳐 해당 농산물이 인체 건강에 미치는 영향을 평가한다.

TIP 인체노출허용량이란 농산물 및 환경 등을 통하여 위해요소가 인체에 유입되었을 경우 현재의 과학수준에서 위해가 나타나지 않는다고 판단되는 양으로서, 위해요소의 특성에 따라 일일섭취허용량, 일일섭취내용량, 주당섭취내용량 등을 의미한다.

Answer 22.① 23.②

24 다음 중 농산물의 표준규격에 관한 내용으로 틀린 것은?

① 거래단위 – 농산물의 거래 시 포장에 사용되는 각종 용기 등의 무게를 제외한 내용물의 무게 또는 개수

② 속 포장 – 소비자가 구매하기 편리하도록 겉포장 속에 들어있는 포장

③ 포장치수 – 포장규격 및 등급규격에 맞게 출하하는 농산물

④ 겉포장 – 농산물 또는 속포장한 농산물의 수송을 주목적으로 한 포장

TIP 포장치수란 포장재 바깥쪽의 길이, 너비, 높이를 말한다.

※ 농산물의 표준규격

구분	내용
표준규격품	포장규격 및 등급규격에 맞게 출하하는 농산물
포장규격	거래단위, 포장치수, 포장재료, 포장방법, 포장설계 및 표시사항 등
등급규격	농산물의 품목 또는 품종별 특성에 따라 고르기, 크기, 형태, 색깔, 신선도, 건조도, 결점, 숙도(熟度) 및 선별상태 등 품질구분에 필요한 항목을 설정하여 특, 상, 보통으로 정한 것
거래단위	농산물의 거래 시 포장에 사용되는 각종 용기 등의 무게를 제외한 내용물의 무게 또는 개수
포장치수	포장재 바깥쪽의 길이, 너비, 높이
겉포장	농산물 또는 속포장한 농산물의 수송을 주목적으로 한 포장
속포장	소비자가 구매하기 편리하도록 겉포장 속에 들어있는 포장
포장재료	농산물을 포장하는데 사용하는 재료로써「식품위생법」등 관계 법령에 적합한 골판지, 그물망, 폴리에틸렌대(P·E대), 직물제 포대(P·P대), 종이, 발포폴리스티렌(스티로폼) 등

Answer 24.③

07 PART

부록

01 핵심정리

1. 과거 농업과 현재 농업의 비교

현재농업	과거농업
판매목적 농산물	자가 소비 목적 농산물 생산
소비자가 좋아하는 생산	가족들이 좋아하는 것 생산
상품가치가 높은 몇 개 품목 생산	여러 가지 농산물을 소량 생산
시장 및 가격정보 필요	생산기술의 낙후

2. 6차 산업

농업의 6차 산업이란 농촌에 존재하는 모든 유 · 무형의 자원(1차 산업)을 바탕으로 농업과 식품 · 특산품 제조 · 가공(2차 산업) 및 유통 · 판매, 문화 · 체험 · 관광 서비스(3차 산업) 등을 복합적으로 연계함으로써 새로운 부가가치를 창출하는 활동

3. 유기농업

유기농업이란 유기물, 미생물 등 천연자원을 사용함과 동시에 보조적으로 비료나 농약 등 합성된 화학물질을 소량사용하면서 안전한 농산물 생산과 농업생태계를 유지 보전하는 농업

4. 농업의 다원적 기능

농업의 다원적 기능이란 농업이 식량 생산 이외의 폭넓은 기능을 가지고 있다는 것으로 식량안보, 농촌 지역사회 유지, 농촌 경관제공, 전통문화 계승 등의 농업 비상품재를 생산하는 것

5. 관개농업

관개농업이란 건조 지역에서 농작물이 성장할 수 있도록 저수지나 보 등 관개 시설을 설치해서 물을 공급해 농작물을 재배하는 농업

6. 농업에 국한된 위험

구분	내용
생산위험	병해충, 날씨, 질병, 기술변화 등
생태적 위험	기후변화, 수자원 관리 등
시장 위험	산출물과 투입물 가격의 변화, 품질, 유통, 안정성 등
제도적 위험	농업 정책, 환경규제 등

7. 주체별 농업의 위험 관리 분류방식

정부	시장	농가
• 소득안정화 정책 • 재해 보험료 보조 • 수출신용보증정책 • 수출보험 지원 • 기후관측사업 • 유통명령제	• 선물 • 선도 • 옵션	• 저장과 생산 등 유통시기 조절 • 경영의 다각화 • 정보의 수집과 분석 • 자원 사용과 유보

8. 영농의 다각화

영농의 다각화는 여러 종류의 생산물에 위험 손실을 분산시켜 경영의 위험을 줄이는 방법으로, 한 품목에서 수익이 감소한 것을 수익이 높은 다른 품목의 영농활동으로 보완함으로써 농가소득의 변동위험을 방지하는 것

9. 유통협약

구분	내용
지불연기계약	고정된 가격으로 농산물을 인도하지만 그 즉시 가격을 지불하지 않은 형태의 계약을 말한다.
기초계약	사후적으로 관찰할 수 있는 기준가격에 기초하여 거래가격을 결정하는 방식을 말한다. 기준가격으로는 도매시장의 가격과 선물가격 등을 활용하여 가격을 결정하는 공식에 대해 계약하는 것이다.
헤징계약	• 기초가격과 지불가격의 차이인 선물가격은 고정되어 있지만 기초가격은 변하는 형태의 계약을 말한다. • 기초가격(basis) = 현물가격 − 선물가격(Futures)
최소가격보장계약	수확 시점에서 최소가격은 결정되어 있지만 가격이 상승할 경우에는 계약서에서 제시된 공식에 의해 추가로 기초가격의 일정부분을 더 지불하는 계약을 말한다.

10. 위험 회피 방식

구분	내용
선물(Futures)	일정기간 후에 일정량의 특정상품을 미리 정한 가격에 사거나 팔기로 계약하는 거래형태를 의미한다. 이는 매매계약의 성립과 동시에 상품의 인도와 대금지급이 이루어지는 현물거래에 대응되는 개념으로서 선도거래에 비해 결제이행을 보증하는 기관이 있고 상품이 표준화된 것이 차이점이라 할 수 있다.
선도(Forward)	선물거래와 상대되는 개념으로 미래 일정시점에 현물상품을 사거나 팔기로 합의한 거래로 선물거래와 달리 상품이 표준화되지 않고 결제이행 기관이 별도로 없는 계약이다. 인도일, 계약금액 등 구체적인 계약조건은 당사자간의 협상에 의해 결정된다.
옵션(Option)	옵션은 특정한 자산을 미리 정해진 계약조건에 의해 사거나 팔 수 있는 권리를 가리킨다. 선물의 경우에는 계약조건에 의해 반드시 사거나 팔아야 하지만, 옵션은 옵션 매입자의 경우 사거나 팔 것을 선택할 수 있고, 매도자의 경우 매입자의 선택에 따라야 할 의무를 지며, 옵션 중에서 특정 자산을 살 수 있는 권리를 콜(Call)옵션, 팔 수 있는 권리를 풋(Put)옵션이라고 부른다.
스왑(Swap)	교환의 의미를 가지고 있는 스왑거래는 두 당사자가 각기 지니고 있는 미래의 서로 다른 자금흐름을 일정기간 동안 서로 교환하기로 계약하는 거래를 의미한다. 이 때 교환되는 현금흐름의 종류 및 방식에 따라 크게 금리스왑(Interest Rate Swap)과 통화스왑(Cross Currency Swap)의 두 가지 유형으로 구분이 된다.

11. 콜옵션과 풋옵션

구분	내용
콜옵션 (call option)	특정의 기본자산을 사전에 정한 가격으로 지정된 날짜 또는 그 이전에 매수할 수 있는 권리를 말한다. 콜옵션 매수자는 매도자에게 옵션가격인 프리미엄을 지불하는 대신 기본자산을 살 수 있는 권리를 소유하게 되고, 매도자는 프리미엄을 받는 대신 콜옵션 매수자가 기본자산을 매수하겠다는 권리행사를 할 경우 그 기본자산을 미리 정한 가격에 팔아야 할 의무를 가진다.
풋옵션 (put option)	특정의 기본자산을 사전에 정한 가격으로 지정된 날짜 또는 그 이전에 매도할 수 있는 권리를 말한다. 풋옵션 매수자는 매도자에게 사전에 정한 가격으로 일정시점에 기본자산을 매도할 권리를 소유하게 되는 대가로 옵션가격인 프리미엄을 지불하게 되고 풋옵션 매도자는 프리미엄을 받는 대신 풋옵션 매수자가 기본자산을 팔겠다는 권리행사를 할 경우 그 기본자산을 미리 정한 가격에 사줘야 할 의무를 진다.

12. 농업 경영의 3요소

노동력, 토지, 자본재(농기구, 비료, 사료 등)

13. 조수익

총수익과 같은 말로 1년간의 농업경영의 성과로서 얻어진 농산물과 부산물의 총 가액을 뜻함

14. 농업 경영 지표

구분	내용
소득	조수입{주산물가액(수량 × 단가) + 부산물 가액} – 경영비
순수익	조수입{주산물가액(수량 × 단가) + 부산물 가액} – 생산비
생산비	경영비기회비용(자기자본용역비 + 자가토지용역비 + 자가노력비)

15. 농업경영의 제반 조건

구분	내용
자연적 조건	기상조건(온도, 일조, 강우량, 바람 등), 토지조건(토질, 수리, 경사)
경제적 조건	농장과 시장과의 경제적 거리
사회적 조건	국민의 소비습관, 공업 및 농업의 과학기술 발달수준, 농업에 관한 각종 제도, 법률과 농업 정책, 협동조합의 발달 정도
개인적 사정	경영주 능력, 소유 토지규모와 상태, 가족수, 자본력

16. 농업 경영의 형태

구분	내용
단작경영	일종의 생산부문만으로 구성되어 있고, 또 그 생산물이 유일한 현금 수입원이 되는 경영
준단작경영	최대 현금 수입원이 되는 중심적 생산부문 이외에 그 생산부문을 보조하기 위해 부수적인 역할을 하는 경영. 한우를 주로 생산하는 농가에서 가축 사료로 쓰이는 작물을 자가생산하는 낙농경영
준복합경영	농업 경영체가 몇 가지의 생산부문을 함께 하는 형태로 각각의 부문들이 모두 주요한 현금 수입원이 되는 경영
복합경영	경영이 두 개 부문이상에서 각기 중요한 주요 수익의 근원이 되고 있는 경영

17. 단작경영과 복합경영의 장단점

구분	장단점	내용
복합경영	장점	• 단작경영처럼 유휴농지가 발생하지 않아 농지의 합리적 이용 가능 • 윤작을 이용한 지력(地力)의 유지 • 효율적 노동의 이용 • 단일 작물 연작할 때보다 병충해 발생 감소 • 생산물의 다양성으로 인해 판매과정에서 단작경영보다 상대적으로 유리 • 농장수입의 평준화 가능 • 현금 유동성의 확대로 자금 회전율 증가
	단점	• 특수한 영농기술이 발달 미비 • 여러 가지의 농산물이 소량으로 생산되므로 판매과정에서 불리 • 노동생산성 저하
단작경영	장점	• 작업의 단일화로 능률성 향상 • 작업의 단일화로 노동의 숙련도 증가 • 생산비가 낮아져 시장 경쟁력이 증대 • 계통출하의 이용 가능성이 높아 유통과정의 합리화 가능
	단점	• 계절적 이용 불가로 농지 활용도 하락 • 지력(地力) 하락 • 자연적 재해 발생 시 경제적으로 큰 피해 우려

18. 경영활동의 원리

구분	내용
효과성 (Effectiveness)	효과성이란 경영목표의 달성 정도를 의미하며 효과성이 높을수록 원하는 목표를 달성하기 쉽다.
효율성 (Efficiency)	들인 노력과 얻은 결과의 비율이 높은 특성으로 생산과정에서 투입과 산출의 비율로 최소한의 투자로 최대한의 이익을 얻는 것을 의미한다.
수익성 (Profitability)	수익을 거둘 수 있는 정도를 나타내는 수익성은 영리원칙이라고도 하며 기업이 최대이윤을 얻고자하는 이윤극대화 원칙으로 볼 수 있다.
경제성 (Economic Efficiency)	경제성이란 재물, 자원, 노력, 시간 따위가 적게 들면서도 이득이 되는 성질로 최소의 비용으로 최대 효과를 얻는데 본질인 '경제원칙'과 일맥상통한다.

19. 경영계획방법의 종류

구분	내용
표준계획법	자원을 합리적으로 이용하는 경영모형 기준 혹은 시험장의 성적을 이용한 이상적인 경영모형 기준 비교하며 설계
직접비교법	대상농가의 경영조직이나 경영전체를 같은 경영형태를 가진 마을의 평균값 또는 우수농가의 경영결과 또는 자기영농의 과거실적과 비교해서 결함을 찾고 개선점을 파악하여 새로운 영농 설계
예산법	경영의 전체적 또는 부분적으로 다른 부문의 결합과 대체할 때, 그 결과로서 농장 전체의 수익에 어떤 변화가 나타나는가를 검토하고 이것을 현재의 경영과 비교하며 계획을 수립(대체법)
선형계획법	이용 가능한 자원의 한계 내에서 수익을 최대화하거나 비용을 최소로 하기 위하여 최적 작목 선택 및 결합계획을 수학적으로 결정하는 방법

20. 토지의 일반적 특성

구분	내용
부동성	토지는 움직일 수 없는 성질을 가지기 때문에 토지이용형태의 국지화, 토지의 개별성, 비동질성, 비대체성 등이 나타난다.
불멸성	토지는 사용에 의해 소멸하지 않아 양과 무게가 줄지 않아 감가상각이 발생하지 않는다.
공급의 한정성	토지의 절대적인 양은 증가하지 않고 공급이 고정되어 있기 때문에 토지에 대한 투기가 발생하는 것이다.
다용성	토지는 일반재화와 달리 여러 가지 용도로 이용될 수 있는 성질을 가지고 있어 두 개 이상의 용도가 복합적으로 사용 가능하다.

21. 토지의 기술적(자연적) 특성

구분	내용
가경력	작물이 생육할 수 있도록 뿌리를 뻗게 하고 지상부를 지지 또는 수분이나 양분을 흡수하는 물리적 성질을 말한다.
적재력	작물이나 가축이 생존하고 유지하는 장소를 말한다.
부양력	작물생육에 필요한 양분을 흡수하고 저장하는 특성을 말한다.

22. 비료의 3요소

질소(N), 인산(P), 칼륨(K)

23. 비료에 대한 생리적 반응

생리적 반응이란 비료 자체 반응이 아니라 토양 중에서 식물 뿌리의 흡수작용 또는 미생물의 작용을 받은 뒤 나타나는 반응을 말함

구분	내용
생리적 산성비료	• 식물에 흡수된 뒤 산성을 나타내는 비료를 말한다. • 황산암모늄, 질산암모늄, 염화암모늄, 황산칼륨, 염화칼륨 등
생리적 염기성비료	• 식물에 흡수된 뒤 알칼리성을 나타내는 비료를 말한다. 칠레초석은 화학적 중성비료지만 물에 녹으면 질산기는 물에 흡수되고, 토양 중에 남아 있는 나트륨은 수산이온과 결합하여 수산화나트륨(NaOH)이 되어 토양은 알칼리성으로 바뀌게 된다. • 칠레초석, 용성인비, 토머스인비, 퇴구비 등
생리적 중성비료	• 석회질소는 암모늄태질소, 질산태질소로 변환하고 다시 토양 중에서 중화되는 비료이다. • 요소, 과인산석회, 중과인산석회, 석회질소 등

24. 주산지

다른 지역보다 특정 작물의 생산량이 대량으로 집중되어 있고 어떤 통합된 체제에 의해 생산되어 타 지역보다 생산력이 높고, 시장의 수요에 대응할 능력이 있는 생산지역

25. 농지은행 제도 목적

① 농지유동하정보의 제공, 농지의 매매, 임대차, 보유·관리 등을 통해 농지시장안정, 농업구조개선 등의 기능을 수행

② 쌀소비 감소, 시장개방 확대로 유휴농지 증가 및 농지가격 하락 등 중장기적 농지시장의 불안요인을 사전 관리

③ 자연재해, 농산물가격하락 등으로 인해 일시적 경영위기에 처한 농업인의 경영회생을 도모

④ 고령농업인의 소유농지를 담보로 생활안정지금을 연금처럼 지급하여 노후생활 보장

⑤ 농지에 관한 체계적인 거래정보, 농업경영지원 정보 및 농촌정착 관련 정보 등 다양한 수요에 부응

26. 경자유전(耕者有田) 원칙

농지는 원칙적으로 농업인과 농업법인만이 소유할 수 있다는 원칙

27. 농지법상 농지의 임대차 기간

3년

28. 농업진흥구역

농업의 진흥을 도모하여야 하는 지역으로서 농림축산식품부장관이 정하는 규모로 농지가 집단화되어 농업 목적으로 이용할 필요가 있는 지역

29. 농업보호구역

농업진흥구역의 용수원 확보, 수질 보전 등 농업 환경을 보호하기 위하여 필요한 지역

30. 노동력 종류

<table>
<tr><th>구분</th><th colspan="2">내용</th></tr>
<tr><td>가족노동력</td><td colspan="2">노동력 공급의 융통성(노동시간에 구애 받지 않음), 부녀자의 영세한 노동력 적절한 활동, 노동력의 질적 우수성</td></tr>
<tr><td rowspan="4">고용노동력</td><td>연중고용</td><td>1년 또는 수년을 기간으로 계약</td></tr>
<tr><td>계절고용</td><td>1개월 또는 2개월을 기간으로 주로 농번기에 이용</td></tr>
<tr><td>1일고용, 임시고용</td><td>수시로 공급되는 하루를 기간으로 계약하는 고용노동</td></tr>
<tr><td>위탁영농</td><td>특정 농작업과정을 위탁받고 작업을 끝낼 경우 보수를 받음</td></tr>
</table>

31. 농산물의 특성

① 농산물에 대한 수요와 공급 가격 탄력성이 낮다.

② 농업생산구조는 공업 생산과정에 비해 생산확대가 제한적이며, 생산의 계절성이 있다.

③ 자연환경에 크게 영향을 받고 불확실성이 높다.

④ 생산기간 단축이 어렵고 기술개발에 장시간이 요구된다.

⑤ 정부의 정책과 시장 개입 또는 시장규제가 존재한다.

32. 농산물 수요의 가격탄력성이 비탄력적인 이유

농산물이 필수품인 경우가 많기 때문. 즉 다른 상품에 비해 대체재가 적은 것이 원인이며 자신이 섭취하는 식품에 대한 기호와 소비 패턴을 좀처럼 바꾸려 하지 않는 경향 때문

33. 킹의 법칙(King's law)

17세기 말 영국의 경제학자 킹이 정립한 법칙으로 농산물의 가격은 그 수요나 공급이 조금만 변화하더라도 큰 폭으로 변화하게 되는 현상

34. 식물 호르몬의 종류

구분	작용
에틸렌	식물내에서 합성하며 과일이 익거나 색깔이 나타나는데 관여하며 과다한 발생은 식물의 노화를 촉진한다.
옥신	발아, 성장을 촉진시키고 뿌리를 활착을 도우며, 과일 성장을 촉진한다.
지베렐린	줄기생장촉진호르몬으로 관엽식물의 생장을 촉진을 돕는다.
싸이토키닌	새싹 출현, 신선도 유지, 세포분열을 왕성하게 하여 성장을 돕는다.
앞스시식산	낙화, 낙엽, 낙과, 당분의 사용에 영향을 미친다.

35. 정밀농업

농산물의 생산에 영향을 미치는 변이정보를 탐색하여 그 정보를 바탕으로 한 의사결정 및 처리과정을 거쳐 생산물의 공간적 변이를 최소화하는 농업기술로 예컨대 지구위치파악시스템(GPS)으로 경작지의 위치를 정확 하게 파악하고, 토양 분석 프로그램을 이용하여 토양 성분을 측정·진단한 후 적정량의 비료를 주는 활동

36. 농산물 포장 고려 3요소

구분	내용
보존성 (protection)	포장 기본기능 중 보존성은 농산물을 생산지에서 포장, 저장, 그리고 마켓에 도달하기까지 수송 중 열악한 환경으로부터 내용물을 보호해야 하는 성질을 말한다.
편리성 (convenience)	편리성은 농산물의 보호성과 같이 생산부터 수송, 보관, 사용까지 모든 단계에서의 편리를 의미하며 취급 및 배분을 용이하기 위해 간편한 크기로 생산물을 둘 수 있는 용기가 그 예라 할 수 있다.
검증성 (identification)	검증성은 농산물 제품에 대한 유용한 정보를 제공해야 하는 성질을 말한다. 라벨이나 바코드를 통하여 농산물 제품의 이름, 품목, 등급, 무게, 규격, 생산자, 원산지과 같은 정보를 제공하는 것이 관례이다. 또한 영양학 정보, 조리법, 그리고 소비자에게 구체적으로 제시하는 다른 유익한 정보를 포장에서 일반적으로 쉽게 발견할 수 있다.

37. 방제기의 구비 요건

구분	내용
부착성	작물의 피해부분에 효과적으로 부착되어야 한다.
균일성과 집중성	균일하게 살포되어 약효가 높아야 되고 약해가 없어야 한다.
도달성	살포도달거리가 양호하여야 하며 작업의 능률이 높아야 한다.
경제성	방제가 효과적이며 약액 및 동력의 손실이 없어야 한다.

38. 농업기계의 연료로 주로 사용되는 것

휘발유와 경유

39. 신지식농업

지식의 생성, 저장, 활용, 공유를 통해 농업의 생산 · 가공 · 유통 등을 개발 · 개선하여 높은 부가가치를 창출하고, 나아가 농업 · 농촌의 변화와 혁신을 주도하는 농업활동

40. 신지식농업인의 선발기준

구분	내용
창의성	농업분야에 기존방식과는 차별되는 새로운 지식이나 기술을 활용한 정도
실천성	습득한 창의적 지식과 기술을 농업분야에 적용함으로써, 일하는 방식을 혁신한 정도 또는 타인과 적극적으로 공유한 정도
가치창출성	업무의 효율성, 생산성 향상 등으로 인한 조수입이나 순이익 등 경제적 부가가치의 창출정도와 전통문화, 사회봉사 등 사회적 · 문화적 부가가치 창출 정도
자질 등	신지식농업인으로서의 자질과 지식을 습득 · 창조하려는 노력의 정도, 학력 · 사회적 편견 등의 극복 정도, 국민 계몽적 효과 및 지역농업인의 조직화 실적 등

41. 생산함수

구분	내용
총생산(TP ; total production)	$Y=f(x)$
평균생산(AP ; average production)	$\frac{Y}{X}$, $\frac{\text{생산물생산량(총생산)}}{\text{생산요소투입량(1단위당)}}$
한계생산(MP ; marginal production)	$\frac{\Delta Y}{\Delta X}$, $\frac{\text{산출량}}{\text{생산요소1단위당변화}}$

42. 농업생산의 관계

구분	내용
경합관계	두 개 이상의 생산부문이나 작목이 경영자원이나 생산수단의 이용 면에서 경합되는 경우를 말한다. 보통 생산요소의 자원량을 "어느 정도 배분해야 하는가"라는 문제를 내포하고 있다.
보완관계	축산과 사료작물의 재배처럼 경영 내부에서 어느 생산부문이나 작목이 다른 부문이나 작목의 생산을 돕는 역할을 할 경우를 말한다.
보합관계	둘 이상의 생산부문이나 작목이 경영자원이나 생산수단을 공동으로 이용할 수 있는 결합관계를 말한다. 벼농사 이후의 논에 보리를 재배하거나 일반 식량 작물과 콩과(豆科) 작물 또는 사료 녹비 작물 등을 윤작하는 것이 대표적이다.
결합관계	양고기와 양털, 쌀과 볏짚, 우유와 젖소고기처럼 한 가지 작목이나 생산부문에서 둘 이상의 생산물이 산출되는 생산물의 상호 관계를 말한다.

43. 생산비용의 고정비용과 가변비용

구분	내용
총 고정비용(TFC ; Total Fixed Costs)	산출량에 따라 변하지 않는 비용
총 가변비용(TVC ; Total Variable Costs)	산출량에 따라 변하는 비용
총 비용(TC ; Total Costs)	TC = TFC + TVC

44. 한계 비용(限界費用)

생산량을 한 단위 증가시키는데 필요한 생산비의 증가분

45. 경제활동의 구분

구분	내용
생산	삶에 필요한 재화(물건)와 용역(서비스)을 만드는 활동을 의미한다. 대표적으로 농업, 어업활동, 제조업, 서비스 판매 등의 활동이 해당된다.
소비	생산된 재화와 용역을 사용하는 것을 가리킨다. 소비에 대한 예로 상품을 구입한 비용을 지불하고, 이발, 미용과 같은 서비스의 대가를 지불하는 것 등이 해당된다.
분배	인간이 생활에 필요한 재화와 용역을 만들어 제공하는 생산 활동을 하게 되면 그에 대한 보상이 주어지기 마련이다. 분배란 생산 활동에 참여한 사람들이 그 대가를 분배 받는 활동을 말한다.

46. 경제객체의 구분

구분			내용
재화	자유재	절대적 자유재	공기, 햇빛, 바람 등
		상대적 자유재	전기, 수도, 장식용 대리석 등
	경제재	생산재	농기계, 원자재, 농장 설비 등
		소비재	생활필수품, 비료 등
용역	간접용역(물적 서비스)		보험, 금융, 보관, 판매 서비스 등의 물적 행위
	직접용역(인적 서비스)		의사, 연예인 등의 활동

47. 생산물 시장과 생산요소 시장

구분	내용
생산물	쌀, 자동차, 스마트폰, 영화와 같이 소비를 위한 재화와 통신, 미용 서비스 등을 총칭하며 이들이 거래되는 시장을 생산물 시장이라 한다. 생산물시장에서 가계는 생산물의 수요자이며 기업은 해당 생산물을 공급하는 공급자가 된다.
생산요소	토지, 자본, 노동과 같이 생산에 필요한 요소들을 말하며, 노동시장(구직 박람회), 자본시장(증권거래소)이 대표적인 생산요소 시장이 할 수 있다. 생산요소시장 중에서 노동시장을 예로 들 경우 가계는 생산요소 공급자이며, 기업은 생산요소 수요자로 볼 수 있다. 노동시장에서는 기업이 필요로 하는 '수요'와 '노동 서비스'를 제공하는 가계의 '공급'이 만나 '임금'과 '고용량'이 결정된다.

48. 시장의 원리

구분	내용
경쟁의 원리	시장은 자신의 이익을 위해 경쟁을 하는 구조이다. 생산자들은 가격, 제품의 질, 원가 절감, 새로운 시장 판로 개척 등을 실시하는데 이는 다른 경쟁자들보다 더 많은 이익을 얻기 위한 경쟁이라 볼 수 있다. 시장에서 경쟁은 시장의 가격기구가 잘 작동할 수 있도록 역할을 함과 동시에 기술발달을 가져오기도 한다.
이익추구의 원리	시장에서 거래를 하는 사람들은 자유의지에 따라 서로가 원하는 재화와 서비스를 다루게 되는데, 이는 이익을 추구하고자 하는 개인의 이기심에 의한 것이라 할 수 있다. 이처럼 시장은 개개인의 이익을 추구하고자 하는 심리에 의해 운영되는 것이다.
자유교환의 원리	시장에서 거래 당사자들은 어느 누구의 간섭 없이 자발적으로 원하는 재화와 서비스를 교환한다는 것을 말한다. 즉 자유롭게 교환이 가능해져 경제 구성원들은 모두 풍족하게 삶을 누릴 수 있게 된다고 말한다.

49. 균형가격

시장에서 공급량과 수요량이 일치하는 상태에서 가격은 더 이상 움직이지 않게 되는데 그 때의 가격 수준

구분	내용
가격상승	수요량 감소, 공급량 증가 → 초과공급 발생 → 가격하락
가격하락	수요량 증가, 공급량 감소 → 초과수요 발생 → 가격상승

50. 소득효과

가격의 하락이 소비자의 실질소득을 증가시켜 그 상품의 구매력이 높아지는 현상

51. 대체효과(Substitution Effect)

실질소득에 영향을 미치지 않는 상대가격 변화에 의한 효과

52. 가격 이외의 공급에 영향을 미치는 요인

공급자 수, 생산 비용의 변화, 생산기술 변화, 공급자의 기대나 예상 변화 등

53. 시장 가격의 기능

자원배분기능, 정보전달의 역할, 경제활동의 동기 부여

54. 시장 한계와 실패 원인

외부효과 발생, 공공재의 무임승차, 독점 출현

55. 이윤의 구분

구분	내용
회계적 이윤(accounting profit)	총수입 – 명시적 비용
경제적 이윤(economic profit)	총수입 – 명시적 비용 – 암묵적 비용

56. 명시적 비용과 암묵적 비용

구분	내용
명시적 비용 (explicit cost)	기업의 직접적인 화폐지출(direct outlay of money)을 필요로 하는 요소비용을 말한다. 즉 다른 사람들이 가진 생산요소를 사용하는 대가로 지불하는 비용을 말한다.
암묵적 비용 (implicit cost)	직접적인 화폐지출을 필요로 하지 않는 요소 비용(input cost)을 말한다. 눈에 보이지 않는 비용, 즉 자신이 선택하지 않고 포기하는 다른 기회의 잠재적 비용을 말한다. 암묵적 비용에는 매몰비용(sunk cost)이 포함된다.

57. 기회비용

자원의 희소성으로 인하여 다수의 재화나 용역에서 가장 합리적인 선택을 하고자 어느 하나를 선택했을 때 그 선택을 위해 포기한 선택

58. 매몰비용

지출이 될 경우 다시 회수할 수 없는 비용

59. 농업투자의 특징

① 처음부터 거액의 차입금(정부 융자)으로 시작한다.

② 예상보다 초과된 시설투자비 및 초기 운영자금을 차입금에 의존하여 부채 누적되기도 한다.

③ 사업자의 자부담분을 자기자본이 아닌 외부 단기차입하는 경우, 부채는 사업개시도하기 전에 거액화된다.

④ 어떤 업종이든 손익분기점에 도달하기 위해서는 적어도 2~3년 필요하나 초기투자가 과다한 경우 판매촉진, 생산관리 강화 등 경영관리 보다는 단기부채의 상환원리금, 원재료 · 유류 · 인건비 등의 운영자금 조달에 몰두한다.

⑤ 경영자 대부분이 회계지식의 부족으로 장부정리가 미흡하여, 돈이 어디로 새는지 모르는 체 하루하루를 보내므로 자금난과 수익성 저하 계속되기도 한다.

60. 도매시장의 기능

구분	내용
상적유통기능	농축수산물의 매매거래에 관한 기능으로서 가격형성, 대금결제, 금융기능 및 위험부담 등의 기능
유통정보기능	도매시장에서는 각종 유통 관련 자료들이 생성, 전파됨. 즉 시장동향, 가격정보 등의 수집 및 전달기능
물적유통기능	생산물 즉 재화의 이동에 관한 기능으로서 집하, 분산, 저장, 보관, 하역, 운송 등의 기능
수급조절기능	도매시장법인 및 중도매인에 의한 물량반입, 반출, 저장, 보관 등을 통해 농축수산물의 공급량을 조절하고 가격변동을 통하여 수요량을 조절하는 기능

61. 도매시장 유통종사자 주요역할

구분	내용
물량집하기능	전국에서 생산되는 다양한 농축수산물을 수집하는 기능
대금결제기능	경락즉시 출하주에게 대금을 지급해 주는 대금결제기능
가격결정기능	경매 또는 입찰의 방법으로 공정하게 판매해주는 기능
정보전달기능	시장거래상황을 그때 그때 알려주는 정보전달기능

62. 경매사의 주요역할

① 상장농수산물에 대한 경매 우선순위의 결정

② 상장농수산물의 가격평가

③ 상장농수산물의 결락자의 결정

④ 고객관리자(경매후 출하자 낙찰자에 대한 사후관리)

63. 저장형 산지유통인

비교적 저장성이 높은 농수산물을 수집하여 저장하였다가 일정한 시기에 도매시장에 출하를 하는 형태

64. 밭떼기형 산지유통인

농산물을 파종직후부터 수확전까지 밭떼기로 매입하였다가 적당한 시기에 수확하여 도매시장에 출하를 하는 자

65. 순회수집형 산지유통인

비교적 소량인 품목을 순회하면서 수집하여 도매시장에 출하하는 자

66. 농산물 유통 핵심 용어

구분	내용
농수산물도매시장	특별시 · 광역시 · 특별자치시 · 특별자치도 또는 시가 양곡류 · 청과류 · 화훼류 · 조수육류(鳥獸肉類) · 어류 · 조개류 · 갑각류 · 해조류 및 임산물 등 대통령령으로 정하는 품목의 전부 또는 일부를 도매할 수 있게 관할구역에 개설하는 시장
중앙도매시장	특별시 · 광역시 · 특별자치시 또는 특별자치도가 개설한 농수산물도매시장 중 해당 관할구역 및 그 인접지역에서 도매의 중심이 되는 농수산물도매시장
지방도매시장	중앙도매시장 외의 농수산물도매시장
농수산물공판장	지역농업협동조합, 지역축산업협동조합, 품목별 · 업종별협동조합, 조합공동사업법인, 품목조합연합회, 산림조합 및 수산업협동조합과 그 중앙회(농림수협 등), 그밖에 대통령령으로 정하는 생산자 관련 단체와 공익상 필요하다고 인정되는 법인으로서 대통령령으로 정하는 법인이 농수산물을 도매하기 위하여 특별시장 · 광역시장 · 특별자치시장 · 도지사 또는 특별자치도지사의 승인을 받아 개설 · 운영하는 사업장
민영농수산물 도매시장	국가, 지방자치단체 및 농수산물공판장을 개설할 수 있는 자 외의 자가 농수산물을 도매하기 위하여 시 · 도지사의 허가를 받아 특별시 · 광역시 · 특별자치시 · 특별자치도 또는 시 지역에 개설하는 시장
도매시장법인	농수산물도매시장의 개설자로부터 지정을 받고 농수산물을 위탁받아 상장(上場)하여 도매하거나 이를 매수(買受)하여 도매하는 법인
시장도매인	농수산물도매시장 또는 민영농수산물도매시장의 개설자로부터 지정을 받고 농수산물을 매수 또는 위탁받아 도매하거나 매매를 중개하는 영업을 하는 법인
매매참가인	농수산물도매시장 · 농수산물공판장 또는 민영농수산물도매시장의 개설자에게 신고를 하고, 농수산물도매시장 · 농수산물공판장 또는 민영농수산물도매시장에 상장된 농수산물을 직접 매수하는 자로서 중도매인이 아닌 가공업자 · 소매업자 · 수출업자 및 소비자단체 등 농수산물의 수요자
산지유통인	농수산물도매시장 · 농수산물공판장 또는 민영농수산물도매시장의 개설자에게 등록하고, 농수산물을 수집하여 농수산물도매시장 · 농수산물공판장 또는 민영농수산물도매시장에 출하(出荷)하는 영업을 하는 자

67. 도매시장 유통주체의 기능과 역할

구분	내용
도매시장법인	수집기능만 가능, 농가판매대행(수탁판매원칙), 수수료상인, 생산자 보호 목적 도입
중도매인	분산기능만 가능, 차익상인, 소비자 보호 목적 도입
시장도매인	수집과 분산기능 모두 가능, 차익상인

68. 마케팅

제품을 생산자로부터 소비자에게 원활하게 이전하기 위한 기획 활동으로 시장 조사, 상품화 계획, 선전, 판매 촉진 등의 형태를 의미함

69. 데이터베이스 마케팅

업이 고객에 대한 여러 가지 다양한 정보를 컴퓨터를 이용하여 Data Base화하고, 구축된 고객 데이터를 바탕으로 고객 개개인과의 지속적이고 장기적인 관계구축을 위한 마케팅 전략을 수립하고 집행하는 여러 가지 활동

70. 마케팅 믹스

기업이 통제할 수 있는 마케팅 수단을 그 효과가 극대화되도록 적절하게 믹스(mix)하여 효율적으로 마케팅 활동을 수행할 것인가에 대한 의사결정으로 제품(product), 유통(place), 가격(price), 촉진(promotion)의 4P로 이루어짐

71. STP 전략

구분	내용
시장세분화 (market segmentation)	• 하나의 전체시장을 하나의 시장으로 보지 않고, 소비자 특성의 차이 또는 기업의 마케팅 정책을 말한다. • 전체시장을 비슷한 기호와 특성을 가진 차별화된 마케팅 프로그램을 원하는 집단별로 나누는 것이다.
표적시장의 선정 (Targeting)	전체 시장을 여러 개의 세분시장으로 나누고, 이들 모두를 목표시장으로 삼아 각기 다른 세분시장의 상이한 욕구에 부응할 수 있는 마케팅믹스를 개발하여 적용함으로서 기업 조직의 마케팅 목표를 달성하고자 하는 것을 말한다.
포지셔닝 (Positioning)	자사 제품의 경쟁우위를 찾아 선정된 목표시장의 소비자들의 마음속에 자사의 제품을 자리 잡게 하는 것을 말한다.

72. 포지셔닝의 유형

구분	내용
제품속성 및 편익에 의한 포지셔닝	제품의 가격, 품질, 스타일, 성능 등이 주는 편익 및 효용에 따라 포지셔닝하는 것을 말한다.
이미지 포지셔닝	자사 제품을 보면 긍정적인 연상이 가능하도록 하는 포지셔닝을 말한다.
사용상황에 따른 포지셔닝	사용상황을 제시하여 포지셔닝하는 방법을 말한다.
제품 사용자에 의한 포지셔닝	제품을 사용하는 데 적합한 사용자, 집단 및 계층에 의해 포지셔닝을 하는 방법을 말한다.
경쟁사에 의한 포지셔닝	경쟁 브랜드와 비교하여 자사 브랜드를 부각시키는 포지셔닝을 말한다.

73. 시장세분화의 요건

구분	내용
유지가능성(Sustainability)	세분시장이 충분한 규모이거나 또는 해당 시장에서 이익을 낼 수 있는 정도의 크기가 되어야 하는 것을 의미한다.
측정가능성(Measuraability)	마케팅 관리자가 각각의 세분시장 규모 및 구매력 등을 측정할 수 있어야 한다는 것을 말한다.
행동가능성(Actionability)	각각의 세분시장에서 소비자들에게 매력 있고, 이들의 욕구에 충분히 부응할 수 있는 효율적인 마케팅 프로그램을 계획하고 실행할 수 있는 정도를 의미한다.
내부적인 동질성 및 외부적인 이질성	시장 세분화를 바탕으로 자신의 제품을 소비할 핵심타켓층을 집중 공략하는 단계이다.
접근가능성(Accessibility)	시기적절한 마케팅 노력으로 인해 해당 세분시장에 효과적으로 접근하여 소비자들에게 제품 및 서비스를 제공할 수 있는 적절한 수단이 있어야 한다는 것을 말한다.

74. 시장세분화를 위한 소비자 개인적 특성 변수와 제품관련 변수

개인적 특성변수	제품관련 특성변수
• 지리적 변수 : 지역, 도시, 기후 등 • 인구통계적 변수 : 가족생활주기, 직업, 교육, 종교, 세대, 국적 등 • 심리분석적 변수 : 라이프스타일, 개성 등	추구하는 편익, 제품에 대한 태도, 상표충성도, 사용량, 지식, 사용상황 등

75. 시장 세분화

구분	내용
지역적 세분화 (geographic segmentation)	시장을 지역 단위들로 세분화 하는 것을 의미한다. 국가, 지역, 농촌, 도시 또는 우편번호로 구분하거나 대도시권, 인구밀도, 기후로 구분한다.
인구통계학적 세분화 (demographic segmentation)	인구통계학적인 변수를 기초로 한다. 나이, 가족규모, 성별, 교육수준, 수입, 세대, 국적, 인종, 종교 등으로 세분화 할 수 있다.
심리분석적 세분화 (psychological segmentation)	개성 및 성향별, 사회계층별, 라이프스타일별, 태도별로 세분화한다.
행위적 세분화 (behavioral segmentation)	구매자가 제품에 대해 가지고 있는 지식, 태도, 사용법 또는 반응 등에 기초하여 여러 집단으로 분할된다.

76. 차별적 마케팅 전략

전체 시장을 여러 개의 세분시장으로 나누고, 이들 모두를 목표시장으로 삼아 각기 다른 세분시장의 상이한 욕구에 부응할 수 있는 마케팅믹스를 개발하여 적용함으로서 기업 조직의 마케팅 목표를 달성하고자 하는 것

77. 무차별적 마케팅 전략

전체 시장을 하나의 동일한 시장으로 보고, 단일의 제품으로 제공하는 전략

78. 집중적 마케팅 전략

전체 세분시장 중에서 특정 세분시장을 목표시장으로 삼아 집중 공략하는 전략

79. 제품수명주기의 단계별 마케팅전략

구분	도입기	성장기	성숙기	쇠퇴기
원가	높다	보통	낮다	낮다
소비자	혁신층이다	조기 수용자이다	중기 다수자이다	최후 수용자이다
제품	기본 형태의 제품을 추구	제품의 확장, 서비스, 품질보증의 도입	제품 브랜드와 모델의 다양화	경쟁력 상실한 제품의 단계적인 철수
유통	선택적 방식의 유통	집약적 방식의 유통	더 높은 집약적 유통	선택적 방식의 유통
판매	낮다	높게 성장	낮게 성장	쇠퇴함

경쟁자	소수	증가	다수→감소	감소
광고	조기의 소비자 및 중간상들에 대한 제품인지도의 확립	많은 소비자들을 대상으로 제품에 대한 인지도 및 관심의 구축	제품에 대한 브랜드의 차별화 및 편의를 강조	충추적인 충성 고객의 유지가 가능한 정도의 수준으로 줄임
가격	고가격	저가격	타 사에 대응 가능한 가격	저가격
판촉	제품의 사용구매를 유인하기 위한 고강도 판촉전략	수요의 급성장에 따른 판촉 비중의 감소	자사 브랜드로의 전환을 촉구하기 위한 판촉의 증가	최소의 수준으로 감소
이익	손실	점점 높아진다	높다	감소한다
마케팅 목표	제품의 인지 및 사용구매의 창출	시장점유율의 최대화	이전 점유율의 유지 및 이윤의 극대화	비용의 절감

80. 제품생애주기(PLC ; product life cycle)

구분	내용
도입기(introduction)	광고와 홍보가 비용효과성이 높고 유통영역을 확보하기 위한 인적판매활동, 시용을 유인하기 위한 판매촉진
성장기(growth)	시장규모확대, 제조원가하락, 이윤율 증가, 집중적 유통, 인지도 강화
성숙기(maturity)	판매촉진, 높은 수익성, 수요의 포화상태로 인한 가격인하
쇠퇴기(decay)	광고와 홍보의 축소, 판매량이 급격히 줄고 이윤 하락하는 제품으로 전략

81. 노획가격

주 제품에 대해서는 가격을 낮게 책정해서 이윤을 줄이더라도 시장 점유율을 늘리고 난 후 종속 제품인 부속품에 대해서 이윤을 추구하는 전략

82. 손실유도가격결정(loss leader pricing)

특정한 제품 품목에 대해 가격을 낮추면 해당 품목의 수익성은 악화될 수 있지만, 반면에 보다 더 많은 소비자를 유도하고자 할 때 활용하는 방식

83. 이분가격 정책

전화요금, 택시요금, 놀이동산처럼 기본가격에 추가사용료 등의 수수료를 추가하는 방식의 가격결정방식

84. 비선형 가격결정

통상적으로 대량의 소비자가 소량의 소비자에 비해 가격 탄력적이라는 사실에 기초해서 소비자들에게 제품에 대한 대량소비에 따른 할인을 기대하도록 하여 제품의 구매량을 높이고자 하는 방식

85. 부가가치 가격결정

타 사의 가격에 맞춰 가격인하를 하기보다는 부가적 특성 및 서비스의 추가로 제품의 제공물을 차별화함으로써 더 비싼 가격을 정당화하는 방식

86. 수요에 기초한 심리적 가격결정 기법

구분	내용
경쟁기반 가격결정	경쟁자의 전략, 원가, 가격, 시장의 제공물을 토대로 가격을 책정하는 방식
제품라인 가격결정	제품계열 내에서 제품품목 간 가격 및 디자인에 차이를 두는 방식
옵션제품 가격결정	주력제품과 같이 팔리는 부수적 제품에 대해 소비자로 하여금 선택하게 하는 방식
부산물 가격결정	주력 제품이 가격에 있어 경쟁력을 지닐 수 있도록 부산물 가격을 결정하는 방식
최저수용가격결정	소비자들이 제품의 품질을 의심하지 않고 구매할 수 있는 가장 낮은 가격을 선택하는 방식

87. 유보가격(Reservation Price)

소비자가 마음속으로 이 정도까지는 지불할 수도 있다고 생각하는 가장 높은 수준의 가격을 의미

88. 가격의 종류

구분	내용
단수가격 (Odd Pricing)	시장에서 경쟁이 치열할 때 소비자들에게 심리적으로 저렴하다는 느낌을 주어 제품의 판매량을 늘리려는 방법이다. 제품의 가격을 100원, 1,000원 등과 같이 현 화폐단위에 맞게 책정하는 것이 아니라, 그보다 낮은 95원, 970원, 990원 등과 같이 단수로 책정하는 방식이 사용된다. 단수가격의 설정목적은 소비자의 입장에서는 가격이 상당히 낮은 것으로 느낄 수 있고 더불어서 비교적 정확한 계산에 의해 가격이 책정되었다는 느낌을 줄 수 있는 방식이다.
관습가격 (Customery Pricing)	일용품의 경우처럼 장기간에 걸친 소비자의 수요로 인해 관습적으로 형성되는 가격을 의미한다.
명성가격 (Prestige Pricing)	자신의 명성이나 위신을 나타내는 제품의 경우에 일시적으로 가격이 높아짐에 따라 수요가 증가되는 경향을 보이기도 하는데, 이를 이용하여 고가격으로 가격을 설정하는 방식이다.
준거가격 (Reference Pricing)	구매자는 어떤 제품에 대해서 자기 나름대로의 기준이 되는 준거가격을 마음속에 지니고 있어서, 제품을 구매할 경우 그것과 비교해보고 제품 가격이 비싼지 여부를 결정하는 방식이다.

89. 가격설정 정책

구분	내용
단일가격 정책	동일한 양의 제품, 동일한 조건 및 가격으로 판매하는 정책을 의미한다.
탄력가격 정책	소비자들에 따라 동종, 동량의 제품들을 서로 상이한 가격으로 판매하는 정책을 의미한다.
단일제품가격 정책	각각의 품목별로 서로 따로따로 검토한 후 가격을 결정하는 정책을 의미한다.
계열가격 정책	수많은 제품계열이 존재할 때 제품의 규격, 기능, 품질 등이 다른 각각의 제품계열마다 가격을 결정하는 정책을 의미한다.
상층흡수가격 정책	도입 초기에 고가격을 설정한 후에 고소득계층을 흡수하고, 지속적으로 가격을 인하시킴으로써 저소득계층에게도 침투하고자 하는 가격정책을 의미한다.
침투가격 정책	빠르게 시장을 확보하기 위해 시장 진입초기에 저가격을 설정하는 정책을 의미한다.
생산지점가격 정책	판매자가 전체 소비자들에 대한 균일한 공장도가격을 적용시키는 정책을 의미한다.
인도지점가격 정책	공장도 가격에 계산상의 운임 등을 가산한 금액을 판매가격으로 결정하는 정책을 의미한다.
재판매가격유지 정책	광고 및 여러 가지 판촉에 의해 목표가 알려져서 선호되는 제품의 공급자가 소매상들과의 계약에 의해 자신이 결정한 가격으로 자사의 제품을 재판매하게 하는 정책을 의미한다.

90. 판촉을 위한 도구 및 수단

구분	내용
쿠폰(Coupon)	구매자가 어떠한 특정의 제품을 구입할 때 이를 절약하도록 해 주는 하나의 증표
샘플(Sample)	구매자들에게 제품에 대한 대가를 지불하지 않으면서 제공하는 일종의 시제품
프리미엄(Premium)	특정 제품의 구매를 높이기 위해 무료 또는 저렴한 비용으로 제공해 주는 추가 제품
할인포장 (Price Pack)	관련 제품을 묶음으로 해서 소비자들이 제품을 낱개로 구매했을 때보다 더욱 저렴한 방식으로 판매

91. 전자상거래의 종류

구분	내용
B2B (Business to Business)	기업과 기업 사이에 이루어지는 전자상거래를 일컫는 것으로 기업들이 온라인상에서 상품을 직거래하여 비용을 절감하고, 시간도 절약할 수 있다는 장점이 있다.
B2C (Business to Customer)	기업이 소비자를 상대로 행하는 인터넷 비즈니스로 가상의 공간인 인터넷에 상점을 개설하여 소비자에게 상품을 판매하는 형태의 비즈니스이다. 실제 상점이 존재하지 않기 때문에 임대료나 유지비와 같은 비용이 절감되는 장점이 있다.
G2C (Government to Customer)	정부와 국민 간 전자상거래는 인터넷을 통한 민원서비스 등 대국민 서비스 향상을 그 주된 목적으로 하고 있다.
B2G (Business to Government)	인터넷에서 이루어지는 기업과 정부 간의 상거래를 말한다. 여기서 G는 단순히 정부뿐만 아니라 지방정부, 공기업, 정부투자기관, 교육기관 등을 의미하기도 한다.

92. 푸시전략과 풀 전략

구분	내용
푸시전략 (Push Strategy)	• 제조업자가 소비자를 향해 제품을 밀어낸다는 의미로 제조업자는 도매상에게 도매상은 소매상에게, 소매상은 소비자에게 제품을 판매하게 만드는 전략을 말한다. • 이것은 중간상들로 하여금 자사의 상품을 취급하도록 하고, 소비자들에게 적극 권유하도록 하는 데에 있다. • 푸시 전략은 소비자들의 브랜드 애호도가 낮고, 브랜드 선택이 점포 안에서 이루어지며, 동시에 충동구매가 잦은 제품의 경우에 적합한 전략이다.
풀 전략 (Pull Strategy)	• 풀 전략은 제조업자 쪽으로 당긴다는 의미로 소비자를 상대로 적극적인 프로모션 활동을 하여 소비자들이 스스로 제품을 찾게 만들고 중간상들은 소비자가 원하기 때문에 제품을 취급할 수밖에 없게 만드는 전략을 말한다. • 풀 전략은 광고와 홍보를 주로 사용하며, 또한 소비자들의 브랜드 애호도가 높고, 점포에 오기 전에 미리 브랜드 선택에 대해서 관여도가 높은 상품에 적합한 전략이다.

93. 경로 커버리지

구분	내용
집약적 유통	가능한 한 많은 소매상들로 해서 자사의 제품을 취급하게 하도록 함으로서, 포괄되는 시장의 범위를 확대시키려는 전략이다. 집약적 유통에는 대체로 편의품이 집약적 유통에 속하는데 이는 소비자는 제품구매를 위해 많은 노력을 기울이지 않기 때문이다.
전속적 유통	전속적 유통은, 각 판매지역별로 하나 또는 극소수의 중간상들에게 자사제품의 유통에 대한 독점권을 부여하는 방식의 전략을 말한다. 이 방법의 경우, 소비자가 자신이 제품구매를 위해 적극적으로 정보탐색을 하고, 그러한 제품을 취급하는 점포까지 가서 기꺼이 쇼핑하는 노력도 감수하는 특성을 지닌 전문품에 적절한 전략이다.
선택적 유통	선택적 유통은, 집약적 유통과 전속적 유통의 중간 형태에 해당하는 전략이다. 판매지역별로 자사의 제품을 취급하기를 원하는 중간상들 중에서 일정 자격을 갖춘 하나 이상 또는 소수의 중간상들에게 판매를 허가하는 전략이다. 이 전략은, 소비자가 구매 전 상표 대안들을 비교, 평가하는 특성을 지닌 선매품에 적절한 전략이다.

94. SWOT 분석

구분	내용
강점(Strength)	회사가 소유하고 있는 장점
약점(Weakness)	회사가 가지고 있는 약점
기회(Opportunity)	외부환경의 기회(시장이나 환경적 측면에서 매출이나 수익성 향상의 기회)
위협(Threat)	외부환경의 위협(매출이나 수익성 악화의 위협)

95. 시장침투(Marketing Penetration)

기존시장에 기존제품의 판매를 증대하는 기존시장 심화전략으로서, 이는 기존제품의 수명주기를 연장시키기 위한 전략

96. 서비스의 4대 특성

구분	내용
무형성(intangibility)	유형적 제품과 달리 서비스는 객관적으로 보이는 형태로 제시할 수 없으며 만질 수 없는 것을 의미한다. 이는 제품과 서비스를 구별 짓는 가장 핵심적인 요인으로서 이러한 서비스의 무형성으로 구매 전 확인이 불가능하며 진열 또는 설명에 제약이 따른다.
소멸성(perishability)	서비스는 저장될 수 없기 때문에 재고로서 보관이 어려우며 구매 직후에 그 편익이 소멸된다. 따라서 서비스는 수요와 공급의 균형을 유지하기가 어렵다.
이질성(heterogeneity)	제공되는 동일한 서비스에 대하여 장소, 시간, 제공자 등의 변화에 따라 서비스의 질이나 성과가 다르게 표현됨을 의미하며 서비스의 이질성으로 표준화 및 정형화의 어려움으로 개별화(customization) 기회를 제공한다.
생산과 소비의 비분리성	서비스의 생산과 소비가 동시에 이루어짐을 의미하며 따라서 대량생산이 곤란하다.

97. 선도가격전략

핵심 상품들을 정상적인 가격수준 이하, 심지어 원가 이하로 판매하여 고객을 점포로 끌어들인 후 정상적으로 마진이 더해진 다른 상품들에 대한 판매가 이루어지도록 하기 위한 전략

98. 자본회수율(ROI)

기업의 경쟁력을 알아보는 지표 중 하나로 기업이 어느 정도의 자본을 투자하여 얼마만큼의 이익을 올리는가를 알아보는 지표

99. 리베이트

소비자가 구매 후 구매영수증과 같은 증거서류를 기업에게 제시할 경우 해당 제품에 대해 할인하여 금액을 환불해 주는 방법

100. 컨조인트 분석

어떤 제품 또는 서비스가 갖고 있는 속성 하나하나에 고객이 부여하는 가치를 추정함으로써, 그 고객이 어떤 제품을 선택하지를 예측하는 기법

101. 마케팅 전략의 주체인 3C

고객(customer), 경쟁사(competitor), 자사(company)

102. 선택적 유통

집약적 유통과 전속적 유통의 중간에 해당되는 전략으로, 판매지역별로 자사제품을 취급하고자 하는 중간상들 중에서 자격을 갖춘 하나 이상의 소수의 중간상들에게 판매를 허용하는 전략

103. 농산물 세이프가드

농림축산물의 수입물량이 급증하거나 수입가격이 하락하는 경우에는 관세철폐계획에 따른 세율을 초과해 부과되는 관세

104. 계절관세

계절에 따라 가격의 차이가 심한 물품으로 동종물품 · 유사물품 또는 대체물품의 수입으로 국내시장이 교란되거나 생산 기반이 붕괴될 우려가 있을 경우 계절에 따라 해당 물품의 국내외 가격차에 상당하는 율의 범위에서 기본세율보다 높게 부과하거나 100분의 40의 범위의 율을 기본세율에서 빼고 부과하는 관세

105. 반덤핑관세조치

외국물품이 수출국 국내시장의 통상거래가격 이하로 수입되어 다음과 같은 피해가 우려되는 경우, 정상가격과 덤핑가격의 차액의 범위 내에서 해당 수입품에 반덤핑관세를 부과해 국내 생산자가 공정한 경쟁을 할 수 있도록 하는 제도

106. 상계관세조치

외국에서 제조 · 생산 또는 수출에 관해 직접 또는 간접으로 보조금이나 장려금을 받은 물품의 수입으로 다음과 같은 피해가 조사를 통해 확인되어 해당 국내 산업을 보호할 필요가 있다고 인정되는 경우, 그 물품과 수출자 또는 수출국을 지정해 그 물품에 해당 보조금 등의 금액 이하의 관세를 추가로 부과해 국내 생산자가 공정한 경쟁을 할 수 있도록 하는 조치

107. 특별긴급수입제한조치

미리 정해진 농산물 품목에 대해 수입량이 정해진 기준을 초과하거나 수입가격이 정해진 수준을 미달한 경우, 당사국이 농산물에 대한 추가적인 관세를 부과할 수 있도록 한 제도

108. 임시긴급수입제한조치

국제수지의 악화나 금융상의 위기 시 또는 환율, 통화정책 등 거시경제정책 운용에 심각한 어려움이 있을 경우, 일시적으로 또 필요 최소한도 내에서 외국인투자에 대한 내국민대우나 외국인투자의 자유로운 대외송금을 정지할 수 있는 조치

109. 부기

'장부에 기입한다'를 줄인 말로서 기업이 수유하는 재산 및 자본의 증감변화를 일정한 원리원칙에 따라 장부에 기록, 계산, 정리하여 그 원인과 결과를 명백히 밝히는 것

110. 부기와 회계의 차이점

부기는 기업의 경영활동으로 발생하는 경제적 사건을 단순히 기록, 계산, 정리하는 과정을 중요시 하는 반면에, 회계는 부기의 기술적인 측면을 바탕으로 산출된 회계정보를 기업의 이해관계자들에게 유용한 경제적 정보를 식별, 측정, 전달하는 과정임

111. 재무제표의 종류

구분	내용
재무상태표	일정 시점 현재 경영체가 보유하고 있는 경제적 자원인 자산과 경제적 의무인 부채, 그리고 자본에 대한 정보를 제공하는 재무보고서로서, 정보이용자들이 경영체의 유동성, 재무적 탄력성, 수익성과 위험 등을 평가하는 데 유용한 정보를 제공한다.
손익계산서	일정 기간 동안 경영체의 경영성과에 대한 정보를 제공하는 재무보고서이다. 손익계산서는 당해 회계기간의 경영성과를 나타낼 뿐만 아니라 경영체의 미래현금흐름과 수익창출능력 등의 예측에 유용한 정보를 제공한다.
현금흐름표	경영체의 현금흐름을 나타내는 표로서 현금의 변동내용을 명확하게 보고하기 위하여 당해 회계기간에 속하는 현금의 유입과 유출내용을 적정하게 표시하여야 한다.
자본변동표	자본의 크기와 그 변동에 관한 정보를 제공하는 재무보고서로서, 자본을 구성하고 있는 자본금, 자본잉여금, 자본조정, 기타포괄손익누계액, 이익잉여금(또는 결손금)의 변동에 대한 포괄적인 정보를 제공한다.
주석	• 재무제표 작성기준 및 유의적인 거래와 회계사건의 회계처리에 적용한 회계정책 • 회계기준에서 주석공시를 요구하는 사항 • 재무상태표, 손익계산서, 현금흐름표 및 자본변동표의 본문에 표시되지 않는 사항으로서 재무제표를 이해하는 데 필요한 추가 정보

112. 재무상태표 구성

자산, 부채, 자본

113. 자산의 계정 구분

구분	내용	종류
당좌자산	가장 빨리 현금화할 수 있는 자산	현금 및 현금성자산, 단기투자자산, 매출채권, 선급비용
투자자산	투자이윤이나 타기업을 지배하는 목적으로 소유하는 자산	투자부동산, 장기투자증권, 지분법적용, 투자주식
재고자산	차기 제조에 투입되거나 판매될 재화	상품, 제품, 원재료
유형자산	장기간 영업활동에 사용하는 자산으로 물리적 형태가 있는 자산	토지, 건물, 기계장치, 비품
무형자산	회사의 수익 창출에 기여하거나 형체가 없는 자산	영업권, 산업 재산권, 개발비 등

114. 농가부채

구분	예시
유동부채	단기차입금, 매입채무(외상매입금), 미지급비용, 미지급금 등
비유동부채	장기차입금

115. 유동부채와 고정부채

구분	종류
유동부채	매입채무, 단기차입금, 미지급금, 선수금, 예수금, 미지급비용, 미지급제세, 유동성장기부채, 선수수익, 예수보증금, 단기부채성충당금, 임직원단기차입금 및 기타의 유동부채
고정부채	장기차입금, 외화장기차입금, 금융리스미지급금, 장기성매입채무, 퇴직급여충당금, 이연법인세대, 고유목적사업준비금 및 임대보증금

116. 농가자산

구분		예시
유동자산	당좌자산	현금, 예금, 매출채권(외상매출금), 대여금, 미수금 등
	재고자산	비료, 농약, 사료, 재고농산물, 비육우, 육성돈, 병아리 등
비유동자산		토지, 대농기구, 농용시설, 대식물(과수나무, 뽕나무), 대가축(번식우, 번식돈 등)

117. 결손금

농업경영체가 영업활동을 수행한 결과 순 자산이 오히려 감소한 경우에 그 감소분을 누적하여 기록한 금액

118. 재무상태표 계정기입 방식

구분	내용	방식
자산계정	증가를 차변에, 감소를 대변에 기입한다.	자산계정 증가(+) ⋮ 감소(−)
부채계정	증가를 대변에, 감소를 차변에 기입한다.	부채계정 감소(−) ⋮ 증가(+)
자본계정	증가를 대변에, 감소를 차변에 기입한다.	자본계정 감소(−) ⋮ 증가(+)

119. 손익계산서 계정기입 방식

구분	내용	방식
수익계정	발생을 대변에, 소멸을 차변에 기입한다.	수익계정 소멸(−) ⋮ 발생(+)
비용계정	발생을 차변에, 소멸을 대변에 기입한다.	비용계정 발생(+) ⋮ 소멸(−)

120. 발생주의

현금주의 회계에 있어서는 수익을 현금수입할 때에 인식하고, 비용을 현금지출할 때에 인식한다는 것

121. 현금주의

회수기준 또는 지급기준이라고도 하며 발생주의와 대비되는 말로써, 손익의 계상이 현금의 수입 및 지출에 의거하여 산정되는 손익계산에 관한 하나의 원칙

122. 원가의 3요소

구분	내용
재료비(Direct Material)	종자비, 농약비, 비료비, 소농구비, 전기료, 광열동력비 등
노무비(Direct Labor)	농작물 생산에 직접 투입된 인건비
경비(Overhead Cost)	재료비, 노무비 이외 생산물 원가에 기여한 비용

123. 농산물의 원가 측정

구분	공식
조수입	판매수량 × 가격
경영비	재료비 + 인건비 + 감가상각비
생산비	경영비 + 자가노력비
소득	조수입 – 경영비
순이익	조수입 – 생산비
소득율	소득/조수입

124. 농업경영의 매출이익

판매가격 – 농산물원가

125. 농업소득의 구분

구분	내용
겸업소득	농업 외의 사업으로 얻은 소득으로 임업, 어(농)업, 제조업, 건설업 등
사업외소득	사업이외 활동으로 얻은 소득으로 노임, 급료, 임대료 등
이전소득	비경제적활동으로 얻은 수입으로 공적 또는 사적 보조금
비경상소득	우발적인 사건에 의한 소득으로 경조수입, 퇴직일시금 등

126. 농가교역조건지수

농가가 생산하여 판매하는 농산물과 농가가 구입하는 농기자재 또는 생활용품의 가격 상승폭을 비교하여 농가의 채산성(경영상에 있어 수지, 손익을 따져 이익이 나는 정도)을 파악하는 지수

127. 자본이익률

어떤 자본을 투하하려고 할 때 경영 내부의 여러 부문, 또는 경영 이외의 다른 부문 중 어디에 투자하는 것이 좋을까를 판단하는데 중요한 지표가 되며, 또 이들 각 부문간에 투하자본의 수익성을 비교할 때도 유용한 지표

128. 토지순수익

소유토지에 대한 수익성지표로서 농업경영에 투하된 토지로부터 발생한 수익의 크기

129. 자기자본비율

경영에 투하된 총자본 중 자기자본이 어느 정도인지를 나타내는 것

130. 총자본이익률

기업에 투하 · 운용된 총자본이 어느 정도의 수익을 냈는가를 나타내는 수익성 지표로 기업수익이라고도 불림

131. 친환경농업

합성농약, 화학비료 및 항생제 · 항균제 등 화학자재를 사용하지 아니하거나 사용을 최소화하고 농업 · 축산업 · 임업 부산물의 재활용 등을 통하여 생태계와 환경을 유지 · 보전하면서 안전한 농산물을 생산하는 산업

132. 친환경농산물

친환경농업을 통하여 얻는 것으로 유기농수산물, 무농약농산물, 무항생제축산물, 무항생제수산물 및 활성처리제 비사용 수산물

133. 무농약농산물

유기합성농약을 사용하지 않고 화학비료는 권장시비량의 1/3 이하를 사용하고 일정한 인증기준을 지켜 재배한 농산물

134. 농산물의 구분

구분	내용
유기농산물	유기합성농약과 화학비료를 사용하지 않고 재배한 농산물을 말한다.
저농약농산물	화학비료 · 유기합성농약을 기준량의 1/2이하 사용하며, 제초제 사용이 불가한 것을 말한다.
무농약농산물	유기합성농약은 사용하지 않고, 화학비료는 권장시비량의 1/3이하로 재배하는 것을 말한다.

135. 농산물우수관리(GAP : Good Agricultural Practices)

농산물의 안전성을 확보하고 농업환경을 보전하기 위해 농산물의 생산, 수확 후 관리(농산물의 저장 · 세척 · 건조 · 선별 · 절단 · 조제 · 포장 등 포함) 및 유통의 각 단계에서 작물이 재배되는 농경지 및 농업용수 등의 농업환경과 농산물에 잔류할 수 있는 농약, 중금속, 잔류성 유기오염물질 또는 유해생물 등의 위해요소를 적절하게 관리하는 것

136. 지리적표시

농산물 또는 농산가공품의 명성 · 품질, 그 밖의 특징이 본질적으로 특정 지역의 지리적 특성에 기인하는 경우 해당 농산물 또는 농산가공품이 그 특정 지역에서 생산 · 제조 및 가공되었음을 나타내는 표시

137. 지리적 표시제도 충족 요건

구분	내용
유명성	해당 품목의 우수성이 국내나 국외에서 널리 알려져야 한다.
역사성	해당 품목이 대상지역에서 생산된 역사가 깊어야 한다.
지역성	해당 상품의 생산, 가공과정이 동시에 해당 지역에서 이루어져야 한다.
지리적 특성	해당 품목의 특성이 대상지역의 자연환경적 요인에 기인하여야 한다.
생산자 조직화	해당 상품의 생산자들이 모여 하나의 법인을 구성해야 한다.

138. 직접지불금제도

농어업인 소득안정, 농어업 · 농어촌의 공익적 기능 유지 등을 위해 정부가 시장기능을 통하지 않고 공공재정에 의해 생산자에 직접 보조금을 지원하는 제도

139. 주요 직접지불금 제도

구분	내용
쌀소득보전 직접직불제	DDA/쌀협상 이후 시장개방 폭이 확대되어 쌀 가격이 떨어지는 경우에 대비해 쌀 재배 농가의 소득안정을 도모하기 위한 제도
친환경농업직접직불제	친환경농업 실천으로 인한 초기 소득 감소분 및 생산비 차이를 지원하여 친환경농업 조기 정착을 도모하고, 고품질안전농축산물 생산 장려 및 환경보전 등을 제고하기 위한 제도
조건불리지역 직불제	농업생산 및 정주여건이 불리한 농촌지역에 대한 지원을 통해 농가소득 보조 및 지역사회 유지를 목적으로 도입된 제도

140. 직접생산비와 간접생산비

구분	내용
직접생산비	비료, 농약, 자재 등 소모성 투입재에 대한 비용 또는 직접 특정 작목에 계산하여 넣을 수 있는 비용을 말한다.
간접생산비	직접생산비를 제외한 모든 비용으로 주로 타 작목과 분담하여 계산하거나 생산요소(토지, 노동, 자본 등)에 대한 기회비용 등을 가리킨다.

141. 농구비

해당작물의 생산을 위하여 사용된 각종 농기구의 비용으로 대농구는 각 농기구별 비용부담률을 적용하여 감가상각비, 수선비 및 임차료를 산출하고, 소농구는 대체계산법을 적용하여 기간 중 구입액 전액

142. 재무비율의 종류

구분	내용
레버리지 비율	이자보상비율, 부채비율, 고정재무비보상비율
유동성 비율	당좌비율, 유동비율
수익성 비율	총자산순이익률, 자기자본순이익률, 매출액순이익률

143. 농업정책금융

정부가 특정한 목적을 가지고 설치한 재정 또는 제도를 통해 농업부문에 공급되는 금융자금

144. 차세대 바이오그린 21사업의 중점 추진 분야

① 차세대유전체연구 분야

② 동물유전체육종 분야

③ 식물분자육종 분야

④ 유전자변형(GM)작물 실용화 분야

⑤ 농생명바이오식의약소재개발 분야

⑥ 시스템합성농생명공학 분야

⑦ 동물바이오신약 · 장기개발 분야

⑧ 그 밖에 농생명 원천기술 및 미래기술 선도 분야 등 농촌진흥청장이 정하는 사항

145. 우장춘 프로젝트 사업의 중점 추진 분야

① 세계적인 학술적 연구성과 도출을 통한 청 위상 및 국격 제고 분야

② 고위험 고수익형 원천융합기술 개발로 농업을 한단계 업그레이드할 수 있는 대형 실용화기술 개발 촉진 분야

③ 농업분야 신성장동력 창출을 선도할 세계적인 과학자 육성 분야

④ 그 밖에 미래농업기술 선도 분야 등 농촌진흥청장이 정하는 사항

146. 지도사업과 컨설팅의 차이

구분	컨설팅	지도사업
대상	서비스 계약자	불특정 다수
정보범위	종합적	단편적
방법	문제 해결을 위해 상호 정보를 교환	일방적인 정보 전달 체계
사후관리	지속	별도로 마련되어 있지 않음

147. 농업컨설팅의 일반적 과정

순서	내용
컨설팅 요청	희망 농업인 농업기술센터에 요청
농가경영 진단	표준진단표 이용 경영진단
분석 및 처방	• 진단결과 분석 • 실천가능한 기술, 경영개선 처방
지도상담	• 전문지도사의 기술 및 경영 종합상담 • 기술과 경영의 개선 교육 및 현장 지도

148. 벤치마킹

경영체가 경영성과의 지속적인 개선을 위해서 농산품의 생산 및 유통 그리고 농장 관리능력 등을 외부적인 비교기준을 통해 평가해서 개선해 나가자는 경영혁신실천기법

149. 작목선택 시 고려사항

① 경영주 성향 및 기술, 정보의 활용 능력

② 동원 가능한 인적, 물적 자원의 양과 자연, 시장입지 여건

③ 대상 작목 수익성, 기술 난이도, 초기투자자금과 운영비의 수준

④ 대상 품목의 수급 전망 및 유통 실태 등

150. 농업 기술선택 시 고려사항

① 작목 특성, 경영주 성향, 유통 여건

② 기술(품종) 도입에 따른 수입, 비용의 증감 효과

③ 도입할 기술(품종)의 주의점과 기타 상세한 정보

④ 선택한 기술(품종)을 이미 도입한 농가 견학

151. 출하시기 선택 시 고려사항

① 출하조절에 따른 수입과 비용 증감

② 자연, 시장 입지의 상대적인 유리성

③ 해당 품목의 수급 및 소비대체 품목의 수급 전망

152. 농업경영체

농업인, 영농조합법인, 농업회사법인

154. 부분경영계획의 수립 과정

문제의 정의 → 대안의 작성 → 정보의 수집 → 대안의 분석 → 대안의 선택

155. 종합경영계획의 수립 과정

작목 선정 → 경영목표 설정 → 자원상태 파악 → 경영전략 수립 → 경영계획서 작성

156. 3S 1L원칙

고객서비스 수준과 물류비 간 균형이 기업의 경쟁력이며, 이 달성을 위해 상품과 용역의 신속성(speedy), 안전성(safety), 확실성(surely), 값싸게(low cost) 제공하는 원칙을 말함

157. 비즈니스모델캔버스

총 9가지 블록으로 구성되어 있으며 일반적인 접근 방식은 고객 세분화, 가치제안, 채널, 고객 관계, 수익원, 핵심자원, 핵심활동, 핵심파트너쉽, 비용구조 순임

158. VRIO 분석

경쟁 잠재력을 결정할 자원이나 능력에 관해 질의되는 네 개의 질의 프레임워크의 두문자어로 가치(Value), 희소성(Rarity), 모방가능성(Imitability), 조직(Organization)을 나타냄

159. 스마트팜(Smart Farm)

농 · 림 · 축 · 수산물의 생산, 가공, 유통 단계에서 정보통신기술(ICT)을 접목하여 시공간의 제약 없이 자동 제어로 최적화된 생육환경을 제공하는 지능화된 농업 시스템을 의미함

160. 스마트팜의 세대별 발전과정

구분	1세대	2세대	3세대
목표효과	편의성 향상 '좀 더 편하게'	생산성 향상 '덜 투입, 더 많이'	지속가능성 향상 '누구나 고생산 · 고품질'
주요기능	원격 시설제어	정밀 생육관리	전주기 지능 · 자동관리
핵심정보	환경정보	환경정보/생육정보	환경정보, 생육정보, 생산정보
핵심기술	통신기술	통신기술, 빅데이터/AI	통신기술, 빅데이터/AI, 로봇
의사결정/제어	사람/사람	사람/컴퓨터	컴퓨터/로봇
대표 예시	스마트폰 온실제어 시스템	데이터 기반 생육관리 소프트웨어	지능형 로봇농장

02 농지법

[시행 2024. 1. 2.] [법률 제19877호, 2024. 1. 2., 일부개정]

제1장 총칙

제1조(목적) 이 법은 농지의 소유·이용 및 보전 등에 필요한 사항을 정함으로써 농지를 효율적으로 이용하고 관리하여 농업인의 경영 안정과 농업 생산성 향상을 바탕으로 농업 경쟁력 강화와 국민경제의 균형 있는 발전 및 국토 환경 보전에 이바지하는 것을 목적으로 한다.

제2조(정의) 이 법에서 사용하는 용어의 뜻은 다음과 같다.

1. "농지"란 다음 각 목의 어느 하나에 해당하는 토지를 말한다.
   가. 전·답, 과수원, 그 밖에 법적 지목(地目)을 불문하고 실제로 농작물 경작지 또는 대통령령으로 정하는 다년생식물 재배지로 이용되는 토지. 다만, 「초지법」에 따라 조성된 초지 등 대통령령으로 정하는 토지는 제외한다.
   나. 가목의 토지의 개량시설과 가목의 토지에 설치하는 농축산물 생산시설로서 대통령령으로 정하는 시설의 부지
2. "농업인"이란 농업에 종사하는 개인으로서 대통령령으로 정하는 자를 말한다.
3. "농업법인"이란 「농어업경영체 육성 및 지원에 관한 법률」 제16조에 따라 설립된 영농조합법인과 같은 법 제19조에 따라 설립되고 업무집행권을 가진 자 중 3분의 1 이상이 농업인인 농업회사법인을 말한다.
4. "농업경영"이란 농업인이나 농업법인이 자기의 계산과 책임으로 농업을 영위하는 것을 말한다.
5. "자경(自耕)"이란 농업인이 그 소유 농지에서 농작물 경작 또는 다년생식물 재배에 상시 종사하거나 농작업(農作業)의 2분의 1 이상을 자기의 노동력으로 경작 또는 재배하는 것과 농업법인이 그 소유 농지에서 농작물을 경작하거나 다년생식물을 재배하는 것을 말한다.
6. "위탁경영"이란 농지 소유자가 타인에게 일정한 보수를 지급하기로 약정하고 농작업의 전부 또는 일부를 위탁하여 행하는 농업경영을 말한다.
7. "농지의 전용"이란 농지를 농작물의 경작이나 다년생식물의 재배 등 농업생산 또는 대통령령으로 정하는 농지개량 외의 용도로 사용하는 것을 말한다. 다만, 제1호나목에서 정한 용도로 사용하는 경우에는 전용(轉用)으로 보지 아니한다.
8. "주말·체험영농"이란 농업인이 아닌 개인이 주말 등을 이용하여 취미생활이나 여가활동으로 농작물을 경작하거나 다년생식물을 재배하는 것을 말한다.

제2조(정의) 이 법에서 사용하는 용어의 뜻은 다음과 같다.

1. "농지"란 다음 각 목의 어느 하나에 해당하는 토지를 말한다.
   가. 전 · 답, 과수원, 그 밖에 법적 지목(地目)을 불문하고 실제로 농작물 경작지 또는 대통령령으로 정하는 다년생식물 재배지로 이용되는 토지. 다만, 「초지법」에 따라 조성된 초지 등 대통령령으로 정하는 토지는 제외한다.
   나. 가목의 토지의 개량시설과 가목의 토지에 설치하는 농축산물 생산시설로서 대통령령으로 정하는 시설의 부지
2. "농업인"이란 농업에 종사하는 개인으로서 대통령령으로 정하는 자를 말한다.
3. "농업법인"이란 「농어업경영체 육성 및 지원에 관한 법률」 제16조에 따라 설립된 영농조합법인과 같은 법 제19조에 따라 설립되고 업무집행권을 가진 자 중 3분의 1 이상이 농업인인 농업회사법인을 말한다.
4. "농업경영"이란 농업인이나 농업법인이 자기의 계산과 책임으로 농업을 영위하는 것을 말한다.
5. "자경(自耕)"이란 농업인이 그 소유 농지에서 농작물 경작 또는 다년생식물 재배에 상시 종사하거나 농작업(農作業)의 2분의 1 이상을 자기의 노동력으로 경작 또는 재배하는 것과 농업법인이 그 소유 농지에서 농작물을 경작하거나 다년생식물을 재배하는 것을 말한다.
6. "위탁경영"이란 농지 소유자가 타인에게 일정한 보수를 지급하기로 약정하고 농작업의 전부 또는 일부를 위탁하여 행하는 농업경영을 말한다.

6의2. "농지개량"이란 농지의 생산성을 높이기 위하여 농지의 형질을 변경하는 다음 각 목의 어느 하나에 해당하는 행위를 말한다.
   가. 농지의 이용가치를 높이기 위하여 농지의 구획을 정리하거나 개량시설을 설치하는 행위
   나. 농지의 토양개량이나 관개, 배수, 농업기계 이용의 개선을 위하여 해당 농지에서 객토 · 성토 또는 절토하거나 암석을 채굴하는 행위

7. "농지의 전용"이란 농지를 농작물의 경작이나 다년생식물의 재배 등 농업생산 또는 농지개량 외의 용도로 사용하는 것을 말한다. 다만, 제1호나목에서 정한 용도로 사용하는 경우에는 전용(轉用)으로 보지 아니한다.
8. "주말 · 체험영농"이란 농업인이 아닌 개인이 주말 등을 이용하여 취미생활이나 여가활동으로 농작물을 경작하거나 다년생식물을 재배하는 것을 말한다.

[시행일 : 2025. 1. 3.] 제2조

제3조(농지에 관한 기본 이념) ① 농지는 국민에게 식량을 공급하고 국토 환경을 보전(保全)하는 데에 필요한 기반이며 농업과 국민경제의 조화로운 발전에 영향을 미치는 한정된 귀중한 자원이므로 소중히 보전되어야 하고 공공복리에 적합하게 관리되어야 하며, 농지에 관한 권리의 행사에는 필요한 제한과 의무가 따른다.
② 농지는 농업 생산성을 높이는 방향으로 소유 · 이용되어야 하며, 투기의 대상이 되어서는 아니된다.

제4조(국가 등의 의무) ① 국가와 지방자치단체는 농지에 관한 기본 이념이 구현되도록 농지에 관한 시책을 수립하고 시행하여야 한다.

② 국가와 지방자치단체는 농지에 관한 시책을 수립할 때 필요한 규제와 조정을 통하여 농지를 보전하고 합리적으로 이용할 수 있도록 함으로써 농업을 육성하고 국민경제를 균형 있게 발전시키는 데에 이바지하도록 하여야 한다.

제5조(국민의 의무) 모든 국민은 농지에 관한 기본 이념을 존중하여야 하며, 국가와 지방자치단체가 시행하는 농지에 관한 시책에 협력하여야 한다.

제2장 농지의 소유

제6조(농지 소유 제한) ① 농지는 자기의 농업경영에 이용하거나 이용할 자가 아니면 소유하지 못한다.

② 제1항에도 불구하고 다음 각 호의 어느 하나에 해당하는 경우에는 농지를 소유할 수 있다. 다만, 소유 농지는 농업경영에 이용되도록 하여야 한다(제2호 및 제3호는 제외한다).

1. 국가나 지방자치단체가 농지를 소유하는 경우
2. 「초 · 중등교육법」 및 「고등교육법」에 따른 학교, 농림축산식품부령으로 정하는 공공단체 · 농업연구기관 · 농업생산자단체 또는 종묘나 그 밖의 농업 기자재 생산자가 그 목적사업을 수행하기 위하여 필요한 시험지 · 연구지 · 실습지 · 종묘생산지 또는 과수 인공수분용 꽃가루 생산지로 쓰기 위하여 농림축산식품부령으로 정하는 바에 따라 농지를 취득하여 소유하는 경우
3. 주말 · 체험영농을 하려고 제28조에 따른 농업진흥지역 외의 농지를 소유하는 경우
4. 상속[상속인에게 한 유증(遺贈)을 포함한다. 이하 같다]으로 농지를 취득하여 소유하는 경우
5. 대통령령으로 정하는 기간 이상 농업경영을 하던 사람이 이농(離農)한 후에도 이농 당시 소유하고 있던 농지를 계속 소유하는 경우
6. 제13조제1항에 따라 담보농지를 취득하여 소유하는 경우(「자산유동화에 관한 법률」 제3조에 따른 유동화전문회사등이 제13조제1항제1호부터 제4호까지에 규정된 저당권자로부터 농지를 취득하는 경우를 포함한다)
7. 제34조제1항에 따른 농지전용허가[다른 법률에 따라 농지전용허가가 의제(擬制)되는 인가 · 허가 · 승인 등을 포함한다]를 받거나 제35조 또는 제43조에 따른 농지전용신고를 한 자가 그 농지를 소유하는 경우
8. 제34조제2항에 따른 농지전용협의를 마친 농지를 소유하는 경우
9. 「한국농어촌공사 및 농지관리기금법」 제24조제2항에 따른 농지의 개발사업지구에 있는 농지로서 대통령령으로 정하는 1천500제곱미터 미만의 농지나 「농어촌정비법」 제98조제3항에 따른 농지를 취득하여 소유하는 경우

9의2. 제28조에 따른 농업진흥지역 밖의 농지 중 최상단부부터 최하단부까지의 평균경사율이 15퍼센트 이상인 농지로서 대통령령으로 정하는 농지를 소유하는 경우

10. 다음 각 목의 어느 하나에 해당하는 경우

가. 「한국농어촌공사 및 농지관리기금법」에 따라 한국농어촌공사가 농지를 취득하여 소유하는 경우
나. 「농어촌정비법」 제16조 · 제25조 · 제43조 · 제82조 또는 제100조에 따라 농지를 취득하여 소유하는 경우
다. 「공유수면 관리 및 매립에 관한 법률」에 따라 매립농지를 취득하여 소유하는 경우
라. 토지수용으로 농지를 취득하여 소유하는 경우
마. 농림축산식품부장관과 협의를 마치고 「공익사업을 위한 토지 등의 취득 및 보상에 관한 법률」에 따라 농지를 취득하여 소유하는 경우
바. 「공공토지의 비축에 관한 법률」제2조제1호가목에 해당하는 토지 중 같은 법 제7조제1항에 따른 공공토지비축심의위원회가 비축이 필요하다고 인정하는 토지로서 「국토의 계획 및 이용에 관한 법률」 제36조에 따른 계획관리지역과 자연녹지지역 안의 농지를 한국토지주택공사가 취득하여 소유하는 경우. 이 경우 그 취득한 농지를 전용하기 전까지는 한국농어촌공사에 지체 없이 위탁하여 임대하거나 무상사용하게 하여야 한다.

③ 제23조제1항제1호부터 제6호까지의 규정에 따라 농지를 임대하거나 무상사용하게 하는 경우에는 제1항 또는 제2항에도 불구하고 임대하거나 무상사용하게 하는 기간 동안 농지를 계속 소유할 수 있다.

④ 이 법에서 허용된 경우 외에는 농지 소유에 관한 특례를 정할 수 없다.

제7조(농지 소유 상한) ① 상속으로 농지를 취득한 사람으로서 농업경영을 하지 아니하는 사람은 그 상속 농지 중에서 총 1만제곱미터까지만 소유할 수 있다.

② 대통령령으로 정하는 기간 이상 농업경영을 한 후 이농한 사람은 이농 당시 소유 농지 중에서 총 1만제곱미터까지만 소유할 수 있다.

③ 주말 · 체험영농을 하려는 사람은 총 1천제곱미터 미만의 농지를 소유할 수 있다. 이 경우 면적 계산은 그 세대원 전부가 소유하는 총 면적으로 한다.

④ 제23조제1항제7호에 따라 농지를 임대하거나 무상사용하게 하는 경우에는 제1항 또는 제2항에도 불구하고 임대하거나 무상사용하게 하는 기간 동안 소유 상한을 초과하는 농지를 계속 소유할 수 있다.

제7조의2(금지 행위) 누구든지 다음 각 호의 어느 하나에 해당하는 행위를 하여서는 아니 된다.

1. 제6조에 따른 농지 소유 제한이나 제7조에 따른 농지 소유 상한에 대한 위반 사실을 알고도 농지를 소유하도록 권유하거나 중개하는 행위
2. 제9조에 따른 농지의 위탁경영 제한에 대한 위반 사실을 알고도 농지를 위탁경영하도록 권유하거나 중개하는 행위
3. 제23조에 따른 농지의 임대차 또는 사용대차 제한에 대한 위반 사실을 알고도 농지 임대차나 사용대차하도록 권유하거나 중개하는 행위
4. 제1호부터 제3호까지의 행위와 그 행위가 행하여지는 업소에 대한 광고 행위

제8조(농지취득자격증명의 발급) ① 농지를 취득하려는 자는 농지 소재지를 관할하는 시장(구를 두지 아니한 시의 시장을 말하며, 도농 복합 형태의 시는 농지 소재지가 동지역인 경우만을 말한다), 구청장(도농 복합 형태의 시의 구에서는 농지 소재지가 동지역인 경우만을 말한다), 읍장 또는 면장(이하 "시·구·읍·면의 장"이라 한다)에게서 농지취득자격증명을 발급받아야 한다. 다만, 다음 각 호의 어느 하나에 해당하면 농지취득자격증명을 발급받지 아니하고 농지를 취득할 수 있다.

1. 제6조제2항제1호·제4호·제6호·제8호 또는 제10호(같은 호 바목은 제외한다)에 따라 농지를 취득하는 경우
2. 농업법인의 합병으로 농지를 취득하는 경우
3. 공유 농지의 분할이나 그 밖에 대통령령으로 정하는 원인으로 농지를 취득하는 경우

② 제1항에 따른 농지취득자격증명을 발급받으려는 자는 다음 각 호의 사항이 모두 포함된 농업경영계획서 또는 주말·체험영농계획서를 작성하고 농림축산식품부령으로 정하는 서류를 첨부하여 농지 소재지를 관할하는 시·구·읍·면의 장에게 발급신청을 하여야 한다. 다만, 제6조제2항제2호·제7호·제9호·제9호의2 또는 제10호바목에 따라 농지를 취득하는 자는 농업경영계획서 또는 주말·체험영농계획서를 작성하지 아니하고 농림축산식품부령으로 정하는 서류를 첨부하지 아니하여도 발급신청을 할 수 있다.

1. 취득 대상 농지의 면적(공유로 취득하려는 경우 공유 지분의 비율 및 각자가 취득하려는 농지의 위치도 함께 표시한다)
2. 취득 대상 농지에서 농업경영을 하는 데에 필요한 노동력 및 농업 기계·장비·시설의 확보 방안
3. 소유 농지의 이용 실태(농지 소유자에게만 해당한다)
4. 농지취득자격증명을 발급받으려는 자의 직업·영농경력·영농거리

③ 시·구·읍·면의 장은 농지 투기가 성행하거나 성행할 우려가 있는 지역의 농지를 취득하려는 자 등 농림축산식품부령으로 정하는 자가 농지취득자격증명 발급을 신청한 경우 제44조에 따른 농지위원회의 심의를 거쳐야 한다.

④ 시·구·읍·면의 장은 제1항에 따른 농지취득자격증명의 발급 신청을 받은 때에는 그 신청을 받은 날부터 7일(제2항 단서에 따라 농업경영계획서 또는 주말·체험영농계획서를 작성하지 아니하고 농지취득자격증명의 발급신청을 할 수 있는 경우에는 4일, 제3항에 따른 농지위원회의 심의 대상의 경우에는 14일) 이내에 신청인에게 농지취득자격증명을 발급하여야 한다.

⑤ 제1항 본문과 제2항에 따른 신청 및 발급 절차 등에 필요한 사항은 대통령령으로 정한다.

⑥ 제1항 본문과 제2항에 따라 농지취득자격증명을 발급받아 농지를 취득하는 자가 그 소유권에 관한 등기를 신청할 때에는 농지취득자격증명을 첨부하여야 한다.

⑦ 농지취득자격증명의 발급에 관한 민원의 처리에 관하여 이 조에서 규정한 사항을 제외하고 「민원 처리에 관한 법률」이 정하는 바에 따른다.

제8조의2(농업경영계획서 등의 보존기간) ① 시·구·읍·면의 장은 제8조제2항에 따라 제출되는 농업경영계획서 또는 주말·체험영농계획서를 10년간 보존하여야 한다.

② 농업경영계획서 또는 주말 · 체험영농계획서 외의 농지취득자격증명 신청서류의 보존기간은 대통령령으로 정한다.

제8조의3(농지취득자격증명의 발급제한) ① 시 · 구 · 읍 · 면의 장은 농지취득자격증명을 발급받으려는 자가 제8조제2항에 따라 농업경영계획서 또는 주말 · 체험영농계획서에 포함하여야 할 사항을 기재하지 아니하거나 첨부하여야 할 서류를 제출하지 아니한 경우 농지취득자격증명을 발급하여서는 아니 된다.

② 시 · 구 · 읍 · 면의 장은 1필지를 공유로 취득하려는 자가 제22조제3항에 따른 시 · 군 · 구의 조례로 정한 수를 초과한 경우에는 농지취득자격증명을 발급하지 아니할 수 있다.

③ 시 · 구 · 읍 · 면의 장은 「농어업경영체 육성 및 지원에 관한 법률」 제20조의2에 따른 실태조사 등에 따라 영농조합법인 또는 농업회사법인이 같은 법 제20조의3제2항에 따른 해산명령 청구 요건에 해당하는 것으로 인정하는 경우에는 농지취득자격증명을 발급하지 아니할 수 있다.

제9조(농지의 위탁경영) 농지 소유자는 다음 각 호의 어느 하나에 해당하는 경우 외에는 소유 농지를 위탁경영할 수 없다.

1. 「병역법」에 따라 징집 또는 소집된 경우
2. 3개월 이상 국외 여행 중인 경우
3. 농업법인이 청산 중인 경우
4. 질병, 취학, 선거에 따른 공직 취임, 그 밖에 대통령령으로 정하는 사유로 자경할 수 없는 경우
5. 제17조에 따른 농지이용증진사업 시행계획에 따라 위탁경영하는 경우
6. 농업인이 자기 노동력이 부족하여 농작업의 일부를 위탁하는 경우

제10조(농업경영에 이용하지 아니하는 농지 등의 처분) ① 농지 소유자는 다음 각 호의 어느 하나에 해당하게 되면 그 사유가 발생한 날부터 1년 이내에 해당 농지(제6호의 경우에는 농지 소유 상한을 초과하는 면적에 해당하는 농지를 말한다)를 그 사유가 발생한 날 당시 세대를 같이하는 세대원이 아닌 자에게 처분하여야 한다.

1. 소유 농지를 자연재해 · 농지개량 · 질병 등 대통령령으로 정하는 정당한 사유 없이 자기의 농업경영에 이용하지 아니하거나 이용하지 아니하게 되었다고 시장(구를 두지 아니한 시의 시장을 말한다. 이하 이 조에서 같다) · 군수 또는 구청장이 인정한 경우
2. 농지를 소유하고 있는 농업회사법인이 제2조제3호의 요건에 맞지 아니하게 된 후 3개월이 지난 경우
3. 제6조제2항제2호에 따라 농지를 취득한 자가 그 농지를 해당 목적사업에 이용하지 아니하게 되었다고 시장 · 군수 또는 구청장이 인정한 경우
4. 제6조제2항제3호에 따라 농지를 취득한 자가 자연재해 · 농지개량 · 질병 등 대통령령으로 정하는 정당한 사유 없이 그 농지를 주말 · 체험영농에 이용하지 아니하게 되었다고 시장 · 군수 또는 구청장이 인정한 경우

4의2. 제6조제2항제4호에 따라 농지를 취득하여 소유한 자가 농지를 제23조제1항제1호에 따라 임대하거나 제23조제1항제6호에 따라 한국농어촌공사에 위탁하여 임대하는 등 대통령령으로 정하는 정당한 사유 없이 자기의 농업경영에 이용하지 아니하거나 이용하지 아니하게 되었다고 시장 · 군수 또는 구청장이 인정한 경우

4의3. 제6조제2항제5호에 따라 농지를 소유한 자가 농지를 제23조제1항제1호에 따라 임대하거나 제23조제1항제6호에 따라 한국농어촌공사에 위탁하여 임대하는 등 대통령령으로 정하는 정당한 사유 없이 자기의 농업경영에 이용하지 아니하거나, 이용하지 아니하게 되었다고 시장 · 군수 또는 구청장이 인정한 경우

5. 제6조제2항제7호에 따라 농지를 취득한 자가 취득한 날부터 2년 이내에 그 목적사업에 착수하지 아니한 경우

5의2. 제6조제2항제10호마목에 따른 농림축산식품부장관과의 협의를 마치지 아니하고 농지를 소유한 경우

5의3. 제6조제2항제10호바목에 따라 소유한 농지를 한국농어촌공사에 지체 없이 위탁하지 아니한 경우

6. 제7조에 따른 농지 소유 상한을 초과하여 농지를 소유한 것이 판명된 경우

7. 자연재해 · 농지개량 · 질병 등 대통령령으로 정하는 정당한 사유 없이 제8조제2항에 따른 농업경영계획서 내용을 이행하지 아니하였다고 시장 · 군수 또는 구청장이 인정한 경우

② 시장 · 군수 또는 구청장은 제1항에 따라 농지의 처분의무가 생긴 농지의 소유자에게 농림축산식품부령으로 정하는 바에 따라 처분 대상 농지, 처분의무 기간 등을 구체적으로 밝혀 그 농지를 처분하여야 함을 알려야 한다.

제10조(농업경영에 이용하지 아니하는 농지 등의 처분) ① 농지 소유자는 다음 각 호의 어느 하나에 해당하게 되면 그 사유가 발생한 날부터 1년 이내에 해당 농지(제6호의 경우에는 농지 소유 상한을 초과하는 면적에 해당하는 농지를 말한다)를 그 사유가 발생한 날 당시 세대를 같이 하는 세대원이 아닌 자, 그 밖에 농림축산식품부령으로 정하는 자에게 처분하여야 한다.

1. 소유 농지를 자연재해 · 농지개량 · 질병 등 대통령령으로 정하는 정당한 사유 없이 자기의 농업경영에 이용하지 아니하거나 이용하지 아니하게 되었다고 시장(구를 두지 아니한 시의 시장을 말한다. 이하 이 조에서 같다) · 군수 또는 구청장이 인정한 경우
2. 농지를 소유하고 있는 농업회사법인이 제2조제3호의 요건에 맞지 아니하게 된 후 3개월이 지난 경우
3. 제6조제2항제2호에 따라 농지를 취득한 자가 그 농지를 해당 목적사업에 이용하지 아니하게 되었다고 시장 · 군수 또는 구청장이 인정한 경우
4. 제6조제2항제3호에 따라 농지를 취득한 자가 자연재해 · 농지개량 · 질병 등 대통령령으로 정하는 정당한 사유 없이 그 농지를 주말 · 체험영농에 이용하지 아니하게 되었다고 시장 · 군수 또는 구청장이 인정한 경우

4의2. 제6조제2항제4호에 따라 농지를 취득하여 소유한 자가 농지를 제23조제1항제1호에 따라 임대하거나 제23조제1항제6호에 따라 한국농어촌공사에 위탁하여 임대하는 등 대통령령으로 정하는 정당한 사유 없이 자기의 농업경영에 이용하지 아니하거나 이용하지 아니하게 되었다고 시장 · 군수 또는 구청장이 인정한 경우

4의3. 제6조제2항제5호에 따라 농지를 소유한 자가 농지를 제23조제1항제1호에 따라 임대하거나 제23조제1항제6호에 따라 한국농어촌공사에 위탁하여 임대하는 등 대통령령으로 정하는 정당한 사유 없이 자기의 농업경영에 이용하지 아니하거나, 이용하지 아니하게 되었다고 시장 · 군수 또는 구청장이 인정한 경우

5. 제6조제2항제7호에 따라 농지를 취득한 자가 취득한 날부터 2년 이내에 그 목적사업에 착수하지 아니한 경우

5의2. 제6조제2항제10호마목에 따른 농림축산식품부장관과의 협의를 마치지 아니하고 농지를 소유한 경우

5의3. 제6조제2항제10호바목에 따라 소유한 농지를 한국농어촌공사에 지체 없이 위탁하지 아니한 경우

6. 제7조에 따른 농지 소유 상한을 초과하여 농지를 소유한 것이 판명된 경우

7. 자연재해 · 농지개량 · 질병 등 대통령령으로 정하는 정당한 사유 없이 제8조제2항에 따른 농업경영계획서 또는 주말 · 체험영농계획서 내용을 이행하지 아니하였다고 시장 · 군수 또는 구청장이 인정한 경우

② 시장 · 군수 또는 구청장은 제1항에 따라 농지의 처분의무가 생긴 농지의 소유자에게 농림축산식품부령으로 정하는 바에 따라 처분 대상 농지, 처분의무 기간 등을 구체적으로 밝혀 그 농지를 처분하여야 함을 알려야 한다.

[시행일 : 2024. 2. 17.] 제10조제1항

제11조(처분명령과 매수 청구) ① 시장(구를 두지 아니한 시의 시장을 말한다) · 군수 또는 구청장은 다음 각 호의 어느 하나에 해당하는 농지소유자에게 6개월 이내에 그 농지를 처분할 것을 명할 수 있다.

1. 거짓이나 그 밖의 부정한 방법으로 제8조제1항에 따른 농지취득자격증명을 발급받아 농지를 소유한 것으로 시장 · 군수 또는 구청장이 인정한 경우
2. 제10조에 따른 처분의무 기간에 처분 대상 농지를 처분하지 아니한 경우
3. 농업법인이 「농어업경영체 육성 및 지원에 관한 법률」 제19조의5를 위반하여 부동산업을 영위한 것으로 시장 · 군수 또는 구청장이 인정한 경우

② 농지 소유자는 제1항에 따른 처분명령을 받으면 「한국농어촌공사 및 농지관리기금법」에 따른 한국농어촌공사에 그 농지의 매수를 청구할 수 있다.

③ 한국농어촌공사는 제2항에 따른 매수 청구를 받으면 「부동산 가격공시에 관한 법률」에 따른 공시지가(해당 토지의 공시지가가 없으면 같은 법 제8조에 따라 산정한 개별 토지 가격을 말한다. 이하 같다)를 기준으로 해당 농지를 매수할 수 있다. 이 경우 인근 지역의 실제 거래 가격이 공시지가보다 낮으면 실제 거래 가격을 기준으로 매수할 수 있다.

④ 한국농어촌공사가 제3항에 따라 농지를 매수하는 데에 필요한 자금은 「한국농어촌공사 및 농지관리기금법」 제35조제1항에 따른 농지관리기금에서 융자한다.

제12조(처분명령의 유예) ① 시장(구를 두지 아니한 시의 시장을 말한다. 이하 이 조에서 같다) · 군수 또는 구청장은 제10조제1항에 따른 처분의무 기간에 처분 대상 농지를 처분하지 아니한 농지 소유자가 다음 각 호의 어느 하나에 해당하면 처분의무 기간이 지난 날부터 3년간 제11조제1항에 따른 처분명령을 직권으로 유예할 수 있다. 〈개정 2008. 12. 29.〉

1. 해당 농지를 자기의 농업경영에 이용하는 경우
2. 한국농어촌공사나 그 밖에 대통령령으로 정하는 자와 해당 농지의 매도위탁계약을 체결한 경우

② 시장 · 군수 또는 구청장은 제1항에 따라 처분명령을 유예 받은 농지 소유자가 처분명령 유예 기간에 제1항 각 호의 어느 하나에도 해당하지 아니하게 되면 지체 없이 그 유예한 처분명령을 하여야 한다.

③ 농지 소유자가 처분명령을 유예 받은 후 제2항에 따른 처분명령을 받지 아니하고 그 유예 기간이 지난 경우에는 제10조제1항에 따른 처분의무에 대하여 처분명령이 유예된 농지의 그 처분의무만 없어진 것으로 본다.

제13조(담보 농지의 취득) ① 농지의 저당권자로서 다음 각 호의 어느 하나에 해당하는 자는 농지 저당권 실행을 위한 경매기일을 2회 이상 진행하여도 경락인(競落人)이 없으면 그 후의 경매에 참가하여 그 담보 농지를 취득할 수 있다.

1. 「농업협동조합법」에 따른 지역농업협동조합, 지역축산업협동조합, 품목별 · 업종별협동조합 및 그 중앙회와 농협은행, 「수산업협동조합법」에 따른 지구별 수산업협동조합, 업종별 수산업협동조합, 수산물가공 수산업협동조합 및 그 중앙회와 수협은행, 「산림조합법」에 따른 지역산림조합, 품목별 · 업종별산림조합 및 그 중앙회
2. 한국농어촌공사
3. 「은행법」에 따라 설립된 은행이나 그 밖에 대통령령으로 정하는 금융기관
4. 「한국자산관리공사 설립 등에 관한 법률」에 따라 설립된 한국자산관리공사
5. 「자산유동화에 관한 법률」 제3조에 따른 유동화전문회사 등
6. 「농업협동조합의 구조개선에 관한 법률」에 따라 설립된 농업협동조합자산관리회사

② 제1항제1호 및 제3호에 따른 농지 저당권자는 제1항에 따라 취득한 농지의 처분을 한국농어촌공사에 위임할 수 있다.

제3장 농지의 이용

제1절 농지의 이용 증진 등

제14조(농지이용계획의 수립) ① 시장 · 군수 또는 자치구구청장(그 관할 구역의 농지가 대통령령으로 정하는 면적 이하인 시의 시장 또는 자치구의 구청장은 제외한다)은 농지를 효율적으로 이용하기 위하여 대통령령으로 정하는 바에 따라 지역 주민의 의견을 들은 후, 「농업 · 농촌 및 식품산업 기본법」 제15조에 따른 시 · 군 · 구 농업 · 농촌및식품산업정책심의회(이하 "시 · 군 · 구 농업 · 농촌및식품산업정책심의회"라 한다)의 심의를 거쳐 관할 구역의 농지를 종합적으로 이용하기 위한 계획(이하 "농지이용계획"이라 한다)을 수립하여야 한다. 수립한 계획을 변경하려고 할 때에도 또한 같다.

② 농지이용계획에는 다음 각 호의 사항이 포함되어야 한다.

1. 농지의 지대(地帶)별 · 용도별 이용계획
2. 농지를 효율적으로 이용하고 농업경영을 개선하기 위한 경영 규모 확대계획
3. 농지를 농업 외의 용도로 활용하는 계획

③ 시장 · 군수 또는 자치구구청장은 제1항에 따라 농지이용계획을 수립(변경한 경우를 포함한다. 이하 이 조에서 같다)하면 관할 특별시장 · 광역시장 또는 도지사(이하 "시 · 도지사"라 한다)의 승인을 받아 그 내용을 확정하고 고시하여야 하며, 일반인이 열람할 수 있도록 하여야 한다.

④ 시 · 도지사, 시장 · 군수 또는 자치구구청장은 농지이용계획이 확정되면 농지이용계획대로 농지가 적정하게 이용되고 개발되도록 노력하여야 하고, 필요한 투자와 지원을 하여야 한다.

⑤ 농지이용계획 수립에 필요한 사항은 농림축산식품부령으로 정한다. 〈개정 2008. 2. 29., 2013. 3. 23.〉

제14조 삭제 〈2024. 1. 23.〉
[시행일 : 2025. 1. 24.] 제14조

제15조(농지이용증진사업의 시행) 시장 · 군수 · 자치구구청장, 한국농어촌공사, 그 밖에 대통령령으로 정하는 자(이하 "사업시행자"라 한다)는 농지이용계획에 따라 농지 이용을 증진하기 위하여 다음 각 호의 어느 하나에 해당하는 사업(이하 "농지이용증진사업"이라 한다)을 시행할 수 있다.

1. 농지의 매매 · 교환 · 분합 등에 의한 농지 소유권 이전을 촉진하는 사업
2. 농지의 장기 임대차, 장기 사용대차에 따른 농지 임차권(사용대차에 따른 권리를 포함한다. 이하 같다) 설정을 촉진하는 사업
3. 위탁경영을 촉진하는 사업
4. 농업인이나 농업법인이 농지를 공동으로 이용하거나 집단으로 이용하여 농업경영을 개선하는 농업 경영체 육성사업

第15條(농지이용증진사업의 시행) 시장 · 군수 · 자치구구청장, 한국농어촌공사, 그 밖에 대통령령으로 정하는 자(이하 "사업시행자"라 한다)는 농지 이용을 증진하기 위하여 다음 각 호의 어느 하나에 해당하는 사업(이하 "농지이용증진사업"이라 한다)을 시행할 수 있다.

1. 농지의 매매 · 교환 · 분합 등에 의한 농지 소유권 이전을 촉진하는 사업
2. 농지의 장기 임대차, 장기 사용대차에 따른 농지 임차권(사용대차에 따른 권리를 포함한다. 이하 같다) 설정을 촉진하는 사업
3. 위탁경영을 촉진하는 사업
4. 농업인이나 농업법인이 농지를 공동으로 이용하거나 집단으로 이용하여 농업경영을 개선하는 농업 경영체 육성사업

[시행일 : 2025. 1. 24.] 제15조

第16條(농지이용증진사업의 요건) 농지이용증진사업은 다음 각 호의 모든 요건을 갖추어야 한다.

1. 농업경영을 목적으로 농지를 이용할 것
2. 농지 임차권 설정, 농지 소유권 이전, 농업경영의 수탁 · 위탁이 농업인 또는 농업법인의 경영규모를 확대하거나 농지이용을 집단화하는 데에 기여할 것
3. 기계화 · 시설자동화 등으로 농산물 생산 비용과 유통 비용을 포함한 농업경영 비용을 절감하는 등 농업경영 효율화에 기여할 것

第17條(농지이용증진사업 시행계획의 수립) ① 시장 · 군수 또는 자치구구청장이 농지이용증진사업을 시행하려고 할 때에는 농림축산식품부령으로 정하는 바에 따라 농지이용증진사업 시행계획을 수립하여 시 · 군 · 구 농업 · 농촌및식품산업정책심의회의 심의를 거쳐 확정하여야 한다. 수립한 계획을 변경하려고 할 때에도 또한 같다.

② 시장 · 군수 또는 자치구구청장 외의 사업시행자가 농지이용증진사업을 시행하려고 할 때에는 농림축산식품부령으로 정하는 바에 따라 농지이용증진사업 시행계획을 수립하여 시장 · 군수 또는 자치구구청장에게 제출하여야 한다.

③ 시장 · 군수 또는 자치구구청장은 제2항에 따라 제출받은 농지이용증진사업 시행계획이 보완될 필요가 있다고 인정하면 그 사유와 기간을 구체적으로 밝혀 사업시행자에게 그 계획을 보완하도록 요구할 수 있다.

④ 농지이용증진사업 시행계획에는 다음 각 호의 사항이 포함되어야 한다.

1. 농지이용증진사업의 시행 구역
2. 농지 소유권이나 임차권을 가진 자, 임차권을 설정받을 자, 소유권을 이전받을 자 또는 농업경영을 위탁하거나 수탁할 자에 관한 사항
3. 임차권이 설정되는 농지, 소유권이 이전되는 농지 또는 농업경영을 위탁하거나 수탁하는 농지에 관한 사항
4. 설정하는 임차권의 내용, 농업경영 수탁 · 위탁의 내용 등에 관한 사항
5. 소유권 이전 시기, 이전 대가, 이전 대가 지급 방법, 그 밖에 농림축산식품부령으로 정하는 사항

제17조(농지이용증진사업 시행계획의 수립) ① 시장 · 군수 또는 자치구구청장이 농지이용증진사업을 시행하려고 할 때에는 농림축산식품부령으로 정하는 바에 따라 농지이용증진사업 시행계획을 수립하여 「농업 · 농촌 및 식품산업 기본법」 제15조에 따른 시 · 군 · 구 농업 · 농촌및식품산업정책심의회(이하 "시 · 군 · 구 농업 · 농촌및식품산업정책심의회"라 한다)의 심의를 거쳐 확정하여야 한다. 수립한 계획을 변경하려고 할 때에도 또한 같다.

② 시장 · 군수 또는 자치구구청장 외의 사업시행자가 농지이용증진사업을 시행하려고 할 때에는 농림축산식품부령으로 정하는 바에 따라 농지이용증진사업 시행계획을 수립하여 시장 · 군수 또는 자치구구청장에게 제출하여야 한다.

③ 시장 · 군수 또는 자치구구청장은 제2항에 따라 제출받은 농지이용증진사업 시행계획이 보완될 필요가 있다고 인정하면 그 사유와 기간을 구체적으로 밝혀 사업시행자에게 그 계획을 보완하도록 요구할 수 있다.

④ 농지이용증진사업 시행계획에는 다음 각 호의 사항이 포함되어야 한다.

1. 농지이용증진사업의 시행 구역
2. 농지 소유권이나 임차권을 가진 자, 임차권을 설정받을 자, 소유권을 이전받을 자 또는 농업경영을 위탁하거나 수탁할 자에 관한 사항
3. 임차권이 설정되는 농지, 소유권이 이전되는 농지 또는 농업경영을 위탁하거나 수탁하는 농지에 관한 사항
4. 설정하는 임차권의 내용, 농업경영 수탁 · 위탁의 내용 등에 관한 사항
5. 소유권 이전 시기, 이전 대가, 이전 대가 지급 방법, 그 밖에 농림축산식품부령으로 정하는 사항

[시행일 : 2025. 1. 24.] 제17조

제18조(농지이용증진사업 시행계획의 고시와 효력) ① 시장 · 군수 또는 자치구구청장이 제17조제1항에 따라 농지이용증진사업 시행계획을 확정하거나 같은 조 제2항에 따라 그 계획을 제출받은 경우(같은 조 제3항에 따라 보완을 요구한 경우에는 그 보완이 끝난 때)에는 농림축산식품부령으로 정하는 바에 따라 지체 없이 이를 고시하고 관계인에게 열람하게 하여야 한다.

② 사업시행자는 제1항에 따라 농지이용증진사업 시행계획이 고시되면 대통령령으로 정하는 바에 따라 농지이용증진사업 시행계획에 포함된 제17조제4항제2호에 규정된 자의 동의를 얻어 해당 농지에 관한 등기를 촉탁하여야 한다.

③ 사업시행자가 제2항에 따라 등기를 촉탁하는 경우에는 제17조제1항에 따른 농지이용증진사업 시행계획을 확정한 문서 또는 제1항에 따른 농지이용증진사업 시행계획이 고시된 문서와 제2항에 따른 동의서를 「부동산등기법」에 따른 등기원인을 증명하는 서면으로 본다.

④ 농지이용증진사업 시행계획에 따른 등기의 촉탁에 대하여는 「부동산등기 특별조치법」 제3조를 적용하지 아니한다.

제19조(농지이용증진사업에 대한 지원) 국가와 지방자치단체는 농지이용증진사업을 원활히 실시하기 위하여 필요한 지도와 주선을 하며, 예산의 범위에서 사업에 드는 자금의 일부를 지원할 수 있다.

제20조(대리경작자의 지정 등) ① 시장(구를 두지 아니한 시의 시장을 말한다. 이하 이 조에서 같다) · 군수 또는 구청장은 유휴농지(농작물 경작이나 다년생식물 재배에 이용되지 아니하는 농지로서 대통령령으로 정하는 농지를 말한다. 이하 같다)에 대하여 대통령령으로 정하는 바에 따라 그 농지의 소유권자나 임차권자를 대신하여 농작물을 경작할 자(이하 "대리경작자"라 한다)를 직권으로 지정하거나 농림축산식품부령으로 정하는 바에 따라 유휴농지를 경작하려는 자의 신청을 받아 대리경작자를 지정할 수 있다.

② 시장 · 군수 또는 구청장은 제1항에 따라 대리경작자를 지정하려면 농림축산식품부령으로 정하는 바에 따라 그 농지의 소유권자 또는 임차권자에게 예고하여야 하며, 대리경작자를 지정하면 그 농지의 대리경작자와 소유권자 또는 임차권자에게 지정통지서를 보내야 한다.

③ 대리경작 기간은 따로 정하지 아니하면 3년으로 한다.

④ 대리경작자는 수확량의 100분의 10을 농림축산식품부령으로 정하는 바에 따라 그 농지의 소유권자나 임차권자에게 토지사용료로 지급하여야 한다. 이 경우 수령을 거부하거나 지급이 곤란한 경우에는 토지사용료를 공탁할 수 있다.

⑤ 대리경작 농지의 소유권자 또는 임차권자가 그 농지를 스스로 경작하려면 제3항의 대리경작 기간이 끝나기 3개월 전까지, 그 대리경작 기간이 끝난 후에는 대리경작자 지정을 중지할 것을 농림축산식품부령으로 정하는 바에 따라 시장 · 군수 또는 구청장에게 신청하여야 하며, 신청을 받은 시장 · 군수 또는 구청장은 신청을 받은 날부터 1개월 이내에 대리경작자 지정 중지를 그 대리경작자와 그 농지의 소유권자 또는 임차권자에게 알려야 한다.

⑥ 시장 · 군수 또는 구청장은 다음 각 호의 어느 하나에 해당하면 대리경작 기간이 끝나기 전이라도 대리경작자 지정을 해지할 수 있다.

1. 대리경작 농지의 소유권자나 임차권자가 정당한 사유를 밝히고 지정 해지신청을 하는 경우
2. 대리경작자가 경작을 게을리하는 경우
3. 그 밖에 대통령령으로 정하는 사유가 있는 경우

제21조(토양의 개량 · 보전) ① 국가와 지방자치단체는 농업인이나 농업법인이 환경보전적인 농업경영을 지속적으로 할 수 있도록 토양의 개량 · 보전에 관한 사업을 시행하여야 하고 토양의 개량 · 보전에 관한 시험 · 연구 · 조사 등에 관한 시책을 마련하여야 한다.

② 국가는 제1항의 목적을 달성하기 위하여 토양을 개량 · 보전하는 사업 등을 시행하는 지방자치단체, 농림축산식품부령으로 정하는 농업생산자단체, 농업인 또는 농업법인에 대하여 예산의 범위에서 필요한 자금의 일부를 지원할 수 있다.

제22조(농지 소유의 세분화 방지) ① 국가와 지방자치단체는 농업인이나 농업법인의 농지 소유가 세분화되는 것을 막기 위하여 농지를 어느 한 농업인 또는 하나의 농업법인이 일괄적으로 상속 · 증여 또는 양도받도록 필요한 지원을 할 수 있다.

② 「농어촌정비법」에 따른 농업생산기반정비사업이 시행된 농지는 다음 각 호의 어느 하나에 해당하는 경우 외에는 분할할 수 없다.

1. 「국토의 계획 및 이용에 관한 법률」에 따른 도시지역의 주거지역 · 상업지역 · 공업지역 또는 도시 · 군계획시설부지에 포함되어 있는 농지를 분할하는 경우
2. 제34조제1항에 따라 농지전용허가(다른 법률에 따라 농지전용허가가 의제되는 인가 · 허가 · 승인 등을 포함한다)를 받거나 제35조나 제43조에 따른 농지전용신고를 하고 전용한 농지를 분할하는 경우
3. 분할 후의 각 필지의 면적이 2천제곱미터를 넘도록 분할하는 경우
4. 농지의 개량, 농지의 교환 · 분합 등 대통령령으로 정하는 사유로 분할하는 경우

③ 시장 · 군수 또는 구청장은 농지를 효율적으로 이용하고 농업생산성을 높이기 위하여 통상적인 영농 관행 등을 감안하여 농지 1필지를 공유로 소유(제6조제2항제4호의 경우는 제외한다)하려는 자의 최대인원수를 7인 이하의 범위에서 시 · 군 · 구의 조례로 정하는 바에 따라 제한할 수 있다.

제2절 농지의 임대차 등

제23조(농지의 임대차 또는 사용대차) ① 다음 각 호의 어느 하나에 해당하는 경우 외에는 농지를 임대하거나 무상사용하게 할 수 없다.

1. 제6조제2항제1호 · 제4호부터 제9호까지 · 제9호의2 및 제10호의 규정에 해당하는 농지를 임대하거나 무상사용하게 하는 경우
2. 제17조에 따른 농지이용증진사업 시행계획에 따라 농지를 임대하거나 무상사용하게 하는 경우
3. 질병, 징집, 취학, 선거에 따른 공직취임, 그 밖에 대통령령으로 정하는 부득이한 사유로 인하여 일시적으로 농업경영에 종사하지 아니하게 된 자가 소유하고 있는 농지를 임대하거나 무상사용하게 하는 경우
4. 60세 이상인 사람으로서 대통령령으로 정하는 사람이 소유하고 있는 농지 중에서 자기의 농업경영에 이용한 기간이 5년이 넘은 농지를 임대하거나 무상사용하게 하는 경우
5. 제6조제1항에 따라 개인이 소유하고 있는 농지 중 3년 이상 소유한 농지를 주말 · 체험영농을 하려는 자에게 임대하거나 무상사용하게 하는 경우, 또는 주말 · 체험영농을 하려는 자에게 임대하는 것을 업(業)으로 하는 자에게 임대하거나 무상사용하게 하는 경우

5의2. 제6조제1항에 따라 농업법인이 소유하고 있는 농지를 주말 · 체험영농을 하려는 자에게 임대하거나 무상사용하게 하는 경우

6. 제6조제1항에 따라 개인이 소유하고 있는 농지 중 3년 이상 소유한 농지를 한국농어촌공사나 그 밖에 대통령령으로 정하는 자에게 위탁하여 임대하거나 무상사용하게 하는 경우
7. 다음 각 목의 어느 하나에 해당하는 농지를 한국농어촌공사나 그 밖에 대통령령으로 정하는 자에게 위탁하여 임대하거나 무상사용하게 하는 경우
   가. 상속으로 농지를 취득한 사람으로서 농업경영을 하지 아니하는 사람이 제7조제1항에서 규정한 소유 상한을 초과하여 소유하고 있는 농지
   나. 대통령령으로 정하는 기간 이상 농업경영을 한 후 이농한 사람이 제7조제2항에서 규정한 소유 상한을 초과하여 소유하고 있는 농지

8. 자경 농지를 농림축산식품부장관이 정하는 이모작을 위하여 8개월 이내로 임대하거나 무상사용하게 하는 경우
9. 대통령령으로 정하는 농지 규모화, 농작물 수급 안정 등을 목적으로 한 사업을 추진하기 위하여 필요한 자경 농지를 임대하거나 무상사용하게 하는 경우

② 제1항에도 불구하고 농지를 임차하거나 사용대차한 임차인 또는 사용대차인이 그 농지를 정당한 사유 없이 농업경영에 사용하지 아니할 때에는 시장 · 군수 · 구청장이 농림축산식품부령으로 정하는 바에 따라 임대차 또는 사용대차의 종료를 명할 수 있다.

제24조(임대차 · 사용대차 계약 방법과 확인) ① 임대차계약(농업경영을 하려는 자에게 임대하는 경우만 해당한다. 이하 이 절에서 같다)과 사용대차계약(농업경영을 하려는 자에게 무상사용하게 하는 경우만 해당한다)은 서면계약을 원칙으로 한다.

② 제1항에 따른 임대차계약은 그 등기가 없는 경우에도 임차인이 농지소재지를 관할하는 시 · 구 · 읍 · 면의 장의 확인을 받고, 해당 농지를 인도(引渡)받은 경우에는 그 다음 날부터 제삼자에 대하여 효력이 생긴다.

③ 시 · 구 · 읍 · 면의 장은 농지임대차계약 확인대장을 갖추어 두고, 임대차계약증서를 소지한 임대인 또는 임차인의 확인 신청이 있는 때에는 농림축산식품부령으로 정하는 바에 따라 임대차계약을 확인한 후 대장에 그 내용을 기록하여야 한다.

제24조의2(임대차 기간) ① 제23조제1항 각 호(제8호는 제외한다)의 임대차 기간은 3년 이상으로 하여야 한다. 다만, 다년생식물 재배지 등 대통령령으로 정하는 농지의 경우에는 5년 이상으로 하여야 한다.

② 임대차 기간을 정하지 아니하거나 제1항에 따른 기간 미만으로 정한 경우에는 제1항에 따른 기간으로 약정된 것으로 본다. 다만, 임차인은 제1항에 따른 기간 미만으로 정한 임대차 기간이 유효함을 주장할 수 있다.

③ 임대인은 제1항 및 제2항에도 불구하고 질병, 징집 등 대통령령으로 정하는 불가피한 사유가 있는 경우에는 임대차 기간을 제1항에 따른 기간 미만으로 정할 수 있다.

④ 제1항부터 제3항까지의 규정에 따른 임대차 기간은 임대차계약을 연장 또는 갱신하거나 재계약을 체결하는 경우에도 동일하게 적용한다.

제24조의3(임대차계약에 관한 조정 등) ① 임대차계약의 당사자는 임대차 기간, 임차료 등 임대차계약에 관하여 서로 협의가 이루어지지 아니한 경우에는 농지소재지를 관할하는 시장 · 군수 또는 자치구구청장에게 조정을 신청할 수 있다.

② 시장 · 군수 또는 자치구구청장은 제1항에 따라 조정의 신청이 있으면 지체 없이 농지임대차조정위원회를 구성하여 조정절차를 개시하여야 한다.

③ 제2항에 따른 농지임대차조정위원회에서 작성한 조정안을 임대차계약 당사자가 수락한 때에는 이를 해당 임대차의 당사자 간에 체결된 계약의 내용으로 본다.

④ 제2항에 따른 농지임대차조정위원회는 위원장 1명을 포함한 3명의 위원으로 구성하며, 위원장은 부시장 · 부군수 또는 자치구의 부구청장이 되고, 위원은 「농업 · 농촌 및 식품산업 기본법」 제15조에 따른 시 · 군 · 구 농업 · 농촌및식품산업정책심의회의 위원으로서 조정의 이해당사자와 관련이 없는 사람 중에서 시장 · 군수 또는 자치구구청장이 위촉한다.

⑤ 제2항에 따른 농지임대차조정위원회의 구성 · 운영 등에 필요한 사항은 대통령령으로 정한다.

제24조의3(임대차계약에 관한 조정 등) ① 임대차계약의 당사자는 임대차 기간, 임차료 등 임대차계약에 관하여 서로 협의가 이루어지지 아니한 경우에는 농지소재지를 관할하는 시장 · 군수 또는 자치구구청장에게 조정을 신청할 수 있다.

② 시장 · 군수 또는 자치구구청장은 제1항에 따라 조정의 신청이 있으면 지체 없이 농지임대차조정위원회를 구성하여 조정절차를 개시하여야 한다.

③ 제2항에 따른 농지임대차조정위원회에서 작성한 조정안을 임대차계약 당사자가 수락한 때에는 이를 해당 임대차의 당사자 간에 체결된 계약의 내용으로 본다.

④ 제2항에 따른 농지임대차조정위원회는 위원장 1명을 포함한 3명의 위원으로 구성하며, 위원장은 부시장 · 부군수 또는 자치구의 부구청장이 되고, 위원은 시 · 군 · 구 농업 · 농촌및식품산업정책심의회의 위원으로서 조정의 이해당사자와 관련이 없는 사람 중에서 시장 · 군수 또는 자치구구청장이 위촉한다.

⑤ 제2항에 따른 농지임대차조정위원회의 구성 · 운영 등에 필요한 사항은 대통령령으로 정한다.

[시행일 : 2025. 1. 24.] 제24조의3

제25조(묵시의 갱신) 임대인이 임대차 기간이 끝나기 3개월 전까지 임차인에게 임대차계약을 갱신하지 아니한다는 뜻이나 임대차계약 조건을 변경한다는 뜻을 통지하지 아니하면 그 임대차 기간이 끝난 때에 이전의 임대차계약과 같은 조건으로 다시 임대차계약을 한 것으로 본다.

제26조(임대인의 지위 승계) 임대 농지의 양수인(讓受人)은 이 법에 따른 임대인의 지위를 승계한 것으로 본다.

제26조의2(강행규정) 이 법에 위반된 약정으로서 임차인에게 불리한 것은 그 효력이 없다.

제27조(국유농지와 공유농지의 임대차 특례) 「국유재산법」과 「공유재산 및 물품 관리법」에 따른 국유재산과 공유재산인 농지에 대하여는 제24조, 제24조의2, 제24조의3, 제25조, 제26조 및 제26조의2를 적용하지 아니한다.

제4장 농지의 보전 등

제1절 농업진흥지역의 지정과 운용

제28조(농업진흥지역의 지정) ① 시 · 도지사는 농지를 효율적으로 이용하고 보전하기 위하여 농업진흥지역을 지정한다.

② 제1항에 따른 농업진흥지역은 다음 각 호의 용도구역으로 구분하여 지정할 수 있다. 〈개정 2008. 2. 29., 2013. 3. 23.〉

1. 농업진흥구역 : 농업의 진흥을 도모하여야 하는 다음 각 목의 어느 하나에 해당하는 지역으로서 농림축산식품부장관이 정하는 규모로 농지가 집단화되어 농업 목적으로 이용할 필요가 있는 지역
   가. 농지조성사업 또는 농업기반정비사업이 시행되었거나 시행 중인 지역으로서 농업용으로 이용하고 있거나 이용할 토지가 집단화되어 있는 지역
   나. 가목에 해당하는 지역 외의 지역으로서 농업용으로 이용하고 있는 토지가 집단화되어 있는 지역
2. 농업보호구역 : 농업진흥구역의 용수원 확보, 수질 보전 등 농업 환경을 보호하기 위하여 필요한 지역

제28조(농업진흥지역의 지정) ① 특별시장 · 광역시장 · 특별자치시장 · 도지사 또는 특별자치도지사(이하 "시 · 도지사"라 한다)는 농지를 효율적으로 이용하고 보전하기 위하여 농업진흥지역을 지정한다.

② 제1항에 따른 농업진흥지역은 다음 각 호의 용도구역으로 구분하여 지정할 수 있다.

1. 농업진흥구역 : 농업의 진흥을 도모하여야 하는 다음 각 목의 어느 하나에 해당하는 지역으로서 농림축산식품부장관이 정하는 규모로 농지가 집단화되어 농업 목적으로 이용할 필요가 있는 지역
   가. 농지조성사업 또는 농업기반정비사업이 시행되었거나 시행 중인 지역으로서 농업용으로 이용하고 있거나 이용할 토지가 집단화되어 있는 지역
   나. 가목에 해당하는 지역 외의 지역으로서 농업용으로 이용하고 있는 토지가 집단화되어 있는 지역
2. 농업보호구역 : 농업진흥구역의 용수원 확보, 수질 보전 등 농업 환경을 보호하기 위하여 필요한 지역

[시행일 : 2025. 1. 24.] 제28조

제29조(농업진흥지역의 지정 대상) 제28조에 따른 농업진흥지역 지정은 「국토의 계획 및 이용에 관한 법률」에 따른 녹지지역 · 관리지역 · 농림지역 및 자연환경보전지역을 대상으로 한다. 다만, 특별시의 녹지지역은 제외한다.

제30조(농업진흥지역의 지정 절차) ① 시 · 도지사는 「농업 · 농촌 및 식품산업 기본법」 제15조에 따른 시 · 도 농업 · 농촌및식품산업정책심의회(이하 "시 · 도 농업 · 농촌및식품산업정책심의회"라 한다)의 심의를 거쳐 농림축산식품부장관의 승인을 받아 농업진흥지역을 지정한다.

② 시 · 도지사는 제1항에 따라 농업진흥지역을 지정하면 지체 없이 이 사실을 고시하고 관계 기관에 통보하여야 하며, 시장 · 군수 또는 자치구구청장으로 하여금 일반인에게 열람하게 하여야 한다.

③ 농림축산식품부장관은 「국토의 계획 및 이용에 관한 법률」에 따른 녹지지역이나 계획관리지역이 농업진흥지역에 포함되면 제1항에 따른 농업진흥지역 지정을 승인하기 전에 국토교통부장관과 협의하여야 한다.

④ 농업진흥지역의 지정 절차나 그 밖에 지정에 필요한 사항은 대통령령으로 정한다.

제31조(농업진흥지역 등의 변경과 해제) ① 시 · 도지사는 대통령령으로 정하는 사유가 있으면 농업진흥지역 또는 용도구역을 변경하거나 해제할 수 있다. 다만, 그 사유가 없어진 경우에는 원래의 농업진흥지역 또는 용도구역으로 환원하여야 한다.

② 제1항에 따른 농업진흥지역 또는 용도구역의 변경 절차, 해제 절차 또는 환원 절차 등에 관하여는 제30조를 준용한다. 다만, 제1항 단서에 따라 원래의 농업진흥지역 또는 용도구역으로 환원하거나 농업보호구역을 농업진흥구역으로 변경하는 경우 등 대통령령으로 정하는 사항의 변경은 대통령령으로 정하는 바에 따라 시 · 도 농업 · 농촌및식품산업정책심의회의 심의나 농림축산식품부장관의 승인 없이 할 수 있다.

제31조의2(주민의견청취) 시 · 도지사는 제30조 및 제31조에 따라 농업진흥지역을 지정 · 변경 및 해제하려는 때에는 대통령령으로 정하는 바에 따라 미리 해당 토지의 소유자에게 그 내용을 개별통지하고 해당 지역 주민의 의견을 청취하여야 한다. 다만, 다음 각 호의 어느 하나에 해당하는 경우에는 그러하지 아니하다.

1. 다른 법률에 따라 토지소유자에게 개별 통지한 경우
2. 통지를 받을 자를 알 수 없거나 그 주소 · 거소, 그 밖에 통지할 장소를 알 수 없는 경우

제31조의3(실태조사) ① 농림축산식품부장관은 효율적인 농지 관리를 위하여 매년 다음 각 호의 조사를 하여야 한다.

1. 제20조제1항에 따른 유휴농지 조사
2. 제28조에 따른 농업진흥지역의 실태조사
3. 제54조의2제3항에 따른 정보시스템에 등록된 농지의 현황에 대한 조사
4. 그 밖의 농림축산식품부령으로 정하는 사항에 대한 조사

② 농림축산식품부장관이 제1항제2호에 따른 농업진흥지역 실태조사 결과 제31조제1항에 따른 농업진흥지역 등의 변경 및 해제 사유가 발생했다고 인정하는 경우 시 · 도지사는 해당 농업진흥지역 또는 용도구역을 변경하거나 해제할 수 있다.

③ 그 밖에 제1항에 따른 실태조사의 범위와 방법 등에 필요한 사항은 대통령령으로 정한다.

제32조(용도구역에서의 행위 제한) ① 농업진흥구역에서는 농업 생산 또는 농지 개량과 직접적으로 관련된 행위로서 대통령령으로 정하는 행위 외의 토지이용행위를 할 수 없다. 다만, 다음 각 호의 토지이용행위는 그러하지 아니하다.

1. 대통령령으로 정하는 농수산물(농산물 · 임산물 · 축산물 · 수산물을 말한다. 이하 같다)의 가공 · 처리 시설의 설치 및 농수산업(농업 · 임업 · 축산업 · 수산업을 말한다. 이하 같다) 관련 시험 · 연구 시설의 설치

2. 어린이놀이터, 마을회관, 그 밖에 대통령령으로 정하는 농업인의 공동생활에 필요한 편의 시설 및 이용 시설의 설치
3. 대통령령으로 정하는 농업인 주택, 어업인 주택, 농업용 시설, 축산업용 시설 또는 어업용 시설의 설치
4. 국방 · 군사 시설의 설치
5. 하천, 제방, 그 밖에 이에 준하는 국토 보존 시설의 설치
6. 문화재의 보수 · 복원 · 이전, 매장 문화재의 발굴, 비석이나 기념탑, 그 밖에 이와 비슷한 공작물의 설치
7. 도로, 철도, 그 밖에 대통령령으로 정하는 공공시설의 설치
8. 지하자원 개발을 위한 탐사 또는 지하광물 채광(採鑛)과 광석의 선별 및 적치(積置)를 위한 장소로 사용하는 행위
9. 농어촌 소득원 개발 등 농어촌 발전에 필요한 시설로서 대통령령으로 정하는 시설의 설치

② 농업보호구역에서는 다음 각 호 외의 토지이용행위를 할 수 없다.
1. 제1항에 따라 허용되는 토지이용행위
2. 농업인 소득 증대에 필요한 시설로서 대통령령으로 정하는 건축물 · 공작물, 그 밖의 시설의 설치
3. 농업인의 생활 여건을 개선하기 위하여 필요한 시설로서 대통령령으로 정하는 건축물 · 공작물, 그 밖의 시설의 설치

③ 농업진흥지역 지정 당시 관계 법령에 따라 인가 · 허가 또는 승인 등을 받거나 신고하고 설치한 기존의 건축물 · 공작물과 그 밖의 시설에 대하여는 제1항과 제2항의 행위 제한 규정을 적용하지 아니한다.

④ 농업진흥지역 지정 당시 관계 법령에 따라 다음 각 호의 행위에 대하여 인가 · 허가 · 승인 등을 받거나 신고하고 공사 또는 사업을 시행 중인 자(관계 법령에 따라 인가 · 허가 · 승인 등을 받거나 신고할 필요가 없는 경우에는 시행 중인 공사 또는 사업에 착수한 자를 말한다)는 그 공사 또는 사업에 대하여만 제1항과 제2항의 행위 제한 규정을 적용하지 아니한다.
1. 건축물의 건축
2. 공작물이나 그 밖의 시설의 설치
3. 토지의 형질변경
4. 그 밖에 제1호부터 제3호까지의 행위에 준하는 행위

제32조(용도구역에서의 행위 제한) ① 농업진흥구역에서는 농업 생산 또는 농지 개량과 직접적으로 관련된 행위로서 대통령령으로 정하는 행위 외의 토지이용행위를 할 수 없다. 다만, 다음 각 호의 토지이용행위는 그러하지 아니하다.
1. 대통령령으로 정하는 농수산물(농산물 · 임산물 · 축산물 · 수산물을 말한다. 이하 같다)의 가공 · 처리 시설의 설치 및 농수산업(농업 · 임업 · 축산업 · 수산업을 말한다. 이하 같다) 관련 시험 · 연구 시설의 설치
2. 어린이놀이터, 마을회관, 그 밖에 대통령령으로 정하는 농업인의 공동생활에 필요한 편의 시설 및 이용 시설의 설치
3. 대통령령으로 정하는 농업인 주택, 어업인 주택, 농업용 시설, 축산업용 시설 또는 어업용 시설의 설치

4. 국방 · 군사 시설의 설치
5. 하천, 제방, 그 밖에 이에 준하는 국토 보존 시설의 설치
6. 「국가유산기본법」 제3조에 따른 국가유산의 보수 · 복원 · 이전, 매장유산의 발굴, 비석이나 기념탑, 그 밖에 이와 비슷한 공작물의 설치
7. 도로, 철도, 그 밖에 대통령령으로 정하는 공공시설의 설치
8. 지하자원 개발을 위한 탐사 또는 지하광물 채광(採鑛)과 광석의 선별 및 적치(積置)를 위한 장소로 사용하는 행위
9. 농어촌 소득원 개발 등 농어촌 발전에 필요한 시설로서 대통령령으로 정하는 시설의 설치

② 농업보호구역에서는 다음 각 호 외의 토지이용행위를 할 수 없다. 〈개정 2020. 2. 11.〉

1. 제1항에 따라 허용되는 토지이용행위
2. 농업인 소득 증대에 필요한 시설로서 대통령령으로 정하는 건축물 · 공작물, 그 밖의 시설의 설치
3. 농업인의 생활 여건을 개선하기 위하여 필요한 시설로서 대통령령으로 정하는 건축물 · 공작물, 그 밖의 시설의 설치

③ 농업진흥지역 지정 당시 관계 법령에 따라 인가 · 허가 또는 승인 등을 받거나 신고하고 설치한 기존의 건축물 · 공작물과 그 밖의 시설에 대하여는 제1항과 제2항의 행위 제한 규정을 적용하지 아니한다.

④ 농업진흥지역 지정 당시 관계 법령에 따라 다음 각 호의 행위에 대하여 인가 · 허가 · 승인 등을 받거나 신고하고 공사 또는 사업을 시행 중인 자(관계 법령에 따라 인가 · 허가 · 승인 등을 받거나 신고할 필요가 없는 경우에는 시행 중인 공사 또는 사업에 착수한 자를 말한다)는 그 공사 또는 사업에 대하여만 제1항과 제2항의 행위 제한 규정을 적용하지 아니한다.

1. 건축물의 건축
2. 공작물이나 그 밖의 시설의 설치
3. 토지의 형질변경
4. 그 밖에 제1호부터 제3호까지의 행위에 준하는 행위

[시행일 : 2024. 5. 17.] 제32조

제33조(농업진흥지역에 대한 개발투자 확대 및 우선 지원) ① 국가와 지방자치단체는 농업진흥지역에 대하여 대통령령으로 정하는 바에 따라 농지 및 농업시설의 개량 · 정비, 농어촌도로 · 농산물유통시설의 확충, 그 밖에 농업 발전을 위한 사업에 우선적으로 투자하여야 한다.

② 국가와 지방자치단체는 농업진흥지역의 농지에 농작물을 경작하거나 다년생식물을 재배하는 농업인 또는 농업법인에게 자금 지원이나 「조세특례제한법」에 따른 조세 경감 등 필요한 지원을 우선 실시하여야 한다.

제33조의2(농업진흥지역의 농지매수 청구) ① 농업진흥지역의 농지를 소유하고 있는 농업인 또는 농업법인은 「한국농어촌공사 및 농지관리기금법」에 따른 한국농어촌공사(이하 "한국농어촌공사"라 한다)에 그 농지의 매수를 청구할 수 있다.

② 한국농어촌공사는 제1항에 따른 매수 청구를 받으면 「감정평가 및 감정평가사에 관한 법률」에 따른 감정평가법인등이 평가한 금액을 기준으로 해당 농지를 매수할 수 있다.
③ 한국농어촌공사가 제2항에 따라 농지를 매수하는 데에 필요한 자금은 농지관리기금에서 융자한다.

제2절 농지의 전용

제34조(농지의 전용허가 · 협의) ① 농지를 전용하려는 자는 다음 각 호의 어느 하나에 해당하는 경우 외에는 대통령령으로 정하는 바에 따라 농림축산식품부장관의 허가(다른 법률에 따라 농지전용허가가 의제되는 협의를 포함한다. 이하 같다)를 받아야 한다. 허가받은 농지의 면적 또는 경계 등 대통령령으로 정하는 중요 사항을 변경하려는 경우에도 또한 같다.

1. 삭제 〈2023. 8. 16.〉
2. 「국토의 계획 및 이용에 관한 법률」에 따른 도시지역 또는 계획관리지역에 있는 농지로서 제2항에 따른 협의를 거친 농지나 제2항제1호 단서에 따라 협의 대상에서 제외되는 농지를 전용하는 경우
3. 제35조에 따라 농지전용신고를 하고 농지를 전용하는 경우
4. 「산지관리법」 제14조에 따른 산지전용허가를 받지 아니하거나 같은 법 제15조에 따른 산지전용신고를 하지 아니하고 불법으로 개간한 농지를 산림으로 복구하는 경우
5. 삭제 〈2024. 1. 2.〉

②주무부장관이나 지방자치단체의 장은 다음 각 호의 어느 하나에 해당하면 대통령령으로 정하는 바에 따라 농림축산식품부장관과 미리 농지전용에 관한 협의를 하여야 한다.

1. 「국토의 계획 및 이용에 관한 법률」에 따른 도시지역에 주거지역 · 상업지역 · 공업지역을 지정하거나 같은 법에 따른 도시지역에 도시 · 군계획시설을 결정할 때에 해당 지역 예정지 또는 시설 예정지에 농지가 포함되어 있는 경우. 다만, 이미 지정된 주거지역 · 상업지역 · 공업지역을 다른 지역으로 변경하거나 이미 지정된 주거지역 · 상업지역 · 공업지역에 도시 · 군계획시설을 결정하는 경우는 제외한다.

1의2. 「국토의 계획 및 이용에 관한 법률」에 따른 계획관리지역에 지구단위계획구역을 지정할 때에 해당 구역 예정지에 농지가 포함되어 있는 경우

2. 「국토의 계획 및 이용에 관한 법률」에 따른 도시지역의 녹지지역 및 개발제한구역의 농지에 대하여 같은 법 제56조에 따라 개발행위를 허가하거나 「개발제한구역의 지정 및 관리에 관한 특별조치법」 제12조제1항 각 호 외의 부분 단서에 따라 토지의 형질변경허가를 하는 경우

제35조(농지전용신고) ① 농지를 다음 각 호의 어느 하나에 해당하는 시설의 부지로 전용하려는 자는 대통령령으로 정하는 바에 따라 시장 · 군수 또는 자치구구청장에게 신고하여야 한다. 신고한 사항을 변경하려는 경우에도 또한 같다.

1. 농업인 주택, 어업인 주택, 농축산업용 시설(제2조제1호나목에 따른 개량시설과 농축산물 생산시설은 제외한다), 농수산물 유통 · 가공 시설
2. 어린이놀이터 · 마을회관 등 농업인의 공동생활 편의 시설

3. 농수산 관련 연구 시설과 양어장 · 양식장 등 어업용 시설

② 시장 · 군수 또는 자치구구청장은 제1항에 따른 신고를 받은 경우 그 내용을 검토하여 이 법에 적합하면 신고를 수리하여야 한다.

③ 제1항에 따른 신고 대상 시설의 범위와 규모, 농업진흥지역에서의 설치 제한, 설치자의 범위 등에 관한 사항은 대통령령으로 정한다.

제36조(농지의 타용도 일시사용허가 등) ① 농지를 다음 각 호의 어느 하나에 해당하는 용도로 일시 사용하려는 자는 대통령령으로 정하는 바에 따라 일정 기간 사용한 후 농지로 복구한다는 조건으로 시장 · 군수 또는 자치구구청장의 허가를 받아야 한다. 허가받은 사항을 변경하려는 경우에도 또한 같다. 다만, 국가나 지방자치단체의 경우에는 시장 · 군수 또는 자치구구청장과 협의하여야 한다.

1. 「건축법」에 따른 건축허가 또는 건축신고 대상시설이 아닌 간이 농수축산업용 시설(제2조제1호 나목에 따른 개량시설과 농축산물 생산시설은 제외한다)과 농수산물의 간이 처리 시설을 설치하는 경우
2. 주(主)목적사업(해당 농지에서 허용되는 사업만 해당한다)을 위하여 현장 사무소나 부대시설, 그 밖에 이에 준하는 시설을 설치하거나 물건을 적치(積置)하거나 매설(埋設)하는 경우
3. 대통령령으로 정하는 토석과 광물을 채굴하는 경우
4. 「전기사업법」 제2조제1호의 전기사업을 영위하기 위한 목적으로 설치하는 「신에너지 및 재생에너지 개발 · 이용 · 보급 촉진법」 제2조제2호가목에 따른 태양에너지 발전설비(이하 "태양에너지 발전설비"라 한다)로서 다음 각 목의 요건을 모두 갖춘 경우
   가. 「공유수면 관리 및 매립에 관한 법률」 제2조에 따른 공유수면매립을 통하여 조성한 토지 중 토양 염도가 일정 수준 이상인 지역 등 농림축산식품부령으로 정하는 지역에 설치하는 시설일 것
   나. 설치 규모, 염도 측정방법 등 농림축산식품부장관이 별도로 정한 요건에 적합하게 설치하는 시설일 것

② 시장 · 군수 또는 자치구구청장은 주무부장관이나 지방자치단체의 장이 다른 법률에 따른 사업 또는 사업계획 등의 인가 · 허가 또는 승인 등과 관련하여 농지의 타용도 일시사용 협의를 요청하면, 그 인가 · 허가 또는 승인 등을 할 때에 해당 사업을 시행하려는 자에게 일정 기간 그 농지를 사용한 후 농지로 복구한다는 조건을 붙일 것을 전제로 협의할 수 있다.

③ 시장 · 군수 또는 자치구구청장은 제1항에 따른 허가를 하거나 제2항에 따른 협의를 할 때에는 대통령령으로 정하는 바에 따라 사업을 시행하려는 자에게 농지로의 복구계획을 제출하게 하고 복구비용을 예치하게 할 수 있다. 이 경우 예치된 복구비용은 사업시행자가 사업이 종료된 후 농지로의 복구계획을 이행하지 않는 경우 복구대행비로 사용할 수 있다.

④ 시장 · 군수 · 자치구구청장은 제1항 및 제2항에 따라 최초 농지의 타용도 일시사용 후 목적사업을 완료하지 못하여 그 기간을 연장하려는 경우에는 대통령령으로 정하는 바에 따라 복구비용을 재산정하여 제3항에 따라 예치한 복구비용이 재산정한 복구비용보다 적은 경우에는 그 차액을 추가로 예치하게 하여야 한다.

⑤ 제3항 및 제4항에 따른 복구비용의 산출 기준, 납부 시기, 납부 절차, 그 밖에 필요한 사항은 대통령령으로 정한다.

제36조(농지의 타용도 일시사용허가 등) ① 농지를 다음 각 호의 어느 하나에 해당하는 용도로 일시 사용하려는 자는 대통령령으로 정하는 바에 따라 일정 기간 사용한 후 농지로 복구한다는 조건으로 시장 · 군수 또는 자치구구청장의 허가를 받아야 한다. 허가받은 사항을 변경하려는 경우에도 또한 같다. 다만, 국가나 지방자치단체의 경우에는 시장 · 군수 또는 자치구구청장과 협의하여야 한다.

1. 「건축법」에 따른 건축허가 또는 건축신고 대상시설이 아닌 간이 농수축산업용 시설(제2조제1호 나목에 따른 개량시설과 농축산물 생산시설은 제외한다)과 농수산물의 간이 처리 시설을 설치하는 경우
2. 주(主)목적사업(해당 농지에서 허용되는 사업만 해당한다)을 위하여 현장 사무소나 부대시설, 그 밖에 이에 준하는 시설을 설치하거나 물건을 적치(積置)하거나 매설(埋設)하는 경우
3. 대통령령으로 정하는 토석과 광물을 채굴하는 경우
4. 「전기사업법」 제2조제1호의 전기사업을 영위하기 위한 목적으로 설치하는 「신에너지 및 재생에너지 개발 · 이용 · 보급 촉진법」 제2조제2호가목에 따른 태양에너지 발전설비(이하 "태양에너지 발전설비"라 한다)로서 다음 각 목의 요건을 모두 갖춘 경우
   가. 「공유수면 관리 및 매립에 관한 법률」 제2조에 따른 공유수면매립을 통하여 조성한 토지 중 토양 염도가 일정 수준 이상인 지역 등 농림축산식품부령으로 정하는 지역에 설치하는 시설일 것
   나. 설치 규모, 염도 측정방법 등 농림축산식품부장관이 별도로 정한 요건에 적합하게 설치하는 시설일 것
5. 「건축법」에 따른 건축허가 또는 건축신고 대상시설이 아닌 작물재배사(고정식온실 · 버섯재배사 및 비닐하우스는 제외한다) 중 농업생산성 제고를 위하여 정보통신기술을 결합한 시설로서 대통령령으로 정하는 요건을 모두 갖춘 시설을 설치하는 경우

② 시장 · 군수 또는 자치구구청장은 주무부장관이나 지방자치단체의 장이 다른 법률에 따른 사업 또는 사업계획 등의 인가 · 허가 또는 승인 등과 관련하여 농지의 타용도 일시사용 협의를 요청하면, 그 인가 · 허가 또는 승인 등을 할 때에 해당 사업을 시행하려는 자에게 일정 기간 그 농지를 사용한 후 농지로 복구한다는 조건을 붙일 것을 전제로 협의할 수 있다.

③ 시장 · 군수 또는 자치구구청장은 제1항에 따른 허가를 하거나 제2항에 따른 협의를 할 때에는 대통령령으로 정하는 바에 따라 사업을 시행하려는 자에게 농지로의 복구계획을 제출하게 하고 복구비용을 예치하게 할 수 있다. 이 경우 예치된 복구비용은 사업시행자가 사업이 종료된 후 농지로의 복구계획을 이행하지 않는 경우 복구대행비로 사용할 수 있다.

④ 시장 · 군수 · 자치구구청장은 제1항 및 제2항에 따라 최초 농지의 타용도 일시사용 후 목적사업을 완료하지 못하여 그 기간을 연장하려는 경우에는 대통령령으로 정하는 바에 따라 복구비용을 재산정하여 제3항에 따라 예치한 복구비용이 재산정한 복구비용보다 적은 경우에는 그 차액을 추가로 예치하게 하여야 한다.

⑤제3항 및 제4항에 따른 복구비용의 산출 기준, 납부 시기, 납부 절차, 그 밖에 필요한 사항은 대통령령으로 정한다.

[시행일 : 2024. 7. 3.] 제36조제1항

제36조의2(농지의 타용도 일시사용신고 등) ① 농지를 다음 각 호의 어느 하나에 해당하는 용도로 일시사용하려는 자는 대통령령으로 정하는 바에 따라 지력을 훼손하지 아니하는 범위에서 일정 기간 사용한 후 농지로 원상복구한다는 조건으로 시장·군수 또는 자치구구청장에게 신고하여야 한다. 신고한 사항을 변경하려는 경우에도 또한 같다. 다만, 국가나 지방자치단체의 경우에는 시장·군수 또는 자치구구청장과 협의하여야 한다.

1. 썰매장, 지역축제장 등으로 일시적으로 사용하는 경우
2. 제36조제1항제1호 또는 제2호에 해당하는 시설을 일시적으로 설치하는 경우

② 시장·군수 또는 자치구구청장은 주무부장관이나 지방자치단체의 장이 다른 법률에 따른 사업 또는 사업계획 등의 인가·허가 또는 승인 등과 관련하여 농지의 타용도 일시사용 협의를 요청하면, 그 인가·허가 또는 승인 등을 할 때에 해당 사업을 시행하려는 자에게 일정 기간 그 농지를 사용한 후 농지로 복구한다는 조건을 붙일 것을 전제로 협의할 수 있다.

③ 시장·군수 또는 자치구구청장은 제1항에 따른 신고를 수리하거나 제2항에 따른 협의를 할 때에는 대통령령으로 정하는 바에 따라 사업을 시행하려는 자에게 농지로의 복구계획을 제출하게 하고 복구비용을 예치하게 할 수 있다. 이 경우 예치된 복구비용은 사업시행자가 사업이 종료된 후 농지로의 복구계획을 이행하지 않는 경우 복구대행비로 사용할 수 있다.

④ 시장·군수 또는 자치구구청장은 제1항에 따른 신고를 받은 날부터 10일 이내에 신고수리 여부를 신고인에게 통지하여야 한다.

⑤ 시장·군수 또는 자치구구청장이 제4항에서 정한 기간 내에 신고수리 여부 또는 민원 처리 관련 법령에 따른 처리기간의 연장을 신고인에게 통지하지 아니하면 그 기간(민원 처리 관련 법령에 따라 처리기간이 연장 또는 재연장된 경우에는 해당 처리기간을 말한다)이 끝난 날의 다음 날에 신고를 수리한 것으로 본다.

⑥ 제1항에 따른 신고 대상 농지의 범위와 규모, 일시사용 기간, 제3항에 따른 복구비용의 산출 기준, 복구비용 납부 시기와 절차, 그 밖에 필요한 사항은 대통령령으로 정한다.

제37조(농지전용허가 등의 제한) ① 농림축산식품부장관은 제34조제1항에 따른 농지전용허가를 결정할 경우 다음 각 호의 어느 하나에 해당하는 시설의 부지로 사용하려는 농지는 전용을 허가할 수 없다. 다만, 「국토의 계획 및 이용에 관한 법률」에 따른 도시지역·계획관리지역 및 개발진흥지구에 있는 농지는 다음 각 호의 어느 하나에 해당하는 시설의 부지로 사용하더라도 전용을 허가할 수 있다.

1. 「대기환경보전법」 제2조제11호에 따른 대기오염물질배출시설로서 대통령령으로 정하는 시설
2. 「물환경보전법」 제2조제10호에 따른 폐수배출시설로서 대통령령으로 정하는 시설
3. 농업의 진흥이나 농지의 보전을 해칠 우려가 있는 시설로서 대통령령으로 정하는 시설

② 농림축산식품부장관, 시장·군수 또는 자치구구청장은 제34조제1항에 따른 농지전용허가 및 같은 조 제2항에 따른 협의를 하거나 제36조에 따른 농지의 타용도 일시사용허가 및 협의를 할 때 그 농지가 다음 각 호의 어느 하나에 해당하면 전용을 제한하거나 타용도 일시사용을 제한할 수 있다.

1. 전용하려는 농지가 농업생산기반이 정비되어 있거나 농업생산기반 정비사업 시행예정 지역으로 편입되어 우량농지로 보전할 필요가 있는 경우
2. 해당 농지를 전용하거나 다른 용도로 일시사용하면 일조 · 통풍 · 통작(通作)에 매우 크게 지장을 주거나 농지개량시설의 폐지를 수반하여 인근 농지의 농업경영에 매우 큰 영향을 미치는 경우
3. 해당 농지를 전용하거나 타용도로 일시 사용하면 토사가 유출되는 등 인근 농지 또는 농지개량시설을 훼손할 우려가 있는 경우
4. 전용 목적을 실현하기 위한 사업계획 및 자금 조달계획이 불확실한 경우
5. 전용하려는 농지의 면적이 전용 목적 실현에 필요한 면적보다 지나치게 넓은 경우

제37조의2(둘 이상의 용도지역 · 용도지구에 걸치는 농지에 대한 전용허가 시 적용기준) 한 필지의 농지에 「국토의 계획 및 이용에 관한 법률」에 따른 도시지역 · 계획관리지역 및 개발진흥지구와 그 외의 용도지역 또는 용도지구(「국토의 계획 및 이용에 관한 법률」 제36조제1항 또는 제37조제1항에 따른 용도지역 또는 용도지구를 말한다. 이하 이 조에서 같다)가 걸치는 경우로서 해당 농지 면적에서 차지하는 비율이 가장 작은 용도지역 또는 용도지구가 대통령령으로 정하는 면적 이하인 경우에는 해당 농지 면적에서 차지하는 비율이 가장 큰 용도지역 또는 용도지구를 기준으로 제37조제1항을 적용한다.

제37조의3(농지관리위원회의 설치 · 운영) ① 농림축산식품부장관의 다음 각 호의 사항에 대한 자문에 응하게 하기 위하여 농림축산식품부에 농지관리위원회(이하 "위원회"라 한다)를 둔다.
1. 농지의 이용, 보전 등의 정책 수립에 관한 사항
2. 제34조에 따른 농지전용허가 및 협의 또는 제35조에 따른 농지전용신고 사항 중 대통령령으로 정하는 규모 이상의 농지전용에 관한 사항
3. 그 밖에 농림축산식품부장관이 필요하다고 인정하여 위원회에 부치는 사항

② 위원회는 위원장 1명을 포함한 20명 이내의 위원으로 구성한다.
③ 위원회의 위원은 관계 행정기관의 공무원, 농업 · 농촌 · 토지이용 · 공간정보 · 환경 등과 관련된 분야에 관한 학식과 경험이 풍부한 사람 중에서 농림축산식품부장관이 위촉하며, 위원장은 위원 중에서 호선한다.
④ 위원장 및 위원의 임기는 2년으로 한다.
⑤ 위원회의 구성 · 운영에 관하여 필요한 사항은 대통령령으로 정한다.

제38조(농지보전부담금) ① 다음 각 호의 어느 하나에 해당하는 자는 농지의 보전 · 관리 및 조성을 위한 부담금(이하 "농지보전부담금"이라 한다)을 농지관리기금을 운용 · 관리하는 자에게 내야 한다.
1. 제34조제1항에 따라 농지전용허가를 받는 자
2. 제34조제2항제1호에 따라 농지전용협의를 거친 지역 예정지 또는 시설 예정지에 있는 농지(같은 호 단서에 따라 협의 대상에서 제외되는 농지를 포함한다)를 전용하려는 자

2의2. 제34조제2항제1호의2에 따라 농지전용에 관한 협의를 거친 구역 예정지에 있는 농지를 전용하려는 자

3. 제34조제2항제2호에 따라 농지전용협의를 거친 농지를 전용하려는 자

4. 삭제 〈2023. 8. 16.〉
5. 제35조나 제43조에 따라 농지전용신고를 하고 농지를 전용하려는 자

② 농림축산식품부장관은 다음 각 호의 어느 하나에 해당하는 사유로 농지보전부담금을 한꺼번에 내기 어렵다고 인정되는 경우에는 대통령령으로 정하는 바에 따라 농지보전부담금을 나누어 내게 할 수 있다.
1. 「공공기관의 운영에 관한 법률」에 따른 공공기관과 「지방공기업법」에 따른 지방공기업이 산업단지의 시설용지로 농지를 전용하는 경우 등 대통령령으로 정하는 농지의 전용
2. 농지보전부담금이 농림축산식품부령으로 정하는 금액 이상인 경우

③ 농림축산식품부장관은 제2항에 따라 농지보전부담금을 나누어 내게 하려면 대통령령으로 정하는 바에 따라 농지보전부담금을 나누어 내려는 자에게 나누어 낼 농지보전부담금에 대한 납입보증보험증서 등을 미리 예치하게 하여야 한다. 다만, 농지보전부담금을 나누어 내려는 자가 국가나 지방자치단체, 그 밖에 대통령령으로 정하는 자인 경우에는 그러하지 아니하다.

④ 농지를 전용하려는 자는 제1항 또는 제2항에 따른 농지보전부담금의 전부 또는 일부를 농지전용허가 · 농지전용신고(다른 법률에 따라 농지전용허가 또는 농지전용신고가 의제되는 인가 · 허가 · 승인 등을 포함한다) 전까지 납부하여야 한다.

⑤ 농지관리기금을 운용 · 관리하는 자는 다음 각 호의 어느 하나에 해당하는 경우 대통령령으로 정하는 바에 따라 그에 해당하는 농지보전부담금을 환급하여야 한다.
1. 농지보전부담금을 낸 자의 허가가 제39조에 따라 취소된 경우
2. 농지보전부담금을 낸 자의 사업계획이 변경된 경우
2의2. 제4항에 따라 농지보전부담금을 납부하고 허가를 받지 못한 경우
3. 그 밖에 이에 준하는 사유로 전용하려는 농지의 면적이 당초보다 줄어든 경우

⑥ 농림축산식품부장관은 다음 각 호의 어느 하나에 해당하면 대통령령으로 정하는 바에 따라 농지보전부담금을 감면할 수 있다.
1. 국가나 지방자치단체가 공용 목적이나 공공용 목적으로 농지를 전용하는 경우
2. 대통령령으로 정하는 중요 산업 시설을 설치하기 위하여 농지를 전용하는 경우
3. 제35조제1항 각 호에 따른 시설이나 그 밖에 대통령령으로 정하는 시설을 설치하기 위하여 농지를 전용하는 경우

⑦ 농지보전부담금은 「부동산 가격공시에 관한 법률」에 따른 해당 농지의 개별공시지가의 범위에서 대통령령으로 정하는 부과기준을 적용하여 산정한 금액으로 하되, 농업진흥지역과 농업진흥지역 밖의 농지를 차등하여 부과기준을 적용할 수 있으며, 부과기준일은 다음 각 호의 구분에 따른다.
1. 제34조제1항에 따라 농지전용허가를 받는 경우 : 허가를 신청한 날
2. 제34조제2항에 따라 농지를 전용하려는 경우 : 대통령령으로 정하는 날
3. 다른 법률에 따라 농지전용허가가 의제되는 협의를 거친 농지를 전용하려는 경우 : 대통령령으로 정하는 날
4. 제35조나 제43조에 따라 농지전용신고를 하고 농지를 전용하려는 경우 : 신고를 접수한 날

⑧ 농림축산식품부장관은 농지보전부담금을 내야 하는 자가 납부기한까지 내지 아니하면 납부기한이 지난 후 10일 이내에 납부기한으로부터 30일 이내의 기간을 정한 독촉장을 발급하여야 한다.

⑨ 농림축산식품부장관은 농지보전부담금을 내야 하는 자가 납부기한까지 부담금을 내지 아니한 경우에는 납부기한이 지난 날부터 체납된 농지보전부담금의 100분의 3에 상당하는 금액을 가산금으로 부과한다.

⑩ 농림축산식품부장관은 농지보전부담금을 체납한 자가 체납된 농지보전부담금을 납부하지 아니한 때에는 납부기한이 지난 날부터 1개월이 지날 때마다 체납된 농지보전부담금의 1천분의 12에 상당하는 가산금(이하 "중가산금"이라 한다)을 제9항에 따른 가산금에 더하여 부과하되, 체납된 농지보전부담금의 금액이 100만원 미만인 경우는 중가산금을 부과하지 아니한다. 이 경우 중가산금을 가산하여 징수하는 기간은 60개월을 초과하지 못한다.

⑪ 농림축산식품부장관은 농지보전부담금을 내야 하는 자가 독촉장을 받고 지정된 기한까지 부담금과 가산금 및 중가산금을 내지 아니하면 국세 또는 지방세 체납처분의 예에 따라 징수할 수 있다.

⑫ 농림축산식품부장관은 다음 각 호의 어느 하나에 해당하는 사유가 있으면 해당 농지보전부담금에 관하여 결손처분을 할 수 있다. 다만, 제1호 · 제3호 및 제4호의 경우 결손처분을 한 후에 압류할 수 있는 재산을 발견하면 지체 없이 결손처분을 취소하고 체납처분을 하여야 한다.

1. 체납처분이 종결되고 체납액에 충당된 배분금액이 그 체납액에 미치지 못한 경우
2. 농지보전부담금을 받을 권리에 대한 소멸시효가 완성된 경우
3. 체납처분의 목적물인 총재산의 추산가액(推算價額)이 체납처분비에 충당하고 남을 여지가 없는 경우
4. 체납자가 사망하거나 행방불명되는 등 대통령령으로 정하는 사유로 인하여 징수할 가능성이 없다고 인정되는 경우

⑬ 농림축산식품부장관은 제51조에 따라 권한을 위임받은 자 또는 「한국농어촌공사 및 농지관리기금법」 제35조제2항에 따라 농지관리기금 운용 · 관리 업무를 위탁받은 자에게 농지보전부담금 부과 · 수납에 관한 업무를 취급하게 하는 경우 대통령령으로 정하는 바에 따라 수수료를 지급하여야 한다.

⑭ 농지관리기금을 운용 · 관리하는 자는 제1항에 따라 수납하는 농지보전부담금 중 제13항에 따른 수수료를 뺀 금액을 농지관리기금에 납입하여야 한다.

⑮ 농지보전부담금의 납부기한, 납부 절차, 그 밖에 필요한 사항은 대통령령으로 정한다.

제39조(전용허가의 취소 등) ① 농림축산식품부장관, 시장 · 군수 또는 자치구구청장은 제34조제1항에 따른 농지전용허가 또는 제36조에 따른 농지의 타용도 일시사용허가를 받았거나 제35조 또는 제43조에 따른 농지전용신고 또는 제36조의2에 따른 농지의 타용도 일시사용신고를 한 자가 다음 각 호의 어느 하나에 해당하면 농림축산식품부령으로 정하는 바에 따라 허가를 취소하거나 관계 공사의 중지, 조업의 정지, 사업규모의 축소 또는 사업계획의 변경, 그 밖에 필요한 조치를 명할 수 있다. 다만, 제7호에 해당하면 그 허가를 취소하여야 한다.

1. 거짓이나 그 밖의 부정한 방법으로 허가를 받거나 신고한 것이 판명된 경우
2. 허가 목적이나 허가 조건을 위반하는 경우

3. 허가를 받지 아니하거나 신고하지 아니하고 사업계획 또는 사업 규모를 변경하는 경우
4. 허가를 받거나 신고를 한 후 농지전용 목적사업과 관련된 사업계획의 변경 등 대통령령으로 정하는 정당한 사유 없이 최초로 허가를 받거나 신고를 한 날부터 2년 이상 대지의 조성, 시설물의 설치 등 농지전용 목적사업에 착수하지 아니하거나 농지전용 목적사업에 착수한 후 1년 이상 공사를 중단한 경우
5. 농지보전부담금을 내지 아니한 경우
6. 허가를 받은 자나 신고를 한 자가 허가취소를 신청하거나 신고를 철회하는 경우
7. 허가를 받은 자가 관계 공사의 중지 등 이 조 본문에 따른 조치명령을 위반한 경우

② 농림축산식품부장관은 다른 법률에 따라 농지의 전용이 의제되는 협의를 거쳐 농지를 전용하려는 자가 농지보전부담금 부과 후 농지보전부담금을 납부하지 아니하고 2년 이내에 농지전용의 원인이 된 목적사업에 착수하지 아니하는 경우 관계 기관의 장에게 그 목적사업에 관련된 승인 · 허가 등의 취소를 요청할 수 있다. 이 경우 취소를 요청받은 관계 기관의 장은 특별한 사유가 없으면 이에 따라야 한다.

제39조(전용허가의 취소 등) ① 농림축산식품부장관, 시장 · 군수 또는 자치구구청장은 제34조제1항에 따른 농지전용허가 또는 제36조에 따른 농지의 타용도 일시사용허가를 받았거나 제35조 또는 제43조에 따른 농지전용신고, 제36조의2에 따른 농지의 타용도 일시사용신고 또는 제41조의3에 따른 농지개량행위의 신고를 한 자가 다음 각 호의 어느 하나에 해당하면 농림축산식품부령으로 정하는 바에 따라 허가를 취소하거나 관계 공사의 중지, 조업의 정지, 사업규모의 축소 또는 사업계획의 변경, 그 밖에 필요한 조치를 명할 수 있다. 다만, 제7호에 해당하면 그 허가를 취소하여야 한다.

1. 거짓이나 그 밖의 부정한 방법으로 허가를 받거나 신고한 것이 판명된 경우
2. 허가 목적이나 허가 조건을 위반하는 경우
3. 허가를 받지 아니하거나 신고하지 아니하고 사업계획 또는 사업 규모를 변경하는 경우
4. 허가를 받거나 신고를 한 후 농지전용 목적사업과 관련된 사업계획의 변경 등 대통령령으로 정하는 정당한 사유 없이 최초로 허가를 받거나 신고를 한 날부터 2년 이상 대지의 조성, 시설물의 설치 등 농지전용 목적사업에 착수하지 아니하거나 농지전용 목적사업에 착수한 후 1년 이상 공사를 중단한 경우
5. 농지보전부담금을 내지 아니한 경우
6. 허가를 받은 자나 신고를 한 자가 허가취소를 신청하거나 신고를 철회하는 경우
7. 허가를 받은 자가 관계 공사의 중지 등 이 조 본문에 따른 조치명령을 위반한 경우

② 농림축산식품부장관은 다른 법률에 따라 농지의 전용이 의제되는 협의를 거쳐 농지를 전용하려는 자가 농지보전부담금 부과 후 농지보전부담금을 납부하지 아니하고 2년 이내에 농지전용의 원인이 된 목적사업에 착수하지 아니하는 경우 관계 기관의 장에게 그 목적사업에 관련된 승인 · 허가 등의 취소를 요청할 수 있다. 이 경우 취소를 요청받은 관계 기관의 장은 특별한 사유가 없으면 이에 따라야 한다.

[시행일 : 2025. 1. 3.]제39조제1항 각 호 외의 부분 본문

제40조(용도변경의 승인) ① 다음 각 호의 어느 하나에 해당하는 절차를 거쳐 농지전용 목적사업에 사용되고 있거나 사용된 토지를 대통령령으로 정하는 기간 이내에 다른 목적으로 사용하려는 경우에는 농림축산식품부령으로 정하는 바에 따라 시장 · 군수 또는 자치구구청장의 승인을 받아야 한다.

1. 제34조제1항에 따른 농지전용허가
2. 제34조제2항제2호에 따른 농지전용협의
3. 제35조 또는 제43조에 따른 농지전용신고

② 제1항에 따라 승인을 받아야 하는 자 중 농지보전부담금이 감면되는 시설의 부지로 전용된 토지를 농지보전부담금 감면 비율이 다른 시설의 부지로 사용하려는 자는 대통령령으로 정하는 바에 따라 그에 해당하는 농지보전부담금을 내야 한다.

제41조(농지의 지목 변경 제한) 다음 각 호의 어느 하나에 해당하는 경우 외에는 농지를 전 · 답 · 과수원 외의 지목으로 변경하지 못한다.

1. 제34조제1항에 따라 농지전용허가를 받거나 같은 조 제2항에 따라 농지를 전용한 경우
2. 제34조제1항제4호에 규정된 목적으로 농지를 전용한 경우
3. 제35조 또는 제43조에 따라 농지전용신고를 하고 농지를 전용한 경우
4. 「농어촌정비법」 제2조제5호가목 또는 나목에 따른 농어촌용수의 개발사업이나 농업생산기반 개량사업의 시행으로 이 법 제2조제1호나목에 따른 토지의 개량 시설의 부지로 변경되는 경우
5. 시장 · 군수 또는 자치구구청장이 천재지변이나 그 밖의 불가항력(不可抗力)의 사유로 그 농지의 형질이 현저히 달라져 원상회복이 거의 불가능하다고 인정하는 경우

제41조(농지의 지목 변경 제한) ① 다음 각 호의 어느 하나에 해당하는 경우 외에는 농지를 전 · 답 · 과수원 외의 지목으로 변경하지 못한다.

1. 제34조제1항에 따라 농지전용허가를 받거나 같은 조 제2항에 따라 농지를 전용한 경우
2. 제34조제1항제4호에 규정된 목적으로 농지를 전용한 경우
3. 제35조 또는 제43조에 따라 농지전용신고를 하고 농지를 전용한 경우
4. 「농어촌정비법」 제2조제5호가목 또는 나목에 따른 농어촌용수의 개발사업이나 농업생산기반 개량사업의 시행으로 이 법 제2조제1호나목에 따른 토지의 개량 시설의 부지로 변경되는 경우
5. 시장 · 군수 또는 자치구구청장이 천재지변이나 그 밖의 불가항력(不可抗力)의 사유로 그 농지의 형질이 현저히 달라져 원상회복이 거의 불가능하다고 인정하는 경우

② 토지소유자는 제1항 각 호의 어느 하나에 해당하는 사유로 토지의 형질변경 등이 완료 · 준공되어 토지의 용도가 변경된 경우 그 사유가 발생한 날부터 60일 이내에 「공간정보의 구축 및 관리 등에 관한 법률」 제2조제18호에 따른 지적소관청에 지목변경을 신청하여야 한다.

[시행일 : 2025. 1. 3.]제41조제2항

제41조의2(농지개량 기준의 준수) ① 농지를 개량하려는 자는 농지의 생산성 향상 등 농지개량의 목적을 달성하고 농지개량행위로 인하여 주변 농업환경(인근 농지의 관개 · 배수 · 통풍 및 농작업을 포함한다)에 부정적인 영향을 미치지 아니하도록 농지개량의 기준(이하 "농지개량 기준"이라 한다)을 준수하여야 한다.

② 농지개량 기준에 관한 구체적인 사항은 다음 각 호의 사항을 포함하여 농림축산식품부령으로 정한다.

1. 농지개량에 적합한 토양의 범위
2. 농지개량 시 인근 농지 또는 시설 등의 피해 발생 방지 조치
3. 그 밖에 농지의 객토, 성토, 절토와 관련된 세부 기준

[시행일 : 2025. 1. 3.]제41조의2

제41조의3(농지개량행위의 신고) ① 농지를 개량하려는 자 중 성토 또는 절토를 하려는 자는 농림축산식품부령으로 정하는 바에 따라 시장 · 군수 또는 자치구구청장에게 신고하여야 하며, 신고한 사항을 변경하려는 경우에도 또한 같다. 다만, 다음 각 호의 어느 하나에 해당하는 경우에는 그러하지 아니하다.

1. 「국토의 계획 및 이용에 관한 법률」 제56조에 따라 개발행위의 허가를 받은 경우
2. 국가 또는 지방자치단체가 공익상의 필요에 따라 직접 시행하는 사업을 위하여 성토 또는 절토하는 경우
3. 재해복구나 재난수습에 필요한 응급조치를 위한 경우
4. 대통령령으로 정하는 경미한 행위인 경우

② 시장 · 군수 또는 자치구구청장은 제1항에 따라 신고를 받은 경우 그 내용을 검토하여 이 법에 적합하면 신고를 수리하여야 한다.

[시행일 : 2025. 1. 3.]제41조의3

제42조(원상회복 등) ① 농림축산식품부장관, 시장 · 군수 또는 자치구구청장은 다음 각 호의 어느 하나에 해당하면 그 행위를 한 자에게 기간을 정하여 원상회복을 명할 수 있다.

1. 제34조제1항에 따른 농지전용허가 또는 제36조에 따른 농지의 타용도 일시사용허가를 받지 아니하고 농지를 전용하거나 다른 용도로 사용한 경우
2. 제35조 또는 제43조에 따른 농지전용신고 또는 제36조의2에 따른 농지의 타용도 일시사용신고를 하지 아니하고 농지를 전용하거나 다른 용도로 사용한 경우
3. 제39조에 따라 허가가 취소된 경우
4. 농지전용신고를 한 자가 제39조에 따른 조치명령을 위반한 경우

② 농림축산식품부장관, 시장 · 군수 또는 자치구구청장은 제1항에 따른 원상회복명령을 위반하여 원상회복을 하지 아니하면 대집행(代執行)으로 원상회복을 할 수 있다.

③ 제2항에 따른 대집행의 절차에 관하여는 「행정대집행법」을 적용한다.

제42조(원상회복 등) ① 농림축산식품부장관, 시장 · 군수 또는 자치구구청장은 다음 각 호의 어느 하나에 해당하면 그 행위를 한 자, 해당 농지의 소유자 · 점유자 또는 관리자에게 기간을 정하여 원상회복을 명할 수 있다.

1. 제34조제1항에 따른 농지전용허가 또는 제36조에 따른 농지의 타용도 일시사용허가를 받지 아니하고 농지를 전용하거나 다른 용도로 사용한 경우
2. 제35조 또는 제43조에 따른 농지전용신고 또는 제36조의2에 따른 농지의 타용도 일시사용신고를 하지 아니하고 농지를 전용하거나 다른 용도로 사용한 경우
3. 제39조에 따라 허가가 취소된 경우
4. 농지전용신고를 한 자가 제39조에 따른 조치명령을 위반한 경우
5. 제41조의2에 따른 농지개량 기준을 준수하지 아니하고 농지를 개량한 경우
6. 제41조의3제1항에 따른 신고 또는 변경신고를 하지 아니하고 농지를 성토 또는 절토한 경우

② 농림축산식품부장관, 시장 · 군수 또는 자치구구청장은 제1항에 따른 원상회복명령을 위반하여 원상회복을 하지 아니하면 대집행(代執行)으로 원상회복을 할 수 있다.

③ 제2항에 따른 대집행의 절차에 관하여는 「행정대집행법」을 적용한다.

[시행일 : 2025. 1. 3.]제42조

제42조의2(시정명령) ① 시장 · 군수 또는 자치구구청장은 제32조제1항 또는 제2항을 위반한 자, 해당 토지의 소유자 · 점유자 또는 관리자에게 기간을 정하여 시정을 명할 수 있다.

② 제1항에 따른 시정명령의 종류 · 절차 및 그 이행 등에 필요한 사항은 대통령령으로 정한다.

[시행일 : 2025. 1. 3.]제42조의2

제43조(농지전용허가의 특례) 제34조제1항에 따른 농지전용허가를 받아야 하는 자가 제6조제2항제9호의2에 해당하는 농지를 전용하려면 제34조제1항 또는 제37조제1항에도 불구하고 대통령령으로 정하는 바에 따라 시장 · 군수 또는 자치구구청장에게 신고하고 농지를 전용할 수 있다.

제43조의2(농지에서의 구역 등의 지정 등) ① 관계 행정기관의 장은 다른 법률에 따라 농지를 특정 용도로 이용하기 위하여 지역 · 지구 및 구역 등으로 지정하거나 결정하려면 대통령령으로 정하는 농지의 종류 및 면적 등의 구분에 따라 농림축산식품부장관과 미리 협의하여야 한다. 협의한 사항(대통령령으로 정하는 경미한 사항은 제외한다)을 변경하려는 경우에도 또한 같다.

② 제1항에 따른 협의의 범위, 기준 및 절차 등에 필요한 사항은 대통령령으로 정한다.

③ 국가나 지방자치단체는 불가피한 사유가 있는 경우가 아니면 농지를 농지의 보전과 관련되는 지역 · 지구 · 구역 등으로 중복하여 지정하거나 행위를 제한하여서는 아니 된다.

[시행일 : 2025. 1. 3.]제43조의2

제3절 농지위원회

제44조(농지위원회의 설치) 농지의 취득 및 이용의 효율적인 관리를 위해 시 · 구 · 읍 · 면에 각각 농지위원회를 둔다. 다만, 해당 지역 내의 농지가 농림축산식품부령으로 정하는 면적 이하이거나, 농지위원회의 효율적 운영을 위하여 필요한 경우 시 · 군의 조례로 정하는 바에 따라 그 행정구역 안에 권역별로 설치할 수 있다.

제45조(농지위원회의 구성) ① 농지위원회는 위원장 1명을 포함한 10명 이상 20명 이하의 위원으로 구성하며 위원장은 위원 중에서 호선한다.

② 농지위원회의 위원은 다음 각 호의 어느 하나에 해당하는 사람으로 구성한다.

1. 해당 지역에서 농업경영을 하고 있는 사람
2. 해당 지역에 소재하는 농업 관련 기관 또는 단체의 추천을 받은 사람
3. 「비영리민간단체 지원법」 제2조에 따른 비영리민간단체의 추천을 받은 사람
4. 농업 및 농지정책에 대하여 학식과 경험이 풍부한 사람

③ 농지위원회의 효율적 운영을 위하여 필요한 경우에는 각 10명 이내의 위원으로 구성되는 분과위원회를 둘 수 있다.

④ 분과위원회의 심의는 농지위원회의 심의로 본다.

⑤ 위원의 임기 · 선임 · 해임 등 농지위원회 및 분과위원회의 운영에 필요한 사항은 대통령령으로 정한다.

제46조(농지위원회의 기능) 농지위원회는 다음 각 호의 기능을 수행한다.

1. 제8조제3항에 따른 농지취득자격증명 심사에 관한 사항
2. 제34조제1항에 따른 농지전용허가를 받은 농지의 목적사업 추진상황에 관한 확인
3. 제54조제1항에 따른 농지의 소유 등에 관한 조사 참여
4. 그 밖에 농지 관리에 관하여 농림축산식품부령으로 정하는 사항

제3절의2 농지 관리 기본방침 등

제47조 삭제

제47조(농지 관리 기본방침의 수립 등) ① 농림축산식품부장관은 10년마다 농지의 관리에 관한 기본방침(이하 "기본방침"이라 한다)을 수립 · 시행하여야 하며, 필요한 경우 5년마다 그 내용을 재검토하여 정비할 수 있다.

② 기본방침에는 다음 각 호의 사항이 포함되어야 한다.

1. 농지 관리에 관한 시책의 방향
2. 농지 면적의 현황 및 장래예측
3. 관리하여야 하는 농지의 목표 면적

4. 특별시 · 광역시 · 특별자치시 · 도 또는 특별자치도에서 관리하여야 하는 농지의 목표 면적 설정 기준
5. 농업진흥지역의 지정 기준
6. 농지의 전용 등으로 인한 농지 면적 감소의 방지에 관한 사항
7. 그 밖에 농지의 관리를 위하여 필요한 사항으로서 대통령령으로 정하는 사항

③ 농림축산식품부장관은 기본방침을 수립하거나 변경하려면 미리 지방자치단체의 장의 의견을 수렴하고 관계 중앙행정기관의 장과 협의한 후 위원회의 심의를 거쳐야 한다. 다만, 대통령령으로 정하는 경미한 사항을 변경하는 경우에는 그러하지 아니하다.

④ 농림축산식품부장관은 기본방침의 수립을 위하여 관계 중앙행정기관의 장 및 지방자치단체의 장에게 필요한 자료의 제출을 요청할 수 있다. 이 경우 자료제출을 요청받은 중앙행정기관의 장 등은 특별한 사유가 없으면 이에 따라야 한다.

⑤ 제1항부터 제4항까지에서 규정한 사항 외에 기본방침의 수립 · 시행에 필요한 사항은 대통령령으로 정한다.

[시행일 : 2025. 1. 24.] 제47조

제48조 삭제

제48조(농지 관리 기본계획 및 실천계획의 수립 등) ① 시 · 도지사는 기본방침에 따라 관할구역의 농지의 관리에 관한 기본계획(이하 "기본계획"이라 한다)을 10년마다 수립하여 농림축산식품부장관의 승인을 받아 시행하고, 필요한 경우 5년마다 그 내용을 재검토하여 정비할 수 있다. 기본계획 중 대통령령으로 정하는 중요한 사항을 변경할 때에도 또한 같다.

② 시장 · 군수 또는 자치구구청장(그 관할구역에 농지가 없는 자치구구청장은 제외한다. 이하 이 조에서 같다)은 기본계획에 따라 관할구역의 농지의 관리에 관한 세부 실천계획(이하 "실천계획"이라 한다)을 5년마다 수립하여 시 · 도지사의 승인을 받아 시행하여야 한다. 실천계획 중 대통령령으로 정하는 중요한 사항을 변경할 때에도 또한 같다.

③ 기본계획 및 실천계획에는 다음 각 호의 사항이 포함되어야 한다.
1. 관할구역의 농지 관리에 관한 시책의 방향
2. 관할구역의 농지 면적 현황 및 장래예측
3. 관할구역별로 관리하여야 하는 농지의 목표 면적
4. 관할구역 내 농업진흥지역 지정 및 관리
5. 관할구역 내 농업진흥지역으로 지정하는 것이 타당한 지역의 위치 및 규모
6. 관할구역의 농지의 전용 등으로 인한 농지 면적 감소의 방지에 관한 사항
7. 그 밖에 관할구역의 농지 관리를 위하여 필요한 사항으로서 대통령령으로 정하는 사항

④ 시 · 도지사가 기본계획을 수립 또는 변경하려면 미리 관계 시장 · 군수 또는 자치구구청장과 전문가 등의 의견을 수렴하고 해당 지방의회의 의견을 들어야 한다. 다만, 대통령령으로 정하는 경미한 사항을 변경하는 경우에는 그러하지 아니하다.

⑤ 시 · 도지사는 기본계획의 수립을 위하여 시장 · 군수 또는 자치구구청장에게 필요한 자료의 제출을 요청할 수 있다. 이 경우 자료제출을 요청받은 시장 · 군수 또는 자치구구청장은 특별한 사유가 없으면 이에 따라야 한다.

⑥ 시장 · 군수 또는 자치구구청장이 실천계획을 수립 또는 변경하거나 제4항에 따라 기본계획에 대한 의견을 제시하려면 대통령령으로 정하는 바에 따라 미리 주민과 관계 전문가 등의 의견을 수렴하고 해당 지방의회의 의견을 들어야 한다. 다만, 대통령령으로 정하는 경미한 사항을 변경하는 경우에는 그러하지 아니하다.

⑦ 시 · 도지사, 시장 · 군수 또는 자치구구청장은 제1항 또는 제2항에 따라 기본계획 또는 실천계획의 수립 또는 변경에 대한 승인을 받으면 대통령령으로 정하는 바에 따라 그 내용을 공고한 후 일반인이 열람할 수 있도록 하여야 한다.

⑧ 제1항부터 제7항까지에서 규정한 사항 외에 기본계획 또는 실천계획의 수립 · 시행에 필요한 사항은 대통령령으로 정한다.

[시행일 : 2025. 1. 24.] 제48조

제4절 농지대장

제49조(농지대장의 작성과 비치) ① 시 · 구 · 읍 · 면의 장은 농지 소유 실태와 농지 이용 실태를 파악하여 이를 효율적으로 이용하고 관리하기 위하여 대통령령으로 정하는 바에 따라 농지대장(農地臺帳)을 작성하여 갖추어 두어야 한다.

② 제1항에 따른 농지대장에는 농지의 소재지 · 지번 · 지목 · 면적 · 소유자 · 임대차 정보 · 농업진흥지역 여부 등을 포함한다.

③ 시 · 구 · 읍 · 면의 장은 제1항에 따른 농지대장을 작성 · 정리하거나 농지 이용 실태를 파악하기 위하여 필요하면 해당 농지 소유자에게 필요한 사항을 보고하게 하거나 관계 공무원에게 그 상황을 조사하게 할 수 있다.

④ 시 · 구 · 읍 · 면의 장은 농지대장의 내용에 변동사항이 생기면 그 변동사항을 지체 없이 정리하여야 한다.

⑤ 제1항의 농지대장에 적을 사항을 전산정보처리조직으로 처리하는 경우 그 농지대장 파일(자기디스크나 자기테이프, 그 밖에 이와 비슷한 방법으로 기록하여 보관하는 농지대장을 말한다)은 제1항에 따른 농지대장으로 본다.

⑥ 농지대장의 서식 · 작성 · 관리와 전산정보처리조직 등에 필요한 사항은 농림축산식품부령으로 정한다.

제49조의2(농지이용 정보 등 변경신청) 농지소유자 또는 임차인은 다음 각 호의 사유가 발생하는 경우 그 변경사유가 발생한 날부터 60일 이내에 시 · 구 · 읍 · 면의 장에게 농지대장의 변경을 신청하여야 한다.

1. 농지의 임대차계약과 사용대차계약이 체결 · 변경 또는 해제되는 경우
2. 제2조제1호나목에 따른 토지에 농축산물 생산시설을 설치하는 경우
3. 그 밖에 농림축산식품부령으로 정하는 사유에 해당하는 경우

제50조(농지대장의 열람 또는 등본 등의 교부) ① 시 · 구 · 읍 · 면의 장은 농지대장의 열람신청 또는 등본 교부신청을 받으면 농림축산식품부령으로 정하는 바에 따라 농지대장을 열람하게 하거나 그 등본을 내주어야 한다.

② 시 · 구 · 읍 · 면의 장은 자경(自耕)하고 있는 농업인 또는 농업법인이 신청하면 농림축산식품부령으로 정하는 바에 따라 자경증명을 발급하여야 한다.

제5장 보칙

제51조(권한의 위임과 위탁 등) ①이 법에 따른 농림축산식품부장관의 권한은 대통령령으로 정하는 바에 따라 그 일부를 소속기관의 장, 시 · 도지사 또는 시장 · 군수 · 자치구구청장에게 위임할 수 있다.

②농림축산식품부장관은 이 법에 따른 업무의 일부를 대통령령으로 정하는 바에 따라 그 일부를 한국농어촌공사, 농업 관련 기관 또는 농업 관련 단체에 위탁할 수 있다.

③ 농림축산식품부장관은 대통령령으로 정하는 바에 따라 「한국농어촌공사 및 농지관리기금법」 제35조에 따라 농지관리기금의 운용 · 관리업무를 위탁받은 자에게 제38조제1항 및 제40조제2항에 따른 농지보전부담금 수납 업무를 대행하게 할 수 있다.

제51조의2(벌칙 적용에서 공무원 의제) 위원회 및 제44조에 따른 농지위원회의 위원 중 공무원이 아닌 사람은 「형법」 제127조 및 제129조부터 제132조까지의 규정을 적용할 때에는 공무원으로 본다.

제52조(포상금) 농림축산식품부장관은 다음 각 호의 어느 하나에 해당하는 자를 주무관청이나 수사기관에 신고하거나 고발한 자에게 대통령령으로 정하는 바에 따라 포상금을 지급할 수 있다.

1. 제6조에 따른 농지 소유 제한이나 제7조에 따른 농지 소유 상한을 위반하여 농지를 소유할 목적으로 거짓이나 그 밖의 부정한 방법으로 제8조제1항에 따른 농지취득자격증명을 발급받은 자
2. 제32조제1항 또는 제2항을 위반한 자
3. 제34조제1항에 따른 농지전용허가를 받지 아니하고 농지를 전용한 자 또는 거짓이나 그 밖의 부정한 방법으로 제34조제1항에 따른 농지전용허가를 받은 자
4. 제35조 또는 제43조에 따른 신고를 하지 아니하고 농지를 전용한 자
5. 제36조제1항에 따른 농지의 타용도 일시사용허가를 받지 아니하고 농지를 다른 용도로 사용한 자
6. 제36조의2제1항에 따른 농지의 타용도 일시사용신고를 하지 아니하고 농지를 다른 용도로 사용한 자
7. 제40조제1항을 위반하여 전용된 토지를 승인 없이 다른 목적으로 사용한 자

제53조(농업진흥구역과 농업보호구역에 걸치는 한 필지의 토지 등에 대한 행위 제한의 특례) ① 한 필지의 토지가 농업진흥구역과 농업보호구역에 걸쳐 있으면서 농업진흥구역에 속하는 토지 부분이 대통령령으로 정하는 규모 이하이면 그 토지 부분에 대하여는 제32조에 따른 행위 제한을 적용할 때 농업보호구역에 관한 규정을 적용한다.

② 한 필지의 토지 일부가 농업진흥지역에 걸쳐 있으면서 농업진흥지역에 속하는 토지 부분의 면적이 대통령령으로 정하는 규모 이하이면 그 토지 부분에 대하여는 제32조제1항 및 제2항을 적용하지 아니한다.

제54조(농지의 소유 등에 관한 조사) ① 농림축산식품부장관, 시장 · 군수 또는 자치구구청장은 농지의 소유 · 거래 · 이용 또는 전용 등에 관한 사실을 확인하기 위하여 소속 공무원에게 그 실태를 정기적으로 조사하게 하여야 한다.

② 농림축산식품부장관, 시장 · 군수 또는 자치구구청장은 제1항에 따라 농지의 소유 · 거래 · 이용 또는 전용 등에 관한 사실을 확인하기 위하여 농지 소유자, 임차인 또는 사용대차인에게 필요한 자료의 제출 또는 의견의 진술을 요청할 수 있다. 이 경우 자료의 제출이나 의견의 진술을 요청받은 농지 소유자, 임차인 또는 사용대차인은 특별한 사유가 없으면 이에 협조하여야 한다.

③ 제1항에 따른 조사는 일정기간 내에 제8조에 따른 농지취득자격증명이 발급된 농지 등 농림축산식품부령으로 정하는 농지에 대하여 매년 1회 이상 실시하여야 한다.

④ 시장 · 군수 또는 자치구구청장은 제1항에 따른 조사를 실시하고 그 결과를 다음연도 3월 31일까지 시 · 도지사를 거쳐 농림축산식품부장관에게 보고하여야 한다.

⑤ 농림축산식품부장관은 제4항에 따른 조사 결과를 농림축산식품부령으로 정하는 바에 따라 공개할 수 있다.

⑥ 제1항에 따라 검사 또는 조사를 하는 공무원은 그 권한을 표시하는 증표를 지니고 이를 관계인에게 내보여야 한다.

⑦ 제1항과 제3항에 따른 검사 · 조사 및 증표에 관하여 필요한 사항은 농림축산식품부령으로 정한다.

⑧ 농림축산식품부장관은 시장 · 군수 또는 자치구구청장이 제1항에 따른 조사를 실시하는 데 필요한 경비를 예산의 범위에서 지원할 수 있다.

제54조의2(농지정보의 관리 및 운영) ① 농림축산식품부장관과 시장 · 군수 · 구청장 등은 농지 관련 정책 수립, 농지대장 작성 등에 활용하기 위하여 주민등록전산자료, 부동산등기전산자료 등 대통령령으로 정하는 자료에 대하여 해당 자료를 관리하는 기관의 장에게 그 자료의 제공을 요청할 수 있으며, 요청을 받은 관리기관의 장은 특별한 사정이 없으면 이에 따라야 한다.

② 농림축산식품부장관은 「농어업경영체 육성 및 지원에 관한 법률」 제4조에 따라 등록된 농업경영체의 농업경영정보와 이 법에 따른 농지 관련 자료를 통합적으로 관리할 수 있다.

③ 농림축산식품부장관은 농지업무에 필요한 각종 정보의 효율적 처리와 기록 · 관리 업무의 전자화를 위하여 정보시스템을 구축 · 운영할 수 있다.

제54조의3(농지정보의 제공) 시장 · 군수 또는 자치구구청장은 다른 법률에 따라 제10조제2항의 농지 처분통지, 제11조제1항에 따른 농지 처분명령, 제63조에 따른 이행강제금 부과 등에 관한 정보를 「은행법」에 따른 은행이나 그 밖에 대통령령으로 정하는 금융기관이 요청하는 경우 이를 제공할 수 있다.

제54조의4(토지등에의 출입) ① 농림축산식품부장관, 시장 · 군수 · 자치구구청장 또는 시 · 구 · 읍 · 면의 장은 다음 각 호의 조사를 위하여 필요한 경우에는 소속 공무원(제51조제2항에 따라 농림축산식품부장관이 다음 각 호의 업무를 한국농어촌공사, 농업 관련 기관 또는 농업 관련 단체에 위탁한 경우에는 그 기관 등의 임직원을 포함한다)으로 하여금 다른 사람의 토지 또는 건물 등(이하 이 조에서 "토지등"이라 한다)에 출입하게 할 수 있다.

1. 제31조의3제1항에 따른 실태조사
2. 제49조제3항에 따른 농지대장 작성 · 정리 또는 농지 이용 실태 파악을 위한 조사
3. 제54조제1항에 따른 농지의 소유 · 거래 · 이용 또는 전용 등에 관한 사실 확인을 위한 조사

② 제1항에 따라 다른 사람의 토지등에 출입하려는 사람은 해당 토지등의 소유자 · 점유자 또는 관리인(이하 이 조에서 "이해관계인"이라 한다)에게 그 일시와 장소를 우편, 전화, 전자메일 또는 문자전송 등을 통하여 통지하여야 한다. 다만, 이해관계인을 알 수 없는 때에는 그러하지 아니하다.

③ 해 뜨기 전이나 해가 진 후에는 이해관계인의 승낙 없이 택지나 담장 또는 울타리로 둘러싸인 해당 토지등에 출입할 수 없다.

④ 이해관계인은 정당한 사유 없이 제1항에 따른 출입을 거부하거나 방해하지 못한다.

⑤ 제1항에 따라 다른 사람의 토지등에 출입하려는 사람은 권한을 표시하는 증표를 지니고 이를 이해관계인에게 내보여야 한다.

⑥ 제5항에 따른 증표에 관하여 필요한 사항은 농림축산식품부령으로 정한다.

[시행일 : 2024. 2. 17.] 제54조의4

제55조(청문) 농림축산식품부장관, 시장 · 군수 또는 자치구구청장은 다음 각 호의 어느 하나에 해당하는 행위를 하려면 청문을 하여야 한다.

1. 제10조제2항에 따른 농업경영에 이용하지 아니하는 농지 등의 처분의무 발생의 통지
2. 제39조에 따른 농지전용허가의 취소

제56조(수수료) 다음 각 호의 어느 하나에 해당하는 자는 대통령령으로 정하는 바에 따라 수수료를 내야 한다.

1. 제8조에 따라 농지취득자격증명 발급을 신청하는 자
2. 제34조나 제36조에 따른 허가를 신청하는 자
3. 제35조나 제43조에 따라 농지전용을 신고하는 자
4. 제40조에 따라 용도변경의 승인을 신청하는 자
5. 제50조에 따라 농지대장 등본 교부를 신청하거나 자경증명 발급을 신청하는 자

제6장 벌칙

제57조(벌칙) 제6조에 따른 농지 소유 제한이나 제7조에 따른 농지 소유 상한을 위반하여 농지를 소유할 목적으로 거짓이나 그 밖의 부정한 방법으로 제8조제1항에 따른 농지취득자격증명을 발급받은 자는 5년 이하의 징역 또는 해당 토지의 개별공시지가에 따른 토지가액(土地價額)[이하 "토지가액"이라 한다]에 해당하는 금액 이하의 벌금에 처한다.

제58조(벌칙) ① 농업진흥지역의 농지를 제34조제1항에 따른 농지전용허가를 받지 아니하고 전용하거나 거짓이나 그 밖의 부정한 방법으로 농지전용허가를 받은 자는 5년 이하의 징역 또는 해당 토지의 개별공시지가에 따른 토지가액에 해당하는 금액 이하의 벌금에 처한다.

② 농업진흥지역 밖의 농지를 제34조제1항에 따른 농지전용허가를 받지 아니하고 전용하거나 거짓이나 그 밖의 부정한 방법으로 농지전용허가를 받은 자는 3년 이하의 징역 또는 해당 토지가액의 100분의 50에 해당하는 금액 이하의 벌금에 처한다.

③ 제1항 및 제2항의 징역형과 벌금형은 병과(倂科)할 수 있다.

제59조(벌칙) 다음 각 호의 어느 하나에 해당하는 자는 5년 이하의 징역 또는 5천만원 이하의 벌금에 처한다.

1. 제32조제1항 또는 제2항을 위반한 자
2. 제36조제1항에 따른 농지의 타용도 일시사용허가를 받지 아니하고 농지를 다른 용도로 사용한 자
3. 제40조제1항을 위반하여 전용된 토지를 승인 없이 다른 목적으로 사용한 자

제60조(벌칙) 다음 각 호의 어느 하나에 해당하는 자는 3년 이하의 징역 또는 3천만원 이하의 벌금에 처한다.

1. 제7조의2에 따른 금지 행위를 위반한 자
2. 제35조 또는 제43조에 따른 신고를 하지 아니하고 농지를 전용(轉用)한 자
3. 제36조의2제1항에 따른 농지의 타용도 일시사용신고를 하지 아니하고 농지를 다른 용도로 사용한 자

[종전 제60조는 제61조로 이동 〈2021. 8. 17.〉]

제60조(벌칙) 다음 각 호의 어느 하나에 해당하는 자는 3년 이하의 징역 또는 3천만원 이하의 벌금에 처한다.

1. 제7조의2에 따른 금지 행위를 위반한 자
2. 제35조 또는 제43조에 따른 신고를 하지 아니하고 농지를 전용(轉用)한 자
3. 제36조의2제1항에 따른 농지의 타용도 일시사용신고를 하지 아니하고 농지를 다른 용도로 사용한 자
4. 제41조의2에 따른 농지개량 기준을 준수하지 아니하고 농지를 개량한 자
5. 제41조의3제1항에 따른 신고 또는 변경신고를 하지 아니하고 농지를 성토 또는 절토한 자

[종전 제60조는 제61조로 이동 〈2021. 8. 17.〉]

[시행일 : 2025. 1. 3.]제60조

第61條(벌칙) 다음 각 호의 어느 하나에 해당하는 자는 2천만원 이하의 벌금에 처한다.

1. 제9조를 위반하여 소유 농지를 위탁경영한 자
2. 제23조제1항을 위반하여 소유 농지를 임대하거나 무상사용하게 한 자
3. 제23조제2항에 따른 임대차 또는 사용대차의 종료 명령을 따르지 아니한 자

[제60조에서 이동, 종전 제61조는 제62조로 이동]

第62條(양벌규정) 법인의 대표자나 법인 또는 개인의 대리인, 사용인, 그 밖의 종업원이 그 법인 또는 개인의 업무에 관하여 제57조부터 제61조까지의 어느 하나에 해당하는 위반행위를 하면 그 행위자를 벌하는 외에 그 법인 또는 개인에게도 해당 조문의 벌금형을 과(科)한다. 다만, 법인 또는 개인이 그 위반행위를 방지하기 위하여 해당 업무에 관하여 상당한 주의와 감독을 게을리하지 아니한 경우에는 그러하지 아니하다.

[제61조에서 이동, 종전 제62조는 제63조로 이동 〈2021. 8. 17.〉]

第63條(이행강제금) ① 시장(구를 두지 아니한 시의 시장을 말한다. 이하 이 조에서 같다)ㆍ군수 또는 구청장은 다음 각 호의 어느 하나에 해당하는 자에게 해당 농지의 「감정평가 및 감정평가사에 관한 법률」에 따른 감정평가법인등이 감정평가한 감정가격 또는 「부동산 가격공시에 관한 법률」 제10조에 따른 개별공시지가(해당 토지의 개별공시지가가 없는 경우에는 같은 법 제8조에 따른 표준지공시지가를 기준으로 산정한 금액을 말한다) 중 더 높은 가액의 100분의 25에 해당하는 이행강제금을 부과한다.

1. 제11조제1항(제12조제2항에 따른 경우를 포함한다)에 따라 처분명령을 받은 후 제11조제2항에 따라 매수를 청구하여 협의 중인 경우 등 대통령령으로 정하는 정당한 사유 없이 지정기간까지 그 처분명령을 이행하지 아니한 자
2. 제42조에 따른 원상회복 명령을 받은 후 그 기간 내에 원상회복 명령을 이행하지 아니하여 시장ㆍ군수ㆍ구청장이 그 원상회복 명령의 이행에 필요한 상당한 기간을 정하였음에도 그 기한까지 원상회복을 아니한 자

② 시장ㆍ군수 또는 구청장은 제1항에 따른 이행강제금을 부과하기 전에 이행강제금을 부과ㆍ징수한다는 뜻을 미리 문서로 알려야 한다.

③ 시장ㆍ군수 또는 구청장은 제1항에 따른 이행강제금을 부과하는 경우 이행강제금의 금액, 부과사유, 납부기한, 수납기관, 이의제기 방법, 이의제기 기관 등을 명시한 문서로 하여야 한다.

④ 시장ㆍ군수 또는 구청장은 처분명령 또는 원상회복 명령 이행기간이 만료한 다음 날을 기준으로 하여 그 처분명령 또는 원상회복 명령이 이행될 때까지 제1항에 따른 이행강제금을 매년 1회 부과ㆍ징수할 수 있다.

⑤ 시장ㆍ군수 또는 구청장은 제11조제1항(제12조제2항에 따른 경우를 포함한다)에 따른 처분명령 또는 제42조에 따른 원상회복 명령을 받은 자가 처분명령 또는 원상회복 명령을 이행하면 새로운 이행강제금의 부과는 즉시 중지하되, 이미 부과된 이행강제금은 징수하여야 한다.

⑥ 제1항에 따른 이행강제금 부과처분에 불복하는 자는 그 처분을 고지받은 날부터 30일 이내에 시장ㆍ군수 또는 구청장에게 이의를 제기할 수 있다.

⑦ 제1항에 따른 이행강제금 부과처분을 받은 자가 제6항에 따른 이의를 제기하면 시장 · 군수 또는 구청장은 지체 없이 관할 법원에 그 사실을 통보하여야 하며, 그 통보를 받은 관할 법원은 「비송사건절차법」에 따른 과태료 재판에 준하여 재판을 한다.

⑧ 제6항에 따른 기간에 이의를 제기하지 아니하고 제1항에 따른 이행강제금을 납부기한까지 내지 아니하면 「지방행정제재 · 부과금의 징수 등에 관한 법률」에 따라 징수한다.

[제62조에서 이동 〈2021. 8. 17.〉]

제63조(이행강제금) ① 시장(구를 두지 아니한 시의 시장을 말한다. 이하 이 조에서 같다) · 군수 또는 구청장은 다음 각 호의 어느 하나에 해당하는 자에게 해당 농지의 「감정평가 및 감정평가사에 관한 법률」에 따른 감정평가법인등이 감정평가한 감정가격 또는 「부동산 가격공시에 관한 법률」 제10조에 따른 개별공시지가(해당 토지의 개별공시지가가 없는 경우에는 같은 법 제8조에 따른 표준지공시지가를 기준으로 산정한 금액을 말한다) 중 더 높은 가액의 100분의 25에 해당하는 이행강제금을 부과한다.

1. 제11조제1항(제12조제2항에 따른 경우를 포함한다)에 따라 처분명령을 받은 후 제11조제2항에 따라 매수를 청구하여 협의 중인 경우 등 대통령령으로 정하는 정당한 사유 없이 지정기간까지 그 처분명령을 이행하지 아니한 자
2. 제42조에 따른 원상회복 명령을 받은 후 그 기간 내에 원상회복 명령을 이행하지 아니하여 시장 · 군수 · 구청장이 그 원상회복 명령의 이행에 필요한 상당한 기간을 정하였음에도 그 기한까지 원상회복을 아니한 자
3. 제42조의2에 따른 시정명령을 받은 후 그 기간 내에 시정명령을 이행하지 아니하여 시장 · 군수 · 구청장이 그 시정명령의 이행에 필요한 상당한 기간을 정하였음에도 그 기한까지 시정을 아니한 자

② 시장 · 군수 또는 구청장은 제1항에 따른 이행강제금을 부과하기 전에 이행강제금을 부과 · 징수한다는 뜻을 미리 문서로 알려야 한다.

③ 시장 · 군수 또는 구청장은 제1항에 따른 이행강제금을 부과하는 경우 이행강제금의 금액, 부과사유, 납부기한, 수납기관, 이의제기 방법, 이의제기 기관 등을 명시한 문서로 하여야 한다.

④ 시장 · 군수 또는 구청장은 처분명령 · 원상회복 명령 또는 시정명령 이행기간이 만료한 다음 날을 기준으로 하여 그 처분명령 · 원상회복 명령 또는 시정명령이 이행될 때까지 제1항에 따른 이행강제금을 매년 1회 부과 · 징수할 수 있다.

⑤ 시장 · 군수 또는 구청장은 제11조제1항(제12조제2항에 따른 경우를 포함한다)에 따른 처분명령 · 제42조에 따른 원상회복 명령 또는 제42조의2에 따른 시정명령을 받은 자가 처분명령 · 원상회복 명령 또는 시정명령을 이행하면 새로운 이행강제금의 부과는 즉시 중지하되, 이미 부과된 이행강제금은 징수하여야 한다.

⑥ 제1항에 따른 이행강제금 부과처분에 불복하는 자는 그 처분을 고지받은 날부터 30일 이내에 시장 · 군수 또는 구청장에게 이의를 제기할 수 있다.

⑦ 제1항에 따른 이행강제금 부과처분을 받은 자가 제6항에 따른 이의를 제기하면 시장 · 군수 또는 구청장은 지체 없이 관할 법원에 그 사실을 통보하여야 하며, 그 통보를 받은 관할 법원은 「비송사건절차법」에 따른 과태료 재판에 준하여 재판을 한다.

⑧ 제6항에 따른 기간에 이의를 제기하지 아니하고 제1항에 따른 이행강제금을 납부기한까지 내지 아니하면 「지방행정제재 · 부과금의 징수 등에 관한 법률」에 따라 징수한다.

[제62조에서 이동 〈2021. 8. 17.〉]

[시행일 : 2025. 1. 3.]제63조

제64조(과태료) ① 다음 각 호의 어느 하나에 해당하는 자에게는 500만원 이하의 과태료를 부과한다.

1. 제8조제2항에 따른 증명 서류 제출을 거짓 또는 부정으로 한 자
2. 제49조의2에 따른 신청을 거짓으로 한 자

② 제49조의2에 따른 신청을 하지 아니한 자에게는 300만원 이하의 과태료를 부과한다.

③ 제1항 및 제2항에 따른 과태료는 대통령령으로 정하는 바에 따라 행정관청이 부과 · 징수한다.

제64조(과태료) ① 다음 각 호의 어느 하나에 해당하는 자에게는 500만원 이하의 과태료를 부과한다.

1. 제8조제2항에 따른 증명 서류 제출을 거짓 또는 부정으로 한 자
2. 제49조의2에 따른 신청을 거짓으로 한 자

② 다음 각 호의 어느 하나에 해당하는 자에게는 300만원 이하의 과태료를 부과한다.

1. 제49조의2에 따른 신청을 하지 아니한 자
2. 제54조제1항에 따른 조사를 거부, 기피 또는 방해한 자
3. 제54조제2항 후단을 위반하여 특별한 사유 없이 자료의 제출 또는 의견의 진술을 거부하거나 거짓으로 제출 또는 진술한 자
4. 제54조의4제4항을 위반하여 정당한 사유 없이 출입을 방해하거나 거부한 자

③ 제1항 및 제2항에 따른 과태료는 대통령령으로 정하는 바에 따라 행정관청이 부과 · 징수한다.

[시행일 : 2024. 2. 17.] 제64조제2항

부칙〈제19877호, 2024. 1. 2.〉

이 법은 공포한 날부터 시행한다. 다만, 제36조제1항의 개정규정은 공포 후 6개월이 경과한 날부터 시행하고, 제2조, 제39조제1항 각 호 외의 부분 본문, 제41조제2항, 제41조의2, 제41조의3, 제42조, 제42조의2, 제43조의2, 제60조, 제63조 및 법률 제19639호 농지법 일부개정법률 제64조의 개정규정은 공포 후 1년이 경과한 날부터 시행한다.

03 농업협동조합법

[시행 2022. 12. 13.] [법률 제19085호, 2022. 12. 13., 일부개정]

제1장 총칙

제1조(목적) 이 법은 농업인의 자주적인 협동조직을 바탕으로 농업인의 경제적 · 사회적 · 문화적 지위를 향상시키고, 농업의 경쟁력 강화를 통하여 농업인의 삶의 질을 높이며, 국민경제의 균형 있는 발전에 이바지함을 목적으로 한다.

제2조(정의) 이 법에서 사용하는 용어의 뜻은 다음과 같다.

1. "조합"이란 지역조합과 품목조합을 말한다.
2. "지역조합"이란 이 법에 따라 설립된 지역농업협동조합과 지역축산업협동조합을 말한다.
3. "품목조합"이란 이 법에 따라 설립된 품목별 · 업종별 협동조합을 말한다.
4. "중앙회"란 이 법에 따라 설립된 농업협동조합중앙회를 말한다.

제3조(명칭) ① 지역조합은 지역명을 붙이거나 지역의 특성을 나타내는 농업협동조합 또는 축산업협동조합의 명칭을, 품목조합은 지역명과 품목명 또는 업종명을 붙인 협동조합의 명칭을, 중앙회는 농업협동조합중앙회의 명칭을 각각 사용하여야 한다.

② 이 법에 따라 설립된 조합과 중앙회가 아니면 제1항에 따른 명칭이나 이와 유사한 명칭을 사용하지 못한다. 다만, 다음 각 호의 어느 하나에 해당하는 법인이 조합 또는 중앙회의 정관으로 정하는 바에 따라 승인을 받은 경우에는 사용할 수 있다.

1. 조합 또는 중앙회가 출자하거나 출연한 법인
2. 그 밖에 중앙회가 필요하다고 인정하는 법인

제4조(법인격 등) ① 이 법에 따라 설립되는 조합과 중앙회는 각각 법인으로 한다.

② 조합과 중앙회의 주소는 그 주된 사무소의 소재지로 한다.

제5조(최대 봉사의 원칙) ① 조합과 중앙회는 그 사업 수행 시 조합원이나 회원을 위하여 최대한 봉사하여야 한다.

② 조합과 중앙회는 일부 조합원이나 일부 회원의 이익에 편중되는 업무를 하여서는 아니 된다.

③ 조합과 중앙회는 설립취지에 반하여 영리나 투기를 목적으로 하는 업무를 하여서는 아니 된다.

제6조 삭제 〈2016. 12. 27.〉

제7조(공직선거 관여 금지) ① 조합, 제112조의3에 따른 조합공동사업법인, 제138조에 따른 품목조합연합회(이하 "조합등"이라 한다) 및 중앙회는 공직선거에서 특정 정당을 지지하거나 특정인을 당선되도록 하거나 당선되지 아니하도록 하는 행위를 하여서는 아니 된다.

② 누구든지 조합등과 중앙회를 이용하여 제1항에 따른 행위를 하여서는 아니 된다.

제8조(부과금의 면제) 조합등, 중앙회 및 이 법에 따라 설립된 농협경제지주회사 · 농협금융지주회사 · 농협은행 · 농협생명보험 · 농협손해보험(이하 "농협경제지주회사등"이라 한다)의 업무와 재산에 대하여는 국가와 지방자치단체의 조세 외의 부과금을 면제한다.

제9조(국가 및 공공단체의 협력 등) ① 국가와 공공단체는 조합등과 중앙회의 자율성을 침해하여서는 아니 된다.

② 국가와 공공단체는 조합등과 중앙회의 사업에 대하여 적극적으로 협력하여야 한다. 이 경우 국가나 공공단체는 필요한 경비를 보조하거나 융자할 수 있다.

③ 중앙회의 회장(이하 "회장"이라 한다)은 조합등과 중앙회의 발전을 위하여 필요한 사항에 관하여 국가와 공공단체에 의견을 제출할 수 있다. 이 경우 국가와 공공단체는 그 의견이 반영되도록 최대한 노력하여야 한다.

제10조(다른 협동조합 등과의 협력) 조합등, 중앙회, 제161조의2에 따른 농협경제지주회사(이하 "농협경제지주회사"라 한다) 및 그 자회사는 다른 조합, 제112조의3에 따른 조합공동사업법인, 제138조에 따른 품목조합연합회, 다른 법률에 따른 협동조합 및 외국의 협동조합과의 상호협력, 이해증진 및 공동사업 개발 등을 위하여 노력하여야 한다.

제11조 삭제 〈2011. 3. 31.〉

제12조(다른 법률의 적용 배제 및 준용) ① 조합과 중앙회의 사업에 대하여는 「양곡관리법」 제19조, 「여객자동차 운수사업법」 제4조 · 제8조 및 제81조, 「화물자동차 운수사업법」 제56조 및 「공인중개사법」 제9조를 적용하지 아니한다.

② 제112조의3에 따른 조합공동사업법인 및 제138조에 따른 품목조합연합회의 사업에 대하여는 「양곡관리법」 제19조 및 「화물자동차 운수사업법」 제56조를 적용하지 아니한다.

③ 중앙회가 「조세특례제한법」 제106조의2에 따라 조세를 면제받거나 그 세액을 감액받는 농업용 석유류를 조합에 공급하는 사업에 대하여는 「석유 및 석유대체연료 사업법」 제10조를 적용하지 아니한다.

④ 조합의 보관사업에 대하여는 「상법」 제155조부터 제168조까지의 규정을 준용한다.

⑤ 제161조의10에 따른 농협금융지주회사(이하 "농협금융지주회사"라 한다) 및 그 자회사(손자회사 · 증손회사 · 증손회사 이하의 단계로 수직적으로 출자하여 다른 회사를 지배하는 경우를 포함한다. 이하 이 조에서 같다)에 대하여는 「독점규제 및 공정거래에 관한 법률」 제25조제1항을 적용하지 아니한다. 다만, 농협금융지주회사 및 그 자회사가 아닌 중앙회 계열회사의 주식을 보유하는 경우 그 주식에 대하여는 그러하지 아니하다.

⑥ 농협금융지주회사 및 그 자회사에 대하여는 「독점규제 및 공정거래에 관한 법률」 제26조를 적용하지 아니한다.

⑦ 중앙회 계열회사가 「독점규제 및 공정거래에 관한 법률」 외의 다른 법률에서 「독점규제 및 공정거래에 관한 법률」 제31조에 따라 상호출자제한기업집단으로 지정됨에 따른 제한을 받는 경우 중앙회 계열회사는 상호출자제한기업집단에 포함되지 아니하는 것으로 본다. 다만, 다음 각 호의 어느 하나에 해당하는 법률에서는 중앙회 계열회사(제4호의 경우에는 농협금융지주회사 및 그 자회사를 제외한 중앙회 계열회사로 한정한다)도 상호출자제한기업집단에 속하는 것으로 본다.

1. 「방송법」
2. 「소프트웨어 진흥법」
3. 「상속세 및 증여세법」
4. 「자본시장과 금융투자업에 관한 법률」

⑧ 농협경제지주회사 및 그 자회사(손자회사를 포함한다. 이하 이 조에서 같다)가 중앙회, 조합등(조합의 조합원을 포함한다. 이하 이 조에서 같다)과 제161조의4제2항에서 정하는 사업을 수행하는 경우 그 목적 달성을 위하여 필요한 행위에 대하여는 「독점규제 및 공정거래에 관한 법률」 제40조제1항을 적용하지 아니한다. 다만, 그 행위의 당사자에 농협경제지주회사 및 그 자회사, 중앙회, 조합등 외의 자가 포함된 경우와 해당 행위가 일정한 거래분야의 경쟁을 실질적으로 제한하여 소비자의 이익을 침해하는 경우에는 그러하지 아니하다.

⑨ 농협경제지주회사 및 그 자회사가 농업인의 권익향상을 위하여 사전에 공개한 합리적 기준에 따라 조합등에 대하여 수행하는 다음 각 호의 행위에 대하여는 「독점규제 및 공정거래에 관한 법률」 제45조제1항제9호를 적용하지 아니한다. 다만, 해당 행위가 일정한 거래분야의 경쟁을 실질적으로 제한하여 소비자의 이익을 침해하는 경우에는 그러하지 아니하다.

1. 조합등의 경제사업의 조성, 지원 및 지도
2. 조합등에 대한 자금지원

제12조의2(「근로복지기본법」과의 관계) ① 중앙회와 농협경제지주회사등은 「근로복지기본법」의 적용에 있어서 동일한 사업 또는 사업장으로 보고 사내근로복지기금을 통합하여 운용할 수 있다.

② 그 밖에 사내근로복지기금의 통합 · 운용을 위하여 필요한 사항은 사내근로복지기금 법인의 정관으로 정한다.

[법률 제11532호(2012. 12. 11.) 제12조의2의 개정규정은 같은 법 부칙 제2조의 규정에 의하여 2017년 3월 1일까지 유효함]

제12조의3(「중소기업제품 구매촉진 및 판로지원에 관한 법률」과의 관계) 조합등이 공공기관(「중소기업제품 구매촉진 및 판로지원에 관한 법률」 제2조제2호에 따른 공공기관을 말한다)에 직접 생산하는 물품을 공급하는 경우에는 조합등을 「중소기업제품 구매촉진 및 판로지원에 관한 법률」 제33조제1항 각 호 외의 부분에 따른 국가와 수의계약의 방법으로 납품계약을 체결할 수 있는 자로 본다.

[법률 제15337호(2017. 12. 30.) 제12조의3의 개정규정은 같은 법 부칙 제2조의 규정에 의하여 2027년 12월 29일까지 유효함]

제2장 지역농업협동조합

제1절 목적과 구역

제13조(목적) 지역농업협동조합(이하 이 장에서 "지역농협"이라 한다)은 조합원의 농업생산성을 높이고 조합원이 생산한 농산물의 판로 확대 및 유통 원활화를 도모하며, 조합원이 필요로 하는 기술, 자금 및 정보 등을 제공하여 조합원의 경제적·사회적·문화적 지위 향상을 증대시키는 것을 목적으로 한다.

제14조(구역과 지사무소) ① 지역농협의 구역은 「지방자치법」 제2조제1항제2호에 따른 하나의 시(「제주특별자치도 설치 및 국제자유도시 조성을 위한 특별법」 제10조제2항에 따른 행정시를 포함한다. 이하 같다)·군·구에서 정관으로 정한다. 다만, 생활권·경제권 등을 고려하여 하나의 시·군·구를 구역으로 하는 것이 부적당한 경우로서 농림축산식품부장관의 인가를 받은 경우에는 둘 이상의 시·군·구에서 정관으로 정할 수 있다.

② 지역농협은 정관으로 정하는 기준과 절차에 따라 지사무소(支事務所)를 둘 수 있다.

제2절 설립

제15조(설립인가 등) ① 지역농협을 설립하려면 그 구역에서 20인 이상의 조합원 자격을 가진 자가 발기인(發起人)이 되어 정관을 작성하고 창립총회의 의결을 거친 후 농림축산식품부장관의 인가를 받아야 한다. 이 경우 조합원 수, 출자금 등 인가에 필요한 기준 및 절차는 대통령령으로 정한다.

② 창립총회의 의사(議事)는 개의(開議) 전까지 발기인에게 설립동의서를 제출한 자 과반수의 찬성으로 의결한다.

③ 발기인 중 제1항에 따른 설립인가의 신청을 할 때 이를 거부하는 자가 있으면 나머지 발기인이 신청서에 그 사유서를 첨부하여 신청할 수 있다.

④ 농림축산식품부장관은 제1항에 따라 지역농협의 설립인가 신청을 받으면 다음 각 호의 경우 외에는 인가하여야 한다.

1. 설립인가 구비서류가 미비된 경우
2. 설립의 절차, 정관 및 사업계획서의 내용이 법령을 위반한 경우
3. 그 밖에 설립인가 기준에 미치지 못하는 경우

⑤ 농림축산식품부장관은 제1항에 따른 인가의 신청을 받은 날부터 60일 이내에 인가 여부를 신청인에게 통지하여야 한다.

⑥ 농림축산식품부장관이 제5항에서 정한 기간 내에 인가 여부 또는 민원 처리 관련 법령에 따른 처리기간의 연장을 신청인에게 통지하지 아니하면 그 기간(민원 처리 관련 법령에 따라 처리기간이 연장 또는 재연장된 경우에는 해당 처리기간을 말한다)이 끝난 날의 다음 날에 인가를 한 것으로 본다.

제16조(정관기재사항) 지역농협의 정관에는 다음 각 호의 사항이 포함되어야 한다.

1. 목적
2. 명칭
3. 구역
4. 주된 사무소의 소재지
5. 조합원의 자격과 가입, 탈퇴 및 제명(除名)에 관한 사항
6. 출자(出資) 1좌(座)의 금액과 조합원의 출자좌수 한도 및 납입 방법과 지분 계산에 관한 사항
7. 우선출자에 관한 사항
8. 경비 부과와 과태금(過怠金)의 징수에 관한 사항
9. 적립금의 종류와 적립 방법에 관한 사항
10. 잉여금의 처분과 손실금의 처리 방법에 관한 사항
11. 회계연도와 회계에 관한 사항
12. 사업의 종류와 그 집행에 관한 사항
13. 총회나 그 밖의 의결기관과 임원의 정수, 선출 및 해임에 관한 사항
14. 간부직원의 임면에 관한 사항
15. 공고의 방법에 관한 사항
16. 존립 시기 또는 해산의 사유를 정한 경우에는 그 시기 또는 사유
17. 설립 후 현물출자를 약정한 경우에는 그 출자 재산의 명칭, 수량, 가격, 출자자의 성명 · 주소와 현금 출자 전환 및 환매특약 조건
18. 설립 후 양수를 약정한 재산이 있는 경우에는 그 재산의 명칭, 수량, 가격과 양도인의 성명 · 주소
19. 그 밖에 이 법에서 정관으로 정하도록 한 사항

제17조(설립사무의 인계와 출자납입) ① 발기인은 제15조제1항에 따라 설립인가를 받으면 지체 없이 그 사무를 조합장에게 인계하여야 한다.

② 제1항에 따라 조합장이 그 사무를 인수하면 기일을 정하여 조합원이 되려는 자에게 출자금을 납입하게 하여야 한다.

③ 현물출자자는 제2항에 따른 납입기일 안에 출자 목적인 재산을 인도하고 등기 · 등록, 그 밖의 권리의 이전에 필요한 서류를 구비하여 지역농협에 제출하여야 한다.

제18조(지역농협의 성립) ① 지역농협은 주된 사무소의 소재지에서 제90조에 따른 설립등기를 함으로써 성립한다.

② 지역농협의 설립 무효에 관하여는 「상법」 제328조를 준용한다.

제3절 조합원

제19조(조합원의 자격) ① 조합원은 지역농협의 구역에 주소, 거소(居所)나 사업장이 있는 농업인이어야 하며, 둘 이상의 지역농협에 가입할 수 없다.

② 「농어업경영체 육성 및 지원에 관한 법률」 제16조 및 제19조에 따른 영농조합법인과 농업회사법인으로서 그 주된 사무소를 지역농협의 구역에 두고 농업을 경영하는 법인은 지역농협의 조합원이 될 수 있다.

③ 특별시 또는 광역시의 자치구를 구역의 전부 또는 일부로 하는 품목조합은 해당 자치구를 구역으로 하는 지역농협의 조합원이 될 수 있다.

④ 제1항에 따른 농업인의 범위는 대통령령으로 정한다.

제19조(조합원의 자격) ① 조합원은 지역농협의 구역에 주소, 거소(居所)나 사업장이 있는 농업인이어야 하며, 둘 이상의 지역농협에 가입할 수 없다.

② 「농어업경영체 육성 및 지원에 관한 법률」 제16조 및 제19조에 따른 영농조합법인과 농업회사법인으로서 그 주된 사무소를 지역농협의 구역에 두고 농업을 경영하는 법인은 지역농협의 조합원이 될 수 있다.

③ 특별시 또는 광역시의 자치구를 구역의 전부 또는 일부로 하는 품목조합은 해당 자치구를 구역으로 하는 지역농협의 조합원이 될 수 있다.

④ 제1항에 따른 농업인의 범위는 대통령령으로 정한다.

⑤ 지역농협이 정관으로 구역을 변경하는 경우 기존의 조합원은 변경된 구역에 주소, 거소나 사업장, 주된 사무소가 없더라도 조합원의 자격을 계속하여 유지한다. 다만, 정관으로 구역을 변경하기 이전의 구역 외로 주소, 거소나 사업장, 주된 사무소가 이전된 경우에는 그러하지 아니하다.

[시행일 : 2024. 4. 24.] 제19조

제20조(준조합원) ① 지역농협은 정관으로 정하는 바에 따라 지역농협의 구역에 주소나 거소를 둔 자로서 그 지역농협의 사업을 이용함이 적당하다고 인정되는 자를 준조합원으로 할 수 있다.

② 지역농협은 준조합원에 대하여 정관으로 정하는 바에 따라 가입금과 경비를 부담하게 할 수 있다.

③ 준조합원은 정관으로 정하는 바에 따라 지역농협의 사업을 이용할 권리를 가진다.

제20조(준조합원) ① 지역농협은 정관으로 정하는 바에 따라 지역농협의 구역에 주소나 거소를 둔 자로서 그 지역농협의 사업을 이용함이 적당하다고 인정되는 자를 준조합원으로 할 수 있다.

② 지역농협은 준조합원에 대하여 정관으로 정하는 바에 따라 가입금과 경비를 부담하게 할 수 있다.

③ 준조합원은 정관으로 정하는 바에 따라 지역농협의 사업을 이용할 권리를 가진다.

④ 지역농협이 정관으로 구역을 변경하는 경우 기존의 준조합원은 변경된 구역에 주소나 거소가 없더라도 준조합원의 자격을 계속하여 유지한다. 다만, 정관으로 구역을 변경하기 이전의 구역 외로 주소나 거소가 이전된 경우에는 그러하지 아니하다.

[시행일 : 2024. 4. 24.] 제20조

제21조(출자) ① 조합원은 정관으로 정하는 좌수 이상을 출자하여야 한다.
② 출자 1좌의 금액은 균일하게 정하여야 한다.
③ 출자 1좌의 금액은 정관으로 정한다.
④ 조합원의 출자액은 질권(質權)의 목적이 될 수 없다.
⑤ 조합원은 출자의 납입 시 지역농협에 대한 채권과 상계(相計)할 수 없다.

제21조의2(우선출자) 지역농협의 우선출자에 관하여는 제147조를 준용한다. 이 경우 "중앙회"는 "지역농협"으로 보고, 제147조제2항 및 제4항 중 "제117조"는 "제21조"로 본다.

제21조의3(출자배당금의 출자전환) 지역농협은 정관으로 정하는 바에 따라 조합원의 출자액에 대한 배당 금액의 전부 또는 일부를 그 조합원으로 하여금 출자하게 할 수 있다. 이 경우 그 조합원은 배당받을 금액을 지역농협에 대한 채무와 상계할 수 없다.

제22조(회전출자) 지역농협은 제21조에 따른 출자 외에 정관으로 정하는 바에 따라 그 사업의 이용 실적에 따라 조합원에게 배당할 금액의 전부 또는 일부를 그 조합원으로 하여금 출자하게 할 수 있다. 이 경우 제21조의3 후단을 준용한다.

제23조(지분의 양도 · 양수와 공유금지) ① 조합원은 지역농협의 승인 없이 그 지분을 양도(讓渡)할 수 없다.
② 조합원이 아닌 자가 지분(持分)을 양수하려면 가입신청, 자격심사 등 가입의 예에 따른다.
③ 지분양수인은 그 지분에 관하여 양도인의 권리의무를 승계한다.
④ 조합원의 지분은 공유할 수 없다.

제24조(조합원의 책임) ① 조합원의 책임은 그 출자액을 한도로 한다.
② 조합원은 지역농협의 운영과정에 성실히 참여하여야 하며, 생산한 농산물을 지역농협을 통하여 출하(出荷)하는 등 그 사업을 성실히 이용하여야 한다.

제24조의2(조합원의 우대) ① 지역농협은 농산물 출하 등 경제사업에 대하여 이용계약을 체결하고 이를 성실히 이행하는 조합원(이하 이 조에서 "약정조합원"이라 한다)에게 사업이용 · 배당 등을 우대할 수 있다.
② 약정조합원의 범위, 교육, 책임, 계약의 체결 · 이행의 확인 및 우대 내용 등에 관한 세부사항은 정관으로 정한다.
③ 제57조제1항제2호에 따른 경제사업 규모 또는 그 경제사업을 이용하는 조합원의 비율이 대통령령으로 정하는 기준 이상에 해당하는 지역농협은 약정조합원 육성계획을 매년 수립하여 시행하여야 한다.

제25조(경비와 과태금의 부과) ① 지역농협은 정관으로 정하는 바에 따라 조합원에게 경비와 과태금을 부과할 수 있다.
② 조합원은 제1항에 따른 경비와 과태금을 납부할 때 지역농협에 대한 채권과 상계할 수 없다.

제26조(의결권 및 선거권) 조합원은 출자액의 많고 적음에 관계없이 평등한 의결권 및 선거권을 가진다. 이 경우 선거권은 임원 또는 대의원의 임기만료일(보궐선거 등의 경우 그 선거의 실시사유가 확정된 날) 전 180일까지 해당 조합의 조합원으로 가입한 자만 행사할 수 있다.

제27조(의결권의 대리) ① 조합원은 대리인에게 의결권을 행사하게 할 수 있다. 이 경우 그 조합원은 출석한 것으로 본다.

② 대리인은 다른 조합원 또는 본인과 동거하는 가족(제19조제2항 · 제3항에 따른 법인 또는 조합의 경우에는 조합원 · 사원 등 그 구성원을 말한다)이어야 하며, 대리인이 대리할 수 있는 조합원의 수는 1인으로 한정한다.

③ 대리인은 대리권(代理權)을 증명하는 서면(書面)을 지역농협에 제출하여야 한다.

제28조(가입) ① 지역농협은 정당한 사유 없이 조합원 자격을 갖추고 있는 자의 가입을 거절하거나 다른 조합원보다 불리한 가입 조건을 달 수 없다. 다만, 제30조제1항 각 호의 어느 하나에 해당되어 제명된 후 2년이 지나지 아니한 자에 대하여는 가입을 거절할 수 있다.

② 제19조제1항에 따른 조합원은 해당 지역농협에 가입한 지 1년 6개월 이내에는 같은 구역에 설립된 다른 지역농협에 가입할 수 없다.

③ 새로 조합원이 되려는 자는 정관으로 정하는 바에 따라 출자하여야 한다.

④ 지역농협은 조합원 수(數)를 제한할 수 없다.

⑤ 사망으로 인하여 탈퇴하게 된 조합원의 상속인(공동상속인 경우에는 공동상속인이 선정한 1명의 상속인을 말한다)이 제19조제1항에 따른 조합원 자격이 있는 경우에는 피상속인의 출자를 승계하여 조합원이 될 수 있다.

⑥ 제5항에 따라 출자를 승계한 상속인에 관하여는 제1항을 준용한다.

제29조(탈퇴) ① 조합원은 지역농협에 탈퇴 의사를 알리고 탈퇴할 수 있다.

② 조합원이 다음 각 호의 어느 하나에 해당하면 당연히 탈퇴된다.

1. 조합원의 자격이 없는 경우
2. 사망한 경우
3. 파산한 경우
4. 성년후견개시의 심판을 받은 경우
5. 조합원인 법인이 해산한 경우

③ 제43조에 따른 이사회는 조합원의 전부 또는 일부를 대상으로 제2항 각 호의 어느 하나에 해당하는지를 확인하여야 한다.

제30조(제명) ① 지역농협은 조합원이 다음 각 호의 어느 하나에 해당하면 총회의 의결을 거쳐 제명할 수 있다.

1. 1년 이상 지역농협의 사업을 이용하지 아니한 경우

1의2. 2년 이상 제57조제1항제2호의 경제사업을 이용하지 아니한 경우. 다만, 정관에서 정하는 정당한 사유가 있는 경우는 제외한다.
2. 출자 및 경비의 납입, 그 밖의 지역농협에 대한 의무를 이행하지 아니한 경우
3. 정관으로 금지한 행위를 한 경우

② 지역농협은 조합원이 제1항 각 호의 어느 하나에 해당하면 총회 개회 10일 전까지 그 조합원에게 제명의 사유를 알리고 총회에서 의견을 진술할 기회를 주어야 한다.

제31조(지분환급청구권과 환급정지) ① 탈퇴 조합원(제명된 조합원을 포함한다. 이하 이 조와 제32조에서 같다)은 탈퇴(제명을 포함한다. 이하 이 조와 제32조에서 같다) 당시의 회계연도의 다음 회계연도부터 정관으로 정하는 바에 따라 그 지분의 환급(還給)을 청구할 수 있다.

② 제1항에 따른 청구권은 2년간 행사하지 아니하면 소멸된다.

③ 지역농협은 탈퇴 조합원이 지역농협에 대한 채무를 다 갚을 때까지는 제1항에 따른 지분의 환급을 정지할 수 있다.

제32조(탈퇴 조합원의 손실액 부담) 지역농협은 지역농협의 재산으로 그 채무를 다 갚을 수 없는 경우에는 제31조에 따른 환급분을 계산할 때 정관으로 정하는 바에 따라 탈퇴 조합원이 부담하여야 할 손실액의 납입을 청구할 수 있다. 이 경우 제31조제1항 및 제2항을 준용한다.

제33조(의결 취소의 청구 등) ① 조합원은 총회(창립총회를 포함한다)의 소집 절차, 의결 방법, 의결 내용 또는 임원의 선거가 법령, 법령에 따른 행정처분 또는 정관을 위반한 것을 사유로 하여 그 의결이나 선거에 따른 당선의 취소 또는 무효 확인을 농림축산식품부장관에게 청구하거나 이를 청구하는 소(訴)를 제기할 수 있다. 다만, 농림축산식품부장관은 조합원의 청구와 같은 내용의 소가 법원에 제기된 사실을 알았을 때에는 제2항 후단에 따른 조치를 하지 아니한다.

② 제1항에 따라 농림축산식품부장관에게 청구하는 경우에는 의결일이나 선거일부터 1개월 이내에 조합원 300인 또는 100분의 5 이상의 동의를 받아 청구하여야 한다. 이 경우 농림축산식품부장관은 그 청구서를 받은 날부터 3개월 이내에 이에 대한 조치 결과를 청구인에게 알려야 한다.

③ 제1항에 따른 소에 관하여는 「상법」 제376조부터 제381조까지의 규정을 준용한다.

④ 제1항에 따른 의결 취소의 청구 등에 필요한 사항은 농림축산식품부령으로 정한다.

제4절 기관

제34조(총회) ① 지역농협에 총회를 둔다.

② 총회는 조합원으로 구성한다.

③ 정기총회는 매년 1회 정관으로 정하는 시기에 소집하고, 임시총회는 필요할 때에 수시로 소집한다.

제35조(총회의결사항 등) ① 다음 각 호의 사항은 총회의 의결을 거쳐야 한다.

1. 정관의 변경
2. 해산 · 분할 또는 품목조합으로의 조직변경
3. 조합원의 제명
4. 합병
5. 임원의 선출 및 해임
6. 규약의 제정 · 개정 및 폐지
7. 사업 계획의 수립, 수지 예산의 편성과 사업 계획 및 수지 예산 중 정관으로 정하는 중요한 사항의 변경
8. 사업보고서, 재무상태표, 손익계산서, 잉여금 처분안과 손실금 처리안
9. 중앙회의 설립 발기인이 되거나 이에 가입 또는 탈퇴하는 것
10. 임원의 보수 및 실비변상
11. 그 밖에 조합장이나 이사회가 필요하다고 인정하는 사항

② 제1항제1호 · 제2호 및 제4호의 사항은 농림축산식품부장관의 인가를 받지 아니하면 효력을 발생하지 아니한다. 다만, 제1항제1호의 사항을 농림축산식품부장관이 정하여 고시한 정관례에 따라 변경하는 경우에는 그러하지 아니하다.

제36조(총회의 소집청구) ① 조합원은 조합원 300인이나 100분의 10 이상의 동의를 받아 소집의 목적과 이유를 서면에 적어 조합장에게 제출하고 총회의 소집을 청구할 수 있다.

② 조합장은 제1항에 따른 청구를 받으면 2주일 이내에 총회소집통지서를 발송하여야 한다.

③ 총회를 소집할 사람이 없거나 제2항에 따른 기간 이내에 정당한 사유 없이 조합장이 총회소집통지서를 발송하지 아니할 때에는 감사가 5일 이내에 총회소집통지서를 발송하여야 한다.

④ 감사가 제3항에 따른 기간 이내에 총회소집통지서를 발송하지 아니할 때에는 제1항에 따라 소집을 청구한 조합원의 대표가 총회를 소집한다. 이 경우 조합원이 의장의 직무를 수행한다.

제37조(조합원에 대한 통지와 최고) ① 지역농협이 조합원에게 통지나 최고(催告)를 할 때에는 조합원명부에 적힌 조합원의 주소나 거소로 하여야 한다.

② 총회를 소집하려면 총회 개회 7일 전까지 회의 목적 등을 적은 총회소집통지서를 조합원에게 발송하여야 한다. 다만, 같은 목적으로 총회를 다시 소집할 때에는 개회 전날까지 알린다.

제38조(총회의 개의와 의결) 총회는 이 법에 다른 규정이 있는 경우를 제외하고는 조합원 과반수의 출석으로 개의(開議)하고 출석조합원 과반수의 찬성으로 의결한다. 다만, 제35조제1항제1호부터 제3호까지의 사항은 조합원 과반수의 출석과 출석조합원 3분의 2 이상의 찬성으로 의결한다.

제38조(총회의 개의와 의결) ① 총회는 이 법에 다른 규정이 있는 경우를 제외하고는 조합원 과반수의 출석으로 개의(開議)하고 출석조합원 과반수의 찬성으로 의결한다. 다만, 제35조제1항제1호부터 제3호까지의 사항은 조합원 과반수의 출석과 출석조합원 3분의 2 이상의 찬성으로 의결한다.

② 제1항 단서에도 불구하고 합병 후 존속하는 조합의 경우 그 합병으로 인한 정관 변경에 관한 의결은 조합원 과반수의 출석으로 개의하고, 출석조합원 과반수의 찬성으로 의결한다.

[시행일 : 2024. 4. 24.] 제38조

제39조(의결권의 제한 등) ① 총회에서는 제37조제2항에 따라 통지한 사항에 대하여만 의결할 수 있다. 다만, 제35조제1항제1호부터 제5호까지의 사항을 제외한 긴급한 사항으로서 조합원 과반수의 출석과 출석조합원 3분의 2 이상의 찬성이 있을 때에는 그러하지 아니하다.

② 지역농협과 조합원의 이해가 상반되는 의사(議事)를 의결할 때에는 해당 조합원은 그 의결에 참여할 수 없다.

③ 조합원은 조합원 100인이나 100분의 3 이상의 동의를 받아 총회 개회 30일 전까지 조합장에게 서면으로 일정한 사항을 총회의 목적 사항으로 할 것을 제안(이하 "조합원제안"이라 한다)할 수 있다. 이 경우 조합원제안의 내용이 법령이나 정관을 위반하는 경우를 제외하고는 이를 총회의 목적 사항으로 하여야 하고, 조합원제안을 한 자가 청구하면 총회에서 그 제안을설명할 기회를 주어야 한다.

제40조(총회의 의사록) ① 총회의 의사에 관하여는 의사록(議事錄)을 작성하여야 한다.

② 의사록에는 의사의 진행 상황과 그 결과를 적고 의장과 총회에서 선출한 조합원 5인 이상이 기명날인(記名捺印)하거나 서명하여야 한다.

제41조(총회 의결의 특례) ① 다음 각 호의 사항에 대하여는 제35조제1항에도 불구하고 조합원의 투표로 총회의 의결을 갈음할 수 있다. 이 경우 조합원 투표의 통지 · 방법, 그 밖에 투표에 필요한 사항은 정관으로 정한다.

1. 해산, 분할 또는 품목조합으로의 조직변경
2. 제45조제5항제1호에 따른 조합장의 선출
3. 제54조제1항에 따른 임원의 해임
4. 합병

② 제1항 각 호의 사항에 대한 의결이나 선출은 다음 각 호의 방법에 따른다.

1. 제1항제1호의 사항은 조합원 과반수의 투표와 투표한 조합원 3분의 2 이상의 찬성으로 의결
2. 제1항제2호의 사항은 유효 투표의 최다득표자를 선출. 다만, 최다득표자가 2명 이상이면 연장자를 당선인으로 결정한다.
3. 제1항제3호의 사항은 조합원 과반수의 투표와 투표한 조합원 3분의 2 이상의 찬성으로 의결
4. 제1항제4호의 사항은 조합원 과반수의 투표와 투표한 조합원 과반수의 찬성으로 의결

제42조(대의원회) ① 지역농협은 정관으로 정하는 바에 따라 제41조제1항 각 호에 규정된 사항외의 사항에 대한 총회의 의결에 관하여 총회를 갈음하는 대의원회를 둘 수 있다.

② 대의원은 조합원이어야 한다.

③ 대의원의 정수, 임기 및 선출 방법은 정관으로 정한다. 다만, 임기만료연도 결산기의 마지막 달부터 그 결산기에 관한 정기총회 전에 임기가 끝난 경우에는 정기총회가 끝날 때까지 그 임기가 연장된다.

④ 대의원은 해당 지역농협의 조합장을 제외한 임직원과 다른 조합의 임직원을 겸직하여서는 아니 된다.

⑤ 대의원회에 대하여는 총회에 관한 규정을 준용한다. 다만, 대의원의 의결권은 대리인이 행사할 수 없다.

제43조(이사회) ① 지역농협에 이사회를 둔다.

② 이사회는 조합장을 포함한 이사로 구성하되, 조합장이 소집한다.

③ 이사회는 다음 각 호의 사항을 의결한다.

1. 조합원의 자격 심사 및 가입 승낙
2. 법정 적립금의 사용
3. 차입금의 최고 한도
4. 경비의 부과와 징수 방법
5. 사업 계획 및 수지예산(收支豫算) 중 제35조제1항제7호에서 정한 사항 외의 경미한 사항의 변경
6. 간부직원의 임면
7. 정관으로 정하는 금액 이상의 업무용 부동산의 취득과 처분
8. 업무 규정의 제정 · 개정 및 폐지와 사업 집행 방침의 결정
9. 총회로부터 위임된 사항
10. 법령 또는 정관에 규정된 사항
11. 상임이사의 해임 요구에 관한 사항
12. 상임이사 소관 업무의 성과평가에 관한 사항
13. 그 밖에 조합장, 상임이사 또는 이사의 3분의 1 이상이 필요하다고 인정하는 사항

④ 이사회는 제3항에 따라 의결된 사항에 대하여 조합장이나상임이사의 업무집행상황을 감독한다.

⑤ 이사회는 구성원 과반수의 출석으로 개의하고 출석자 과반수의 찬성으로 의결한다.

⑥ 간부직원은 이사회에 출석하여 의견을 진술할 수 있다.

⑦ 제3항제12호에 따른 성과평가에 필요한 사항과 이사회의 운영에 필요한 사항은 정관으로 정한다.

제44조(운영평가자문회의의 구성 · 운영) ① 지역농협은 지역농협의 건전한 발전을 도모하기 위하여 조합원 및 외부 전문가 15명 이내로 운영평가자문회의를 구성 · 운영할 수 있다.

② 제1항에 따라 운영되는 운영평가자문회의는 지역농협의 운영상황을 평가하였으면 그 결과를 이사회에 보고하여야 한다.

③ 이사회는 운영평가자문회의의 평가결과를 총회에 보고하여야 한다.

④ 조합장은 운영평가자문회의의 평가결과를 지역농협의 운영에 적극 반영하여야 한다.

⑤ 제1항의 운영평가자문회의의 구성과 운영에 필요한 사항은 정관으로 정한다.

제45조(임원의 정수 및 선출) ① 지역농협에 임원으로서 조합장 1명을 포함한 7명 이상 25명 이하의 이사와 2명의 감사를 두되, 그 정수는 정관으로 정한다. 이 경우 이사의 3분의 2 이상은 조합원이어야 하며, 자산 등 지역농협의 사업규모가 대통령령으로 정하는 기준 이상에 해당하는 경우에는 조합원이 아닌 이사를 1명 이상 두어야 한다.

② 지역농협은 정관으로 정하는 바에 따라 제1항에 따른 조합장을 포함한 이사 중 2명 이내를 상임(常任)으로 할 수 있다. 다만, 조합장을 비상임으로 운영하는 지역농협과 자산 등 사업규모가 대통령령으로 정하는 기준 이상에 해당하는 지역농협에는 조합원이 아닌 이사 중 1명 이상을 상임이사로 두어야 한다.

③ 지역농협은 정관으로 정하는 바에 따라 감사 중 1명을 상임으로 할 수 있다. 다만, 자산 등 사업규모가 대통령령으로 정하는 기준 이상에 해당하는 지역농협에는 조합원이 아닌 상임감사 1명을 두어야 한다.

④ 제2항 본문에도 불구하고 자산 등 지역농협의 사업규모가 대통령령으로 정하는 기준 이상에 해당하는 경우에는 조합장을 비상임으로 한다.

⑤ 조합장은 조합원 중에서 정관으로 정하는 바에 따라 다음 각 호의 어느 하나의 방법으로 선출한다.

1. 조합원이 총회 또는 총회 외에서 투표로 직접 선출
2. 대의원회가 선출
3. 이사회가 이사 중에서 선출

⑥ 조합장 외의 임원은 총회에서 선출한다. 다만, 상임이사 및 상임감사는 조합 업무에 대한 전문지식과 경험이 풍부한 사람으로서 대통령령으로 정하는 요건에 맞는 사람 중에서 인사추천위원회에서 추천된 사람을 총회에서 선출한다.

⑦ 상임인 임원을 제외한 지역농협의 임원은 명예직으로 한다.

⑧ 지역농협은 이사 정수의 5분의 1 이상을 여성조합원과 품목을 대표할 수 있는 조합원에게 배분되도록 노력하여야 한다. 다만, 여성조합원이 전체 조합원의 100분의 30 이상인 지역농협은 이사 중 1명 이상을 여성조합원 중에서 선출하여야 한다.

⑨ 지역농협의 조합장 선거에 입후보하기 위하여 임기 중 그 직을 그만 둔 지역농협의 이사 및 감사는 그 사직으로 인하여 실시사유가 확정된 보궐선거의 후보자가 될 수 없다.

⑩ 임원의 선출과 추천, 제6항에 따른 인사추천위원회 구성과 운영에 관하여 이 법에서 정한 사항 외에 필요한 사항은 정관으로 정한다.

제46조(임원의 직무) ① 조합장은 지역농협을 대표하며 업무를 집행한다.

② 제1항에도 불구하고 조합장이 상임인 경우로서 상임이사를 두는 경우에는 조합장은 정관으로 정하는 바에 따라 업무의 일부를 상임이사에게 위임·전결처리하도록 하여야 하며, 조합장이 비상임인 경우에는 상임이사가 업무를 집행한다. 다만, 제45조제4항에 따른 비상임 조합장은 정관으로 정하는 바에 따라 제57조제1항의 사업(같은 항 제3호의 신용사업과 이와 관련되는 부대사업은 제외한다) 중 전부 또는 일부를 집행할 수 있다.

③ 조합장은 총회와 이사회의 의장이 된다.

④ 조합장 또는 상임이사가 다음 각 호의 어느 하나의 사유(상임이사의 경우 제5호는 제외한다)로 그 직무를 수행할 수 없을 때에는 이사회가 정하는 순서에 따라 이사(조합장의 경우에는 조합원이 아닌 이사는 제외한다)가 그 직무를 대행한다.

1. 궐위(闕位)된 경우
2. 공소 제기된 후 구금상태에 있는 경우
3. 삭제 〈2014. 12. 31.〉
4. 「의료법」에 따른 의료기관에 60일 이상 계속하여 입원한 경우
5. 제54조제2항제3호에 따라 조합장의 해임을 대의원회에서 의결한 경우
6. 그 밖에 부득이한 사유로 직무를 수행할 수 없는 경우

⑤ 조합장이 그 직을 가지고 해당 지역농협의 조합장 선거에 입후보하면 후보자로 등록한 날부터 선거일까지 제4항에 따라 이사회가 정하는 순서에 따른 이사가 그 조합장의 직무를 대행한다.

⑥ 감사는 지역농협의 재산과 업무집행상황을 감사하며, 전문적인 회계감사가 필요하다고 인정되면 중앙회에 회계감사를 의뢰할 수 있다.

⑦ 감사는 지역농협의 재산 상황이나 업무 집행에 부정한 사실이 있는 것을 발견하면 총회에 보고하여야 하고, 그 내용을 총회에 신속히 보고하여야 할 필요가 있으면 정관으로 정하는 바에 따라 조합장에게 총회의 소집을 요구하거나 총회를 소집할 수 있다.

⑧ 감사는 총회나 이사회에 출석하여 의견을 진술할 수 있다.

⑨ 감사의 직무에 관하여는 「상법」 제412조의5 · 제413조 및 제413조의2를 준용한다.

[2014. 12. 31. 법률 제12950호에 의하여 2013. 8. 29. 위헌 결정된 제46조제4항제3호를 삭제함]

제47조(감사의 대표권) ① 지역농협이 조합장이나 이사와 계약을 할 때에는 감사가 지역농협을 대표한다.

② 지역농협과 조합장 또는 이사 간의 소송에 관하여는 제1항을 준용한다.

제48조(임원의 임기) ① 조합장과 이사의 임기는 다음 각 호와 같고, 감사의 임기는 3년으로 하며, 조합장(상임인 경우에만 해당한다)은 2차에 한하여 연임할 수 있다. 다만, 설립 당시의 조합장, 조합원인 이사 및 감사의 임기는 정관으로 정하되, 2년을 초과할 수 없다.

1. 조합장과 조합원인 이사 : 4년
2. 제1호의 이사를 제외한 이사 : 2년

② 제1항에 따른 임원의 임기가 끝나는 경우에는 제42조제3항 단서를 준용한다.

제49조(임원의 결격사유) ① 다음 각 호의 어느 하나에 해당하는 사람은 지역농협의 임원이 될 수 없다. 다만, 제10호와 제12호는 조합원인 임원에게만 적용한다.

1. 대한민국 국민이 아닌 사람
2. 미성년자 · 피성년후견인 또는 피한정후견인
3. 파산선고를 받고 복권되지 아니한 사람

4. 법원의 판결이나 다른 법률에 따라 자격이 상실되거나 정지된 사람
5. 금고 이상의 실형을 선고받고 그 집행이 끝나거나(집행이 끝난 것으로 보는 경우를 포함한다) 집행이 면제된 날부터 3년이 지나지 아니한 사람
6. 제164조제1항이나 「신용협동조합법」 제84조에 규정된 개선(改選) 또는 징계면직의 처분을 받은 날부터 5년이 지나지 아니한 사람
7. 형의 집행유예선고를 받고 그 유예기간 중에 있는 사람
8. 제172조 또는 「공공단체등 위탁선거에 관한 법률」 제58조(매수 및 이해유도죄) · 제59조(기부행위의 금지 · 제한 등 위반죄) · 제61조(허위사실 공표죄)부터 제66조(각종 제한규정 위반죄)까지에 규정된 죄를 범하여 벌금 100만원 이상의 형을 선고받고 4년이 지나지 아니한 사람
9. 이 법에 따른 임원 선거에서 당선되었으나 제173조제1항제1호 또는 「공공단체등 위탁선거에 관한 법률」 제70조(위탁선거범죄로 인한 당선무효)제1호에 따라 당선이 무효로 된 사람으로서 그 무효가 확정된 날부터 5년이 지나지 아니한 사람
10. 선거일 공고일 현재 해당 지역농협의 정관으로 정하는 출자좌수(出資座數) 이상의 납입 출자분을 2년 이상 계속 보유하고 있지 아니한 사람. 다만, 설립이나 합병 후 2년이 지나지 아니한 지역농협의 경우에는 그러하지 아니하다.
11. 선거일 공고일 현재 해당 지역농협, 중앙회 또는 다음 각 목의 어느 하나에 해당하는 금융기관에 대하여 정관으로 정하는 금액과 기간을 초과하여 채무 상환을 연체하고 있는 사람
    가. 「은행법」에 따라 설립된 은행
    나. 「한국산업은행법」에 따른 한국산업은행
    다. 「중소기업은행법」에 따른 중소기업은행
    라. 그 밖에 대통령령으로 정하는 금융기관
12. 선거일 공고일 현재 제57조제1항의 사업 중 대통령령으로 정하는 사업에 대하여 해당 지역농협의 정관으로 정하는 일정 규모 이상의 사업 이용실적이 없는 사람

② 제1항의 사유가 발생하면 해당 임원은 당연히 퇴직된다.

③ 제2항에 따라 퇴직한 임원이 퇴직 전에 관여한 행위는 그 효력을 상실하지 아니한다.

제49조의2(형의 분리 선고) ① 「형법」 제38조에도 불구하고 제49조제1항제8호에 규정된 죄와 다른 죄의 경합범에 대해서는 이를 분리 선고하여야 한다.

② 임원 선거 후보자의 직계 존속 · 비속이나 배우자가 범한 제172조제1항제2호(제50조제11항을 위반한 경우는 제외한다) · 제3호 또는 「공공단체등 위탁선거에 관한 법률」 제58조 · 제59조에 규정된 죄와 다른 죄의 경합범으로 징역형 또는 300만원 이상의 벌금형을 선고하는 경우에는 이를 분리 선고하여야 한다.

제50조(선거운동의 제한) ① 누구든지 자기 또는 특정인을 지역농협의 임원이나 대의원으로 당선되게 하거나 당선되지 못하게 할 목적으로 다음 각 호의 어느 하나에 해당하는 행위를 할 수 없다.

1. 조합원(조합에 가입신청을 한 자를 포함한다. 이하 이 조에서 같다)이나 그 가족(조합원의 배우자, 조합원 또는 그 배우자의 직계 존속 · 비속과 형제자매, 조합원의 직계 존속 · 비속 및 형제자매의 배우자를 말한다. 이하 같다) 또는 조합원이나 그 가족이 설립 · 운영하고 있는 기관 · 단체 · 시설에 대한 다음 각 목의 어느 하나에 해당하는 행위
   가. 금전 · 물품 · 향응이나 그 밖의 재산상의 이익을 제공하는 행위
   나. 공사(公私)의 직(職)을 제공하는 행위
   다. 금전 · 물품 · 향응, 그 밖의 재산상의 이익이나 공사의 직을 제공하겠다는 의사표시 또는 그 제공을 약속하는 행위
2. 후보자가 되지 못하도록 하거나 후보자를 사퇴하게 할 목적으로 후보자가 되려는 사람이나 후보자에게 제1호 각 목에 규정된 행위를 하는 행위
3. 제1호나 제2호에 규정된 이익이나 직을 제공받거나 그 제공의 의사표시를 승낙하는 행위 또는 그 제공을 요구하거나 알선하는 행위

② 임원이 되려는 사람은 임기만료일 전 90일(보궐선거 등에 있어서는 그 선거의 실시사유가 확정된 날)부터 선거일까지 선거운동을 위하여 조합원을 호별(戶別)로 방문하거나 특정 장소에 모이게 할 수 없다.

③ 누구든지 지역농협의 임원 또는 대의원선거와 관련하여 연설 · 벽보, 그 밖의 방법으로 거짓의 사실을 공표하거나 공연히 사실을 적시(摘示)하여 후보자(후보자가 되려는 사람을 포함한다. 이하 같다)를 비방할 수 없다.

④ 누구든지 임원 선거와 관련하여 다음 각 호의 방법(이사 및 감사 선거의 경우에는 제2호 또는 제4호에 한정한다) 외의 선거운동을 할 수 없다.
1. 선전 벽보의 부착
2. 선거 공보의 배부
3. 합동 연설회 또는 공개 토론회의 개최
4. 전화(문자메시지를 포함한다) · 컴퓨터통신(전자우편을 포함한다)을 이용한 지지 호소
5. 도로 · 시장 등 농림축산식품부령으로 정하는 다수인이 왕래하거나 집합하는 공개된 장소에서의 지지 호소 및 명함 배부

⑤ 제4항에 따른 선거운동방법에 관한 세부적인 사항은 농림축산식품부령으로 정한다.

⑥ 제4항에도 불구하고 다음 각 호의 어느 하나에 해당하는 경우에는 선거운동을 할 수 없다.
1. 조합장을 이사회가 이사 중에서 선출하는 경우
2. 상임이사 및 상임감사 선출의 경우
3. 조합원이 아닌 이사 선출의 경우

⑦ 제4항에 따른 선거운동은 후보자등록마감일의 다음 날부터 선거일 전일까지만 할 수 있다.

⑧ 누구든지 특정 임원의 선거에 투표하거나 하게 할 목적으로 사위(詐僞)의 방법으로 선거인명부에 오르게 할 수 없다.

⑨ 누구든지 임원 또는 대의원 선거와 관련하여 자기 또는 특정인을 당선되게 하거나 당선되지 못하게 할 목적으로 후보자등록시작일부터 선거일까지 다수의 조합원(조합원의 가족 또는 조합원이나 그 가족이 설립·운영하고 있는 기관·단체·시설을 포함한다)에게 배부하도록 구분된 형태로 되어 있는 포장된 선물 또는 돈봉투 등 금품을 운반하지 못한다.

⑩ 누구든지 제51조제1항에 따른 조합선거관리위원회의 위원·직원, 그 밖에 선거사무에 종사하는 자를 폭행·협박·유인 또는 체포·감금하거나 폭행이나 협박을 가하여 투표소·개표소 또는 선거관리위원회 사무소를 소요·교란하거나, 투표용지·투표지·투표보조용구·전산조직 등 선거관리 및 단속사무와 관련한 시설·설비·장비·서류·인장 또는 선거인명부를 은닉·손괴·훼손 또는 탈취하지 못한다.

⑪ 지역농협의 임직원은 다음 각호의 어느 하나에 해당하는 행위를 할 수 없다.
1. 그 지위를 이용하여 선거운동을 하는 행위
2. 선거운동의 기획에 참여하거나 그 기획의 실시에 관여하는 행위
3. 후보자에 대한 조합원의 지지도를 조사하거나 발표하는 행위

[2017. 10. 31. 법률 제14984호에 의하여 2016. 11. 24. 헌법재판소에서 위헌 결정된 이 조 제4항을 개정함.]

제50조(선거운동의 제한) ① 누구든지 자기 또는 특정인을 지역농협의 임원이나 대의원으로 당선되게 하거나 당선되지 못하게 할 목적으로 다음 각 호의 어느 하나에 해당하는 행위를 할 수 없다.
1. 조합원(조합에 가입신청을 한 자를 포함한다. 이하 이 조에서 같다)이나 그 가족(조합원의 배우자, 조합원 또는 그 배우자의 직계 존속·비속과 형제자매, 조합원의 직계 존속·비속 및 형제자매의 배우자를 말한다. 이하 같다) 또는 조합원이나 그 가족이 설립·운영하고 있는 기관·단체·시설에 대한 다음 각 목의 어느 하나에 해당하는 행위
   가. 금전·물품·향응이나 그 밖의 재산상의 이익을 제공하는 행위
   나. 공사(公私)의 직(職)을 제공하는 행위
   다. 금전·물품·향응, 그 밖의 재산상의 이익이나 공사의 직을 제공하겠다는 의사표시 또는 그 제공을 약속하는 행위
2. 후보자가 되지 못하도록 하거나 후보자를 사퇴하게 할 목적으로 후보자가 되려는 사람이나 후보자에게 제1호 각 목에 규정된 행위를 하는 행위
3. 제1호나 제2호에 규정된 이익이나 직을 제공받거나 그 제공의 의사표시를 승낙하는 행위 또는 그 제공을 요구하거나 알선하는 행위

② 임원이 되려는 사람은 임기만료일 전 90일(보궐선거 등에 있어서는 그 선거의 실시사유가 확정된 날)부터 선거일까지 선거운동을 위하여 조합원을 호별(戶別)로 방문하거나 특정 장소에 모이게 할 수 없다.

③ 누구든지 지역농협의 임원 또는 대의원선거와 관련하여 연설·벽보, 그 밖의 방법으로 거짓의 사실을 공표하거나 공연히 사실을 적시(摘示)하여 후보자(후보자가 되려는 사람을 포함한다. 이하 같다)를 비방할 수 없다.

④ 누구든지 임원 선거와 관련하여 다음 각 호의 방법(이사 및 감사 선거의 경우에는 제2호 또는 제4호에 한정한다) 외의 선거운동을 할 수 없다.

1. 선전 벽보의 부착
2. 선거 공보의 배부
3. 합동 연설회 또는 공개 토론회의 개최
4. 전화(문자메시지를 포함한다) · 컴퓨터통신(전자우편을 포함한다)을 이용한 지지 호소
5. 도로 · 시장 등 농림축산식품부령으로 정하는 다수인이 왕래하거나 집합하는 공개된 장소에서의 지지 호소 및 명함 배부

⑤ 제4항에 따른 선거운동방법에 관한 세부적인 사항은 농림축산식품부령으로 정한다.

⑥ 제4항에도 불구하고 다음 각 호의 어느 하나에 해당하는 경우에는 선거운동을 할 수 없다.

1. 조합장을 이사회가 이사 중에서 선출하는 경우
2. 상임이사 및 상임감사 선출의 경우
3. 조합원이 아닌 이사 선출의 경우

⑦ 제4항에 따른 선거운동은 후보자등록마감일의 다음 날부터 선거일 전일까지만 할 수 있다.

⑧ 누구든지 특정 임원의 선거에 투표하거나 하게 할 목적으로 거짓이나 그 밖의 부정한 방법으로 선거인명부에 오르게 할 수 없다.

⑨ 누구든지 임원 또는 대의원 선거와 관련하여 자기 또는 특정인을 당선되게 하거나 당선되지 못하게 할 목적으로 후보자등록시작일부터 선거일까지 다수의 조합원(조합원의 가족 또는 조합원이나 그 가족이 설립 · 운영하고 있는 기관 · 단체 · 시설을 포함한다)에게 배부하도록 구분된 형태로 되어 있는 포장된 선물 또는 돈봉투 등 금품을 운반하지 못한다.

⑩ 누구든지 제51조제1항에 따른 조합선거관리위원회의 위원 · 직원, 그 밖에 선거사무에 종사하는 자를 폭행 · 협박 · 유인 또는 체포 · 감금하거나 폭행이나 협박을 가하여 투표소 · 개표소 또는 선거관리위원회 사무소를 소요 · 교란하거나, 투표용지 · 투표지 · 투표보조용구 · 전산조직 등 선거관리 및 단속사무와 관련한 시설 · 설비 · 장비 · 서류 · 인장 또는 선거인명부를 은닉 · 손괴 · 훼손 또는 탈취하지 못한다.

⑪ 지역농협의 임직원은 다음 각호의 어느 하나에 해당하는 행위를 할 수 없다.

1. 그 지위를 이용하여 선거운동을 하는 행위
2. 선거운동의 기획에 참여하거나 그 기획의 실시에 관여하는 행위
3. 후보자에 대한 조합원의 지지도를 조사하거나 발표하는 행위

[2017. 10. 31. 법률 제14984호에 의하여 2016. 11. 24. 헌법재판소에서 위헌 결정된 이 조 제4항을 개정함.]
[시행일 : 2024. 4. 24.] 제50조

제50조의2(기부행위의 제한) ① 지역농협의 임원 선거 후보자, 그 배우자 및 후보자가 속한 기관 · 단체 · 시설은 임원의 임기만료일 전 180일(보궐선거 등의 경우에는 그 선거의 실시 사유가 확정된 날)부터 그 선거일까지 조합원(조합에 가입 신청을 한 사람을 포함한다. 이하 이 조에서 같다)이나 그 가족 또는 조합원이나 그 가족이 설립 · 운영하고 있는 기관 · 단체 · 시설에 대하여 금전 · 물품이나 그 밖의 재산상 이익의 제공, 이익 제공의 의사 표시 또는 그 제공을 약속하는 행위(이하 "기부행위"라 한다)를 할 수 없다.

② 제1항에도 불구하고 다음 각 호의 어느 하나에 해당하는 행위는 기부행위로 보지 아니한다.

1. 직무상의 행위

가. 후보자가 소속된 기관 · 단체 · 시설(나목에 따른 조합은 제외한다)의 자체 사업 계획과 예산으로 하는 의례적인 금전 · 물품을 그 기관 · 단체 · 시설의 명의로 제공하는 행위(포상 및 화환 · 화분 제공 행위를 포함한다)

나. 법령과 정관에 따른 조합의 사업 계획 및 수지예산에 따라 집행하는 금전 · 물품을 그 기관 · 단체 · 시설의 명의로 제공하는 행위(포상 및 화환 · 화분 제공 행위를 포함한다)

다. 물품 구매, 공사, 역무(役務)의 제공 등에 대한 대가의 제공 또는 부담금의 납부 등 채무를 이행하는 행위

라. 가목부터 다목까지의 규정에 해당하는 행위 외에 법령의 규정에 따라 물품 등을 찬조 · 출연 또는 제공하는 행위

2. 의례적 행위

가. 「민법」 제777조에 따른 친족의 관혼상제 의식이나 그 밖의 경조사에 축의 · 부의금품을 제공하는 행위

나. 후보자가 「민법」 제777조에 따른 친족 외의 자의 관혼상제 의식에 통상적인 범위에서 축의 · 부의금품(화환 · 화분을 포함한다)을 제공하거나 주례를 서는 행위

다. 후보자의 관혼상제 의식이나 그 밖의 경조사에 참석한 하객이나 조객(弔客) 등에게 통상적인 범위에서 음식물이나 답례품을 제공하는 행위

라. 후보자가 그 소속 기관 · 단체 · 시설(후보자가 임원이 되려는 해당 조합은 제외한다)의 유급(有給) 사무직원 또는 「민법」 제777조에 따른 친족에게 연말 · 설 또는 추석에 의례적인 선물을 제공하는 행위

마. 친목회 · 향우회 · 종친회 · 동창회 등 각종 사교 · 친목단체 및 사회단체의 구성원으로서 해당 단체의 정관 · 규약 또는 운영관례상의 의무에 기초하여 종전의 범위에서 회비를 내는 행위

바. 후보자가 평소 자신이 다니는 교회 · 성당 · 사찰 등에 통상적으로 헌금(물품의 제공을 포함한다)하는 행위

3. 「공직선거법」 제112조제2항제3호에 따른 구호적 · 자선적 행위에 준하는 행위

4. 제1호부터 제3호까지의 규정에 준하는 행위로서 농림축산식품부령으로 정하는 행위

③ 제2항에 따라 통상적인 범위에서 1명에게 제공할 수 있는 축의 · 부의금품, 음식물, 답례품 및 의례적인 선물의 금액 범위는 별표와 같다.

④ 누구든지 제1항의 행위를 약속 · 지시 · 권유 · 알선 또는 요구할 수 없다.

⑤ 누구든지 해당 선거에 관하여 후보자를 위하여 제1항의 행위를 하거나 하게 할 수 없다. 이 경우 후보자의 명의를 밝혀 기부행위를 하거나 후보자가 기부하는 것으로 추정할 수 있는 방법으로 기부행위를 하는 것은 해당 선거에 관하여 후보자를 위한 기부행위로 본다.

⑥ 조합장은 재임 중 제1항에 따른 기부행위를 할 수 없다. 다만, 제2항에 따라 기부행위로 보지 아니하는 행위는 그러하지 아니하다.

제50조의3(조합장의 축의·부의금품 제공 제한) ① 지역농협의 경비로 관혼상제 의식이나 그 밖의 경조사에 축의·부의금품을 제공할 때에는 지역농협의 명의로 하여야 하며, 해당 지역농협의 경비임을 명확하게 기록하여야 한다.

② 제1항에 따라 축의·부의금품을 제공할 경우 해당 지역농협의 조합장의 직명 또는 성명을 밝히거나 그가 하는 것으로 추정할 수 있는 방법으로 하는 행위는 제50조의2제6항 단서에도 불구하고 기부행위로 본다.

제51조(조합선거관리위원회의 구성·운영 등) ① 지역농협은 임원 선거를 공정하게 관리하기 위하여 조합선거관리위원회를 구성·운영한다.

② 조합선거관리위원회는 이사회가 조합원(임직원은 제외한다)과 선거의 경험이 풍부한 자 중에서 위촉하는 7명 이상의 위원으로 구성한다.

③ 조합선거관리위원회의 기능과 운영에 필요한 사항은 정관으로 정한다.

④ 지역농협은 제45조제5항제1호 및 제2호에 따라 선출하는 조합장 선거의 관리에 대하여는 정관으로 정하는 바에 따라 그 주된 사무소의 소재지를 관할하는 「선거관리위원회법」에 따른 구·시·군선거관리위원회(이하 "구·시·군선거관리위원회"라 한다)에 위탁하여야 한다.

⑤ 삭제 〈2014. 6. 11.〉

⑥ 삭제 〈2014. 6. 11.〉

⑦ 제4항에 따라 지역농협의 조합장 선거를 수탁·관리하는 구·시·군선거관리위원회는 해당 지역농협의 주된 사무소의 소재지를 관할하는 검찰청의 장에게 조합장 선거 후보자의 벌금 100만원 이상의 형의 범죄경력(실효된 형을 포함하며, 이하 이 조에서 "전과기록"이라 한다)을 조회할 수 있으며, 해당 검찰청의 장은 지체 없이 그 전과기록을 회보하여야 한다.

⑧ 제7항에 따른 조합장 선거를 제외한 임원 선거의 후보자가 되고자 하는 자는 전과기록을 본인의 주소지를 관할하는 국가경찰관서의 장에게 조회할 수 있으며, 해당 국가경찰관서의 장은 지체 없이 그 전과기록을 회보하여야 한다. 이 경우 회보받은 전과기록은 후보자등록 시 함께 제출하여야 한다.

제52조(임직원의 겸직 금지 등) ① 조합장과 이사는 그 지역농협의 감사를 겸직할 수 없다.

② 지역농협의 임원은 그 지역농협의 직원을 겸직할 수 없다.

③ 지역농협의 임원은 다른 조합의 임원이나 직원을 겸직할 수 없다.

④ 지역농협의 사업과 실질적으로 경쟁관계에 있는 사업을 경영하거나 이에 종사하는 사람은 지역농협의 임직원 및 대의원이 될 수 없다.

⑤ 제4항에 따른 실질적인 경쟁관계에 있는 사업의 범위는 대통령령으로 정한다.

⑥ 조합장과 이사는 이사회의 승인을 받지 아니하고는 자기 또는 제3자의 계산으로 해당 지역농협과 정관으로 정하는 규모 이상의 거래를 할 수 없다.

제53조(임원의 의무와 책임) ① 지역농협의 임원은 이 법과 이 법에 따른 명령 및 정관의 규정을 지켜 충실히 그 직무를 수행하여야 한다.

② 임원이 그 직무를 수행할 때 법령이나 정관을 위반한 행위를 하거나 그 임무를 게을리하여 지역농협에 끼친 손해에 대하여는 연대하여 손해배상의 책임을 진다.

③ 임원이 그 직무를 수행할 때 고의나 중대한 과실로 제3자에게 끼친 손해에 대하여는 연대하여 손해배상의 책임을 진다.

④ 제2항과 제3항의 행위가 이사회의 의결에 따른 것이면 그 의결에 찬성한 이사도 연대하여 손해배상의 책임을 진다. 이 경우 의결에 참가한 이사 중 이의를 제기한 사실이 의사록에 적혀 있지 아니한 이사는 그 의결에 찬성한 것으로 추정한다.

⑤ 임원이 거짓으로 결산보고·등기 또는 공고를 하여 지역농협이나 제3자에게 끼친 손해에 대하여도 제2항 및 제3항과 같다.

第54條(임원의 해임) ① 조합원은 조합원 5분의 1 이상의 동의를 받아 총회에 임원의 해임을 요구할 수 있다. 이 경우 총회는 조합원 과반수의 출석과 출석조합원 3분의 2 이상의 찬성으로 의결한다.

② 조합원은 제45조에 따른 선출 방법에 따라 다음 각 호의 어느 하나의 방법으로 임원을 해임할 수 있다.

1. 대의원회에서 선출된 임원: 대의원 3분의 1 이상의 요구로 대의원 과반수의 출석과 출석대의원 3분의 2 이상의 찬성으로 해임 의결
2. 이사회에서 선출된 조합장: 이사회의 해임 요구에 따라 총회에서 해임 의결. 이 경우 이사회의 해임 요구와 총회의 해임 의결은 제1호에 따른 의결 정족수를 준용한다.
3. 조합원이 직접 선출한 조합장 : 대의원회의 의결을 거쳐 조합원 투표로 해임 결정. 이 경우 대의원회의 의결은 제1호에 따른 의결 정족수를 준용하며, 조합원 투표에 의한 해임 결정은 조합원 과반수의 투표와 투표 조합원 과반수의 찬성으로 한다.

③ 제43조제3항제11호에 따라 이사회의 요구로 상임이사를 해임하려면 대의원 과반수의 출석과 출석대의원 3분의 2 이상의 찬성으로 의결한다.

④ 해임을 의결하려면 해당 임원에게 해임의 이유를 알려 총회나 대의원회에서 의견을 진술할 기회를 주어야 한다.

第55條(「민법」·「상법」의 준용) 지역농협의 임원에 관하여는 「민법」 제35조, 제63조와 「상법」 제382조제2항, 제385조제2항·제3항, 제386조제1항, 제402조부터 제408조까지의 규정을 준용한다. 이 경우 「상법」 제385조제2항 중 "발행주식의 총수의 100분의 3 이상에 해당하는 주식을 가진 주주"는 "조합원 100인 또는 100분의 3 이상의 동의를 받은 조합원"으로 보고, 같은 법 제402조 및 제403조제1항 중 "발행주식의 총수의 100분의 1 이상에 해당하는 주식을 가진 주주"는 각각 "조합원 100인 또는 100분의 1 이상의 동의를 받은 조합원"으로 본다.

第56條(직원의 임면) ① 지역농협의 직원은 정관으로 정하는 바에 따라 조합장이 임면한다. 다만, 상임이사를 두는 지역농협의 경우에는 상임이사의 제청에 의하여 조합장이 임면한다.

② 지역농협에는 정관으로 정하는 바에 따라 간부직원을 두어야 하며, 간부직원은 회장이 실시하는 전형 시험에 합격한 자 중에서 조합장이 이사회의 의결을 거쳐 임면한다.

③ 간부직원에 관하여는 「상법」 제11조제1항 · 제3항, 제12조, 제13조 및 제17조와 「상업등기법」 제23조제1항, 제50조 및 제51조를 준용한다.

제5절 사업

제57조(사업) ① 지역농협은 그 목적을 달성하기 위하여 다음 각 호의 사업의 전부 또는 일부를 수행한다.

1. 교육 · 지원 사업
   가. 조합원이 생산한 농산물의 공동출하와 판매를 위한 교육 · 지원
   나. 농업 생산의 증진과 경영능력의 향상을 위한 상담 및 교육훈련
   다. 농업 및 농촌생활 관련 정보의 수집 및 제공
   라. 주거 및 생활환경 개선과 문화 향상을 위한 교육 · 지원
   마. 도시와의 교류 촉진을 위한 사업
   바. 신품종의 개발, 보급 및 농업기술의 확산을 위한 시범포(示範圃), 육묘장(育苗場), 연구소의 운영
   사. 농촌 및 농업인의 정보화 지원
   아. 귀농인 · 귀촌인의 농업경영 및 농촌생활 정착을 위한 교육 · 지원
   자. 그 밖에 사업 수행과 관련한 교육 및 홍보
2. 경제사업
   가. 조합원이 생산하는 농산물의 제조 · 가공 · 판매 · 수출 등의 사업
   나. 조합원이 생산한 농산물의 유통 조절 및 비축사업
   다. 조합원의 사업과 생활에 필요한 물자의 구입 · 제조 · 가공 · 공급 등의 사업
   라. 조합원의 사업이나 생활에 필요한 공동이용시설의 운영 및 기자재의 임대사업
   마. 조합원의 노동력이나 농촌의 부존자원(賦存資源)을 활용한 가공사업 · 관광사업 등 농외소득(農外所得) 증대사업
   바. 농지의 매매 · 임대차 · 교환의 중개
   사. 위탁영농사업
   아. 농업 노동력의 알선 및 제공
   자. 농촌형 주택 보급 등 농촌주택사업
   차. 보관사업
   카. 조합원과 출자법인의 경제사업의 조성, 지원 및 지도
3. 신용사업
   가. 조합원의 예금과 적금의 수입(受入)
   나. 조합원에게 필요한 자금의 대출
   다. 내국환

라. 어음할인
마. 국가 · 공공단체 및 금융기관의 업무 대리
바. 조합원을 위한 유가증권 · 귀금속 · 중요물품의 보관 등 보호예수(保護預受) 업무
사. 공과금, 관리비 등의 수납 및 지급대행
아. 수입인지, 복권, 상품권의 판매대행

4. 삭제 〈2011. 3. 31.〉
5. 복지후생사업
가. 복지시설의 설치 및 관리
나. 장제(葬祭)사업
다. 의료지원사업

6. 다른 경제단체 · 사회단체 및 문화단체와의 교류 · 협력
7. 국가, 공공단체, 중앙회, 농협경제지주회사 및 그 자회사, 제161조의11에 따른 농협은행(이하 "농협은행"이라 한다) 또는 다른 조합이 위탁하는 사업
8. 다른 법령에서 지역농협의 사업으로 규정하는 사업
9. 제1호부터 제8호까지의 사업과 관련되는 부대사업
10. 그 밖에 설립 목적의 달성에 필요한 사업으로서 농림축산식품부장관의 승인을 받은 사업

② 지역농협은 제1항의 사업목적을 달성하기 위하여 국가, 공공단체, 중앙회, 농협경제지주회사 및 그 자회사(해당 사업 관련 자회사에 한정한다), 농협은행 또는 농협생명보험으로부터 자금을 차입할 수 있다.

③ 제1항제3호에 따른 신용사업의 한도와 방법 및 제2항에 따라 지역농협이 중앙회, 농협경제지주회사 및 그 자회사(해당 사업 관련 자회사에 한정한다), 농협은행 또는 농협생명보험으로부터 차입할 수 있는 자금의 한도는 대통령령으로 정한다.

④ 국가나 공공단체가 지역농협에 제1항제7호의 사업을 위탁하려는 경우에는 그 기관은 대통령령으로 정하는 바에 따라 지역농협과 위탁 계약을 체결하여야 한다.

⑤ 지역농협은 제1항의 사업을 수행하기 위하여 필요하면 제67조제2항에 따른 자기자본의 범위에서 다른 법인에 출자할 수 있다. 이 경우 같은 법인에 대한 출자는 다음 각 호의 경우 외에는 자기자본의 100분의 20을 초과할 수 없다.

1. 중앙회에 출자하는 경우
2. 제1항제2호에 따른 경제사업을 수행하기 위하여 지역농협이 보유하고 있는 부동산 및 시설물을 출자하는 경우

⑥ 지역농협은 제1항의 사업을 안정적으로 수행하기 위하여 정관으로 정하는 바에 따라 사업손실보전자금(事業損失補塡資金) 및 대손보전자금(貸損補塡資金)을 조성 · 운용할 수 있다.

⑦ 국가 · 지방자치단체 및 중앙회는 예산의 범위에서 제6항에 따른 사업손실보전자금 및 대손보전자금의 조성을 지원할 수 있다.

제57조의2(농산물 판매활성화) ① 지역농협은 조합원이 생산한 농산물의 효율적인 판매를 위하여 다음 각 호의 사항을 추진하여야 한다.

1. 다른 조합, 중앙회, 농협경제지주회사 및 그 자회사와의 공동사업
2. 농산물의 계약재배 및 판매 등에 관한 규정의 제정 및 개정
3. 그 밖에 거래처 확보 등 농산물의 판매활성화 사업에 필요한 사항

② 지역농협은 제1항에 따른 사업수행에 필요한 경우 농협경제지주회사 및 그 자회사에 농산물의 판매위탁을 요청할 수 있다. 이 경우 농협경제지주회사 및 그 자회사는 특별한 사유가 없으면 지역농협의 요청을 거부하여서는 아니 된다.

③ 제2항에 따른 판매위탁사업의 조건과 절차 등에 관한 세부사항은 농협경제지주회사 및 그 자회사의 대표이사가 각각 정한다.

④ 중앙회, 농협경제지주회사 및 그 자회사는 제1항 및 제2항에 따른 사업실적 등을 고려하여 정관으로 정하는 바에 따라 지역농협에게 자금지원 등 우대조치를 할 수 있다.

제58조(비조합원의 사업 이용) ① 지역농협은 조합원이 이용하는 데에 지장이 없는 범위에서 조합원이 아닌 자에게 그 사업을 이용하게 할 수 있다. 다만, 제57조제1항제2호가목(농업인이 아닌 자의 판매사업은 제외한다)·바목·사목·차목, 제3호마목·사목·아목, 제5호가목·나목, 제7호 및 제10호의 사업 외의 사업에 대하여는 정관으로 정하는 바에 따라 비조합원의 이용을 제한할 수 있다.

② 조합원과 동일한 세대(世帶)에 속하는 사람, 다른 조합 또는 다른 조합의 조합원이 지역농협의 사업을 이용하는 경우에는 그 지역농협의 조합원이 이용한 것으로 본다.

③ 지역농협은 품목조합의 조합원이 지역농협의 신용사업을 이용하려는 경우 최대의 편의를 제공하여야 한다.

제59조(유통지원자금의 조성·운용) ① 지역농협은 조합원이나 제112조의2에 따른 조합공동사업법인이 생산한 농산물 및 그 가공품 등의 유통을 지원하기 위하여 유통지원자금을 조성·운용할 수 있다.

② 제1항에 따른 유통지원자금은 다음 각 호의 사업에 운용한다.

1. 농산물의 계약재배사업
2. 농산물 및 그 가공품의 출하조절사업
3. 농산물의 공동규격 출하촉진사업
4. 매취(買取) 사업
5. 그 밖에 지역농협이 필요하다고 인정하는 유통 관련 사업

③ 국가·지방자치단체 및 중앙회는 예산의 범위에서 제1항에 따른 유통지원자금의 조성을 지원할 수 있다.

제60조(조합원 교육) ① 지역농협은 조합원에게 협동조합의 운영원칙과 방법에 관한 교육을 하여야 한다.

② 지역농협은 조합원의 권익이 증진될 수 있도록 조합원에 대하여 적극적으로 품목별 전문기술교육과 경영상담 등을 하여야 한다.

③ 지역농협은 제2항에 따른 교육과 상담을 효율적으로 수행하기 위하여 주요 품목별로 전문 상담원을 둘 수 있다.

제61조 삭제 〈2011. 3. 31.〉

제6절 회계

제62조(회계연도) 지역농협의 회계연도는 정관으로 정한다.

제63조(회계의 구분 등) ① 지역농협의 회계는 일반회계와 특별회계로 구분한다.

② 일반회계는 종합회계로 하되, 신용사업 부문과 신용사업 외의 사업 부문으로 구분하여야 한다.

③ 특별회계는 특정 사업을 운영할 때, 특정 자금을 보유하여 운영할 때, 그 밖에 일반회계와 구분할 필요가 있을 때에 정관으로 정하는 바에 따라 설치한다.

④ 일반회계와 특별회계 간, 신용사업 부문과 신용사업 외의 사업 부문 간의 재무관계 및 조합과 조합원 간의 재무관계에 관한 재무 기준은 농림축산식품부장관이 정하여 고시한다. 이 경우 농림축산식품부장관이 신용사업 부문과 신용사업 외의 사업 부문 간의 재무관계에 관한 재무 기준을 정할 때에는 금융위원회와 협의하여야 한다.

⑤ 조합의 회계 처리 기준에 관하여 필요한 사항은 회장이 정한다. 다만, 신용사업의 회계 처리 기준에 필요한 사항은 금융위원회가 따로 정할 수 있다.

제64조(사업 계획과 수지 예산) ① 지역농협은 매 회계연도의 사업계획서와 수지예산서(收支豫算書)를 작성하여 그 회계연도가 시작되기 1개월 전에 이사회의 심의와 총회의 의결을 거쳐야 한다.

② 사업 계획과 수지 예산을 변경하려면 이사회의 의결을 거쳐야 한다. 다만, 제35조제1항제7호에 따른 중요한 사항을 변경하려면 총회의 의결을 거쳐야 한다.

제65조(운영의 공개) ① 조합장은 정관으로 정하는 바에 따라 사업보고서를 작성하여 그 운영 상황을 공개하여야 한다.

② 조합장은 정관, 총회의 의사록 및 조합원 명부를 주된 사무소에 갖추어 두어야한다.

③ 조합원과 지역농협의 채권자는 영업시간 내에 언제든지 이사회 의사록(조합원의 경우에만 해당한다)과 제2항에 따른 서류를 열람하거나 그 서류의 사본 발급을 청구할 수 있다. 이 경우 지역농협이 정한 비용을 지급하여야 한다.

④ 조합원은 조합원 100인이나100분의 3 이상의 동의를 받아 지역농협의 회계장부 및 서류의 열람이나 사본의 발급을 청구할 수 있다.

⑤ 지역농협은 제4항의 청구에 대하여 특별한 사유가 없으면 발급을 거부할 수 없으며, 거부하려면 그 사유를 서면으로 알려야 한다.

⑥ 조합원은 지역농협의 업무 집행에 관하여 부정행위 또는 법령이나 정관을 위반한 중대한 사실이 있다고 의심이 되는 사유가 있으면 조합원 100인이나 100분의 3 이상의 동의를 받아 지역농협의 업무와 재산 상태를 조사하게 하기 위하여 법원에 검사인의 선임을 청구할 수 있다. 이 경우 「상법」 제467조를 준용한다.

제65조의2(외부감사인에 의한 회계 감사) ① 조합장의 임기 개시일 직전 회계연도 말의 자산 등 사업 규모가 대통령령으로 정하는 기준 이상인 지역농협은 그 조합장의 임기 개시일부터 2년이 지난 날이 속하는 회계연도에 대하여 「주식회사 등의 외부감사에 관한 법률」 제2조제7호에 따른 감사인(이하 이 조에서 "감사인"이라 한다)의 회계감사를 받아야 한다.

② 제1항의 대통령령으로 정하는 기준에 미달되는 지역농협의 경우 조합장 임기 중 1회에 한하여 대의원 3분의 1 이상의 청구가 있으면 청구한 날이 속하는 해의 직전 회계연도에 대하여 감사인의 회계감사를 받아야 한다.

③ 감사인은 제1항과 제2항에 따른 회계감사를 하였으면 회계감사보고서를 작성하여 농림축산식품부령으로 정하는 기간 이내에 해당 지역농협의 이사회, 감사 및 회장에게 제출하여야 한다.

제66조(여유자금의 운용) ① 지역농협의 업무상 여유자금은 다음 각 호의 방법으로 운용할 수 있다.

1. 중앙회에의 예치
2. 농협은행 또는 대통령령으로 정하는 금융기관에의 예치
3. 국채 · 공채 또는 대통령령으로 정하는 유가증권의 매입

② 제1항제1호에 따른 예치를 할 때 그 하한 비율 또는 금액은 여유자금의 건전한 운용을 해치지 아니하는 범위에서 중앙회의 이사회가 정한다.

제67조(법정적립금, 이월금 및 임의적립금) ① 지역농협은 매 회계연도의 손실 보전과 재산에 대한 감가상각에 충당하고도 남으면 자기자본의 3배가 될 때까지 잉여금의 100분의 10 이상을 적립(이하 "법정적립금"이라 한다)하여야 한다.

② 제1항에 따른 자기자본은 납입출자금, 회전출자금, 우선출자금(누적되지 아니하는 것만 해당한다), 가입금, 각종 적립금 및 미처분 이익잉여금의 합계액(이월결손금이 있으면 그 금액을 공제한다)으로 한다.

③ 지역농협은 제57조제1항제1호의 사업비용에 충당하기 위하여 잉여금의 100분의 20 이상을 다음 회계연도에 이월(移越)하여야 한다.

④ 지역농협은 정관으로 정하는 바에 따라 사업준비금 등을 적립(이하 "임의적립금"이라 한다)할 수 있다.

제67조의2 삭제 〈2011. 3. 31.〉

제68조(손실의 보전과 잉여금의 배당) ① 지역농협은 매 회계연도의 결산 결과 손실금(당기손실금을 말한다)이 발생하면 미처분이월금 · 임의적립금 · 법정적립금 · 자본적립금 · 회전출자금의 순으로 보전하며, 보전 후에도 부족할 때에는 이를 다음 회계연도에 이월한다.

② 지역농협은 손실을 보전하고 제67조에 따른 법정적립금, 이월금 및 임의적립금을 공제한 후가 아니면 잉여금 배당을 하지 못한다.

③ 잉여금은 정관으로 정하는 바에 따라 다음 각 호의 순서대로 배당한다.

1. 조합원의 사업이용실적에 대한 배당
2. 정관으로 정하는 비율의 한도 이내에서 납입출자액에 대한 배당
3. 준조합원의 사업이용실적에 대한 배당

제69조(이익금의 적립) 지역농협은 다음 각 호에 따라 발생하는 금액을 자본적립금으로 적립하여야 한다.

1. 감자(減資)에 따른 차익
2. 자산 재평가 차익
3. 합병 차익

제70조(법정적립금의 사용 금지) 법정적립금은 다음 각 호의 어느 하나의 경우 외에는 사용하지 못한다.

1. 지역농협의 손실금을 보전하는 경우
2. 지역농협의 구역이 다른 조합의 구역으로 된 경우에 그 재산의 일부를 다른 조합에 양여(讓與)하는 경우

제71조(결산보고서의 제출, 비치와 총회 승인) ① 조합장은 정기총회일 1주일 전까지 결산보고서(사업보고서, 재무상태표, 손익계산서, 잉여금 처분안 또는 손실금 처리안 등을 말한다)를 감사에게 제출하고 이를 주된 사무소에 갖추어 두어야 한다.

② 조합원과 채권자는 제1항에 따른 서류를 열람하거나 그 사본의 발급을 청구할 수 있다. 이 경우 지역농협이 정한 비용을 지급하여야 한다.

③ 조합장은 제1항에 따른 서류와 감사의 의견서를 정기총회에 제출하여 그 승인을 받아야 한다.

④ 제3항에 따른 승인을 받은 경우 임원의 책임 해제에 관하여는 「상법」 제450조를 준용한다.

제72조(출자감소의 의결) ① 지역농협은 출자 1좌의 금액 또는 출자좌수의 감소(이하 "출자감소"라 한다)를 의결한 경우에는 그 의결을 한 날부터 2주일 이내에 재무상태표를 작성하여야 한다.

② 제1항의 경우 이의가 있는 채권자는 일정한 기일 내에 이를 진술하라는 취지를 정관으로 정하는 바에 따라 1개월 이상 공고하고, 이미 알고 있는 채권자에게는 따로 최고(催告)하여야 한다.

③ 제2항에 따른 공고나 최고는 제1항에 따른 의결을 한 날부터 2주일 이내에 하여야 한다.

제73조(출자감소에 대한 채권자의 이의) ① 채권자가 제72조제2항에 따른 기일 내에 지역농협의 출자감소에 관한 의결에 대하여 이의를 진술하지 아니하면 이를 승인한 것으로 본다.

② 채권자가 이의를 진술한 경우에는 지역농협이 이를 변제하거나 상당한 담보를 제공하지 아니하면 그 의결은 효력을 발생하지 아니한다.

제74조(조합의 지분 취득 등의 금지) 지역농협은 조합원의 지분을 취득하거나 이에 대하여 질권(質權)을 설정하지 못한다.

제7절 합병 · 분할 · 조직변경 · 해산 및 청산

제75조(합병) ① 지역농협이 다른 조합과 합병하려면 합병계약서를 작성하고 각 총회의 의결을 거쳐야 한다.

② 합병은 농림축산식품부장관의 인가를 받아야 한다.

③ 합병으로 지역농협을 설립할 때에는 각 총회에서 설립위원을 선출하여야 한다.

④ 설립위원의 정수(定數)는 20명 이상으로 하고 합병하려는 각 조합의 조합원 중에서 같은 수를 선임한다.

⑤ 설립위원은 설립위원회를 개최하여 정관을 작성하고 임원을 선임하여 제15조제1항에 따른 인가를 받아야 한다.

⑥ 설립위원회에서 임원을 선출하려면 설립위원이 추천한 사람 중 설립위원 과반수의 출석과 출석위원 과반수의 찬성이 있어야 한다.

⑦ 제3항부터 제6항까지의 규정에 따른 지역농협의 설립에 관하여는 합병 설립의 성질에 반하지 아니하면 이 장 제2절의 설립에 관한 규정을 준용한다.

⑧ 조합의 합병 무효에 관하여는 「상법」 제529조를 준용한다.

제75조의2(합병에 따른 임원 임기에 관한 특례) ① 합병으로 설립되는 지역농협의 설립 당시 조합장 · 이사 및 감사의 임기는 제48조제1항 각 호 외의 부분 단서에도 불구하고 설립등기일부터 2년으로 한다. 다만, 합병으로 소멸되는 지역농협의 조합장이 합병으로 설립되는 지역농협의 조합장으로 선출되는 경우 설립등기일 현재 조합장의 종전 임기 중 남은 임기가 2년을 초과하면 그 조합장의 임기는 그 남은 임기로 한다.

② 합병 후 존속하는 지역농협의 변경등기 당시 재임 중인 조합장, 조합원인 이사 및 감사의 남은 임기가 변경등기일 현재 2년 미만이면 제48조제1항에도 불구하고 그 임기를 변경등기일부터 2년으로 한다.

제76조(합병 지원) 국가와 중앙회는 지역농협의 합병을 촉진하기 위하여 필요하다고 인정되면 예산의 범위에서 자금을 지원할 수 있다.

제77조(분할) ① 지역농협이 분할할 때에는 분할 설립되는 조합이 승계하여야 하는 권리 · 의무의 범위를 총회에서 의결하여야 한다.

② 제1항에 따른 조합의 설립에 관하여는 분할 설립의 성질에 반하지 아니하면 이 장 제2절의 설립에 관한 규정을 준용한다.

제78조(조직변경) ① 지역농협이 품목조합으로 조직변경을 하려면 정관을 작성하여 총회의 의결을 거쳐 농림축산식품부장관의 인가를 받아야 한다.

② 제1항에 따른 지역농협의 조직변경에 관하여는 그 성질에 반하지 아니하면 이 장 제2절의 설립에 관한 규정을 준용한다.

③ 조직변경으로 인한 권리의무의 승계에 관하여는 합병에 관한 규정을 준용한다.

④ 신용사업을 하고 있는 지역농협이 품목조합으로 조직변경을 한 경우에는 조직변경 당시 하고 있는 신용사업의 범위에서 그 사업을 계속하여 할 수 있다.

제79조(합병으로 인한 권리 · 의무의 승계) ① 합병 후 존속하거나 설립되는 지역농협은 소멸되는 지역농협의 권리 · 의무를 승계한다.

② 지역농협의 합병 후 등기부나 그 밖의 공부(公簿)에 표시된 소멸된 지역농협의 명의(名義)는 존속하거나 설립된 합병 지역농협의 명의로 본다.

제80조(합병 · 분할 또는 조직변경의 공고, 최고 등) 지역농협의 합병 · 분할 또는 조직변경의 경우에는 제72조와 제73조를 준용한다.

제81조(합병등기의 효력) 지역농협의 합병은 합병 후 존속하거나 설립되는 지역농협이 그 주된 사무소의 소재지에서 제95조에 따른 등기를 함으로써 그 효력을 가진다.

제82조(해산 사유) 지역농협은 다음 각 호의 어느 하나에 해당하는 사유로 해산한다.

1. 정관으로 정한 해산 사유의 발생
2. 총회의 의결
3. 합병, 분할
4. 설립인가의 취소

[전문개정 2009. 6. 9.]

제83조(파산선고) 지역농협이 그 채무를 다 갚을 수 없게 되면 법원은 조합장이나 채권자의 청구에 의하여 또는 직권으로 파산을 선고할 수 있다.

제84조(청산인) ① 지역농협이 해산하면 파산으로 인한 경우 외에는 조합장이 청산인(清算人)이 된다. 다만, 총회에서 다른 사람을 청산인으로 선임하였을 때에는 그러하지 아니하다.

② 청산인은 직무의 범위에서 조합장과 동일한 권리 · 의무를 가진다.

③ 농림축산식품부장관은 지역농협의 청산 사무를 감독한다.

제85조(청산인의 직무) ① 청산인은 취임 후 지체 없이 재산 상황을 조사하고 재무상태표를 작성하여 재산 처분의 방법을 정한 후 이를 총회에 제출하여 승인을 받아야 한다. 〈개정 2011. 3. 31.〉

② 제1항의 승인을 받기 위하여 2회 이상 총회를 소집하여도 총회가 개의(開議)되지 아니하여 총회의 승인을 받을 수 없으면 농림축산식품부장관의 승인으로 총회의 승인을 갈음할 수 있다.

제86조(청산 잔여재산) 해산한 지역농협의 청산 잔여재산은 따로 법률로 정하는 것 외에는 정관으로 정하는 바에 따라 처분한다.

제87조(청산인의 재산 분배 제한) 청산인은 채무를 변제하거나 변제에 필요한 금액을 공탁한 후가 아니면 그 재산을 분배할 수 없다.

제88조(결산보고서) 청산 사무가 끝나면 청산인은 지체 없이 결산보고서를 작성하고 총회에 제출하여 승인을 받아야 한다. 이 경우 제85조제2항을 준용한다.

제89조(「민법」 등의 준용) 지역농협의 해산과 청산에 관하여는 「민법」 제79조, 제81조, 제87조, 제88조제1항 · 제2항, 제89조부터 제92조까지, 제93조제1항 · 제2항과 「비송사건절차법」 제121조를 준용한다.

제8절 등기

제90조(설립등기) ① 지역농협은 출자금의 납입이 끝난 날부터 2주일 이내에 주된 사무소의 소재지에서 설립등기를 하여야 한다.

② 설립등기신청서에는 다음 각 호의 사항을 적어야 한다.

1. 제16조제1호부터 제4호까지 및 제16호부터 제18호까지의 사항
2. 출자 총좌수와 납입한 출자금의 총액
3. 설립인가 연월일
4. 임원의 성명 · 주민등록번호 및 주소

③ 설립등기를 할 때에는 조합장이 신청인이 된다.

④ 제2항의 설립등기신청서에는 설립인가서, 창립총회의사록 및 정관의 사본을 첨부하여야 한다.

⑤ 합병이나 분할로 인한 지역농협의 설립등기신청서에는 다음 각 호의 서류를 모두 첨부하여야 한다.

1. 제4항에 따른 서류
2. 제80조에 따라 공고하거나 최고한 사실을 증명하는 서류
3. 제80조에 따라 이의를 진술한 채권자에게 변제나 담보를 제공한 사실을 증명하는 서류

제91조(지사무소의 설치등기) 지역농협의 지사무소를 설치하였으면 주된 사무소의 소재지에서는 3주일 이내에, 지사무소의 소재지에서는 4주일 이내에 등기하여야 한다.

제92조(사무소의 이전등기) ① 지역농협이 사무소를 이전하였으면 전소재지와 현소재지에서 각각 3주일 이내에 이전등기를 하여야 한다.

② 제1항에 따른 등기를 할 때에는 조합장이 신청인이 된다.

제93조(변경등기) ① 제90조제2항 각 호의 사항이 변경되면 주된 사무소 및 해당 지사무소의 소재지에서 각각 3주일 이내에 변경등기를 하여야 한다.

② 제90조제2항제2호의 사항에 관한 변경등기는 제1항에도 불구하고 회계연도 말을 기준으로 그 회계연도가 끝난 후 1개월 이내에 등기하여야 한다.

③ 제1항과 제2항에 따른 변경등기를 할 때에는 조합장이 신청인이 된다.

④ 제3항에 따른 등기신청서에는 등기 사항의 변경을 증명하는 서류를 첨부하여야 한다.

⑤ 출자감소, 합병 또는 분할로 인한 변경등기신청서에는 다음 각 호의 서류를 모두 첨부하여야 한다.

1. 제4항에 따른 서류
2. 제72조에 따라 공고하거나 최고한 사실을 증명하는 서류
3. 제73조에 따라 이의를 진술한 채권자에게 변제나 담보를 제공한 사실을 증명하는 서류

제94조(행정구역의 지명 변경과 등기) ① 행정구역의 지명이 변경되면 등기부 및 정관에 적힌 그 지역농협 사무소의 소재지와 구역에 관한 지명은 변경된 것으로 본다.
② 제1항에 따른 변경이 있으면 지역농협은 지체 없이 등기소에 알려야 한다.
③ 제2항에 따른 통지가 있으면 등기소는 등기부의 기재내용을 변경하여야 한다.

제95조(합병등기 등) ① 지역농협이 합병한 경우에는 합병인가를 받은 날부터 2주일 이내에 그 사무소의 소재지에서 합병 후 존속하는 지역농협은 변경등기를, 합병으로 소멸되는 지역농협은 해산등기를, 합병으로 설립되는 지역농협은 제90조에 따른 설립등기를 각 사무소의 소재지에서 하여야 한다.
② 제1항에 따른 해산등기를 할 때에는 합병으로 소멸되는 지역농협의 조합장이 신청인이 된다.
③ 제2항의 경우에는 해산 사유를 증명하는 서류를 첨부하여야 한다.

제96조(조직변경등기) 지역농협이 품목조합으로 변경되면 2주일 이내에 그 사무소의 소재지에서 지역농협에 관하여는 해산등기를, 품목조합에 관하여는 설립등기를 하여야 한다. 이 경우 해산등기에 관하여는 제97조제3항을, 설립등기에 관하여는 제90조를 준용한다.

제97조(해산등기) ① 지역농협이 해산한 경우에는 합병과 파산의 경우 외에는 주된 사무소의 소재지에서는 2주일 이내에, 지사무소의 소재지에서는 3주일 이내에 해산등기를 하여야 한다.
② 제1항에 따른 해산등기를 할 때에는 제4항의 경우 외에는 청산인이 신청인이 된다.
③ 해산등기신청서에는 해산 사유를 증명하는 서류를 첨부하여야 한다.
④ 농림축산식품부장관은 설립인가의 취소로 인한 해산등기를 촉탁(囑託)하여야 한다.

제98조(청산인등기) ① 청산인은 그 취임일부터 2주일 이내에 주된 사무소의 소재지에서 그 성명 · 주민등록번호 및 주소를 등기하여야 한다.
② 제1항에 따른 등기를 할 때 조합장이 청산인이 아닌 경우에는 신청인의 자격을 증명하는 서류를 첨부하여야 한다.

제99조(청산종결등기) ① 청산이 끝나면 청산인은 주된 사무소의 소재지에서는 2주일 이내에, 지사무소의 소재지에서는 3주일 이내에 청산종결의 등기를 하여야 한다.
② 제1항에 따른 등기신청서에는 제88조에 따른 결산보고서의 승인을 증명하는 서류를 첨부하여야 한다.

제100조(등기일의 기산일) 등기 사항으로서 농림축산식품부장관의 인가 · 승인 등이 필요한 것은 그 인가 등의 문서가 도달한 날부터 등기 기간을 계산한다.
제101조(등기부) 등기소는 지역농협등기부를 갖추어 두어야 한다.

제102조(「비송사건절차법」 등의 준용) 지역농협의 등기에 관하여 이 법에서 정한 사항 외에는 「비송사건절차법」 및 「상업등기법」 중 등기에 관한 규정을 준용한다.

제3장 지역축산업협동조합

제103조(목적) 지역축산업협동조합(이하 이 장에서 "지역축협"이라 한다)은 조합원의 축산업 생산성을 높이고 조합원이 생산한 축산물의 판로 확대 및 유통 원활화를 도모하며, 조합원이 필요로 하는 기술, 자금 및 정보 등을 제공함으로써 조합원의 경제적 · 사회적 · 문화적 지위향상을 증대하는 것을 목적으로 한다.

제104조(구역) 지역축협의 구역은 행정구역이나 경제권 등을 중심으로 하여 정관으로 정한다. 다만, 같은 구역에서는 둘 이상의 지역축협을 설립할 수 없다.

제105조(조합원의 자격) ① 조합원은 지역축협의 구역에 주소나 거소 또는 사업장이 있는 자로서 축산업을 경영하는 농업인이어야 하며, 조합원은 둘 이상의 지역축협에 가입할 수 없다.
② 제1항에 따른 축산업을 경영하는 농업인의 범위는 대통령령으로 정한다.

제106조(사업) 지역축협은 그 목적을 달성하기 위하여 다음 각 호의 사업의 전부 또는 일부를 수행한다.

1. 교육 · 지원사업
   가. 조합원이 생산한 축산물의 공동출하, 판매를 위한 교육 · 지원
   나. 축산업 생산 및 경영능력의 향상을 위한 상담 및 교육훈련
   다. 축산업 및 농촌생활 관련 정보의 수집 및 제공
   라. 농촌생활 개선 및 문화향상을 위한 교육 · 지원
   마. 도시와의 교류 촉진을 위한 사업
   바. 축산 관련 자조(自助) 조직의 육성 및 지원
   사. 신품종의 개발, 보급 및 축산기술의 확산을 위한 사육장, 연구소의 운영
   아. 가축의 개량 · 증식 · 방역(防疫) 및 진료사업
   자. 축산물의 안전성에 관한 교육 및 홍보
   차. 농촌 및 농업인의 정보화 지원
   카. 귀농인 · 귀촌인의 농업경영 및 농촌생활 정착을 위한 교육 · 지원
   타. 그 밖에 사업 수행과 관련한 교육 및 홍보
2. 경제사업
   가. 조합원이 생산한 축산물의 제조 · 가공 · 판매 · 수출 등의 사업
   나. 조합원이 생산한 축산물의 유통 조절 및 비축사업
   다. 조합원의 사업과 생활에 필요한 물자의 구입 · 제조 · 가공 · 공급 등의 사업
   라. 조합원의 사업이나 생활에 필요한 공동이용시설의 운영 및 기자재의 임대사업
   마. 조합원의 노동력이나 농촌의 부존자원(賦存資源)을 활용한 가공사업 · 관광사업 등 농외소득 증대사업

바. 위탁 양축사업(養畜事業)
사. 축산업 노동력의 알선 및 제공
아. 보관사업
자. 조합원과 출자법인의 경제사업의 조성, 지원 및 지도
3. 신용사업
가. 조합원의 예금과 적금의 수입
나. 조합원에게 필요한 자금의 대출
다. 내국환
라. 어음할인
마. 국가 · 공공단체 및 금융기관의 업무의 대리
바. 조합원을 위한 유가증권 · 귀금속 · 중요물품의 보관 등 보호예수 업무
사. 공과금, 관리비 등의 수납 및 지급대행
아. 수입인지, 복권, 상품권의 판매대행
4. 삭제 〈2011. 3. 31.〉
5. 조합원을 위한 의료지원 사업 및 복지시설의 운영
6. 다른 경제단체 · 사회단체 및 문화단체와의 교류 · 협력
7. 국가, 공공단체, 중앙회, 농협경제지주회사 및 그 자회사, 농협은행 또는 다른 조합이 위탁하는 사업
8. 다른 법령이 지역축협의 사업으로 규정하는 사업
9. 제1호부터 제8호까지의 사업과 관련되는 부대사업
10. 그 밖에 설립 목적의 달성에 필요한 사업으로서 농림축산식품부장관의 승인을 받은 사업

제107조(준용규정) ① 지역축협에 관하여는 제14조제2항, 제15조부터 제18조까지, 제19조제2항 · 제3항, 제20조, 제21조, 제21조의3, 제22조부터 제24조까지, 제24조의2, 제25조부터 제28조(같은 조 제2항은 제외한다)까지, 제29조부터 제49조까지, 제49조의2, 제50조, 제50조의2, 제50조의3, 제51조부터 제56조까지, 제57조제2항부터 제7항까지, 제57조의2, 제58조부터 제60조까지, 제62조부터 제65조까지, 제65조의2, 제66조부터 제75조까지, 제75조의2 및 제76조부터 제102조까지의 규정을 준용한다. 이 경우 "지역농협"은 "지역축협"으로, "농산물"은 "축산물"로 보고, 제24조의2제3항 중 "제57조제1항제2호"는 "제106조제2호"로, 제28조제5항 중 "제19조제1항"은 "제105조제1항"으로, 제30조제1항제1호의2 중 "제57조제1항제2호"는 "제106조제2호"로, 제49조제1항제12호 중 "제57조제1항"은 "제106조"로, 제57조제2항 중 "제1항"은 "제106조"로, 제57조제3항 중 "제1항제3호"는 "제106조제3호"로, 제57조제4항 중 "제1항제7호"는 "제106조제7호"로, 제57조제5항 각 호 외의 부분 전단 중 "제1항"은 "제106조"로, 제57조제5항제2호 중 "제1항제2호"는 "제106조제2호"로, 제57조제6항 중 "제1항"은 "제106조"로, 제58조제1항 단서 중 "제57조제1항제2호가목(농업인이 아닌 자의 판매사업은 제외한다) · 바목 · 사목 · 차목, 제3호마목 · 사목 · 아목, 제5호가목 · 나목, 제7호 및 제10호"는 "제106조제2호가목(농업인이 아닌 자의 판매사업은 제외한다) · 바목 · 아목, 제3호마목 · 사목 · 아목, 제5호(복지시설의 운영에만 해당한다), 제7호 및 제10호"

로, 제59조제2항제1호 중 "계약재배사업"은 "계약출하사업"으로, 제67조제3항 중 "제57조제1항제1호"는 "제106조제1호"로 본다.

② 지역축협의 우선출자에 관하여는 제147조를 준용한다. 이 경우 "중앙회"는 "지역축협"으로 보고, 제147조제2항 및 제4항 중 "제117조"는 "제107조제1항에 따라 준용되는 제21조"로 본다.

[2014. 12. 31. 법률 제12950호에 의하여 2013. 8. 29. 위헌 결정된 제46조제4항제3호를 삭제함]

제107조(준용규정) ① 지역축협에 관하여는 제14조제2항, 제15조부터 제18조까지, 제19조제2항ㆍ제3항ㆍ제5항, 제20조, 제21조, 제21조의3, 제22조부터 제24조까지, 제24조의2, 제25조부터 제28조(같은 조 제2항은 제외한다)까지, 제29조부터 제49조까지, 제49조의2, 제50조, 제50조의2, 제50조의3, 제51조부터 제56조까지, 제57조제2항부터 제7항까지, 제57조의2, 제58조부터 제60조까지, 제62조부터 제65조까지, 제65조의2, 제66조부터 제75조까지, 제75조의2 및 제76조부터 제102조까지의 규정을 준용한다. 이 경우 "지역농협"은 "지역축협"으로, "농산물"은 "축산물"로 보고, 제24조의2제3항 중 "제57조제1항제2호"는 '"제106조제2호"로, 제28조제5항 중 "제19조제1항"은 "제105조제1항"으로, 제30조제1항제1호의2 중 "제57조제1항제2호"는 "제106조제2호"로, 제49조제1항제12호 중 "제57조제1항"은 "제106조"로, 제57조제2항 중 "제1항"은 "제106조"로, 제57조제3항 중 "제1항제3호"는 "제106조제3호"로, 제57조제4항 중 "제1항제7호"는 "제106조제7호"로, 제57조제5항 각 호 외의 부분 전단 중 "제1항"은 "제106조"로, 제57조제5항제2호 중 "제1항제2호"는 "제106조제2호"로, 제57조제6항 중 "제1항"은 "제106조"로, 제58조제1항 단서 중 "제57조제1항제2호가목(농업인이 아닌 자의 판매사업은 제외한다)ㆍ바목ㆍ사목ㆍ차목, 제3호마목ㆍ사목ㆍ아목, 제5호가목ㆍ나목, 제7호 및 제10호"는 "제106조제2호가목(농업인이 아닌 자의 판매사업은 제외한다)ㆍ바목ㆍ아목, 제3호마목ㆍ사목ㆍ아목, 제5호(복지시설의 운영에만 해당한다), 제7호 및 제10호"로, 제59조제2항제1호 중 "계약재배사업"은 "계약출하사업"으로, 제67조제3항 중 "제57조제1항제1호"는 "제106조제1호"로 본다.

② 지역축협의 우선출자에 관하여는 제147조를 준용한다. 이 경우 "중앙회"는 "지역축협"으로 보고, 제147조제2항 및 제4항 중 "제117조"는 "제107조제1항에 따라 준용되는 제21조"로 본다.

[2014. 12. 31. 법률 제12950호에 의하여 2013. 8. 29. 위헌 결정된 제46조제4항제3호를 삭제함]

[시행일 : 2024. 4. 24.] 제107조

제4장 품목별ㆍ업종별협동조합

제108조(목적) 품목조합은 정관으로 정하는 품목이나 업종의 농업 또는 정관으로 정하는 한우사육업, 낙농업, 양돈업, 양계업, 그 밖에 대통령령으로 정하는 가축사육업의 축산업을 경영하는 조합원에게 필요한 기술ㆍ자금 및 정보 등을 제공하고, 조합원이 생산한 농축산물의 판로 확대 및 유통 원활화를 도모하여 조합원의 경제적ㆍ사회적ㆍ문화적 지위향상을 증대시키는 것을 목적으로 한다.

제109조(구역) 품목조합의 구역은 정관으로 정한다.

제110조(조합원의 자격 등) ① 품목조합의 조합원은 그 구역에 주소나 거소 또는 사업장이 있는 농업인으로서 정관으로 정하는 자격을 갖춘 자로 한다.

② 조합원은 같은 품목이나 업종을 대상으로 하는 둘 이상의 품목조합에 가입할 수 없다. 다만, 연작(連作)에 따른 피해로 인하여 사업장을 품목조합의 구역 외로 이전하는 경우에는 그러하지 아니하다.

제111조(사업) 품목조합은 그 목적을 달성하기 위하여 다음 각 호의 사업의 전부 또는 일부를 수행한다.

1. 교육 · 지원사업
   가. 조합원이 생산한 농산물이나 축산물의 공동출하, 판매를 위한 교육 · 지원
   나. 생산력의 증진과 경영능력의 향상을 위한 상담 및 교육훈련
   다. 조합원이 필요로 하는 정보의 수집 및 제공
   라. 신품종의 개발, 보급 및 기술확산 등을 위한 시범포, 육묘장, 사육장 및 연구소의 운영
   마. 가축의 증식, 방역 및 진료와 축산물의 안전성에 관한 교육 및 홍보(축산업의 품목조합에만 해당한다)
   바. 농촌 및 농업인의 정보화 지원
   사. 귀농인 · 귀촌인의 농업경영 및 농촌생활 정착을 위한 교육 · 지원
   아. 그 밖에 사업 수행과 관련한 교육 및 홍보
2. 경제사업
   가. 조합원이 생산하는 농산물이나 축산물의 제조 · 가공 · 판매 · 수출 등의 사업
   나. 조합원이 생산한 농산물이나 축산물의 유통 조절 및 비축사업
   다. 조합원의 사업과 생활에 필요한 물자의 구입 · 제조 · 가공 · 공급 등의 사업
   라. 조합원의 사업이나 생활에 필요한 공동이용시설의 운영 및 기자재의 임대사업
   마. 위탁영농이나 위탁양축사업
   바. 노동력의 알선 및 제공
   사. 보관사업
   아. 조합원과 출자법인의 경제사업의 조성, 지원 및 지도
3. 삭제 〈2011. 3. 31.〉
4. 조합원을 위한 의료지원사업 및 복지시설의 운영
5. 다른 경제단체 · 사회단체 및 문화단체와의 교류 · 협력
6. 국가, 공공단체, 중앙회, 농협경제지주회사 및 그 자회사, 농협은행 또는 다른 조합이 위탁하는 사업
7. 다른 법령에서 품목조합의 사업으로 정하는 사업
8. 제1호부터 제7호까지의 사업과 관련되는 부대사업
9. 그 밖에 설립 목적의 달성에 필요한 사업으로서 농림축산식품부장관의 승인을 받은 사업

제112조(준용규정) ① 품목조합에 관하여는 제14조제2항, 제15조부터 제18조까지, 제19조제2항, 제20조, 제21조, 제21조의3, 제22조부터 제24조까지, 제24조의2, 제25조부터 제28조(같은 조 제2항은 제외한다)까지, 제29조부터 제49조까지, 제49조의2, 제50조, 제50조의2, 제50조의3, 제51조부터 제56조까지, 제57조제2항부터 제7항까지, 제57조의2, 제58조부터 제60조까지, 제62조부터 제65조까지, 제65조의2, 제66조부터 제75조까지, 제75조의2, 제76조, 제77조, 제79조부터 제95조까지 및 제97조부터 제102조까지의 규정을 준용한다. 이 경우 "지역농협"은 "품목조합"으로, "농산물"은 "농산물 또는 축산물"로 보고, 제24조의2제3항 중 "제57조제1항제2호"는 "제111조제2호"로, 제28조제5항 중 "제19조제1항"은 "제110조제1항"으로, 제30조제1항제1호의2 중 "제57조제1항제2호"는 "제111조제2호"로, "제49조제1항제12호 중 "제57조제1항"은 "제111조"로, 제57조제2항 중 "제1항"은 "제111조"로, 제57조제3항 중 "제1항제3호"는 "제78조제4항(제107조제1항에서 준용하는 경우를 포함한다)"으로, 제57조제4항 중 "제1항제7호"는 "제111조제6호"로, 제57조제5항 각 호 외의 부분 전단 중 "제1항"은 "제111조"로, 제57조제5항제2호 중 "제1항제2호"는 "제111조제2호"로, 제57조제6항 중 "제1항"은 "제111조"로, 제58조제1항 단서 중 "제57조제1항제2호가목(농업인이 아닌 자의 판매사업은 제외한다) · 바목 · 사목 · 차목, 제3호마목 · 사목 · 아목, 제5호가목 · 나목, 제7호 및 제10호"는 "제111조제2호가목(농업인이 아닌 자의 판매사업은 제외한다) · 마목 · 사목, 제4호(복지시설의 운영에만 해당한다), 제6호 및 제9호"로, 제59조제2항제1호 중 "계약재배사업"은 "계약재배사업 또는 계약출하사업"으로, 제67조제3항 중 "제57조제1항제1호"는 "제111조제1호"로, 제80조 중 "합병 · 분할 또는 조직변경"은 "합병 또는 분할"로 본다.

② 품목조합의 우선출자에 관하여는 제147조를 준용한다. 이 경우 "중앙회"는 "품목조합"으로 보고, 제147조제2항 및 제4항 중 "제117조"는 "제112조제1항에 따라 준용되는 제21조"로 본다.

제112조(준용규정) ① 품목조합에 관하여는 제14조제2항, 제15조부터 제18조까지, 제19조제2항 · 제5항, 제20조, 제21조, 제21조의3, 제22조부터 제24조까지, 제24조의2, 제25조부터 제28조(같은 조 제2항은 제외한다)까지, 제29조부터 제49조까지, 제49조의2, 제50조, 제50조의2, 제50조의3, 제51조부터 제56조까지, 제57조제2항부터 제7항까지, 제57조의2, 제58조부터 제60조까지, 제62조부터 제65조까지, 제65조의2, 제66조부터 제75조까지, 제75조의2, 제76조, 제77조, 제79조부터 제95조까지 및 제97조부터 제102조까지의 규정을 준용한다. 이 경우 "지역농협"은 "품목조합"으로, "농산물"은 "농산물 또는 축산물"로 보고, 제24조의2제3항 중 "제57조제1항제2호"는 "제111조제2호"로, 제28조제5항 중 "제19조제1항"은 "제110조제1항"으로, 제30조제1항제1호의2 중 "제57조제1항제2호"는 "제111조제2호"로, "제49조제1항제12호 중 "제57조제1항"은 "제111조"로, 제57조제2항 중 "제1항"은 "제111조"로, 제57조제3항 중 "제1항제3호"는 "제78조제4항(제107조제1항에서 준용하는 경우를 포함한다)"으로, 제57조제4항 중 "제1항제7호"는 "제111조제6호"로, 제57조제5항 각 호 외의 부분 전단 중 "제1항"은 "제111조"로, 제57조제5항제2호 중 "제1항제2호"는 "제111조제2호"로, 제57조제6항 중 "제1항"은 "제111조"로, 제58조제1항 단서 중 "제57조제1항제2호가목(농업인이 아닌 자의 판매사업은 제외한다) · 바목 · 사목 · 차목, 제3호마목 · 사목 · 아목, 제5호가목 · 나목, 제7호 및 제10호"는 "제111조제2호가목(농업인이 아닌 자의 판매사업은 제외한

다)·마목·사목, 제4호(복지시설의 운영에만 해당한다), 제6호 및 제9호"로, 제59조제2항제1호 중 "계약재배사업"은 "계약재배사업 또는 계약출하사업"으로, 제67조제3항 중 "제57조제1항제1호"는 "제111조제1호"로, 제80조 중 "합병·분할 또는 조직변경"은 "합병 또는 분할"로 본다.

② 품목조합의 우선출자에 관하여는 제147조를 준용한다. 이 경우 "중앙회"는 "품목조합"으로 보고, 제147조제2항 및 제4항 중 "제117조"는 "제112조제1항에 따라 준용되는 제21조"로 본다.

[시행일 : 2024. 4. 24.] 제112조

제4장의2 조합공동사업법인 〈개정 2009. 6. 9.〉

제112조의2(목적) 조합공동사업법인은 사업의 공동수행을 통하여 농산물이나 축산물의 판매·유통 등과 관련된 사업을 활성화함으로써 농업의 경쟁력 강화와 농업인의 이익 증진에 기여하는 것을 목적으로 한다.

제112조의3(법인격 및 명칭)

① 이 법에 따라 설립되는 조합공동사업법인은 법인으로 한다.

② 조합공동사업법인은 그 명칭 중에 지역명이나 사업명을 붙인 조합공동사업법인의 명칭을 사용하여야 한다.

③ 이 법에 따라 설립된 조합공동사업법인이 아니면 제2항에 따른 명칭 또는 이와 유사한 명칭을 사용하지 못한다.

제112조의4(회원의 자격 등) ① 조합공동사업법인의 회원은 조합, 중앙회, 농협경제지주회사 및 그 자회사(해당 사업 관련 자회사에 한정한다. 이하 이 장에서 같다), 「농어업경영체 육성 및 지원에 관한 법률」 제16조에 따른 영농조합법인, 같은 법 제19조에 따른 농업회사법인으로 하며, 다른 조합공동사업법인을 준회원으로 한다.

② 조합공동사업법인의 회원이 되려는 자는 정관으로 정하는 바에 따라 출자하여야 하며, 조합공동사업법인은 준회원에 대하여 정관으로 정하는 바에 따라 가입금 및 경비를 부담하게 할 수 있다. 다만, 조합이 아닌 회원이 출자한 총액은 조합공동사업법인 출자 총액의 100분의 50(중앙회와 농협경제지주회사 및 그 자회사는 합산하여 100분의 30) 미만으로 한다.

③ 회원은 출자액에 비례하여 의결권을 가진다.

제112조의5(설립인가 등) ① 조합공동사업법인을 설립하려면 둘 이상의 조합이 발기인이 되어 정관을 작성하고 창립총회의 의결을 거친 후 농림축산식품부장관의 인가를 받아야 한다.

② 출자금 등 제1항에 따른 인가에 필요한 기준과 절차는 대통령령으로 정한다.

③ 조합공동사업법인의 설립인가에 관하여는 제15조제2항부터 제6항까지의 규정을 준용한다.

제112조의6(정관기재사항) ① 조합공동사업법인의 정관에는 다음 각 호의 사항이 포함되어야 한다.

1. 목적
2. 명칭

3. 주된 사무소의 소재지
4. 회원의 자격과 가입 · 탈퇴 및 제명에 관한 사항
5. 출자 및 가입금과 경비에 관한 사항
6. 회원의 권리와 의무
7. 임원의 선임 및 해임에 관한 사항
8. 사업의 종류와 집행에 관한 사항
9. 적립금의 종류와 적립방법에 관한 사항
10. 잉여금의 처분과 손실금의 처리 방법에 관한 사항
11. 그 밖에 이 법에서 정관으로 정하도록 규정한 사항

② 조합공동사업법인이 정관을 변경하려면 농림축산식품부장관의 인가를 받아야 한다. 다만, 농림축산식품부장관이 정하여 고시한 정관례에 따라 정관을 변경하는 경우에는 농림축산식품부장관의 인가를 받지 아니하여도 된다.

제112조의7(임원) 조합공동사업법인에는 임원으로 대표이사 1명을 포함한 2명 이상의 이사와 1명 이상의 감사를 두되, 그 정수(定數)와 임기는 정관으로 정한다.

제112조의8(사업) 조합공동사업법인은 그 목적을 달성하기 위하여 다음 각 호의 사업의 전부 또는 일부를 수행한다.

1. 회원을 위한 물자의 공동구매 및 상품의 공동판매와 이에 수반되는 운반 · 보관 및 가공사업
2. 회원을 위한 상품의 생산 · 유통 조절 및 기술의 개발 · 보급
3. 회원을 위한 자금 대출의 알선과 공동사업을 위한 국가 · 공공단체, 중앙회, 농협경제지주회사 및 그 자회사 또는 농협은행으로부터의 자금 차입
4. 국가 · 공공단체 · 조합 · 중앙회 · 농협경제지주회사 및 그 자회사 또는 다른 조합공동사업법인이 위탁하는 사업
5. 그 밖에 회원의 공동이익 증진을 위하여 정관으로 정하는 사업

제112조의9(조합공동사업법인의 합병에 관한 특례) ① 조합공동사업법인은 경제사업의 활성화를 위하여 중앙회의 자회사 또는 농협경제지주회사의 자회사와 합병할 수 있다.

② 제1항의 경우 조합공동사업법인에 관하여는 「상법」 제522조제1항, 제522조의2, 제522조의3제1항, 제527조의5제1항 및 제3항, 제528조부터 제530조까지를 준용한다. 이 경우 제522조제1항 및 제527조의5제1항 중 "회사"는 "조합공동사업법인"으로, "주주총회"는 "총회"로, "주주"는 "회원"으로 보고, 제522조의2제1항제3호 중 "각 회사"는 "각 조합공동사업법인과 회사"로, 제522조의3제1항 중 "주식의 매수를 청구할 수 있다"를 "지분의 환급을 청구할 수 있다"로 보며, 제528조 중 "본점소재지"는 "주된 사무소 소재지"로, "지점소재지"는 "지사무소 소재지"로, "합병으로 인하여 소멸하는 회사"는 "합병으로 인하여 소멸하는 조합공동사업법인"으로 보고, 제529조 중 "각회사"는 "조합공동사업법인"으로, "주주"는 "회원"으로 본다.

[종전 제112조의9는 제112조의10으로 이동 〈2014. 12. 31.〉]

제112조의10(회계처리기준) 조합공동사업법인의 회계처리기준은 농림축산식품부장관이 정하여 고시한다.
[제112조의9에서 이동, 종전 제112조의10은 제112조의11로 이동 〈2014. 12. 31.〉]

제112조의11(준용규정) ① 조합공동사업법인에 관하여는 제14조제2항, 제17조, 제18조, 제21조, 제22조부터 제24조까지, 제25조, 제27조, 제29조, 제30조(제1항제1호의2는 제외한다), 제31조부터 제40조까지, 제43조(같은 조 제3항제11호 및 제12호는 제외한다), 제47조, 제52조, 제53조, 제55조, 제62조, 제65조, 제67조제1항 · 제2항 · 제4항, 제68조제1항 · 제2항, 제69조, 제70조(제2호는 제외한다), 제71조부터 제74조까지, 제82조부터 제94조까지 및 제97조부터 제102조까지의 규정을 준용한다. 이 경우 "지역농협"은 "조합공동사업법인"으로, "조합장"은 "대표이사"로, "조합원"은 "회원"으로 보고, 제17조제1항 중 "제15조제1항"은 "제112조의5제1항"으로, 제27조제2항 중 "조합원 또는 본인과 동거하는 가족(제19조제2항 · 제3항에 따른 법인 또는 조합의 경우에는 조합원 · 사원 등 그 구성원을 말한다)이어야 하며, 대리인이 대리할 수 있는 조합원의 수는 1인으로 한정한다"는 "회원이어야 하며, 대리인은 회원의 의결권 수에 따라 대리할 수 있다"로, 제35조제1항제2호 중 "해산 · 분할 또는 품목조합으로의 조직 변경"은 "해산"으로, 제38조 본문 중 "조합원 과반수의 출석으로 개의하고 출석조합원 과반수의 찬성"은 "의결권 총수의 과반수에 해당하는 회원의 출석으로 개의하고 출석한 회원의 의결권 과반수의 찬성"으로, 제38조 단서 중 "조합원 과반수의 출석과 출석조합원 3분의 2 이상의 찬성"은 "의결권 총수의 과반수에 해당하는 회원의 출석과 출석한 회원의 의결권 3분의 2 이상의 찬성"으로, 제39조제1항 단서 중 "조합원 과반수의 출석과 출석조합원 3분의 2 이상의 찬성"은 "의결권 총수의 과반수에 해당하는 회원의 출석과 출석한 회원의 의결권 3분의 2 이상의 찬성"으로, 제40조제2항 중 "5인"은 "2인"으로, 제52조제3항 중 "다른 조합"은 "다른 조합공동사업법인"으로, 제68조제2항 중 "법정적립금, 이월금"은 "법정적립금"으로 본다.

② 조합공동사업법인의 우선출자에 관하여는 제147조를 준용한다. 이 경우 "중앙회"는 "조합공동사업법인"으로 보고, 제147조제2항 및 제4항 중 "제117조"는 "제112조의11제1항에 따라 준용되는 제21조"로 본다.

[제112조의10에서 이동 〈2014. 12. 31.〉]

제112조의11(준용규정) ① 조합공동사업법인에 관하여는 제14조제2항, 제17조, 제18조, 제21조, 제22조부터 제24조까지, 제25조, 제27조, 제29조, 제30조(제1항제1호의2는 제외한다), 제31조부터 제40조까지, 제43조(같은 조 제3항제11호 및 제12호는 제외한다), 제47조, 제52조, 제53조, 제55조, 제62조, 제65조, 제67조제1항 · 제2항 · 제4항, 제68조제1항 · 제2항, 제69조, 제70조(제2호는 제외한다), 제71조부터 제74조까지, 제82조부터 제94조까지 및 제97조부터 제102조까지의 규정을 준용한다. 이 경우 "지역농협"은 "조합공동사업법인"으로, "조합장"은 "대표이사"로, "조합원"은 "회원"으로 보고, 제17조제1항 중 "제15조제1항"은 "제112조의5제1항"으로, 제27조제2항 중 "조합원 또는 본인과 동거하는 가족(제19조제2항 · 제3항에 따른 법인 또는 조합의 경우에는 조합원 · 사원 등 그 구성원을 말한다)이어야 하며, 대리인이 대리할 수 있는 조합원의 수는 1인으로 한정한다"는 "회원이어야 하며, 대리인은 회원의 의결권 수에 따라

대리할 수 있다"로, 제35조제1항제2호 중 "해산 · 분할 또는 품목조합으로의 조직 변경"은 "해산"으로, 제38조제1항 본문 중 "조합원 과반수의 출석으로 개의하고 출석조합원 과반수의 찬성"은 "의결권 총수의 과반수에 해당하는 회원의 출석으로 개의하고 출석한 회원의 의결권 과반수의 찬성"으로, 제38조제1항 단서 중 "조합원 과반수의 출석과 출석조합원 3분의 2 이상의 찬성"은 "의결권 총수의 과반수에 해당하는 회원의 출석과 출석한 회원의 의결권 3분의 2 이상의 찬성"으로, 제39조제1항 단서 중 "조합원 과반수의 출석과 출석조합원 3분의 2 이상의 찬성"은 "의결권 총수의 과반수에 해당하는 회원의 출석과 출석한 회원의 의결권 3분의 2 이상의 찬성"으로, 제40조제2항 중 "5인"은 "2인"으로, 제52조제3항 중 "다른 조합"은 "다른 조합공동사업법인"으로, 제68조제2항 중 "법정적립금, 이월금"은 "법정적립금"으로 본다.

② 조합공동사업법인의 우선출자에 관하여는 제147조를 준용한다. 이 경우 "중앙회"는 "조합공동사업법인"으로 보고, 제147조제2항 및 제4항 중 "제117조"는 "제112조의11제1항에 따라 준용되는 제21조"로 본다.

[제112조의10에서 이동 〈2014. 12. 31.〉]

[시행일 : 2024. 4. 24.] 제112조의11

제5장 농업협동조합중앙회

제1절 통칙

제113조(목적) 중앙회는 회원의 공동이익의 증진과 그 건전한 발전을 도모하는 것을 목적으로 한다.

제114조(사무소와 구역) ① 중앙회는 서울특별시에 주된 사무소를 두고, 정관으로 정하는 기준과 절차에 따라 지사무소를 둘 수 있다.

② 중앙회는 전국을 구역으로 하되, 둘 이상의 중앙회를 설립할 수 없다.

제115조(회원) ① 중앙회는 지역조합, 품목조합 및 제138조에 따른 품목조합연합회를 회원으로 한다.

② 중앙회는 농림축산식품부장관의 인가를 받아 설립된 조합 또는 제138조에 따른 품목조합연합회가 회원가입 신청을 하면 그 신청일부터 60일 이내에 가입을 승낙하여야 한다. 다만, 다음 각 호의 어느 하나에 해당할 때에는 승낙을 하지 아니할 수 있다.

1. 「농업협동조합의 구조개선에 관한 법률」 제2조제3호에 따른 부실조합 및 같은 조 제4호에 따른 부실우려조합의 기준에 해당하는 조합
2. 조합 또는 제138조에 따른 품목조합연합회가 제123조제2호에 따라 제명된 후 2년이 지나지 아니한 경우
3. 그 밖에 대통령령으로 정하는 기준에 해당되어 중앙회 및 그 회원의 발전을 해칠 만한 현저한 이유가 있는 조합. 이 경우 농림축산식품부장관의 동의를 받아야 한다.

제116조(준회원) 중앙회는 정관으로 정하는 바에 따라 제112조의3에 따른 조합공동사업법인 및 농업 또는 농촌 관련 단체와 법인을 준회원으로 할 수 있다.

제117조(출자) ① 회원은 정관으로 정하는 좌수 이상의 출자를 하여야 한다.
② 출자 1좌의 금액은 정관으로 정한다.

제118조(당연 탈퇴) 회원이 해산하거나 파산하면 그 회원은 당연히 탈퇴된다.

제119조(회원의 책임) 중앙회 회원의 책임은 그 출자액을 한도로 한다.

제120조(정관기재사항) ① 중앙회의 정관에는 다음 각 호의 사항이 포함되어야 한다. 〈개정 2011. 3. 31.〉

1. 목적, 명칭과 구역
2. 주된 사무소의 소재지
3. 출자에 관한 사항
4. 우선출자에 관한 사항
5. 회원의 가입과 탈퇴에 관한 사항
6. 회원의 권리 · 의무에 관한 사항
7. 총회와 이사회에 관한 사항
8. 임원, 집행간부 및 집행간부 외의 간부직원(이하 "일반간부직원"이라 한다)에 관한 사항
9. 사업의 종류 및 업무집행에 관한 사항
10. 회계와 손익의 구분 등 독립사업부제의 운영에 관한 사항
11. 경비 부과와 과태금 징수에 관한 사항
12. 농업금융채권의 발행에 관한 사항
13. 회계에 관한 사항
14. 공고의 방법에 관한 사항

② 중앙회의 정관 변경은 총회의 의결을 거쳐 농림축산식품부장관의 인가를 받아야 한다.

제121조(설립 · 해산) ① 중앙회를 설립하려면 15개 이상의 조합이 발기인이 되어 정관을 작성하고 창립총회의 의결을 거쳐 농림축산식품부장관의 인가를 받아야 한다. 〈개정 2013. 3. 23.〉
② 제1항에 따른 인가를 받으면 제17조에 준하여 조합으로 하여금 출자금을 납입하도록 하여야 한다.
③ 중앙회의 해산에 관하여는 따로 법률로 정한다.

제2절 기관

제122조(총회) ① 중앙회에 총회를 둔다.
② 총회는 회장과 회원으로 구성하고, 회장이 소집한다.
③ 회장은 총회의 의장이 된다.

④ 정기총회는 매년 1회 정관으로 정한 시기에 소집하고 임시총회는 필요할 때에 수시로 소집한다.
⑤ 중앙회의 회원은 해당 조합의 조합원 수 등 대통령령으로 정하는 기준에 따라 정관으로 정하는 바에 따라 총회에서 한표에서 세 표까지의 의결권을 행사한다.

제123조(총회의 의결 사항) 다음 각 호의 사항은 총회의 의결이 있어야 한다.

1. 정관의 변경
2. 회원의 제명
3. 임원 및 조합감사위원장의 선출과 해임
4. 사업 계획, 수지 예산 및 결산의 승인
5. 그 밖에 이사회나 회장이 필요하다고 인정하는 사항

제123조의2(총회의 개의와 의결) ① 중앙회의 총회는 이 법에 다른 규정이 있는 경우 외에는 의결권 총수의 과반수에 해당하는 회원의 출석으로 개의하고, 출석한 회원의 의결권 과반수의 찬성으로 의결한다.
② 제123조제1호 및 제2호의 사항은 의결권 총수의 과반수에 해당하는 회원의 출석으로 개의하고, 출석한 회원의 의결권 3분의 2 이상의 찬성으로 의결한다.

제124조(대의원회) ① 중앙회에 총회를 갈음하는 대의원회를 둔다. 다만, 제130조제1항에 따른 회장의 선출을 위한 총회 및 제54조제1항을 준용하는 제161조에 따른 임원의 해임을 위한 총회의 경우에는 그러하지 아니하다.
② 대의원의 수는 회원의 3분의 1의 범위에서 조합원수 및 경제 사업규모 등을 고려하여 정관으로 정하되, 회원인 지역조합과 품목조합의 대표성이 보장될 수 있도록 하여야 한다.
③ 대의원의 임기는 정관으로 정한다.
④ 대의원은 정관으로 정하는 바에 따라 회원의 직접투표로 선출하되, 대의원을 선출하기 위한 회원별 투표권의 수는 제122조제5항에 따른 의결권의 수와 같다.
⑤ 대의원은 대의원회에서 한 표의 의결권을 행사하며, 대의원회의 운영 등에 관한 세부 사항은 정관으로 정한다.
⑥ 대의원회의 개의와 의결에 관하여는 제123조의2를 준용한다.

제125조(이사회) ① 중앙회에 이사회를 둔다.
② 이사회는 다음 각 호의 사람을 포함한 이사로 구성하되, 이사회 구성원의 2분의 1 이상은 회원인 조합의 조합장(이하 "회원조합장"이라 한다)이어야 한다.

1. 회장
2. 삭제 〈2016. 12. 27.〉
3. 삭제 〈2016. 12. 27.〉
4. 상호금융대표이사
5. 전무이사

③ 제2항의 회원조합장인 이사의 3분의 1 이상은 품목조합의 조합장으로 한다.
④ 이사회는 다음 각 호의 사항을 의결한다.
1. 중앙회의 경영목표의 설정
2. 중앙회의 사업계획 및 자금계획의 종합조정
3. 중앙회의 조직 · 경영 및 임원에 관한 규정의 제정 · 개정 및 폐지
4. 조합에서 중앙회에 예치하는 여유자금의 하한 비율 또는 금액
5. 상호금융대표이사 및 전무이사(이하 "사업전담대표이사등"이라 한다)의 해임건의에 관한 사항
6. 제125조의5에 따른 인사추천위원회 구성에 관한 사항
7. 제125조의6에 따른 교육위원회 구성에 관한 사항
8. 중앙회의 중요한 자산의 취득 및 처분에 관한 사항
9. 중앙회 업무의 위험관리에 관한 사항
10. 제125조의5제1항에 따라 추천된 후보자(감사위원후보자는 제외한다) 선임에 관한 사항
11. 사업전담대표이사등의 소관사업에 대한 성과평가에 관한 사항
11의2. 회원의 발전계획 수립에 관한 사항
12. 총회로부터 위임된 사항
13. 그 밖에 회장 또는 이사 3분의 1 이상이 필요하다고 인정하는 사항
⑤ 이사회는 제4항에 따라 의결된 사항에 대하여 회장 및 사업전담대표이사등의 업무집행상황을 감독한다.
⑥ 집행간부는 이사회에 출석하여 의견을 진술할 수 있다.
⑦ 이사회의 운영에 필요한 사항은 정관으로 정한다.

제125조의2(상호금융 소이사회) ① 이사회 운영의 전문성과 효율성을 도모하기 위하여 상호금융대표이사의 소관사업부문에 소이사회를 둔다.
② 소이사회는 상호금융대표이사와 이사로 구성하고, 상호금융대표이사는 소이사회의 의장이 되며, 구성원의 4분의 1 이상은 회원조합장이 아닌 이사이어야 한다.
③ 소이사회는 다음 각 호의 사항 중 이사회가 위임한 사항을 의결한다.
1. 소관 업무의 경영목표의 설정에 관한 사항
2. 소관 업무의 사업계획 및 자금계획에 관한 사항
3. 소관 업무에 관련된 조직 및 그 업무의 운영에 관한 사항
4. 소관 업무와 관련된 중요한 자산의 취득 및 처분에 관한 사항
5. 소관 업무의 위험관리에 관한 사항
④ 소이사회는 구성원 과반수의 출석으로 개의하고, 출석구성원 과반수의 찬성으로 의결한다.
⑤ 소이사회는 의결된 사항을 제125조제2항에 따른 이사에게 각각 통지하여야 한다. 이 경우 이를 통지받은 각 이사는 이사회의 소집을 요구할 수 있으며, 이사회는 소이사회가 의결한 사항에 대하여 다시 의결할 수 있다.

⑥ 소이사회는 제3항에 따라 의결된 사항(제5항 후단에 따라 이사회에서 다시 의결된 사항은 제외한다)에 대하여 상호금융대표이사의 업무집행상황을 감독한다.
⑦ 집행간부는 소이사회에 출석하여 의견을 진술할 수 있다.
⑧ 소이사회의 운영에 관하여 필요한 사항은 정관으로 정한다.

제125조의3 삭제 〈2009. 6. 9.〉

제125조의4(내부통제기준 등) ① 중앙회는 법령과 정관을 준수하고 중앙회의 이용자를 보호하기 위하여 중앙회의 임직원이 그 직무를 수행할 때 따라야 할 기본적인 절차와 기준(이하 "내부통제기준"이라 한다)을 정하여야 한다.
② 중앙회는 내부통제기준의 준수여부를 점검하고 내부통제기준을 위반하면 이를 조사하여 감사위원회에 보고하는 사람(이하 "준법감시인"이라 한다)을 1명 이상 두어야 한다.
③ 준법감시인은 대통령령으로 정하는 자격요건에 적합한 사람 중에서 이사회의 의결을 거쳐 회장이 임면한다.
④ 내부통제기준과 준법감시인에 관한 세부사항은 대통령령으로 정한다.

제125조의5(인사추천위원회) ① 다음 각 호의 사람을 추천하기 위하여 이사회에 인사추천위원회를 둔다.
1. 제130조제2항에 따라 선출되는 사업전담대표이사등
2. 제130조제4항에 따라 선출되는 이사
3. 제129조제3항에 따라 선출되는 감사위원
4. 제144조제1항에 따라 선출되는 조합감사위원장
② 인사추천위원회는 다음과 같이 구성하고, 위원장은 위원 중에서 호선한다.
1. 이사회가 위촉하는 회원조합장 4명
2. 농업인단체 및 학계 등이 추천하는 학식과 경험이 풍부한 외부전문가(공무원은 제외한다) 중에서 이사회가 위촉하는 3명
③ 농업인단체는 학식과 경험이 풍부한 외부전문가 중에서 제1항제2호에 따른 이사 후보자를 인사추천위원회에 추천할 수 있다.
④ 그 밖에 인사추천위원회 구성과 운영에 필요한 사항은 정관으로 정한다.

제125조의5(인사추천위원회) ① 다음 각 호의 사람을 추천하기 위하여 이사회에 인사추천위원회를 둔다.
1. 제130조제2항에 따라 선출되는 사업전담대표이사등
2. 제130조제4항에 따라 선출되는 이사
3. 제129조제3항에 따라 선출되는 감사위원
4. 제144조제1항에 따라 선출되는 조합감사위원장
② 인사추천위원회는 다음과 같이 구성하고, 위원장은 제2호에 따른 위원 중에서 호선한다.
1. 이사회가 위촉하는 회원조합장 3명

2. 농업인단체 및 학계 등이 추천하는 학식과 경험이 풍부한 외부전문가(공무원은 제외한다) 중에서 이사회가 위촉하는 4명

③ 농업인단체는 학식과 경험이 풍부한 외부전문가 중에서 제1항제2호에 따른 이사 후보자를 인사추천위원회에 추천할 수 있다.

④ 그 밖에 인사추천위원회 구성과 운영에 필요한 사항은 정관으로 정한다.

[시행일 미지정] 제125조의5

제125조의6(교육위원회) ① 제134조제1항제1호나목에 따른 교육업무의 계획을 수립하고 운영하기 위하여 이사회 소속으로 교육위원회를 둔다.

② 교육위원회는 위원장을 포함한 7명 이내의 위원으로 구성하되, 농업인단체 · 학계의 대표를 포함하여야 한다.

③ 교육위원회는 제1항에 따른 교육계획의 수립 및 운영 현황 등을 이사회에 보고하고 이사회 의결에 따른 조치를 하여야 한다.

④ 그 밖의 교육위원회의 구성 · 운영 등에 필요한 사항은 정관으로 정한다.

제3절 임원과 직원

제126조(임원) ① 중앙회에 임원으로 회장 1명, 상호금융대표이사 1명 및 전무이사 1명을 포함한 이사 28명 이내와 감사위원 5명을 둔다.

② 제1항의 임원 중 상호금융대표이사 1명, 전무이사 1명과 감사위원장은 상임으로 한다.

제127조(회장 등의 직무) ① 회장은 중앙회를 대표한다. 다만, 제3항 및 제4항에 따라 사업전담대표이사등이 대표하는 업무에 대하여는 그러하지 아니하다.

② 회장은 다음 각 호의 업무를 처리하되, 정관으로 정하는 바에 따라 제2호의 업무는 제143조에 따른 조합감사위원회의 위원장에게, 제3호부터 제6호까지의 업무는 전무이사에게 위임 · 전결처리하게 하여야 한다.

1. 회원과 그 조합원의 권익 증진을 위한 대외 활동
2. 제134조제1항제1호사목에 따른 회원에 대한 감사
3. 제134조제1항제1호아목 및 자목에 따른 사업 및 이와 관련되는 사업
4. 제3호의 소관 업무에 관한 사업계획 및 자금계획의 수립
5. 제125조제4항제2호에 따른 이사회의 의결 사항 중 사업전담대표이사등에게 공통으로 관련되는 업무에 관한 협의 및 조정
6. 그 밖에 사업전담대표이사등의 업무에 속하지 아니하는 업무

③ 상호금융대표이사는 다음 각 호의 업무를 전담하여 처리하며, 그 업무에 관하여 중앙회를 대표한다.

1. 제134조제1항제4호의 사업과 같은 항 제5호부터 제9호까지의 사업 중 상호금융과 관련된 사업 및 그 부대사업
2. 제1호의 소관 업무에 관한 다음 각 목의 업무

가. 경영 목표의 설정
나. 사업계획 및 자금계획의 수립
다. 교육 및 자금지원 계획의 수립

④ 전무이사는 다음 각 호의 업무를 전담하여 처리하며, 그 업무에 관하여 중앙회를 대표한다.

1. 제134조제1항제1호가목부터 바목까지 · 차목 및 카목의 사업과 같은 항 제5호부터 제9호까지의 사업 중 교육 · 지원과 관련되는 사업 및 그 부대사업
2. 제1호의 소관 업무에 관한 다음 각 목의 업무
   가. 사업 목표의 설정
   나. 사업계획 및 자금계획의 수립

⑤ 제3항 및 제4항에 따른 사업전담대표이사등의 소관 업무는 정관으로 정하는 바에 따라 독립사업부제로 운영하여야 한다.

⑥ 회장 또는 사업전담대표이사등이 제46조제4항제1호, 제2호, 제4호 및 제6호의 사유로 이 조 제1항부터 제4항까지의 규정에 따른 직무를 수행할 수 없을 때에는 정관으로 정하는 이사가 그 직무를 대행한다.

제127조(회장 등의 직무) ① 회장은 중앙회를 대표한다. 다만, 제3항 및 제4항에 따라 사업전담대표이사등이 대표하거나 제6항에 따라 조합감사위원회의 위원장이 대표하는 업무에 대하여는 그러하지 아니하다.

② 회장은 회원과 그 조합원의 권익 증진을 위한 대외 활동 업무를 처리한다.

③ 상호금융대표이사는 다음 각 호의 업무를 전담하여 처리하며, 그 업무에 관하여 중앙회를 대표한다.

1. 제134조제1항제4호의 사업과 같은 항 제5호부터 제9호까지의 사업 중 상호금융과 관련된 사업 및 그 부대사업
2. 제1호의 소관 업무에 관한 다음 각 목의 업무
   가. 경영 목표의 설정
   나. 사업계획 및 자금계획의 수립
   다. 교육 및 자금지원 계획의 수립

④ 전무이사는 다음 각 호의 업무를 전담하여 처리하며, 그 업무에 관하여 중앙회를 대표한다.

1. 제134조제1항제1호가목부터 바목까지 및 아목부터 카목까지의 사업과 같은 항 제5호부터 제9호까지의 사업 중 교육 · 지원과 관련되는 사업 및 그 부대사업
2. 제1호의 소관 업무에 관한 다음 각 목의 업무
   가. 사업 목표의 설정
   나. 사업계획 및 자금계획의 수립
3. 제125조제4항제2호에 따른 이사회의 의결 사항 중 사업전담대표이사등에게 공통으로 관련되는 업무에 관한 협의 및 조정
4. 그 밖에 회장, 사업전담대표이사등 및 조합감사위원회의 위원장의 업무에 속하지 아니하는 업무

⑤ 제3항 및 제4항에 따른 사업전담대표이사등의 소관 업무는 정관으로 정하는 바에 따라 독립사업부제로 운영하여야 한다.

⑥ 조합감사위원회의 위원장은 제134조제1항제1호사목에 따른 회원에 대한 감사업무와 같은 항 제5호부터 제9호까지의 사업 중 회원에 대한 감사와 관련되는 사업 및 그 부대사업을 처리하며, 그 업무에 관하여는 중앙회를 대표한다.

⑦ 회장 또는 사업전담대표이사등이 제46조제4항제1호, 제2호, 제4호 및 제6호의 사유로 이 조 제1항부터 제4항까지의 규정에 따른 직무를 수행할 수 없을 때에는 정관으로 정하는 이사가 그 직무를 대행한다.

[시행일 미지정]제127조

제128조 삭제 〈2016. 12. 27.〉

제129조(감사위원회) ① 중앙회는 재산과 업무집행상황을 감사하기 위하여 감사위원회를 둔다.

② 감사위원회는 감사위원장을 포함한 5명의 감사위원으로 구성하되 그 임기는 3년으로 하며, 감사위원 중 3명은 대통령령으로 정하는 요건에 적합한 외부전문가 중에서 선출하여야 한다.

③ 감사위원은 인사추천위원회가 추천한 자를 대상으로 총회에서 선출한다.

④ 감사위원장은 외부전문가인 감사위원 중에서 호선한다.

⑤ 감사위원회에 관하여는 제46조제7항부터 제9항까지 및 제47조를 준용한다. 이 경우 제46조제7항 중 "감사"는 "감사위원회"로, "조합장"은 "회장"으로, 제46조제8항 중 "감사"는 "감사위원"으로, "이사회"는 "이사회 또는 소이사회"로, 제46조제9항 중 "감사"는 "감사위원회"로, 제47조제1항 중 "조합장 또는 이사"는 "이사"로, "감사"는 "감사위원회"로, 제47조제2항 중 "조합장 또는 이사"는 "이사"로 본다.

⑥ 감사위원회의 운영 등에 필요한 사항은 정관으로 정한다.

제129조(감사위원회) ① 중앙회는 재산과 업무집행상황을 감사하기 위하여 감사위원회를 둔다.

② 감사위원회는 감사위원장을 포함한 5명의 감사위원으로 구성하되 그 임기는 3년으로 하며, 감사위원 중 3명은 대통령령으로 정하는 요건에 적합한 외부전문가 중에서 선출하여야 한다. 다만, 외부전문가는 조합, 중앙회 및 그 자회사(손자회사를 포함한다)에서 최근 3년 이내에 중앙회 감사위원 이외의 임직원으로 근무한 사람은 제외한다.

③ 감사위원은 인사추천위원회가 추천한 자를 대상으로 총회에서 선출한다.

④ 감사위원장은 외부전문가인 감사위원 중에서 호선한다.

⑤ 감사위원회에 관하여는 제46조제7항부터 제9항까지 및 제47조를 준용한다. 이 경우 제46조제7항 중 "감사"는 "감사위원회"로, "조합장"은 "회장"으로, 제46조제8항 중 "감사"는 "감사위원"으로, "이사회"는 "이사회 또는 소이사회"로, 제46조제9항 중 "감사"는 "감사위원회"로, 제47조제1항 중 "조합장 또는 이사"는 "이사"로, "감사"는 "감사위원회"로, 제47조제2항 중 "조합장 또는 이사"는 "이사"로 본다.

⑥ 감사위원회의 운영 등에 필요한 사항은 정관으로 정한다.

[시행일 미지정]제129조

제130조(임원의 선출과 임기 등) ① 회장은 총회에서 선출하되, 회원인 조합의 조합원이어야 한다. 이 경우 회원은 제122조제5항에도 불구하고 조합원 수 등 대통령령으로 정하는 기준에 따라 투표권을 차등하여 두 표까지 행사한다.

② 사업전담대표이사등은 제127조제3항 및 제4항에 따른 전담사업에 관하여 전문지식과 경험이 풍부한 사람으로서 대통령령으로 정하는 요건에 맞는 사람 중에서 인사추천위원회에서 추천된 사람을 이사회의 의결을 거쳐 총회에서 선출한다.

③ 회원조합장인 이사는 정관으로 정하는 절차에 따라 선출된 시·도 단위 지역농협의 대표와 지역축협과 품목조합의 조합장 중에서 정관으로 정하는 추천절차에 따라 추천된 사람을 총회에서 선출한다.

④ 제1항부터 제3항까지의 이사를 제외한 이사는 대통령령으로 정하는 요건에 맞는 사람 중 인사추천위원회에서 추천된 사람을 이사회의 의결을 거쳐 총회에서 선출한다.

⑤ 회장의 임기는 4년으로 하며, 중임할 수 없다.

⑥ 회원조합장인 이사의 임기는 4년으로 하고, 사업전담대표이사등의 임기는 3년 이내로 하며, 그 밖의 임원(감사위원은 제외한다)의 임기는 2년으로 한다.

⑦ 회원조합장이 제126조제2항에 따른 상임인 임원으로 선출되면 취임 전에 그 직(職)을 사임하여야 한다.

⑧ 중앙회는 제1항에 따른 회장 선출에 대한 선거관리를 정관으로 정하는 바에 따라 「선거관리위원회법」에 따른 중앙선거관리위원회에 위탁하여야 한다.

⑨ 삭제 〈2014. 6. 11.〉

⑩ 삭제 〈2014. 6. 11.〉

⑪ 누구든지 회장 외의 임원 선거의 경우에는 선거운동을 할 수 없다.

제131조(집행간부 및 직원의 임면 등) ① 중앙회에 사업전담대표이사등의 업무를 보좌하기 위하여 집행간부를 두되, 그 명칭·직무 등에 관한 사항은 정관으로 정한다.

② 집행간부의 임기는 2년으로 한다.

③ 제127조제3항 및 제4항에 규정된 업무를 보좌하기 위한 집행간부는 소관사업부문별로 사업전담대표이사등이 각각 임면한다.

④ 직원은 회장이 임면하되, 제127조제3항 및 제4항에 따른 사업전담대표이사등에게 소속된 직원의 승진 및 전보는 정관으로 정하는 바에 따라 각 사업전담대표이사등이 수행한다.

⑤ 제127조제3항 및 제4항에 따른 사업전담대표이사등에게 소속된 직원 간의 인사 교류에 관한 사항은 정관으로 정한다.

⑥ 집행간부와 일반간부직원에 관하여는 「상법」 제11조제1항·제3항, 제12조, 제13조 및 제17조와 「상업등기법」 제23조제1항, 제50조 및 제51조를 준용한다.

⑦ 회장, 사업전담대표이사등 및 농협경제지주회사등의 대표자는 각각 이사, 집행간부 또는 직원 중에서 중앙회 또는 농협경제지주회사등의 업무에 관한 일체의 재판상 또는 재판 외의 행위를 할 권한 있는 대리인을 선임할 수 있다.

제131조(집행간부 및 직원의 임면 등) ① 중앙회에 사업전담대표이사등의 업무를 보좌하기 위하여 집행간부를 두되, 그 명칭 · 직무 등에 관한 사항은 정관으로 정한다.

② 집행간부의 임기는 2년으로 한다.

③ 제127조제3항 및 제4항에 규정된 업무를 보좌하기 위한 집행간부는 소관사업부문별로 사업전담대표이사등이 각각 임면한다.

④ 직원은 회장이 임면하되, 제127조제3항 및 제4항에 따른 사업전담대표이사등과 같은 조 제6항에 따른 조합감사위원회의 위원장에게 소속된 직원의 승진 · 전보 및 인사 교류에 관한 사항은 정관으로 정하는 바에 따라 각 사업전담대표이사등과 조합감사위원회의 위원장이 수행한다.

⑤ 집행간부와 일반간부직원에 관하여는 「상법」 제11조제1항 · 제3항, 제12조, 제13조 및 제17조와 「상업등기법」 제23조제1항, 제50조 및 제51조를 준용한다.

⑥ 회장, 사업전담대표이사등, 조합감사위원회의 위원장 및 농협경제지주회사등의 대표자는 각각 이사, 집행간부 또는 직원 중에서 중앙회 또는 농협경제지주회사등의 업무에 관한 일체의 재판상 또는 재판 외의 행위를 할 권한 있는 대리인을 선임할 수 있다.

[시행일 미지정]제131조

제132조 삭제 〈2016. 12. 27.〉

제133조(다른 직업 종사의 제한) 상임인 임원과 집행간부 및 일반간부직원은 직무와 관련되는 영리를 목적으로 하는 업무에 종사할 수 없으며, 이사회가 승인하는 경우를 제외하고는 다른 직업에 종사할 수 없다.

제4절 사업

제134조(사업) ① 중앙회는 다음 각 호의 사업의 전부 또는 일부를 수행한다. 다만, 제2호 및 제3호의 사업과 제5호부터 제9호까지의 사업 중 경제사업과 관련된 사업은 농협경제지주회사 및 그 자회사가 수행하고, 제4호의2의 사업과 제5호부터 제9호까지의 사업 중 금융사업과 관련된 사업은 농협금융지주회사 및 그 자회사가 수행한다.

1. 교육 · 지원 사업
   가. 회원의 조직 및 경영의 지도
   나. 회원의 조합원과 직원에 대한 교육 · 훈련 및 농업 · 축산업 등 관련 정보의 제공
   다. 회원과 그 조합원의 사업에 관한 조사 · 연구 및 홍보
   라. 회원과 그 조합원의 사업 및 생활의 개선을 위한 정보망의 구축, 정보화 교육 및 보급 등을 위한 사업
   마. 회원과 그 조합원 및 직원에 대한 자금지원
   바. 농업 · 축산업 관련 신기술 및 신품종의 연구 · 개발 등을 위한 연구소와 시범농장의 운영
   사. 회원에 대한 감사

아. 회원과 그 조합원의 권익증진을 위한 사업
자. 의료지원사업
차. 회원과 출자법인에 대한 지원 및 지도
카. 제159조의2에 따른 명칭 사용의 관리 및 운영

2. 농업경제사업
가. 회원을 위한 구매 · 판매 · 제조 · 가공 등의 사업
나. 회원과 출자법인의 경제사업의 조성, 지원 및 지도
다. 인삼 경작의 지도, 인삼류 제조 및 검사
라. 산지 유통의 활성화 및 구조개선 사업

3. 축산경제사업
가. 회원을 위한 구매 · 판매 · 제조 · 가공 등의 사업
나. 회원과 출자법인의 경제사업의 조성, 지원 및 지도
다. 가축의 개량 · 증식 · 방역 및 진료에 관한 사업
라. 산지 유통의 활성화 및 구조개선 사업

4. 상호금융사업
가. 대통령령으로 정하는 바에 따른 회원의 상환준비금과 여유자금의 운용 · 관리
나. 회원의 신용사업 지도
다. 회원의 예금 · 적금의 수납 · 운용
라. 회원에 대한 자금 대출
마. 국가 · 공공단체 또는 금융기관(「은행법」에 따른 은행과 그 외에 금융 업무를 취급하는 금융기관을 포함한다. 이하 같다)의 업무의 대리
바. 회원 및 조합원을 위한 내국환 및 외국환 업무
사. 회원에 대한 지급보증 및 회원에 대한 어음할인
아. 「자본시장과 금융투자업에 관한 법률」 제4조제3항에 따른 국채증권 및 지방채증권의 인수 · 매출
자. 「전자금융거래법」에서 정하는 직불전자지급수단의 발행 · 관리 및 대금의 결제
차. 「전자금융거래법」에서 정하는 선불전자지급수단의 발행 · 관리 및 대금의 결제

4의2. 「금융지주회사법」 제2조제1항제1호에 따른 금융업 및 금융업의 영위와 밀접한 관련이 있는 회사의 사업

5. 국가나 공공단체가 위탁하거나 보조하는 사업
6. 다른 법령에서 중앙회의 사업으로 정하는 사업
7. 제1호부터 제6호까지의 사업과 관련되는 대외 무역
8. 제1호부터 제7호까지의 사업과 관련되는 부대사업
9. 제1호부터 제8호까지에서 규정한 사항 외에 중앙회의 설립 목적의 달성에 필요한 사업으로서 농림축산식품부장관의 승인을 받은 사업

② 중앙회는 제1항에 따른 목적을 달성하기 위하여 국가 · 공공단체 또는 금융기관으로부터 자금을 차입(借入)하거나 금융기관에 예치(預置) 등의 방법으로 자금을 운용할 수 있다.

③ 중앙회는 제1항에 따른 목적을 달성하기 위하여 국제기구 · 외국 또는 외국인으로부터 자금을 차입하거나 물자와 기술을 도입할 수 있다.

④ 중앙회는 상호금융대표이사의 소관 업무에 대하여는 독립 회계를 설치하여 회계와 손익을 구분 관리하여야 한다. 이 경우 회계에 자본계정을 설치할 수 있다.

1. 삭제 〈2016. 12. 27.〉
2. 삭제 〈2016. 12. 27.〉
3. 삭제 〈2016. 12. 27.〉

⑤ 중앙회는 제1항에 따른 사업을 수행하기 위하여 필요하면 정관으로 정하는 바에 따라 사업손실보전자금, 대손보전자금, 조합상호지원자금 및 조합합병지원자금을 조성 · 운용할 수 있다. 이 경우 경제사업과 관련된 자금의 운용은 농협경제지주회사가 수립한 계획에 따른다.

제134조(사업) ① 중앙회는 다음 각 호의 사업의 전부 또는 일부를 수행한다. 다만, 제2호 및 제3호의 사업과 제5호부터 제9호까지의 사업 중 경제사업과 관련된 사업은 농협경제지주회사 및 그 자회사가 수행하고, 제4호의2의 사업과 제5호부터 제9호까지의 사업 중 금융사업과 관련된 사업은 농협금융지주회사 및 그 자회사가 수행한다.

1. 교육 · 지원 사업
   가. 회원의 조직 및 경영의 지도
   나. 회원의 조합원과 직원에 대한 교육 · 훈련 및 농업 · 축산업 등 관련 정보의 제공
   다. 회원과 그 조합원의 사업에 관한 조사 · 연구 및 홍보
   라. 회원과 그 조합원의 사업 및 생활의 개선을 위한 정보망의 구축, 정보화 교육 및 보급 등을 위한 사업
   마. 회원과 그 조합원 및 직원에 대한 자금지원
   바. 농업 · 축산업 관련 신기술 및 신품종의 연구 · 개발 등을 위한 연구소와 시범농장의 운영
   사. 회원에 대한 감사
   아. 회원과 그 조합원의 권익증진을 위한 사업
   자. 의료지원사업
   차. 회원과 출자법인에 대한 지원 및 지도
   카. 제159조의2에 따른 명칭 사용의 관리 및 운영
2. 농업경제사업
   가. 회원을 위한 구매 · 판매 · 제조 · 가공 등의 사업
   나. 회원과 출자법인의 경제사업의 조성, 지원 및 지도
   다. 인삼 경작의 지도, 인삼류 제조 및 검사
   라. 산지 유통의 활성화 및 구조개선 사업

3. 축산경제사업
가. 회원을 위한 구매 · 판매 · 제조 · 가공 등의 사업
나. 회원과 출자법인의 경제사업의 조성, 지원 및 지도
다. 가축의 개량 · 증식 · 방역 및 진료에 관한 사업
라. 산지 유통의 활성화 및 구조개선 사업
4. 상호금융사업
가. 대통령령으로 정하는 바에 따른 회원의 상환준비금과 여유자금의 운용 · 관리
나. 회원의 신용사업 지도
다. 회원의 예금 · 적금의 수납 · 운용
라. 회원에 대한 자금 대출
마. 국가 · 공공단체 또는 금융기관(「은행법」에 따른 은행과 그 외에 금융 업무를 취급하는 금융기관을 포함한다. 이하 같다)의 업무의 대리
바. 회원 및 조합원을 위한 내국환 및 외국환 업무
사. 회원에 대한 지급보증 및 회원에 대한 어음할인
아. 「자본시장과 금융투자업에 관한 법률」 제4조제3항에 따른 국채증권 및 지방채증권의 인수 · 매출
자. 「전자금융거래법」에서 정하는 직불전자지급수단의 발행 · 관리 및 대금의 결제
차. 「전자금융거래법」에서 정하는 선불전자지급수단의 발행 · 관리 및 대금의 결제
4의2. 「금융지주회사법」 제2조제1항제1호에 따른 금융업 및 금융업의 영위와 밀접한 관련이 있는 회사의 사업
5. 국가나 공공단체가 위탁하거나 보조하는 사업
6. 다른 법령에서 중앙회의 사업으로 정하는 사업
7. 제1호부터 제6호까지의 사업과 관련되는 대외 무역
8. 제1호부터 제7호까지의 사업과 관련되는 부대사업
9. 제1호부터 제8호까지에서 규정한 사항 외에 중앙회의 설립 목적의 달성에 필요한 사업으로서 농림축산식품부장관의 승인을 받은 사업

② 중앙회는 제1항에 따른 목적을 달성하기 위하여 국가 · 공공단체 또는 금융기관으로부터 자금을 차입(借入)하거나 금융기관에 예치(預置) 등의 방법으로 자금을 운용할 수 있다.

③ 중앙회는 제1항에 따른 목적을 달성하기 위하여 국제기구 · 외국 또는 외국인으로부터 자금을 차입하거나 물자와 기술을 도입할 수 있다.

④ 중앙회는 상호금융대표이사의 소관 업무에 대하여는 독립 회계를 설치하여 회계와 손익을 구분 관리하여야 한다. 이 경우 회계에 자본계정을 설치할 수 있다.
1. 삭제 〈2016. 12. 27.〉
2. 삭제 〈2016. 12. 27.〉
3. 삭제 〈2016. 12. 27.〉

⑤ 중앙회는 제1항에 따른 사업을 수행하기 위하여 필요하면 정관으로 정하는 바에 따라 사업손실보전자금, 대손보전자금, 조합상호지원자금 및 조합합병지원자금을 조성 · 운용할 수 있다. 이 경우 경제사업과 관련된 자금의 운용은 농협경제지주회사가 수립한 계획에 따른다.

⑥ 중앙회는 제5항에 따른 조합상호지원자금과 그 밖에 이자지원 등의 형태로 회원을 지원하는 자금에 대해서는 정관으로 정하는 바에 따라 매년 회원조합지원자금 조성 · 운용 계획을 수립하여야 한다.

[시행일 미지정]제134조

제134조의2 삭제 〈2016. 12. 27.〉

제134조의3 삭제 〈2016. 12. 27.〉

제134조의4 삭제 〈2016. 12. 27.〉

제134조의5 삭제 〈2016. 12. 27.〉

제135조(비회원의 사업 이용) ① 중앙회는 회원이 이용하는 데에 지장이 없는 범위에서 회원이 아닌 자에게 그 사업을 이용하게 할 수 있다. 다만, 제134조제1항제1호부터 제3호까지의 사업 중 판매사업(농업인이 아닌 자의 판매사업은 제외한다), 같은 항 제1호자목, 제4호, 제4호의2, 제5호, 제6호 및 제9호의 사업 외의 사업에 대한 비회원의 이용은 정관으로 정하는 바에 따라 제한할 수 있다.

② 회원의 조합원의 사업 이용은 회원의 이용으로 본다.

제135조의2 삭제 〈2016. 12. 27.〉

제135조의3 삭제 〈2016. 12. 27.〉

제136조(유통지원자금의 조성 · 운용) ① 중앙회는 회원의 조합원, 제112조의3에 따른 조합공동사업법인이 생산한 농산물 · 축산물 및 그 가공품(이하 "농산물등"이라 한다)의 원활한 유통을 지원하기 위하여 유통지원자금을 조성 · 운용할 수 있다.

② 제1항에 따른 유통지원자금은 농협경제지주회사가 수립한 계획에 따라 다음 각 호의 사업에 운용한다.

1. 농산물등의 계약재배사업
2. 농산물등의 출하조절사업
3. 농산물등의 공동규격 출하촉진사업
4. 매취(買取)사업
5. 그 밖에 농협경제지주회사가 필요하다고 인정하는 판매 · 유통 · 가공 관련 사업

③ 제1항에 따른 유통지원자금은 제134조제5항에 따른 조합상호지원자금 및 제159조의2에 따른 농업지원사업비 등으로 조성한다.

④ 국가는 예산의 범위에서 제1항에 따른 유통지원자금의 조성을 지원할 수 있다.

⑤ 제1항에 따른 유통지원자금의 조성 및 운용에 관한 세부사항은 농림축산식품부장관이 정하는 바에 따른다.

제137조(다른 법인에 대한 출자의 제한 등) ① 중앙회는 다른 법인이 발행한 의결권 있는 주식(출자지분을 포함한다. 이하 이 조에서 같다)의 100분의 15를 초과하는 주식을 취득할 수 없다. 다만, 다음 각 호의 경우에는 그러하지 아니하다.

1. 제134조제1항에 따른 사업 수행을 위하여 필요한 경우
2. 주식배당이나 무상증자에 따라 주식을 취득하게 되는 경우
3. 기업의 구조조정 등으로 인하여 대출금을 출자로 전환함에 따라 주식을 취득하게 되는 경우
4. 담보권의 실행으로 인하여 주식을 취득하게 되는 경우
5. 기존 소유지분의 범위에서 유상증자에 참여함에 따라 주식을 취득하게 되는 경우
6. 신주인수권부사채 등 주식관련 채권을 주식으로 전환함에 따라 주식을 취득하게 되는 경우
7. 농협경제지주회사의 주식을 취득하는 경우
8. 농협금융지주회사의 주식을 취득하는 경우

② 중앙회가 제1항제1호에 따라 제134조제1항에 따른 사업 수행을 위하여 다른 법인에 출자한 경우 그 금액의 총합계액은 납입출자금, 우선출자금 등 대통령령으로 정하는 바에 따라 산정한 자기자본(이하 "자기자본"이라 한다)이내로 한다. 다만, 같은 법인에 대한 출자한도는 자기자본의 100분의 20 이내에서 정관으로 정한다.

③ 제2항에도 불구하고 중앙회가 제1항제7호 및 제8호에 따라 출자하는 경우에는 자기자본을 초과하여 출자할 수 있다. 이 경우 중앙회는 회계연도 경과 후 3개월 이내에 출자의 목적 및 현황, 출자대상 지주회사 및 그 자회사의 경영현황 등을 총회에 보고하여야 한다.

④ 중앙회는 제134조제1항제2호 및 제3호에 따른 사업을 수행하기 위하여 다른 법인에 출자하려면 회원과 공동으로 출자하여 운영함을 원칙으로 한다.

제138조(품목조합연합회) ① 품목조합은 그 권익 증진을 도모하고 공동사업의 개발을 위하여 3개 이상의 품목조합을 회원으로 하는 품목조합연합회(이하 "연합회"라 한다)를 설립할 수 있다. 이 경우 연합회는 정관으로 정하는 바에 따라 지역조합을 회원으로 할 수 있으며, 전국을 구역으로 하는 경우에는 전국의 품목조합의 2분의 1 이상을 그 회원으로 하여야 한다.

② 제1항에 따라 연합회의 회원이 될 수 있는 지역조합의 기준과 가입절차 등에 대하여는 정관으로 정한다.

③ 연합회는 다음 각 호의 전부 또는 일부의 사업을 수행한다.

1. 회원을 위한 생산 · 유통조절 및 시장 개척
2. 회원을 위한 물자의 공동구매 및 제품의 공동판매와 이에 수반되는 운반, 보관 및 가공사업
3. 제품 홍보, 기술 보급 및 회원 간의 정보 교환
4. 회원을 위한 자금의 알선과 연합회의 사업을 위한 국가 · 공공단체 · 중앙회 · 농협경제지주회사와 그 자회사 및 농협은행으로부터의 자금 차입
5. 그 밖에 회원의 공동이익 증진을 위하여 정관으로 정하는 사업

④ 제1항에 따라 설립되는 연합회는 법인으로 한다. 이 경우 다음 각 호의 사항을 적은 정관을 작성하여 농림축산식품부장관의 인가를 받아야 하며, 이를 변경하려 할 때에도 또한 같다.

1. 목적, 명칭, 구역 및 주된 사무소의 소재지
2. 회원의 자격 · 가입 및 탈퇴
3. 출자 및 경비에 관한 사항
4. 임원의 정수와 선임
5. 회원의 권리와 의무에 관한 사항
6. 사업의 종류와 그 집행에 관한 사항

⑤ 연합회에 관하여 이 법에 규정되지 아니한 사항은 「민법」 중 사단법인에 관한 규정을 준용한다.

⑥ 연합회는 그 명칭 중에 품목명이나 업종명을 붙인 연합회라는 명칭을 사용하여야 하며, 이 법에 따라 설립된 자가 아니면 품목명이나 업종명을 붙인 연합회의 명칭이나 이와 유사한 명칭을 사용하지 못한다.

제139조(국가 보조 또는 융자금 사용 내용 등의 공시)

① 중앙회(중앙회의 자회사 및 손자회사를 포함한다)는 국가로부터 자금(국가가 관리하는 자금을 포함한다. 이하 이 조에서 같다)이나 사업비의 전부 또는 일부를 보조 또는 융자받아 시행한 직전 연도 사업에 관련된 자금 사용내용 등 대통령령으로 정하는 정보를 매년 4월 30일까지 공시하여야 한다.

② 중앙회는 제1항에 따른 정보를 공시하기 위하여 필요한 경우에는 정부로부터 보조 또는 융자받은 금액을 배분받거나 위탁받은 정부 사업을 수행하는 조합에 대하여 자료 제출을 요청할 수 있다. 이 경우 요청을 받은 조합은 특별한 사유가 없으면 이에 협조하여야 한다.

③ 제1항에 따른 정보 공시의 절차, 방법 및 그 밖에 필요한 사항은 농림축산식품부령으로 정한다.

제140조(자금의 관리) ① 삭제 〈2014. 12. 31.〉

② 중앙회 또는 농협경제지주회사가 국가로부터 차입한 자금 중 회원 또는 농업인에 대한 여신자금(조합이 중앙회 또는 농협경제지주회사로부터 차입한 자금을 포함한다)은 압류의 대상이 될 수 없다.

제141조 삭제 〈2001. 9. 12.〉

제5절 중앙회의 지도 · 감사

제142조(중앙회의 지도) ① 회장은 이 법에서 정하는 바에 따라 회원을 지도하며 이에 필요한 규정이나 지침 등을 정할 수 있다.

② 회장은 회원의 경영 상태 및 회원의 정관으로 정하는 경제사업 기준에 대하여 그 이행 현황을 평가하고, 그 결과에 따라 그 회원에게 경영 개선 요구, 합병 권고 등의 필요한 조치를 하여야 한다. 이 경우 조합장은 그 사실을 지체 없이 공고하고 서면으로 조합원에게 알려야 하며, 조치 결과를 조합의 이사회 및 총회에 보고하여야 한다.

③ 회장은 회원의 건전한 업무수행과 조합원이나 제3자의 보호를 위하여 필요하다고 인정하면 해당 업무에 관하여 다음 각 호의 처분을 농림축산식품부장관에게 요청할 수 있다.

1. 정관의 변경
2. 업무의 전부 또는 일부의 정지
3. 재산의 공탁 · 처분의 금지
4. 그 밖에 필요한 처분

제142조의2(중앙회의 자회사에 대한 감독) ① 중앙회는 중앙회의 자회사(농협경제지주회사 및 농협금융지주회사의 자회사를 포함한다. 이하 같다)가 그 업무수행 시 중앙회의 회원 및 회원의 조합원의 이익에 기여할 수 있도록 정관으로 정하는 바에 따라 지도 · 감독하여야 한다.

② 중앙회는 제1항에 따른 지도 · 감독 결과에 따라 해당 자회사에 대하여 경영개선 등 필요한 조치를 요구할 수 있다.

제143조(조합감사위원회) ① 회원의 건전한 발전을 도모하기 위하여 회장 소속으로 회원의 업무를 지도 · 감사할 수 있는 조합감사위원회를 둔다.

② 조합감사위원회는 위원장을 포함한 5명의 위원으로 구성하되, 위원장은 상임으로 한다.

③ 조합감사위원회의 감사 사무를 처리하기 위하여 정관으로 정하는 바에 따라 위원회에 필요한 기구를 둔다.

제143조(조합감사위원회) ① 회원의 건전한 발전을 도모하기 위하여 중앙회에 회원의 업무를 지도 · 감사할 수 있는 조합감사위원회를 둔다.

② 조합감사위원회는 위원장을 포함한 5명의 위원으로 구성하되, 위원장은 상임으로 한다.

③ 조합감사위원회의 감사 사무를 처리하기 위하여 정관으로 정하는 바에 따라 위원회에 필요한 기구를 둔다.

[시행일 미지정]제143조

제144조(위원의 선임 등)

① 조합감사위원회의 위원장은 인사추천위원회에서 추천된 사람을 이사회의 의결을 거쳐 총회에서 선출한다.

② 위원은 위원장이 제청(提請)한 사람 중에서 이사회의 의결을 거쳐 위원장이 임명한다.

③ 제1항과 제2항에 따른 위원장과 위원은 감사, 회계 또는 농정(農政)에 관한 전문지식과 경험이 풍부한 사람으로서 대통령령으로 정하는 요건에 맞는 사람 중에서 선임한다.

④ 위원장과 위원의 임기는 3년으로 한다.

제144조(위원의 선임 등) ① 조합감사위원회의 위원장은 인사추천위원회에서 추천된 사람을 이사회의 의결을 거쳐 총회에서 선출한다. 다만, 조합, 중앙회 및 그 자회사(손자회사를 포함한다)에서 최근 3년 이내에 조합감사위원회의 위원 이외의 임직원으로 근무한 사람은 제외한다.

② 위원은 위원장이 제청(提請)한 사람 중에서 이사회의 의결을 거쳐 위원장이 임명한다. 다만, 회원의 조합장은 위원이 될 수 없다.

③ 제1항과 제2항에 따른 위원장과 위원은 감사, 회계 또는 농정(農政)에 관한 전문지식과 경험이 풍부한 사람으로서 대통령령으로 정하는 요건에 맞는 사람 중에서 선임한다.
④ 위원장과 위원의 임기는 3년으로 한다.
[시행일 미지정]제144조

제145조(의결 사항) 조합감사위원회는 다음 각 호의 사항을 의결한다.
1. 회원에 대한 감사 방향 및 그 계획에 관한 사항
2. 감사 결과에 따른 회원의 임직원에 대한 징계 및 문책의 요구 등에 관한 사항
3. 감사 결과에 따른 변상 책임의 판정에 관한 사항
4. 회원에 대한 시정 및 개선 요구 등에 관한 사항
5. 감사 규정의 제정 · 개정 및 폐지에 관한 사항
6. 회장이 요청하는 사항
7. 그 밖에 위원장이 필요하다고 인정하는 사항

제146조(회원에 대한 감사 등) ① 조합감사위원회는 회원의 재산 및 업무집행상황에 대하여 2년(상임감사를 두는 조합의 경우에는 3년)마다 1회 이상 회원을 감사하여야 한다. 〈개정 2014. 12. 31.〉
② 조합감사위원회는 회원의 건전한 발전을 도모하기 위하여 필요하다고 인정하면 회원의 부담으로 회계법인에 회계감사를 요청할 수 있다.
③ 회장은 제1항과 제2항에 따른 감사 결과를 해당 회원의 조합장과 감사에게 알려야 하며 감사 결과에 따라 그 회원에게 시정 또는 업무의 정지, 관련 임직원에 대한 다음 각 호의 조치를 할 것을 요구할 수 있다.
1. 임원에 대하여는 개선(改選), 직무의 정지, 견책(譴責) 또는 변상
2. 직원에 대하여는 징계면직, 정직, 감봉, 견책 또는 변상
④ 회원이 제3항에 따라 소속 임직원에 대한 조치 요구를 받으면 2개월 이내에 필요한 조치를 하고 그 결과를 조합감사위원회에 알려야 한다.
⑤ 회장은 회원이 제4항의 기간에 필요한 조치를 하지 아니하면 1개월 이내에 제3항의 조치를 할 것을 다시 요구하고, 그 기간에도 이를 이행하지 아니하면 필요한 조치를 하여 줄 것을 농림축산식품부장관에게 요청할 수 있다.

제146조(회원에 대한 감사 등) ① 조합감사위원회는 회원의 재산 및 업무집행상황에 대하여 2년(상임감사를 두는 조합의 경우에는 3년)마다 1회 이상 회원을 감사하여야 한다.
② 조합감사위원회는 회원의 건전한 발전을 도모하기 위하여 필요하다고 인정하면 회원의 부담으로 회계법인에 회계감사를 요청할 수 있다.
③ 조합감사위원회의 위원장은 제1항과 제2항에 따른 감사 결과를 해당 회원의 조합장과 감사에게 알려야 하며 감사 결과에 따라 그 회원에게 시정 또는 업무의 정지, 관련 임직원에 대한 다음 각 호의 조치를 할 것을 요구할 수 있다.

1. 임원에 대하여는 개선(改選), 직무의 정지, 견책(譴責) 또는 변상
2. 직원에 대하여는 징계면직, 정직, 감봉, 견책 또는 변상

④ 회원이 제3항에 따라 소속 임직원에 대한 조치 요구를 받으면 2개월 이내에 필요한 조치를 하고 그 결과를 조합감사위원회에 알려야 한다.

⑤ 조합감사위원회의 위원장은 회원이 제4항의 기간에 필요한 조치를 하지 아니하면 1개월 이내에 제3항의 조치를 할 것을 다시 요구하고, 그 기간에도 이를 이행하지 아니하면 필요한 조치를 하여 줄 것을 농림축산식품부장관에게 요청할 수 있다.

[시행일 미지정]제146조

제6절 우선출자

제147조(우선출자) ① 중앙회는 자기자본의 확충을 통한 경영의 건전성을 도모하기 위하여 정관으로 정하는 바에 따라 잉여금 배당에서 우선적 지위를 가지는 우선출자를 발행할 수 있다.

② 제1항에 따른 우선출자 1좌의 금액은 제117조에 따른 출자 1좌의 금액과 같아야 하며, 우선출자의 총액은 자기자본의 2분의 1을 초과할 수 없다.

③ 우선출자에 대하여는 의결권과 선거권을 인정하지 아니한다.

④ 우선출자에 대한 배당은 제117조에 따른 출자에 대한 배당보다 우선하여 실시하되, 그 배당률은 정관으로 정하는 최저 배당률과 최고 배당률 사이에서 정기총회에서 정한다.

⑤ 제1항부터 제4항까지에서 규정한 사항 외에 우선출자증권의 발행, 우선출자자의 책임, 우선출자의 양도, 우선출자자 총회 및 우선출자에 관한 그 밖의 사항은 대통령령으로 정한다.

제148조 삭제 〈2016. 12. 27.〉

제149조 삭제 〈2016. 12. 27.〉

제150조 삭제 〈2016. 12. 27.〉

제151조 삭제 〈2016. 12. 27.〉

제152조 삭제 〈2016. 12. 27.〉

제7절 농업금융채권

제153조(농업금융채권의 발행) ① 중앙회, 농협은행은 각각 농업금융채권을 발행할 수 있다.

② 중앙회, 농협은행은 각각 자기자본의 5배를 초과하여 농업금융채권을 발행할 수 없다. 다만, 법률로 따로 정하는 경우에는 그러하지 아니하다.

③ 농업금융채권의 차환(借換)을 위하여 발행하는 농업금융채권은 제2항에 따른 발행 한도에 산입(算入)하지 아니한다.

④ 농업금융채권을 그 차환을 위하여 발행한 경우에는 발행 후 1개월 이내에 상환(償還) 시기가 도래하거나 이에 상당하는 사유가 있는 농업금융채권에 대하여 그 발행 액면금액(額面金額)에 해당하는 농업금융채권을 상환하여야 한다.

⑤ 농업금융채권은 할인하여 발행할 수 있다.

⑥ 중앙회, 농협은행이 농업금융채권을 발행하면 매회 그 금액 · 조건 · 발행 및 상환의 방법을 정하여 농림축산식품부장관에게 신고하여야 한다.

제154조(채권의 명의변경 요건) 기명식(記名式) 채권의 명의변경은 취득자의 성명과 주소를 채권 원부(原簿)에 적고 그 성명을 증권에 적지 아니하면 중앙회, 농협은행, 그 밖의 제3자에게 대항하지 못한다.

제155조(채권의 질권 설정) 기명식 채권을 질권의 목적으로 하는 경우에는 질권자의 성명 및 주소를 채권 원부에 등록하지 아니하면 중앙회, 농협은행, 그 밖의 제3자에게 대항하지 못한다.

제156조(상환에 대한 국가 보증) 농업금융채권은 그 원리금 상환을 국가가 전액 보증할 수 있다.

제157조(소멸시효) 농업금융채권의 소멸시효는 원금은 5년, 이자는 2년으로 한다.

제158조(농업금융채권에 관한 그 밖의 사항) 이 법에서 규정하는 사항 외에 농업금융채권의 발행 · 모집 등에 필요한 사항은 대통령령으로 정한다.

제8절 회계

제159조(사업 계획 및 수지 예산) 중앙회는 매 회계연도의 사업계획서 및 수지예산서를 작성하여 그 회계연도 개시 1개월 전에 총회의 의결을 거쳐야 한다. 이를 변경하려는 경우에도 또한 같다.

제159조의2(농업지원사업비) ① 중앙회는 산지유통 활성화 등 회원과 조합원에 대한 지원 및 지도 사업의 수행에 필요한 재원을 안정적으로 조달하기 위하여 농업협동조합의 명칭(영문 명칭 및 한글 · 영문 약칭 등 정관으로 정하는 문자 또는 표식을 포함한다)을 사용하는 법인(영리법인에 한정한다)에 대하여 영업수익 또는 매출액의 1천분의 25 범위에서 총회에서 정하는 부과율로 명칭사용에 대한 대가인 농업지원사업비를 부과할 수 있다. 다만, 조합만이 출자한 법인 또는 조합공동사업법인에 대하여는 부과하지 아니한다.

② 제1항에 따른 농업지원사업비는 다른 수입과 구분하여 관리하여야 하며, 그 수입과 지출 내역은 총회의 승인을 받아야 한다.

제160조(결산) ① 중앙회는 매 회계연도 경과 후 3개월 이내에 그 사업연도의 결산을 끝내고 그 결산보고서(사업보고서, 재무상태표, 손익계산서, 잉여금 처분안 또는 손실금 처리안)에 관하여 총회의 승인을 받아야 한다.

② 중앙회는 제1항에 따라 결산보고서의 승인을 받으면 지체 없이 재무상태표를 공고하여야 한다.
③ 중앙회의 결산보고서에는 회계법인의 회계감사를 받은 의견서를 첨부하여야 한다.
④ 중앙회는 매 회계연도 경과 후 3개월 이내에 그 결산보고서를 농림축산식품부장관에게 제출하여야 한다.

제9절 준용규정

제161조(준용규정) 중앙회에 관하여는 제15조제2항 · 제3항, 제17조, 제18조, 제20조제2항 · 제3항, 제21조제4항 · 제5항, 제21조의3, 제22조, 제23조, 제24조제2항, 제25조, 제28조제1항(같은 항 단서는 제외한다) · 제3항 · 제4항, 제29조제1항, 제30조(제1항제1호의2는 제외한다), 제31조부터 제33조까지, 제36조, 제37조, 제39조, 제40조, 제42조제3항 단서 · 제4항 · 제5항, 제43조제5항, 제45조제9항 · 제10항, 제48조제2항, 제49조(같은 조 제1항 각 호 외의 부분 단서, 같은 항 제10호 및 제12호는 제외한다), 제49조의2, 제50조(제4항부터 제7항까지는 제외한다), 제50조의2(제6항은 제외한다), 제51조제1항부터 제3항까지, 제52조, 제53조, 제54조제1항 · 제2항제1호 · 제4항, 제55조, 제57조제4항, 제62조, 제63조제1항 · 제3항 · 제4항 전단, 제65조, 제67조제1항 · 제3항 · 제4항, 제68조, 제69조, 제70조제1호, 제71조부터 제74조까지, 제90조제1항부터 제4항까지, 제91조부터 제94조까지 및 제100조부터 제102조까지의 규정을 준용한다. 이 경우 "지역농협"은 "중앙회"로, "조합장"은 "회장"으로, "조합원"은 "회원"으로 보고, 제15조제3항 중 "제1항"은 "제121조제1항"으로, 제17조제1항 중 "제15조제1항"은 "제121조제1항"으로, 제20조제2항 및 제3항 중 "준조합원"은 "준회원"으로, 제22조 전단 중 "제21조"는 "제117조"로, 제36조제3항 및 제4항 중 "감사"는 "감사위원회"로, 제37조제2항 중 "7일 전"은 "10일 전"으로, 제39조제1항 단서 중 "제35조제1항제1호부터 제5호까지"는 "제123조제1호부터 제3호까지"로, "조합원 과반수의 출석과 출석조합원 3분의 2 이상의 찬성"은 "의결권 총수의 과반수에 해당하는 회원의 출석과 출석한 회원의 의결권 3분의 2 이상의 찬성"으로, 제45조제9항 중 "이사"는 "이사 · 사업전담대표이사등"으로, "감사"는 "감사위원' '으로, 제48조제2항 중 "제1항"은 "제126조제1항"으로, 제50조제1항 중 "조합"은 "중앙회"로, 제50조제10항 중 "조합선거관리위원회"는 "중앙회선거관리위원회"로, 제50조의2제1항 및 제2항 중 "조합"은 "중앙회"로, 제51조제1항부터 제3항까지 중 "조합선거관리위원회"는 "중앙회선거관리위원회"로, 제52조제3항 중 "임원"은 "임원(회원조합장인 이사 · 감사위원은 제외한다)"으로, 제52조제1항 및 제6항 중 "조합장"은 "회장 · 사업전담대표이사등"으로, "감사"는 "감사위원"으로, 제54조제1항전단 중 "조합원 5분의 1 이상의 동의"는 "의결권 총수의 5분의 1 이상에 해당하는 회원의 동의"로, 제54조제1항 후단 중 "조합원 과반수의 출석과 출석조합원 3분의 2 이상의 찬성"은 "의결권 총수의 과반수에 해당하는 회원의 출석과 출석한 회원의 의결권 3분의 2 이상의 찬성"으로, 제54조제2항제1호 및 같은 조 제4항 중 "임원"은 각각 "임원(조합감사위원장을 포함한다)"으로, 제57조제4항 중 "제1항제7호"는 "제134조제1항제5호"로, 제63조제4항 전단 중 "일반회계와 특별회계 간, 신용사업 부문과 신용사업 외의 사업 부문 간"은 "일반회계와 특별회계 간"으로, "조합"은 "중앙회"로, 제65조제1항 중 "조합장"은 "회장 또는 사업전담대표이사등"으로, 제67조제3항 중 "제57조제1항제1호"는 "제134조제1항제1호"로, 제68조제3항제3호 중 "준조합원"은 "준회원"

으로, 제71조제1항 및 제3항 중 "감사"는 "감사위원회"로, 제71조제4항에 따라 준용되는 「상법」 제450조 중 "감사"는 "감사위원"으로, 제90조제2항제1호 중 "제16조제1호부터 제4호까지 및 제16호부터 제18호까지"는 "제120조제1항제1호 및 제2호"로 본다.

제5장의2 지주회사 및 그 자회사

제161조의2(농협경제지주회사)

① 중앙회는 제134조제1항제2호 및 제3호의 사업과 같은 항 제5호부터 제9호까지의 사업 중 농업경제와 축산경제에 관련된 사업 및 그 부대사업을 분리하여 농협경제지주회사를 설립한다. 이 경우 사업의 분리는 「상법」 제530조의12에 따른 회사의 분할로 보고, 사업의 분리 절차는 같은 법 제530조의3제1항, 제2항 및 제4항, 제530조의4부터 제530조의7까지, 제530조의9부터 제530조의11까지의 규정을 준용하되, 같은 법 제530조의3에 따라 준용되는 같은 법 제434조 중 "출석한 주주의 의결권의 3분의 2 이상의 수와 발행주식 총수의 3분의 1 이상의 수"는 "대의원 과반수의 출석과 출석한 대의원 3분의 2 이상의 찬성"으로 본다.

② 농협경제지주회사는 농업경제와 축산경제와 관련된 사업 및 그 부대사업을 전문적이고 효율적으로 수행함으로써 시장 경쟁력을 제고하고, 농업인과 조합의 경제활동을 지원함으로써 그 경제적 지위의 향상을 촉진하며, 농업인과 조합원의 이익에 기여하여야 한다.

③ 이 법에 특별한 규정이 없으면 농협경제지주회사에 대해서는 「상법」 및 「독점규제 및 공정거래에 관한 법률」을 적용한다.

제161조의3(농협경제지주회사의 임원) ① 농협경제지주회사의 이사는 농업경제대표이사 및 축산경제대표이사를 포함하여 3명 이상으로 하며, 이사 총수의 4분의 1 이상은 사외이사이어야 한다.

② 농업경제대표이사 또는 축산경제대표이사는 제134조제1항제2호의 농업경제사업 또는 같은 항 제3호의 축산경제사업에 대하여 전문지식과 경험이 풍부한 사람으로서 대통령령으로 정하는 요건에 맞는 사람이어야 하고, 대통령령으로 정하는 외부전문가가 포함된 임원추천위원회에서 추천된 사람을 선임한다. 다만, 축산경제대표이사를 추천하기 위한 임원추천위원회는 지역축협 및 축산업 품목조합의 전체 조합장회의에서 추천한 조합장으로 구성한다. 이 경우 축산경제대표이사를 추천하기 위한 임원추천위원회 위원 정수(定數)는 지역축협 및 축산업 품목조합 전체 조합장 수의 5분의 1 이내의 범위에서 정한다.

③ 농협경제지주회사는 이사 총수의 2분의 1 이내에서 중앙회의 회원조합장인 이사를 농협경제지주회사의 이사로 선임할 수 있다.

④ 임원의 선임, 임기 및 임원추천위원회의 구성과 운영 등 임원과 관련하여 필요한 사항은 농협경제지주회사의 정관으로 정한다.

제161조의4(농협경제지주회사의 사업) ① 농협경제지주회사 및 그 자회사는 다음 각 호의 업무를 수행한다.

1. 제134조제1항제2호 및 제3호의 사업
2. 제134조제1항제5호부터 제9호까지의 사업 중 경제사업과 관련된 사업 및 그 부대사업
3. 해당 자회사의 경영관리에 관한 업무
4. 국가, 공공단체, 조합 및 중앙회가 위탁하거나 보조하는 사업
5. 국가, 공공단체, 중앙회 및 금융기관으로부터의 자금차입
6. 조합등의 경제사업 활성화에 필요한 자금지원
7. 다른 법령에서 농협경제지주회사 및 그 자회사의 사업으로 정하는 사업
8. 그 밖에 경제사업 활성화를 위하여 농협경제지주회사 및 그 자회사의 정관으로 정하는 사업

② 농협경제지주회사 및 그 자회사가 제1항제1호 및 제2호의 사업 중 대통령령으로 정하는 사업을 수행하는 경우에는 농협경제지주회사 및 그 자회사를 중앙회로 본다.

제161조의5(농협경제지주회사와 중앙회 회원의 협력의무) ① 농협경제지주회사 및 그 자회사는 회원 또는 회원의 조합원으로부터 수집하거나 판매위탁을 받은 농산물등의 판매, 가공 및 유통을 우선적인 사업목표로 설정하고 이를 적극적으로 이행하여야 한다.

② 농협경제지주회사 및 그 자회사는 회원의 사업을 위축시켜서는 아니 되며, 회원과 공동출자하는 등의 방식으로 회원의 공동의 이익을 위한 사업을 우선 수행하여야 한다.

③ 회원은 회원의 조합원으로부터 수집하거나 판매위탁을 받은 농산물등을 농협경제지주회사 및 그 자회사를 통하여 출하하는 등 그 판매 · 구매 등의 경제사업을 성실히 이용하여야 한다.

④ 농협경제지주회사는 제3항에 따라 농협경제지주회사 및 그 자회사의 사업을 성실히 이용하는 회원에 대하여 제134조제5항 후단 또는 제136조제2항에 따라 자금 운용 계획을 수립하거나 자금을 운용할 때 우대할 수 있다.

제161조의6(농산물등 판매활성화) ① 농협경제지주회사는 회원 또는 회원의 조합원으로부터 수집하거나 판매위탁을 받은 농산물등을 효율적으로 판매하기 위하여 매년 다음 각 호의 사항이 포함된 실행계획을 수립하고 그에 따른 사업을 추진하여야 한다.

1. 산지 및 소비지의 시설 · 장비 확보에 관한 사항
2. 판매조직의 확보에 관한 사항
3. 그 밖에 농산물등의 판매활성화 사업에 필요한 사항

② 농협경제지주회사는 회원의 조합원이 생산한 농산물 및 축산물의 가격 안정 및 회원의 조합원의 소득 안정을 위하여 계약재배 등 수급조절에 필요한 조치를 회원과 공동으로 추진할 수 있다.

제161조의7(농산물등 판매활성화 사업 평가) ① 농림축산식품부장관은 제161조의6제1항에 따라 농협경제지주회사가 수행하는 농산물등의 판매활성화 사업을 연 1회 이상 평가 · 점검하여야 한다.

② 농림축산식품부장관은 다음 각 호의 사항에 대한 자문을 위하여 농협 경제사업 평가협의회(이하 "협의회"라 한다)를 둔다. 이 경우 농림축산식품부장관은 협의회의 자문 내용을 고려하여 농협경제지주회사의 임직원에게 경영지도, 자료 제출요구 등 필요한 조치를 할 수 있다.

1. 농협경제지주회사가 수행하는 농산물등의 판매활성화 사업 평가 및 점검에 관한 사항
2. 그 밖에 농림축산식품부장관이 필요하다고 인정하는 사항

③ 협의회는 다음 각 호의 위원을 포함한 15명 이내로 구성한다.

1. 농림축산식품부장관이 위촉하는 농업인단체 대표 2명
2. 농림축산식품부장관이 위촉하는 농산물등 유통 및 농업 관련 전문가 3명
3. 정관으로 정하는 농협경제지주회사 대표이사(이하 이 조에서 "농협경제지주회사 대표이사"라 한다)가 소속 임직원 및 조합장 중에서 지정 또는 위촉하는 5명
4. 농림축산식품부장관이 소속 공무원 중에서 지정하는 1명
5. 농업·축산업과 관련된 국가기관, 연구기관, 교육기관 또는 기업에서 종사한 경력이 있는 사람으로서 농림축산식품부장관이 위촉하는 3명
6. 그 밖에 농림축산식품부장관이 필요하다고 인정하여 위촉하는 위원 1명

④ 농림축산식품부장관 또는 농협경제지주회사 대표이사는 위원이 다음 각 호의 어느 하나에 해당하는 경우에는 해당 위원을 지정 철회 또는 해촉(解囑)할 수 있다.

1. 심신장애로 직무를 수행할 수 없게 된 경우
2. 직무와 관련된 비위사실이 있는 경우
3. 직무태만, 품위손상이나 그 밖의 사유로 위원으로 적합하지 아니하다고 인정되는 경우
4. 위원 스스로 직무를 수행하는 것이 곤란하다고 의사를 밝히는 경우

⑤ 제2항부터 제4항까지 규정한 사항 외에 협의회 구성 및 운영 등에 관한 세부사항은 농림축산식품부장관이 정한다.

⑥ 농협경제지주회사의 이사회는 제1항에 따른 평가 및 점검 결과를 농협경제지주회사 및 관련 자회사의 대표이사의 성과평가에 반영하여야 한다.

제161조의8(농협경제지주회사의 자회사에 대한 감독) ① 농협경제지주회사는 농협경제지주회사의 자회사가 업무수행 시 경영을 건전하게 하고, 회원 및 회원의 조합원의 이익에 기여할 수 있도록 정관으로 정하는 바에 따라 농협경제지주회사의 자회사의 경영상태를 지도·감독할 수 있다.

② 자회사의 지도·감독 기준에 관하여 필요한 사항은 대통령령으로 정한다.

제161조의9(축산경제사업의 자율성 등 보장) ① 농협경제지주회사는 조직 및 인력을 운영하거나 사업계획을 수립하고 사업을 시행하는 경우에는 축산경제사업의 자율성과 전문성을 보장하여야 한다.

② 농협경제지주회사가 임원의 선임, 재산의 관리 및 인력의 조정 등과 관련된 사항을 정관으로 정할 때에는 농업협동조합중앙회와 축산업협동조합중앙회의 통합 당시 축산경제사업의 특례의 취지와 그 통합 목적을 고려하여야 한다.

제161조의10(농협금융지주회사) ① 중앙회는 금융업을 전문적이고 효율적으로 수행함으로써 회원 및 그 조합원의 이익에 기여하기 위하여 신용사업, 공제사업 등 금융사업을 분리하여 농협금융지주회사를 설립한다. 이 경우 그 사업의 분리는 「상법」 제530조의12에 따른 회사의 분할로 보며, 사업의 분리절차는 같은 법 제530조의3제1항, 제2항 및 제4항, 제530조의4부터 제530조의7까지, 제530조의9부터 제530조의11까지의 규정을 준용하되, 같은 법 제530조의3에 따라 준용되는 같은 법 제434조 중 "출석한 주주의 의결권의 3분의 2 이상의 수와 발행주식 총수의 3분의 1 이상의 수"는 "대의원 과반수의 출석과 출석한 대의원 3분의 2 이상의 찬성"으로 본다.

② 제1항에 따라 농협금융지주회사가 설립되는 경우 「금융지주회사법」 제3조에 따른 인가를 받은 것으로 본다.

③ 제1항에 따라 설립되는 농협금융지주회사는 「금융지주회사법」 제2조제1항제5호에 따른 은행지주회사로 본다.

④ 이 법에 특별한 규정이 없으면 농협금융지주회사에 대해서는 「상법」, 「금융지주회사법」 및 「금융회사의 지배구조에 관한 법률」을 적용한다. 다만, 다음 각 호의 어느 하나에 해당하는 경우에는 「금융지주회사법」 제8조, 제8조의2, 제8조의3, 제10조 및 제10조의2를 적용하지 아니한다.

1. 중앙회가 농협금융지주회사의 주식을 보유하는 경우
2. 농협금융지주회사가 「금융지주회사법」 제2조제1항제1호에 따른 금융지주회사의 주식을 보유하는 경우

⑤ 제1항에 따라 설립되는 농협금융지주회사가 「은행법」 제2조제1항제2호에 따른 은행의 주식을 보유하는 경우에는 같은 법 제15조의3, 제16조의2 및 제16조의4를 적용하지 아니한다.

⑥ 농협금융지주회사(「금융지주회사법」 제4조제1항제2호에 따른 자회사등을 포함한다)가 중앙회(농협경제지주회사 및 그 자회사를 포함한다)의 국가 위탁사업 수행을 위하여 신용공여하는 경우에는 「금융지주회사법」 제45조 및 제45조의2를 적용하지 아니한다.

제161조의11(농협은행) ① 중앙회는 농업인과 조합에 필요한 금융을 제공함으로써 농업인과 조합의 자율적인 경제활동을 지원하고 그 경제적 지위의 향상을 촉진하기 위하여 신용사업을 분리하여 농협은행을 설립한다. 이 경우 그 사업의 분리는 「상법」 제530조의12에 따른 회사의 분할로 보며, 사업의 분리절차는 같은 법 제530조의3제1항, 제2항 및 제4항, 제530조의4부터 제530조의7까지, 제530조의9부터 제530조의11까지의 규정을 준용하되, 같은 법 제530조의3에 따라 준용되는 같은 법 제434조 중 "출석한 주주의 의결권의 3분의 2 이상의 수와 발행주식 총수의 3분의 1 이상의 수"는 "대의원 과반수의 출석과 출석한 대의원 3분의 2 이상의 찬성"으로 본다.

② 농협은행은 다음 각 호의 업무를 수행한다.

1. 농어촌자금 등 농업인 및 조합에게 필요한 자금의 대출
2. 조합 및 중앙회의 사업자금의 대출
3. 국가나 공공단체의 업무의 대리
4. 국가, 공공단체, 중앙회 및 조합, 농협경제지주회사 및 그 자회사가 위탁하거나 보조하는 사업

5. 「은행법」 제27조에 따른 은행업무, 같은 법 제27조의2에 따른 부수업무 및 같은 법 제28조에 따른 겸영업무

③ 농협은행은 조합, 중앙회 또는 농협경제지주회사 및 그 자회사의 사업 수행에 필요한 자금이 다음 각 호의 어느 하나에 해당하는 경우에는 우선적으로 자금을 지원할 수 있다.

1. 농산물 및 축산물의 생산 · 유통 · 판매를 위하여 농업인이 필요로 하는 자금
2. 조합, 농협경제지주회사 및 그 자회사의 경제사업 활성화에 필요한 자금

④ 농협은행은 제3항에 따라 자금을 지원하는 경우에는 농림축산식품부령으로 정하는 바에 따라 우대조치를 할 수 있다.

⑤ 농협은행은 제2항 각 호의 업무를 수행하기 위하여 필요한 경우에는 국가 · 공공단체 또는 금융기관으로부터 자금을 차입하거나 금융기관에 예치하는 등의 방법으로 자금을 운용할 수 있다.

⑥ 농협은행에 대하여 금융위원회가 「은행법」 제34조제2항에 따른 경영지도기준을 정할 때에는 국제결제은행이 권고하는 금융기관의 건전성 감독에 관한 원칙과 이 조 제2항제1호 및 제3항의 사업수행에 따른 농협은행의 특수성을 고려하여야 한다.

⑦ 농림축산식품부장관은 이 법에서 정하는 바에 따라 농협은행을 감독하고 대통령령으로 정하는 바에 따라 감독에 필요한 명령이나 조치를 할 수 있다.

⑧ 농협은행에 대해서는 이 법에 특별한 규정이 없으면 「상법」 중 주식회사에 관한 규정, 「은행법」 및 「금융회사의 지배구조에 관한 법률」을 적용한다. 다만, 「은행법」 제8조, 제53조제2항제1호 · 제2호, 제56조 및 제66조제2항은 적용하지 아니하며, 금융위원회가 같은 법 제53조제2항제3호부터 제6호까지의 규정에 따라 제재를 하거나 같은 법 제55조제1항에 따라 인가를 하려는 경우에는 농림축산식품부장관과 미리 협의를 하여야 한다.

⑨ 농협은행이 중앙회(농협경제지주회사 및 그 자회사를 포함한다)의 국가 위탁사업 수행을 위하여 신용공여하는 경우에는 「은행법」 제35조 및 제35조의2를 적용하지 아니한다.

제161조의12(농협생명보험 및 농협손해보험) ① 중앙회는 공제사업을 전문적이고 효율적으로 수행하기 위하여 공제사업을 분리하여 생명보험업을 영위하는 법인(이하 "농협생명보험"이라 한다)과 손해보험업을 영위하는 법인(이하 "농협손해보험"이라 한다)을 각각 설립한다. 이 경우 그 사업의 분리는 「상법」 제530조의12에 따른 회사의 분할로 보며, 사업의 분리절차는 같은 법 제530조의3제1항, 제2항 및 제4항, 제530조의4부터 제530조의7까지, 제530조의9부터 제530조의11까지의 규정을 준용하되, 같은 법 제530조의3에 따라 준용되는 같은 법 제434조 중 "출석한 주주의 의결권의 3분의 2 이상의 수와 발행주식 총수의 3분의 1 이상의 수"는 "대의원 과반수의 출석과 출석한 대의원 3분의 2 이상의 찬성"으로 본다.

② 이 법에 특별한 규정이 없으면 농협생명보험 및 농협손해보험에 대해서는 「보험업법」 및 「금융회사의 지배구조에 관한 법률」을 적용한다.

제6장 감독

제162조(감독) ① 농림축산식품부장관은 이 법에서 정하는 바에 따라 조합등과 중앙회를 감독하며 대통령령으로 정하는 바에 따라 감독상 필요한 명령과 조치를 할 수 있다. 다만, 조합의 신용사업에 대하여는 금융위원회와 협의하여 감독한다.

② 농림축산식품부장관은 제1항에 따른 직무를 수행하기 위하여 필요하다고 인정하면 금융위원회에 조합이나 중앙회에 대한 검사를 요청할 수 있다.

③ 농림축산식품부장관은 이 법에 따른 조합등에 관한 감독권의 일부를 대통령령으로 정하는 바에 따라 회장에게 위탁할 수 있다.

④ 지방자치단체의 장은 제1항에도 불구하고 대통령령으로 정하는 바에 따라 지방자치단체가 보조한 사업과 관련된 업무에 대하여 조합등을 감독하여 필요한 조치를 할 수 있다.

⑤ 금융위원회는 제1항 및 제161조의11제7항에도 불구하고 대통령령으로 정하는 바에 따라 조합의 신용사업과 농협은행에 대하여 그 경영의 건전성 확보를 위한 감독을 하고, 그 감독에 필요한 명령을 할 수 있다.

⑥ 금융감독원장은 「신용협동조합법」 제95조에 따라 조합에 적용되는 같은 법 제83조에 따른 조합에 관한 검사권의 일부를 회장에게 위탁할 수 있다.

제163조(위법 또는 부당 의결사항의 취소 또는 집행정지) 농림축산식품부장관은 조합등과 중앙회의 총회나 이사회가 의결한 사항이 위법 또는 부당하다고 인정하면 그 전부 또는 일부를 취소하거나 집행을 정지하게 할 수 있다.

제164조(위법행위에 대한 행정처분) ① 농림축산식품부장관은 조합등이나 중앙회의 업무와 회계가 법령, 법령에 따른 행정처분 또는 정관에 위반된다고 인정하면 그 조합등이나 중앙회에 대하여 기간을 정하여 그 시정을 명하고 관련 임직원에게 다음 각 호의 조치를 하게 할 수 있다.

1. 임원에 대하여는 개선, 직무의 정지 또는 변상
2. 직원에 대하여는 징계면직, 정직, 감봉 또는 변상
3. 임직원에 대한 주의 · 경고

② 농림축산식품부장관은 조합등이나 중앙회가 제1항에 따른 시정명령 또는 임직원에 대한 조치를 이행하지 아니하면 6개월 이내의 기간을 정하여 그 업무의 전부 또는 일부를 정지시킬 수 있다.

③ 제1항 및 제146조제3항제1호 및 제2호에 따라 개선이나 징계면직의 조치를 요구받은 해당 임직원은 그 날부터 그 조치가 확정되는 날까지 직무가 정지된다.

제165조 삭제 〈2011. 3. 31.〉

제166조(경영지도) ① 농림축산식품부장관은 조합등이 다음 각 호의 어느 하나에 해당되어 조합원 보호에 지장을 줄 우려가 있다고 인정되면 그 조합등에 대하여 경영지도를 한다.

1. 조합에 대한 감사 결과 조합의 부실 대출 합계액이 자기자본의 2배를 초과하는 경우로서 단기간 내에 통상적인 방법으로는 회수하기가 곤란하여 자기자본의 전부가 잠식될 우려가 있다고 인정되는 경우
2. 조합등의 임직원의 위법·부당한 행위로 인하여 조합등에 재산상의 손실이 발생하여 자력(自力)으로 경영정상화를 추진하는 것이 어렵다고 인정되는 경우
3. 조합의 파산위험이 현저하거나 임직원의 위법·부당한 행위로 인하여 조합의 예금 및 적금의 인출이 쇄도하거나 조합이 예금 및 적금을 지급할 수 없는 상태에 이른 경우
4. 제142조제2항 및 제146조에 따른 경영평가 또는 감사의 결과 경영지도가 필요하다고 인정하여 회장이 건의하는 경우
5. 「신용협동조합법」 제95조에 따라 조합에 적용되는 같은 법 제83조에 따른 검사의 결과 경영지도가 필요하다고 인정하여 금융감독원장이 건의하는 경우

② 제1항에서 "경영지도"란 다음 각 호의 사항에 대하여 지도하는 것을 말한다.
1. 불법·부실 대출의 회수 및 채권의 확보
2. 자금의 수급(需給) 및 여신·수신(與信·受信)에 관한 업무
3. 그 밖에 조합등의 경영에 관하여 대통령령으로 정하는 사항

③ 농림축산식품부장관은 제1항에 따른 경영지도가 시작된 경우에는 6개월의 범위에서 채무의 지급을 정지하거나 임원의 직무를 정지할 수 있다. 이 경우 회장에게 지체 없이 조합등의 재산상황을 조사(이하 "재산실사"라 한다)하게 하거나 금융감독원장에게 재산실사(財産實査)를 요청할 수 있다.

④ 회장이나 금융감독원장은 제3항 후단에 따른 재산실사의 결과 위법·부당한 행위로 인하여 조합등에 손실을 끼친 임직원에게 재산 조회(照會) 및 가압류 신청 등 손실금 보전을 위하여 필요한 조치를 하여야 한다.

⑤ 농림축산식품부장관은 제4항에 따른 조치에 필요한 자료를 중앙행정기관의 장에게 요청할 수 있다. 이 경우 요청을 받은 중앙행정기관의 장은 특별한 사유가 없으면 그 요청에 따라야 한다.

⑥ 농림축산식품부장관은 재산실사의 결과 해당 조합등의 경영정상화가 가능한 경우 등 특별한 사유가 있다고 인정되면 제3항 본문에 따른 정지의 전부 또는 일부를 철회하여야 한다.

⑦ 농림축산식품부장관은 제1항에 따른 경영지도에 관한 업무를 회장에게 위탁할 수 있다.

⑧ 제1항부터 제3항까지의 규정에 따른 경영지도, 채무의 지급정지 또는 임원의 직무정지의 방법, 기간 및 절차 등에 필요한 사항은 대통령령으로 정한다.

제167조(설립인가의 취소 등) ① 농림축산식품부장관은 조합등이 다음 각 호의 어느 하나에 해당하게 되면 회장 및 사업전담대표이사등의 의견을 들어 설립인가를 취소하거나 합병을 명할 수 있다. 다만, 제4호와 제7호에 해당하면 설립인가를 취소하여야 한다.
1. 설립인가일부터 90일을 지나도 설립등기를 하지 아니한 경우
2. 정당한 사유 없이 1년 이상 사업을 실시하지 아니한 경우
3. 2회 이상 제164조제1항에 따른 처분을 받고도 시정하지 아니한 경우

4. 제164조제2항에 따른 업무정지 기간에 해당 업무를 계속한 경우
5. 조합등의 설립인가기준에 미치지 못하는 경우
6. 조합등에 대한 감사나 경영평가의 결과 경영이 부실하여 자본을 잠식한 조합등으로서 제142조제2항, 제146조 또는 제166조의 조치에 따르지 아니하여 조합원(제112조의3에 따른 조합공동사업법인 및 연합회의 경우에는 회원을 말한다) 및 제3자에게 중대한 손실을 끼칠 우려가 있는 경우
7. 거짓이나 그 밖의 부정한 방법으로 조합등의 설립인가를 받은 경우

② 농림축산식품부장관은 제1항에 따라 조합등의 설립인가를 취소하면 즉시 그 사실을 공고하여야 한다.

제168조(조합원이나 회원의 검사 청구) ① 농림축산식품부장관은 조합원이 조합원 300인 이상이나 조합원 또는 대의원 100분의 10 이상의 동의를 받아 소속 조합의 업무집행상황이 법령이나 정관에 위반된다는 사유로 검사를 청구하면 회장으로 하여금 그 조합의 업무 상황을 검사하게 할 수 있다.

② 농림축산식품부장관은 중앙회의 회원이 회원 100분의 10 이상의 동의를 받아 중앙회의 업무집행상황이 법령이나 정관에 위반된다는 사유로 검사를 청구하면 금융감독원장에게 중앙회에 대한 검사를 요청할 수 있다.

제169조(청문) 농림축산식품부장관은 제167조에 따라 설립인가를 취소하려면 청문을 하여야 한다.

제169조의2(규제의 재검토) 농림축산식품부장관은 제166조의 경영지도에 대하여 2015년 1월 1일부터 3년마다 그 타당성을 재검토하여야 한다.

제7장 벌칙 등

제170조(벌칙) ① 조합등의 임원 또는 중앙회의 임원이나 집행간부가 다음 각 호의 어느 하나에 해당하는 행위로 조합등 또는 중앙회에 손실을 끼치면 10년 이하의 징역 또는 1억원 이하의 벌금에 처한다.
1. 조합등 또는 중앙회의 사업목적 외에 자금의 사용 또는 대출
2. 투기의 목적으로 조합등 또는 중앙회의 재산의 처분 또는 이용

② 제1항의 징역형과 벌금형은 병과(併科)할 수 있다.

제171조(벌칙) 조합등과 중앙회의 임원, 조합의 간부직원, 중앙회의 집행간부 · 일반간부직원, 파산관재인 또는 청산인이 다음 각 호의 어느 하나에 해당하면 3년 이하의 징역 또는 3천만원 이하의 벌금에 처한다.
1. 제15조제1항(제77조제2항, 제107조 또는 제112조에 따라 준용되는 경우를 포함한다), 제35조제2항(제107조 또는 제112조에 따라 준용되는 경우를 포함한다), 제75조제2항(제107조 또는 제112조에 따라 준용되는 경우를 포함한다), 제75조제5항(제107조 또는 제112조에 따라 준용되는 경우를 포함한다), 제78조제1항(제107조에 따라 준용되는 경우를 포함한다), 제112조의5제1항, 제112조의6제2항, 제120조제2항 또는 제121조제1항에 따른 인가를 받아야 할 사항에 관하여 인가를 받지 아니한 경우

2. 제15조제1항(제77조제2항, 제107조 또는 제112조에 따라 준용되는 경우를 포함한다), 제30조제1항(제107조 · 제112조 · 제112조의11 또는 제161조에 따라 준용되는 경우를 포함한다), 제35조제1항(제107조 · 제112조 또는 제112조의11에 따라 준용되는 경우를 포함한다), 제43조제3항(제107조 · 제112조 또는 제112조의11에 따라 준용되는 경우를 포함한다), 제54조제1항부터 제3항까지(제107조 · 제112조 또는 제161조에 따라 준용되는 경우를 포함한다), 제64조(제107조 또는 제112조에 따라 준용되는 경우를 포함한다), 제75조제1항(제107조 또는 제112조에 따라 준용되는 경우를 포함한다), 제77조제1항(제107조 또는 제112조에 따라 준용되는 경우를 포함한다), 제82조제2호(제107조 · 제112조 또는 제112조의10에 따라 준용되는 경우를 포함한다), 제123조, 제125조제4항, 제125조의2제3항 또는 제159조에 따라 총회 · 대의원회 또는 이사회(소이사회를 포함한다)의 의결을 필요로 하는 사항에 대하여 의결을 거치지 아니하고 집행한 경우
3. 제46조제7항(제107조 · 제112조 또는 제129조제5항에 따라 준용되는 경우를 포함한다) 또는 제142조제2항에 따른 총회나 이사회에 대한 보고를 하지 아니하거나 거짓으로 한 경우
4. 제57조제1항제10호 · 제106조제10호 · 제111조제9호 또는 제134조제1항제9호에 따른 승인을 받지 아니하고 사업을 한 경우
5. 제66조(제107조 또는 제112조에 따라 준용되는 경우를 포함한다)를 위반하여 조합의 여유자금을 사용한 경우
6. 제67조제1항(제107조 · 제112조 · 제112조의11 또는 제161조에 따라 준용되는 경우를 포함한다)을 위반하여 잉여금의 100분의 10 이상을 적립하지 아니한 경우
7. 제67조제3항(제107조 · 제112조 또는 제161조에 따라 준용되는 경우를 포함한다)을 위반하여 잉여금의 100분의 20 이상을 다음 회계연도로 이월하지 아니한 경우
8. 제68조(제107조 · 제112조 · 제112조의11 또는 제161조에 따라 준용되는 경우를 포함한다)를 위반하여 손실을 보전 또는 이월하거나 잉여금을 배당한 경우
9. 제69조(제107조 · 제112조 · 제112조의11 또는 제161조에 따라 준용되는 경우를 포함한다)를 위반하여 자본적립금을 적립하지 아니한 경우
10. 제70조(제107조 · 제112조 · 제112조의11 또는 제161조에 따라 준용되는 경우를 포함한다)를 위반하여 법정적립금을 사용한 경우
11. 제71조제1항 · 제3항(제107조 · 제112조 · 제112조의11 또는 제161조에 따라 준용되는 경우를 포함한다)을 위반하여 결산보고서를 제출하지 아니하거나 갖추지 아니한 경우
12. 제72조제1항(제107조 · 제112조 · 제112조의11 또는 제161조에 따라 준용되는 경우를 포함한다) 또는 제80조에 따라 준용되는 제72조제1항(제107조 또는 제112조에 따라 준용되는 경우를 포함한다)을 위반하여 재무상태표를 작성하지 아니한 경우
13. 제85조(제107조 · 제112조 또는 제112조의11에 따라 준용되는 경우를 포함한다)를 위반하여 총회나 농림축산식품부장관의 승인을 받지 아니하고 재산을 처분한 경우

14. 제87조(제107조 · 제112조 또는 제112조의11에 따라 준용되는 경우를 포함한다)를 위반하여 재산을 분배한 경우
15. 제88조(제107조 · 제112조 또는 제112조의11에 따라 준용되는 경우를 포함한다)를 위반하여 결산보고서를 작성하지 아니하거나 총회에 제출하지 아니한 경우
16. 제90조(제107조 · 제112조 · 제112조의11 또는 제161조에 따라 준용되는 경우를 포함한다), 제91조부터 제93조까지(제107조 · 제112조 · 제112조의11 또는 제161조에 따라 준용되는 경우를 포함한다), 제95조부터 제99조까지(제107조 · 제112조 또는 제112조의10에 따라 준용되는 경우를 포함한다) 또는 제102조(제107조 · 제112조 · 제112조의11 또는 제161조에 따라 준용되는 경우를 포함한다)에 따른 등기를 부정하게 한 경우
17. 제146조에 따른 중앙회의 감사나 제162조에 따른 감독기관의 감독 · 검사를 거부 · 방해 또는 기피한 경우

제172조(벌칙) ① 다음 각 호의 어느 하나에 해당하는 자는 2년 이하의 징역 또는 2천만원 이하의 벌금에 처한다.
1. 제7조제2항을 위반하여 공직선거에 관여한 자
2. 제50조제1항 또는 제11항(제107조 · 제112조 또는 제161조에 따라 준용되는 경우를 포함한다)을 위반하여 선거운동을 한 자
3. 제50조의2(제107조 · 제112조 또는 제161조에 따라 준용하는 경우를 포함한다)를 위반한 자
4. 제50조의3(제107조 또는 제112조에 따라 준용되는 경우를 포함한다)을 위반하여 축의 · 부의금품을 제공한 자

② 다음 각 호의 어느 하나에 해당하는 자는 1년 이하의 징역 또는 1천만원 이하의 벌금에 처한다.
1. 제50조제2항(제107조 · 제112조 또는 제161조에 따라 준용되는 경우를 포함한다)을 위반하여 호별(戶別) 방문을 하거나 특정 장소에 모이게 한 자
2. 제50조제4항 · 제6항 · 제7항(제107조 · 제112조에 따라 준용되는 경우를 포함한다) 또는 제130조제11항을 위반하여 선거운동을 한 자
3. 제50조제8항부터 제10항까지(제107조 · 제112조 또는 제161조에 따라 준용되는 경우를 포함한다)를 위반한 자
4. 삭제 〈2014. 6. 11.〉

③ 제50조제3항(제107조 · 제112조 또는 제161조에 따라 준용되는 경우를 포함한다)을 위반하여 거짓사실을 공표하거나 후보자를 비방한 자는 500만원 이상 3천만원 이하의 벌금에 처한다.

④ 제1항부터 제3항까지의 규정에 따른 죄의 공소시효는 해당 선거일 후 6개월(선거일 후에 이루어진 범죄는 그 행위를 한 날부터 6개월)을 경과함으로써 완성된다. 다만, 범인이 도피하거나 범인이 공범 또는 증명에 필요한 참고인을 도피시킨 경우에는 그 기간을 3년으로 한다.

[2011. 3. 31. 법률 제10522호에 의하여 2010. 7. 29. 위헌 결정된 제172조 제2항 제2호 중 '제50조 제4항'을 개정함.]

제173조(선거 범죄로 인한 당선 무효 등) ① 조합이나 중앙회의 임원 선거와 관련하여 다음 각 호의 어느 하나에 해당하는 경우에는 해당 선거의 당선을 무효로 한다.

1. 당선인이 해당 선거에서 제172조에 해당하는 죄를 범하여 징역형 또는 100만원 이상의 벌금형을 선고받은 때
2. 당선인의 직계 존속 · 비속이나 배우자가 해당 선거에서 제50조제1항이나 제50조의2를 위반하여 징역형 또는 300만원 이상의 벌금형을 선고받은 때. 다만, 다른 사람의 유도 또는 도발에 의하여 해당 당선인의 당선을 무효로 되게 하기 위하여 죄를 범한 때에는 그러하지 아니하다.

② 다음 각 호의 어느 하나에 해당하는 사람은 당선인의 당선 무효로 실시사유가 확정된 재선거(당선인이 그 기소 후 확정판결 전에 사직함으로 인하여 실시사유가 확정된 보궐선거를 포함한다)의 후보자가 될 수 없다.

1. 제1항제2호 또는 「공공단체등 위탁선거에 관한 법률」 제70조(위탁선거범죄로 인한 당선무효)제2호에 따라 당선이 무효로 된 사람(그 기소 후 확정판결 전에 사직한 사람을 포함한다)
2. 당선되지 아니한 사람(후보자가 되려던 사람을 포함한다)으로서 제1항제2호 또는 「공공단체등 위탁선거에 관한 법률」 제70조(위탁선거범죄로 인한 당선무효)제2호에 따른 직계 존속 · 비속이나 배우자의 죄로 당선 무효에 해당하는 형이 확정된 사람

제174조(과태료) ① 제3조제2항 · 제112조의3제3항 또는 제138조제6항을 위반하여 명칭을 사용한 자에게는 200만원 이하의 과태료를 부과한다.

② 조합등 또는 중앙회의 임원, 조합의 간부직원, 중앙회의 집행간부 · 일반간부직원, 파산관재인 또는 청산인이 공고하거나 최고(催告)하여야 할 사항에 대하여 공고나 최고를 게을리하거나 부정한 공고나 최고를 하면 200만원 이하의 과태료를 부과한다.

③ 삭제 〈2014. 6. 11.〉

④ 제50조의2제1항 및 제5항(제107조 · 제112조 또는 제161조에 따라 준용하는 경우를 포함한다)을 위반하여 금전 · 물품, 그 밖의 재산상의 이익을 제공받은 자에게는 그 제공받은 금액이나 가액(價額)의 10배 이상 50배 이하에 상당하는 금액의 과태료를 부과하되, 그 상한액은 3천만원으로 한다.

⑤ 제1항부터 제4항까지의 규정에 따른 과태료는 대통령령으로 정하는 바에 따라 농림축산식품부장관이 부과 · 징수한다.

제175조(선거범죄신고자 등의 보호) 제172조에 따른 죄(제174조제4항의 과태료에 해당하는 죄를 포함한다)의 신고자 등의 보호에 관하여는 「공직선거법」 제262조의2를 준용한다.

제176조(선거범죄신고자에 대한 포상금 지급) ① 조합 또는 중앙회는 제172조에 따른 죄(제174조제4항의 과태료에 해당하는 죄를 포함한다)에 대하여 그 조합 · 중앙회 또는 조합선거관리위원회가 인지(認知)하기 전에 그 범죄 행위를 신고한 자에게 포상금을 지급할 수 있다.

② 제1항에 따른 포상금의 상한액 · 지급기준 및 포상 방법은 농림축산식품부령으로 정한다.

제177조(자수자에 대한 특례) ① 제50조(제107조 · 제112조 또는 제161조에 따라 준용되는 경우를 포함한다) 또는 제50조의2(제107조 · 제112조 또는 제161조에 따라 준용되는 경우를 포함한다)를 위반하여 금전 · 물품 · 향응, 그 밖의 재산상의 이익 또는 공사의 직을 제공받거나 받기로 승낙한 자가 자수한 때에는 그 형 또는 과태료를 감경 또는 면제한다.

② 제1항에 규정된 자가 이 법에 따른 선거관리위원회에 자신의 선거범죄사실을 신고하여 선거관리위원회가 관계 수사기관에 이를 통보한 때에는 선거관리위원회에 신고한 때를 자수한 때로 본다.

부칙〈제19085호, 2022. 12. 13.〉

이 법은 공포한 날부터 시행한다.

서원각 용어사전 시리즈

상식은 "용어사전"

용어사전으로 중요한 용어만 한눈에 보자

중요한 용어만 공부하자!

1. 시사용어사전 1200
   매일 접하는 각종 기사와 정보 속에서 현대인이 놓치기 쉬운, 그러나 꼭 알아야 할 최신 시사상식을 쏙쏙 뽑아 이해하기 쉽도록 정리했다!

2. 경제용어사전 1030
   주요 경제용어는 거의 다 실었다! 경제가 쉬워지는 책, 경제용어사전!

3. 부동산용어사전 1300
   부동산에 대한 이해를 높이고 부동산의 개발과 활용, 투자 및 부동산 용어 학습에도 적극적으로 이용할 수 있는 부동산용어사전!

- 최신 관련 기사 수록
- 다양한 용어를 수록하여 1000개 이상의 용어 한눈에 파악
- 용어별 중요도 표시 및 꼼꼼한 용어 설명
- 파트별 TEST를 통해 실력점검

가볍게! 빠르게!
한눈에 보는 중요 용어
경제
용어사전
1030
SEOWONGAK

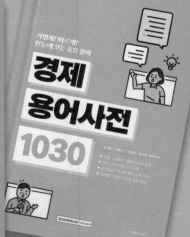